Quantenmechanik I

Oliver Tennert

Quantenmechanik I

Von den Axiomen
zu einfachen Modellen

 Springer Spektrum

Oliver Tennert
Tübingen, Deutschland

ISBN 978-3-662-68584-6   ISBN 978-3-662-68585-3   (eBook)
https://doi.org/10.1007/978-3-662-68585-3

Die Deutsche Nationalbibliothek verzeichnet diese Publikation in der Deutschen Nationalbibliografie; detaillierte bibliografische Daten sind im Internet über https://portal.dnb.de abrufbar.

Planung/Lektorat: Gabriele Ruckelshausen
Springer Spektrum ist ein Imprint der eingetragenen Gesellschaft Springer-Verlag GmbH, DE und ist ein Teil von Springer Nature.
Die Anschrift der Gesellschaft ist: Heidelberger Platz 3, 14197 Berlin, Germany

Wenn Sie dieses Produkt entsorgen, geben Sie das Papier bitte zum Recycling.

Für Ilka, Victoria, Sarah, Jan & Martin

Vorwort

Das Jahr 1925 markiert eine Zäsur nie dagewesenen Ausmaßes in der Physik als Naturwissenschaft. Es ist das Geburtsjahr der Quantenmechanik und steht damit nach vielen Jahren der Unkenntnis über die fundamentalen Zusammenhänge in der Natur im Kleinsten für den Beginn der modernen Physik, wie wir sie heute kennen. Und nicht nur das: die Formulierung der Quantenmechanik leitete eine Entwicklung der Theoretischen Physik ein hin zu einer eigenständigen, hochangesehenen Disziplin, die sie heute ist. War sie noch anfangs des 20. Jahrhunderts ein lästiges und zweitrangiges Anhängsel der experimentell dominierten Forschungslandschaft, so entwickelten sich im Zuge der Verbreitung dieser „modernen Physik" Unterdisziplinen wie die theoretische Atom- und Kernphysik oder die Festkörperphysik, sowie Hybridwissenschaften wie die Quantenchemie, die theoretische Astrophysik und die Molekularbiologie. Wie keine neuartige physikalische Erkenntnis zuvor sollte die Quantenmechanik nicht nur das Weltbild verändern, sondern auch noch den weiteren Verlauf der Naturwissenschaft Physik als ganzes.

Das heißt aber auch: Quantenmechanik ist nicht neu, Quantenmechanik ist nahezu 100 Jahre alt. Es gibt Dutzende Lehrbücher und Vorlesungsskripte für Zielgruppen jeglicher Art, es gibt auch viele vertiefende Monographien zu speziellen Themen. Warum also dieses Buch? Der Verweis des Autors auf seine Leidenschaft für die Theoretische Physik ist vermutlich nicht hinreichend, um das Leserinteresse zu wecken. Die geeignetere Antwort lautet wohl: weil die Darstellung sich an vielen Stellen sowohl von Klassikern als auch von neueren Werken unterscheidet und so ihre Daseinsberechtigung begründet. Das muss natürlich weiter ausgeführt werden.

Das vorliegende Buch ist der erste Band eines auf insgesamt vier Bände ausgelegten Lehrbuchs zur Quantenmechanik. Die Zielgruppe sind Studenten der Physik ab etwa dem dritten Semester oder höher, die idealerweise die Grundvorlesungen im heutigen Kanon des typischen Bachelor-Studiengangs Physik bereits hinter sich haben. Vorausgesetzt werden insbesondere die Kenntnis der Theoretischen Mechanik, der Elektrodynamik und der Speziellen Relativitätstheorie, da viele Zusammenhänge und Ergebnisse aus diesen Disziplinen ohne Herleitung übernommen werden. Grundkenntnisse der Atom- und Molekülphysik, sowie ein bereits erfolgter Erstkontakt mit quantenmechanischen Phänomenen und ihren quantitativen Betrachtungen sind äußerst wünschenswert, ohne welche die Darstellung möglicherweise als etwas zu „schonungslos" empfunden werden könnte. Die Kombination an Auswahl und Tiefe des Inhalts umfasst, aber übersteigt bisweilen auch deutlich das, was die üblichen kanonischen Lehrveranstaltungen an Universitäten bis hin zum Master-Abschluss beinhalten, und greift vielfach in Spezialthemen über.

Durch die angestrebte Umfänglichkeit des Stoffes wird ein gewisses Maß an mathematischem Vorwissen vorausgesetzt, nämlich Kenntnisse der Analysis, der linearen Algebra und der Funktionentheorie. Begriffe aus der Funktionalanalysis, speziell Hilbert-Raum-Theorie und Spezielle Funktionen, sowie der Gruppentheorie werden im Kontext zwar erklärt, im Allgemeinen aber wird für tiefergehende Betrachtungen auf entsprechende mathematische Werke zu diesen Themen verwiesen. Das ermöglicht, recht schnell die Sprache der Hilbert-Raum-Theorie zu verwenden und *in medias res* zu gehen, wobei an einigen Stellen mathematische Besonderheiten der Unendlich-Dimensionalität erläutert werden. Der Platz, der dadurch eingespart wird, geht zugunsten einer deutlich ausführlicheren Behandlung fortgeschrittener Themen als anderswo üblich.

Im Gegenzug werden Rechnungen – bis auf Trivialitäten oder Wiederholungen – explizit durchgeführt. Das kommt natürlich nicht ganz ohne Nebenwirkungen daher: die Leser sprachlich bei Laune zu halten, wenn dröges Durchge-x-e bei der Herleitung der Rekursionsformeln für die Clebsch–Gordan-Koeffizienten ansteht oder ein Austauschintegral in gestreckt-rotationselliptischen Koordinaten berechnet wird, ist ohnehin ein Ding der Unmöglichkeit – da müssen sie dann einfach durch.

Ansonsten schätze ich sehr stark den sprachlichen Stil amerikanischer Lehrbücher: Klarheit geht vor Präzision – von Bourbaki haben vermutlich auch die wenigsten Studenten Mathematik gelernt. Ich gebe mir Mühe, auch komplizierte Zusammenhänge so illustrativ und klar wie möglich zu erklären, wobei Analogiebetrachtungen und Perspektivwechsel „auf eine höhere Warte" oft dazu dienen, ein besseres Zusammenhangsverständnis zu fördern und ein größeres Bild erkennen zu lassen. Allgemeine mathematische Zusammenhänge werden im Kontext erläutert, oft in ausgegliederten mathematischen Einschüben, um deren Abstraktheit zu kapseln, aber immer steht der physikalische Hintergrund im Vordergrund.

Zentrale Leitmotive der Darstellung sind Symmetrien und Propagatoren, sowie Wegweisungen hin zur Quantenfeldtheorie. Gruppen- und darstellungstheoretische Betrachtungen sowie Propagatormethoden sind wichtige Werkzeuge der modernen theoretischen Physik, und ihre Beherrschung wird von zunehmender Bedeutung, ja geradezu unerlässlich, je fortgeschrittener die Themenlage wird.

Darüber hinaus kommen einige ontologische Aspekte bisweilen andernorts zu kurz, deren Erläuterung mir an gegebener Stelle wichtig ist: beispielsweise sind Photonen kein Bestandteil der nichtrelativistischen Quantenmechanik, sondern der Quantenfeldtheorie, und dennoch kann der Photoeffekt im Rahmen der (nichtrelativistischen) zeitabhängigen Störungstheorie vollkommen zufriedenstellend erklärt werden – im Unterschied zum Phänomen der spontanen Emission. Spin als Quantenphänomen zu betrachten ist genauso gut oder schlecht gerechtfertigt wie Masse als ein solches zu betrachten: man kann es tun oder sein lassen, aber in meinen Augen immer beides zusammen, denn Masse und Spin sind die beiden fundamentalen raumzeitlichen Kenngrößen von Punktteilchen in der Theoretischen Physik (interessanterweise auch von Schwarzen Löchern, aber das ist ein anderes Thema). Beides kommt durchaus in „Punktform" daher, mit allen konzeptionellen Schwierigkeiten, und trägt zum Makroskopischen bei. Spin-$\frac{1}{2}$ im Speziellen jedoch ist ein astreines Quantenphänomen, genauso wie die Ununterscheidbarkeit identischer Teilchen, aber kein relativistisches, entgegen dem sich hartnäckig haltenden Mythos. Die Suche nach einem nichtrelativistischen Beweis des Spin-Statistik-Zusammenhangs ist daher nach wie vor ein offenes Problem. Das Ladungskonzept hingegen ist eine klare Konsequenz aus der speziellen

Relativitätstheorie, und Ladung als solche spielt in der nichtrelativistischen Physik die Rolle eines externen Parameters. Lamb-Verschiebung und Casimir-Effekt sind zwar Effekte der Quantenfeldtheorie, aber im Wesentlichen nichtrelativistische.

Die Gliederung der einzelnen Bände ist bewusst flach gehalten, um eine geschlossene Wiedergabe auch umfangreicherer Erklärungen zu ermöglichen, ohne dass diese durch eine große Strukturtiefe zerfleddert werden. Daher besitzen die einzelnen Kapitel – im Buch als Teile bezeichnet – zum Teil längere Abschnitte, die aber in einem fort durchnummeriert sind.

Zum Inhalt des ersten Bandes im Einzelnen:

Kapitel 1 ist der historischen Einführung gewidmet. Im Rahmen der Entstehungsgeschichte der Quantenmechanik, die eines der interessantesten Kapitel der Wissenschaftsgeschichte überhaupt ist, lassen sich einige der Begriffsbildungen am besten nachvollziehen. Die eingangs erwähnten vorausgesetzten mathematischen Vorkenntnisse der Leser ermöglichen es darauf einzugehen, wie man denn nun vor fast 100 Jahren eigentlich auf Hilbert-Räume und hermitesche Operatoren kam, und das Kapitel ist gespickt mit Anekdoten der Hauptprotagonisten. Insbesondere ist es mehr als gerechtfertigt, der Geschichte des Spin einen eigenen Abschnitt zu widmen.

Kapitel 2 entwickelt dann rapide den kanonischen Formalismus der Quantenmechanik und folgt konsequent der Kopenhagener Deutung, wobei zumindest in den Abschnitten, in denen inhaltliche Berührungspunkte vorhanden sind, wenigstens kurz auf die Bohmsche Mechanik eingegangen wird, um in die entsprechende Richtung zu weisen und ohne weitere inhaltliche Entwicklung. Kleinere aber wichtige Dinge wie die Dimensionsbehaftetheit der uneigentlichen Eigenvektoren im kontinuierlichen Spektrum werden ebenso wenig unterschlagen wie die Weyl-Ordnung, die Ambivalenzen in der kanonischen Quantisierung auflöst, oder der oft sehr lapidar betrachtete, hier aber genauer beleuchtete Zusammenhang zwischen Vertauschbarkeit von Observablen und der stochastischen Unabhängigkeit von Erwartungswerten. Im Rahmen einer eingehenden Betrachtung von Exponentialoperatoren wird die allgemeine BCH-Formel bewiesen.

Eine gründliche Behandlung von Propagatoren – zeitabhängig wie zeitunabhängig – und ihrer Anwendungen zieht sich durch die gesamte Buchreihe und findet sich in vielen Abschnitten wieder. Propagatoren schlagen die Brücke zwischen unitärer Zeitentwicklung, Pfadintegralen, Streutheorie und Störungstheorie. Der Pfadintegralformalismus wird hierbei auf natürliche Weise in den kanonischen Formalismus eingebettet und nicht als alternativer Quantisierungszugang betrieben. Wir legen hiermit aber einen Grundstein für die moderne Formulierung der Quantenfeldtheorie in einem späteren Nachfolgeband.

Kapitel 3 betrachtet wichtige eindimensionale Systeme und birgt keine großartigen Besonderheiten, führt aber schon frühzeitig den Begriff der S-Matrix ein.

Dem harmonischen Oszillator wird in Kapitel 4 seiner universellen Bedeutung entsprechend ein großer Platz eingeräumt, und wir beleuchten ihn von verschiedenen Seiten. Seinen Propagator berechnen wir exemplarisch im Pfadintegralformalismus – ein Paradebeispiel. Die in der Quantenoptik wichtigen kohärenten und die gequetschten Zustände werden ebenfalls ausführlich diskutiert, zusammen mit einer Vorstellung der Fock–Bargmann-

Darstellung von Zuständen des harmonischen Oszillators.

Kapitel 5 ist der WKB-Näherung gewidmet, die aus meiner Sicht nicht nur ein Schattendasein als eine von vielen Näherungsmethoden fristen darf, sondern vielmehr das konzeptionelle und rechnerische Bindeglied darstellt zwischen der Quantenmechanik und der klassischen Mechanik und daher auch semiklassische Näherung heißt. Dafür verdient sie ein ganzes Kapitel.

Ein Verweis auf die Folgebände darf an dieser Stelle erlaubt sein: die thematische Entwcklung geht weiter über wichtige Grundlagenthemen wie Drehimpuls, Teilchen in elektromagnetischen Feldern, dreidimensionalen Problemen, Symmetrien in der nichtrelativistischen Quantenmechanik, identischen Teilchen und dem Fock-Raum-Formalismus hin zu Näherungsmethoden, zeitabhängigen Systemen und zur Streutheorie. Schließlich nähern wir uns über die nichtrelativistische Quantenelektrodynamik mehr und mehr der relativistischen Quantentheorie, die mit relativistischen Wellengleichungen beginnt und mit Symmetriebetrachtungen endet. Die relativistische Quantenfeldtheorie wird mit ihrer gesamten Themenvielfalt Gegenstand späterer Nachfolgebände sein.

Es sollte noch kurz erwähnt werden, welche Inhalte es bislang nicht in diese Buchreihe geschafft haben – zu irgendeinem Zeitpunkt musste ich einmal einen Schlussstrich ziehen! So mussten die Behandlung von Quantenstatistik, offener Quantensysteme, der Quanteninformationstheorie oder diverser Interpretationen der Quantenmechanik erst einmal draußen bleiben. Im Anhang des ersten Bandes führen wir zumindest einmal die wichtige Diskussion um Quanten-Nichtlokalität und Bellsche Ungleichungen. Und damit endet dieser auch bereits. Ein Überblick über ideale Quantengase findet sich dann im Anhang des zweiten Bandes.

Verweise auf Originalarbeiten (*"Papers"*) werden im historischen Einführungskapitel gegeben und danach vielfach, wenn der beschriebene Sachverhalt entweder nicht „kanonisch" ist im Sinne der üblichen Lehrbuchliteratur und über Standarddarstellungen hinausgeht oder wenn die Lektüre der Originalarbeit an sich besonders erhellend ist. Im Allgemeinen nimmt die Anzahl der Originalreferenzen mit zunehmendem Anspruch der Darstellung zu. Außerdem erachte ich eine gewisse Beschäftigung mit und Kenntnis von der Entstehungsgeschichte von Ideen und Methoden in der Theoretischen Physik nicht nur als sinnvoll, sondern finde sie auch überaus spannend. Der Leser sei daher ausdrücklich dazu ermuntert, Originalarbeiten zu lesen, um *"scientific creativity at work"* zu sehen und um sich auf die spätere Forschung methodisch vorzubereiten.

Konventionen

Viele mathematische Formeln und Zusammenhänge, die ohne Herleitung dargestellt werden, wie beispielsweise Lösungen von Differentialgleichungen oder Konventionen in der Definition oder der Notation der Speziellen Funktionen sind hauptsächlich dem *"Arfken"*, einem unverzichtbaren Referenzwerk [AWH13; AW05], entnommen. Bis auf wenige Ausnahmen stimmen die dortigen Konventionen mit dem alten *"Abramowitz and Stegun"* des ehemaligen *National Bureau of Standards (NBS)* überein, welcher seit 1965 von Dover Publications verlegt wird [AS65]. Dessen vollkommene Neubearbeitung mit angepasster Notation kommt in Form des *NIST Handbook of Mathematical Functions* daher, das seit

2010 als Druckversion [Olv+10] und darüber hinaus in Form einer ständig aktualisierten und verbesserten Online-Version [Olv+22] existiert. Ebenfalls weitestgehend konsistent mit diesen Konventionen ist das hervorragende Online-Portal *Wolfram MathWorld ™* [Wei], das es in unregelmäßigen Abständen auch als Druckversion gibt [Wei09].

In diesem Buch wird konsequent das insbesondere in der relativistischen Physik verbreitete **Gaußsche Einheitensystem** verwendet. Die Naturkonstanten $\hbar$ und c werden stets mitgeführt und nicht – wie in der weiterführenden Literatur der relativistischen Quantenfeldtheorie üblich – zu Eins gesetzt. Die Maxwell-Gleichungen – die gewissermaßen die Referenzformeln liefern – lauten dann:

$$\nabla \cdot \boldsymbol{E} = 4\pi\rho,$$

$$\nabla \times \boldsymbol{E} = -\frac{1}{c}\frac{\partial \boldsymbol{B}}{\partial t},$$

$$\nabla \cdot \boldsymbol{B} = 0,$$

$$\nabla \times \boldsymbol{B} = \frac{4\pi}{c}\boldsymbol{j} + \frac{1}{c}\frac{\partial \boldsymbol{E}}{\partial t}.$$

Zusammenhang zwischen Feldstärken und Feldpotentialen:

$$\boldsymbol{E} = -\nabla\phi - \frac{1}{c}\frac{\partial \boldsymbol{A}}{\partial t},$$

$$\boldsymbol{B} = \nabla \times \boldsymbol{A}.$$

Weitere wichtige Formeln lauten:

$$\boldsymbol{F} = q\left(\boldsymbol{E} + \frac{\boldsymbol{v}}{c} \times \boldsymbol{B}\right) \quad \text{(Lorentz-Kraft)},$$

$$\boldsymbol{E} = \frac{q}{r^2}\boldsymbol{e}_r \quad \text{(Coulomb-Feld)},$$

$$\boldsymbol{S} = \frac{c}{4\pi}\boldsymbol{E} \times \boldsymbol{B} \quad \text{(Poynting-Vektor)},$$

$$H_{\text{em}} = \frac{1}{8\pi}\int \mathrm{d}^3r(\boldsymbol{E}^2 + \boldsymbol{B}^2) \quad \text{(Energie des elektromagnetischen Felds)}.$$

Wichtige physikalische Konstanten sind:

$$\alpha = \frac{e^2}{\hbar c} \quad \text{(Feinstrukturkonstante)},$$

$$\mu_{\text{B}} = \frac{e\hbar}{2m_e c} \quad \text{(Bohrsches Magneton)},$$

$$\Phi_0 = \frac{2\pi\hbar c}{e} \quad \text{(magnetisches Flussquantum)},$$

$$\lambda_{\text{C}} = \frac{h}{m_e c} \quad \text{(Compton-Wellenlänge des Elektrons)},$$

$$\lambdabar_{\text{C}} = \frac{\hbar}{m_e c} \quad \text{(reduzierte Compton-Wellenlänge des Elektrons)}.$$

In relativistisch kovarianter Notation wird die „Westküstenmetrik" verwendet:

$$\eta_{\mu\nu} = \begin{pmatrix} 1 & 0 & 0 & 0 \\ 0 & -1 & 0 & 0 \\ 0 & 0 & -1 & 0 \\ 0 & 0 & 0 & -1 \end{pmatrix},$$

$$x^{\mu} = (ct, \boldsymbol{r}),$$

$$p^{\mu} = (E/c, \boldsymbol{p}),$$

$$\partial^{\mu} = \left(\frac{1}{c}\frac{\partial}{\partial t}, -\nabla\right).$$

Für das vollständig antisymmetrische Levi-Civita-Symbol $\epsilon^{\mu\nu\rho\sigma}$ gilt:

$$\epsilon^{0123} = +1 \implies \epsilon_{0123} = -1, \epsilon^{1230} = -1.$$

Elektromagnetischer Feldstärketensor:

$$F^{\mu\nu} = \begin{pmatrix} 0 & -E_1 & -E_2 & -E_3 \\ E_1 & 0 & -B_3 & B_2 \\ E_2 & B_3 & 0 & -B_1 \\ E_3 & -B_2 & B_1 & 0 \end{pmatrix}, \quad F_{\mu\nu} = \begin{pmatrix} 0 & E_1 & E_2 & E_3 \\ -E_1 & 0 & -B_3 & B_2 \\ -E_2 & B_3 & 0 & -B_1 \\ -E_3 & -B_2 & B_1 & 0 \end{pmatrix}.$$

Die Einsteinsche Summenkonvention verwenden wir auch im nichtrelativistischen $\mathbb{R}^3$:

$$\epsilon_{ijk}\hat{r}_j\hat{p}_k = \sum_{j=1}^{3}\sum_{k=1}^{3}\epsilon_{ijk}\hat{r}_j\hat{p}_k.$$

Danksagung

Kein Vorwort ohne Danksagung, so auch hier. Mein ganz besonderer Dank gilt Professor Dr. Markus King, der mich mit seinem exzellenten Detailwissen an vielen Stellen immer wieder dazu gebracht hat, Dinge neu zu sehen und Inhalte anders darzustellen. Ich habe unsere freudig angeregten, teilweise abendfüllenden Diskussionen immer sehr genossen und genieße sie noch! Dipl.-Physiker Mark Pröhl gebührt der Dank, mich seit vielen Jahren ständig über die *gory details* der TEX-Engine und der LATEX-Umgebung mit all ihren Erweiterungen aufzuklären und mich immer wieder auf die Subtilitäten korrekter Typographie aufmerksam zu machen. Jede Stelle in diesem Buch, die von den Standards hervorragenden Textsatzes abweicht, geht vollkommen auf meine Kappe.

Für die zahlreichen Ermunterungen, inhaltlichen Beiträge, Verbesserungsvorschläge oder konstruktives Feedback möchte ich mich außerdem bei Professor Dr. Bernhard Wunderle, Dr. Roland Bosch, Professor Dr. Beate Stelzer und Dr. Rasmus Wegener bedanken. Ein herzlicher Dank geht diesbezüglich ebenfalls an Dipl.-Physiker Bernd Zell sowie an Dr. Michael Arndt.

Nie verjähren wird sicherlich meine Prägung durch das jahrelange akademische Umfeld, das mir die Arbeitsgruppe meines damaligen Doktorvaters Professor Dr. Hugo Reinhardt am Institut für Theoretische Physik der Universität Tübingen bot. Die Atmosphäre wissenschaftlichen Austauschs, ja das regelrechte Baden in wissenschaftlicher Kreativität und die Freundschaftlichkeit dieser Arbeitsgruppe waren beispielhaft herausragend und eine wunderbare Erfahrung.

Ganz gewiss nicht unerwähnt lassen darf ich an dieser Stelle einen weiteren akademischen Lehrer von mir, Professor Dr. Herbert Pfister, der leider im Jahre 2015 nach kurzer Krankheit verstarb. Seine damaligen Vorlesungen, Seminare und besonders meine Erfahrungen im direkten Austausch mit ihm hatten mich maßgeblich beeinflusst in der Art und Weise, auf die Theoretische Physik zu sehen und sie zu verstehen.

Ich freue mich sehr über die Veröffentlichung der vier Bände dieses Lehrbuchs im Springer-Verlag. In diesem Zusammenhang möchte ich Gabriele Ruckelshausen und Stefanie Adam recht herzlich für ihre fortwährende und engagierte Unterstützung während der Umsetzung des Projekts danken.

Nach all den vorgenannten Personen dürfen natürlich die wichtigsten Menschen in meinem Leben nicht fehlen: meine Frau Ilka und meine vier Kinder Victoria, Sarah, Jan und Martin (in chronologischer Reihenfolge). Ihr Langmut und ihr ungläubiges Kopfschütteln während der zahllosen Abende und Wochenenden, an denen ich gedankenversunken bis spät am Rechner saß und in die Tastatur tippte, boten mir Ansporn und Geborgenheit zugleich. Ich bin sehr glücklich, sie zu haben, und widme ihnen dieses Buch.

Korrekturen

Die Elimination von Druckfehlern ergibt eine nicht besonders gut konvergierende Folge von Dokumentenversionen. Mit der Hinzufügung neuer Inhalte wird diese Folge sogar semi-konvergent. Ich bin für alle Leserinnen und Leser dankbar, die mich auf alle Arten von Fehlern aufmerksam machen und mir diese am besten an `tennert.quantenmechanik@t-online.de` senden.

Kolophon

Dieser Text wurde mit LuaTEX in der Version 1.18.0 erstellt. Als Editor habe ich TEXworks, Version 0.6.5, verwendet, die Dokumentenklasse ist `scrbook` (KOMA-Script v3.41). Die Hauptschriftart ist Times (aus der Fontfamilie TEX Gyre Termes), wofür ich die recht neuen `newtx`-Pakete in der Version 1.742 verwendet habe. Für numerische Ausdrücke und Maßeinheiten wurde das `siunitx`-Paket (v3.3.12) verwendet. Die Hervorhebung wichtiger Gleichungen wurde mit dem Paket `empheq` bewerkstelligt. Die mathematischen Einschübe sind mit Hilfe des `mdframed`-Pakets realisiert. Für das Literaturverzeichnis mit BibLATEX (Version 3.19) wurde das Biber-Backend in Version 2.19 verwendet und für das Stichwort- und das Personenverzeichnis das `imakeidx`-Paket sowie Xindy in der Version 2.5.1.

Die mathematische Notation ist weitestgehend konform zum Standard ISO/IEC 80000-2, ehemals ISO 31-11. Das bedeutet unter anderem, dass die mathematischen Konstanten π, i und e oder das Kronecker-Symbol δ_{ij} beziehungsweise das Dirac-Funktional $\delta(x)$ aufrecht geschrieben werden, genauso wie Differentialoperatoren wie d, ∂ oder δ.

Ebenfalls aufrecht geschrieben werden bekannte mathematische Funktionen wie die Heaviside-Funktion $\Theta(x)$, die Gamma-Funktion $\Gamma(x)$, die sphärischen Bessel-Funktionen $j_l(r)$ oder die Kugelflächenfunktionen $Y_{lm}(\theta, \phi)$.

Vektoren werden dick und kursiv gesetzt: r, auch wenn die Komponenten Matrizen sind: σ. Daneben werden die Permutationsoperatoren π kursiv belassen, genauso wie Winkelvariable $\alpha, \beta, \gamma, \delta$. Mit großen griechischen Buchstaben bezeichnete Variablen werden kursiv gesetzt.

Die Menge $\mathbb{N}$ der natürlichen Zahlen beinhaltet die Null!

Quantenmechanische Operatoren, gleich ob hermitesch oder unitär, bekommen ein Dach verpasst: $\hat{p}, \hat{a}, \hat{H}, \hat{U}$. Konsequenterweise sind vektorwertige Operatoren dann fett, kursiv und haben ein Dach: $\hat{A}, \hat{r}$. Und die imaginäre Einheit i taucht im Allgemeinen nie in einem Nenner auf, die Ausnahme besteht beim in der Funktionentheorie häufig vorkommenden Ausdruck 2πi.

Die meisten Diagramme, speziell Funktionsgraphen, wurden mit gnuplot in der Version 5.4.3 erstellt, unter Zuhilfenahme des `gnuplottex`-Pakets und mit `cairolatex` als Ausgabeterminal. Einige Vektorgrafiken wurden mit `inkscape` in der Version 1.0.1 erzeugt. Die diagrammatischen Illustrationen in der Störungs- und Streutheorie und der nichtrelativistischen Quantenfeldtheorie – auch wenn sie keine Feynman-Diagramme darstellen – wurden mit dem `tikz-feynman`-Paket in der Version 1.1.0 erstellt.

Inhaltsverzeichnis

Verzeichnis der mathematischen Einschübe

Teil 1

Historischer Abriss: Der Weg zur Quantenmechanik

In der zweiten Hälfte des 19. Jahrhunderts erschien die klassische Physik als vollkommen hinreichend, um alle physikalischen Phänomene zu erklären. Im damaligen Weltbild bestand das Universum aus Materie und elektromagnetischer Strahlung. Die Materie gehorchte den Newtonschen Bewegungsgleichungen und die Strahlung unterlag den Gesetzen der Maxwell-Gleichungen. Kurzum: für den Physiker der damaligen Zeit war die Welt verstanden und in Ordnung.

Doch der Jahrhundertwechsel ging einher mit einer plötzlich auftretenden und stetig zunehmenden Fülle an experimentellen Befunden, die keinesfalls erklärbar waren im Rahmen der klassischen Physik. Es dämmerte den Physikern Anfang des 20. Jahrhunderts sehr schnell, das radikal neuartige Konzepte und Theorien – wie auch immer diese aussehen mochten – vonnöten waren, um die Beobachtungen und den Ausgang neuer physikalische Experimente zu erklären.

In diesem Kapitel geben wir einen historischen Abriss über die Befunde derjenigen Schlüsselexperimente, die dieser Notwendigkeit von neuartigen Konzepten den Ausschlag gaben: die Strahlung eines schwarzen Körpers, der Photoeffekt, der Compton-Effekt und die Spektren von Atomen, insbesondere des Wasserstoffatoms. Im Laufe der ersten etwa 25 Jahre des 20. Jahrhunderts wurde klar, dass eine neuartige Theorie mindestens zwei zentrale, im klassischen Weltbild vollkommen unbekannte Elemente beinhalten musste: den Teilchencharakter von Strahlung und den Wellencharakter von Materie. Im Laufe dieser Zeit wurde neue Begriffe, Ansätze und Modelle vielfach ad hoc in immer verfeinerte Hypothesen eingeführt und gewissermaßen ausprobiert, wobei von vornherein stets auch die nochmals schwierigeren Herausforderungen einer relativistischen Quantenphysik betrachtet wurden. Die nichtrelativistische **Quantenmechanik** als umfassende Theorie in ihrer heutigen Form fand erst gegen 1930 ihren Abschluss. Für eine umfassende relativistische Quantentheorie mit weitreichender experimenteller Vorhersage- und Erklärungskraft dauerte es noch weitere etwa 20 Jahre, bis gegen 1950 grundlegende mathematische Herausforderungen einer sich als zwingend herausentwickelnden **Quantenfeldtheorie** weitestgehend überwunden werden konnten.

1 Die Strahlung eines schwarzen Körpers I: Das Problem

Wir beginnen mit der Betrachtung desjenigen Problems, das zur Geburt der Quantentheorie führte, nämlich die Herleitung des Strahlungsgesetzes eines schwarzen Körpers.

Ein heißer Körper emittiert Energie in Form von elektromagnetischer Strahlung, die sogenannte **Wärmestrahlung**. Diese Strahlungsemission besitzt ein kontinuierliches und temperaturabhängiges Spektrum: bei niedrigen Temperaturen (unterhalb von etwa 900 K) beispielsweise wird die meiste Energie im Infrarotbereich abgestrahlt. Mit zunehmender Temperatur besitzt die Wärmestrahlung einen immer größeren Anteil an sichtbarem Licht, und bei Temperaturen von etwa 3000 K erscheint der Körper weißglühend. Darüber hinaus ist nicht nur die Spektralverteilung der abgestrahlten Energie abhängig von der Temperatur, sondern auch die Gesamtstrahlungsleistung über alle Wellenlängen hinweg, welche mit zunehmender Temperatur ebenfalls zunimmt.

Der **Absorptionskoeffizient** ist definiert als der Quotient von absorbierter Strahlung und einfallender Strahlung, als Funktion der Wellenlänge, während der **Reflektionskoeffizient** der Quotient von reflektierter zu einfallender Strahlung ist, ebenfalls als Funktion der Wellenlänge. Integriert über alle Wellenlängen erhält man so die gesamte Absorptionsleistung sowie die gesamte Emissionsleistung des Körpers. Befindet sich nun ein Körper im thermischen Gleichgewicht mit seiner Umgebung, ist also per Definition seine Temperatur konstant, so müssen seine gesamte Absorptionsleistung und seine Emissionsleistung gleich groß sein.

Ein **schwarzer Körper** – der Begriff wurde 1860 vom deutschen Physiker Gustav Robert Kirchhoff geprägt [Kir60] – besitzt per Definition den Absorptionskoeffizienten 1, die gesamte einfallende Strahlung wird also absorbiert. Aus allgemeinen thermodynamischen Prinzipien leitete er das nach ihm benannte **Kirchhoffsche Strahlungsgesetz** ab: im thermischen Gleichgewicht bei einer gegebenen Temperatur T ist das Verhältnis von Emissionsleistung zu Absorptionskoeffizient (als Funktion der Wellenlänge λ) identisch für alle Körper und gleich der Emissionsleistung $R(\lambda, T)$ eines schwarzen Körpers. Diese spektrale spezifische Strahlungsleistung $R(\lambda, T)$ hängt nur von der Wellenlänge λ und der Temperatur T ab und besitzt daher eine universelle Bedeutung. Es war eines der zentralen Probleme der klassischen Physik, diese noch unbekannte universelle Funktion $R(\lambda, T)$ aus grundlegenden Prinzipien abzuleiten, sprich ein **universelles Strahlungsgesetz** zu finden.

Ein schwarzer Körper ist natürlich eine theoretische Idealisierung, kann aber experimentell sehr gut durch einen punktierten Hohlraum mit geschwärzten Innenseiten realisiert werden. Von außen beobachtet, verhält sich das Loch des Hohlraums wie ein schwarzer Körper, weswegen die emittierte Wärmestrahlung auch oft als **Hohlraumstrahlung** bezeichnet wird. Kirchhoff zeigte, dass die Hohlraumstrahlung unabhängig von der Form des Hohlraums, homogen (also ortsunabhängig) und isotrop (also richtungsunabhängig) ist.

Wir bezeichnen mit $R(T)$ die gesamte Strahlungsleistung pro Flächeneinheit eines schwarzen Körpers in Abhängigkeit von der Temperatur T. Der österreichisch-slowenische Physiker Josef Stefan (slowenisch Jožef Štefan) fand 1879 den empirischen Zusammenhang [Ste79]:

$$R(T) = \sigma T^4, \tag{1.1}$$

wobei die Konstante $\sigma = 5{,}67 \cdot 10^{-8}\,\mathrm{W\,m^{-2}K^{-4}}$ als **Stefan–Boltzmann-Konstante** bezeichnet wird. Ludwig Boltzmann leitete (1.1) 1884 aus der Thermodynamik ab [Bol84], weswegen (1.1) das **Stefan–Boltzmann-Gesetz** heißt.

$R(T)$ erhält man aus der oben eingeführten spektralen spezifischen Strahlungsleistung pro Flächeneinheit $R(\lambda, T)$ aus:

$$R(T) = \int_0^\infty R(\lambda, T)\mathrm{d}\lambda.$$

Die ersten wirklich genauen Messungen von $R(\lambda, T)$ wurden 1899 von Otto Lummer und Ernst Pringsheim durchgeführt. Man sieht, dass bei fester Wellenlänge λ die Funktion $R(\lambda, T)$ mit steigender Temperatur T ebenfalls ansteigt. Außerdem gibt es bei jeder Temperatur T eine Wellenlänge $\lambda_{\max}$, für die $R(\lambda, T)$ ein Maximum besitzt. Für diese fand Wilhelm Wien bereits 1894 im Rahmen von thermodynamischen Überlegungen zum Strahlungsgesetz das nach ihm benannte **Wiensche Verschiebungsgesetz** [Wie94]:

$$\lambda_{\max} T = b, \tag{1.2}$$

$\lambda_{\max}$ ist demnach umgekehrt proportional zu T. Das Wiensche Verschiebungsgesetz war also gewissermaßen eine zusätzliche funktionale Bedingung für die noch immer unbekannte Funktion $R(\lambda, T)$. Die Verschiebungskonstante b wurde experimentell zu $b = 2{,}898 \cdot 10^{-3}\,\mathrm{m\,K}$ bestimmt.

Für die weitere Diskussion im Hohlraum ist es praktisch, nicht die Strahlungsleistung pro Flächeneinheit $R(\lambda, T)$ zu betrachten, sondern die spektrale Energiedichte $\rho(\lambda, T)$ im Hohlraum, die mit $R(\lambda, T)$ durch

$$\rho(\lambda, T) = \frac{4}{c} R(\lambda, T) \tag{1.3}$$

zusammenhängt, wie man nach kurzer Rechnung zeigen kann. Wilhelm Wien schloss in der oben zitierten Arbeit aus allgemeinen thermodynamischen Prinzipien, dass $\rho(\lambda, T)$ von der Form

$$\rho(\lambda, T) = \lambda^{-5} f(\lambda T) \tag{1.4}$$

sein muss, wobei $f(\lambda T)$ innerhalb dieses thermodynamischen Ansatzes nicht abgeleitet werden konnte. Daraus folgte das Wiensche Verschiebungsgesetz (1.2) und das Stefan–Boltzmann-Gesetz (1.1). Dennoch waren weder die Stefan–Boltzmann-Konstante σ, noch die Verschiebungskonstante b ohne Kenntnis von $f(\lambda T)$ zu erhalten. Gleichung (1.4) wird manchmal ebenfalls noch als Wiensches Verschiebungsgesetz bezeichnet.

Um also zur Funktion $f(\lambda T)$ und damit zur spektralen Energiedichte $\rho(\lambda, T)$ zu gelangen, musste man den Rahmen der Thermodynamik verlassen und ein ausgefeilteres theoretisches Modell finden. Bereits 1896 versuchte Wien, ein Strahlungsgesetz heuristisch abzuleiten, das sein eigenes zuvor gefundenes Verschiebungsgesetz reproduzierte, und schlug vor [Wie96]:

$$f(\lambda T) = c_1 \mathrm{e}^{-c_2/(\lambda T)} \tag{1.5}$$

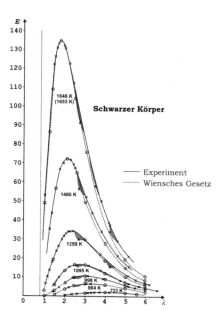

Die Messungen von Lummer und Pringsheim, die sie um 1900 in der Physikalisch-Technischen Reichsanstalt Berlin durchgeführten und mit dem Wienschen Strahlungsgesetz verglichen (Abbildung: PTB).

mit zwei zu bestimmenden Konstanten c_1 und c_2 (**Wiensches Strahlungsgesetz**). Nachdem die obengenannten Messungen von Lummer und Pringsheim drei Jahre später allerdings für große Werte von λ mit den Vorhersagen des Wienschen Strahlungsgesetzes immer schlechter übereinstimmten, wurden zunächst Lummer und Pringsheim selbst nebst ihren Messergebnissen angezweifelt, bis erst weitere, noch genauere Messungen die Gültigkeit des Wienschen Strahlungsgesetzes endgültig für große Werte von λ widerlegten. Dennoch erhielt Wien 1911 den Nobelpreis für Physik für seine Arbeiten zur Wärmestrahlung.

Der englische Physiker John William Strutt, 3rd Baron Rayleigh (kurz: Lord Rayleigh, der später für die Entdeckung des Elements Argon den Nobelpreis bekam) entwickelte um 1900 ein Strahlungsgesetz, das nebenbei bemerkt zunächst noch einen falschen Vorfaktor enthielt und erst fünf Jahre später – also bereits nach Plancks Veröffentlichung! – vom englischen Physiker Sir James Jeans korrigiert veröffentlicht wurde. Rayleigh und Jeans nahmen als Ausgangspunkt die Betrachtung stehender Wellen im Hohlraum. Die Anzahl dieser stehenden Wellen der Wellenlänge λ pro Einheitsvolumen $n(\lambda)$ kann abgeleitet werden zu

$$n(\lambda) = \frac{8\pi}{\lambda^4} \tag{1.6}$$

und ist unabhängig von der Form des Hohlraums. Rayleigh und Jeans nahmen nun korrekterweise an, dass diese stehenden Wellen elektromagnetischer Strahlung durch Atome zustande kam, die als elektrische Dipole ständig Strahlung absorbierten und emittierten. Die Energie eines solchen klassischen Dipols kann jeden Wert zwischen 0 und ∞ annehmen, und da sich das System im thermischen Gleichgewicht mit seiner Umgebung befinden sollte, also ein kanonisches Ensemble darstellte, setzten sie die Boltzmann-Verteilung für die Anzahl $N(\epsilon)$ der Dipole mit der Energie ϵ an:

$$N(\epsilon) = \frac{1}{Z} e^{-\beta\epsilon}$$

$$\text{mit} \quad Z = \int_0^\infty e^{-\beta\epsilon} d\epsilon$$

$$\text{und} \quad \beta = \frac{1}{k_B T}.$$

k_B ist hierbei die **Boltzmann-Konstante** $k_B \approx 1{,}38 \cdot 10^{-28}\,\mathrm{J\,K^{-1}}$. Daraus folgt die mittlere Dipolenergie $\bar{\epsilon}$:

$$\begin{aligned}
\bar{\epsilon} &= \int_0^\infty \epsilon N(\epsilon) d\epsilon \\
&= \frac{1}{Z} \int_0^\infty \epsilon e^{-\beta\epsilon} d\epsilon \\
&= \frac{\int_0^\infty \epsilon e^{-\beta\epsilon} d\epsilon}{\int_0^\infty e^{-\beta\epsilon} d\epsilon} \\
&= -\frac{d}{d\beta} \log\left[\int_0^\infty e^{-\beta\epsilon} d\epsilon\right] = \frac{1}{\beta} = k_B T,
\end{aligned} \tag{1.7}$$

entsprechend dem klassischen Äquipartitionsgesetz, nachdem die mittlere Energie pro Freiheitsgrad eines dynamischen Systems im thermischen Gleichgewicht gleich $(k_B T/2)$ ist. In Fall der Hohlraumstrahlung rührt je ein Beitrag von $(k_B T/2)$ aus der kinetischen Energie und aus der potentiellen Energie des Dipols.

Diese mittlere Dipolenergie $\bar{\epsilon}$ ist unabhängig von der Wellenlänge λ der emittierten Strahlung. Kombinieren wir nun also (1.7) und (1.6), erhalten wir so das **Rayleigh–Jeans-Gesetz**:

$$\begin{aligned}
\rho(\lambda, T) &= n(\lambda) k_B T \\
&= \frac{8\pi}{\lambda^4} k_B T,
\end{aligned} \tag{1.8}$$

so dass also anbetracht (1.4)

$$f(\lambda T) = 8\pi k_B \lambda T. \tag{1.9}$$

Anders als das Wiensche Gesetz (1.5) verhält sich das Rayleigh–Jeans-Gesetz (1.9) für große Werte von λ in völliger Übereinstimmung mit den gemessenen Werten. Aber für $\lambda \to 0$ ist der Kurvenverlauf zunehmend falsch: nicht nur besitzt $\rho(\lambda, T)$ kein Maximum und reproduziert damit nicht das Wiensche Verschiebungsgesetz. Vielmehr divergiert $\rho(\lambda, T)$

für $\lambda \rightarrow 0$, ein Verhalten, das Paul Ehrenfest 1911 als **Ultraviolettkatastrophe** bezeichnete. Als Konsequenz ist auch die Gesamtenergiedichte $\rho(T)$ im Hohlraum

$$\rho(T) = \int_0^\infty \rho(\lambda, T)\mathrm{d}\lambda$$

unendlich, was offensichtlich nicht korrekt ist.

Kurzum: Bei den Physikern gegen Ende des 19. Jahrhunderts setzte sich langsam aber sicher die Erkenntnis durch, dass ein Strahlungsgesetz im Rahmen des bekannten Theoriegebäudes nicht abzuleiten war. Das Phänomen Wärmestrahlung blieb im Grunde unverstanden, und das Weltbild der klassischen Physik, bestehend aus Mechanik und Elektrodynamik, kam ins Wanken.

2 Die Strahlung eines schwarzen Körpers II: Die Quantenhypothese von Planck

Da die klassische Physik kein brauchbares Modell zur Wärmestrahlung lieferte, ein neues Theoriegebäude aber fehlte, blieb Anfang des 20. Jahrhunderts zunächst nichts anderes übrig, als in einer ständigen Abfolge neuartige Ad-hoc-Hypothesen und sogar mathematische Ansätze ohne zugrundeliegende Theorie zur Erklärung der experimentellen Befunde einzuführen. Ein solcher Ansatz kam im Jahre 1900 von Max Planck.

Zunächst hatte Planck schlicht und einfach das Wiensche Strahlungsgesetz um einen Zusatzterm modifiziert, so dass die entstandene Spektralverteilung den gewünschten Kurvenverlauf besaß [Pla00a], fertig war das Plancksche Strahlungsgesetz! Kurze Zeit später lieferte er eine physikalische Begründung nach, mit der sich dieser Ansatz im Nachhinein rechtfertigen ließ [Pla00b] (in dieser Arbeit führte er im Übrigen die Boltzmann-Konstante k_B ein). Max Planck erhielt dafür 1918 den Nobelpreis für Physik. In seiner Nobelpreisrede bezeichnete er sein Strahlungsgesetz humorvoll als seine *„glücklich erratene Interpolationsformel"*, denn ohne Kenntnis des Ununterscheidbarkeitsprinzips und der eigentlich anzuwendenden und erst 1924 gefundenen Bose–Einstein-Statistik für Bosonen ist die Formel gar nicht ableitbar.

Planck betrachtete das Rayleigh–Jeans-Modell eines schwarzen Strahlers als kanonisches Ensemble von schwingenden Dipolen und postulierte, dass der einzelne harmonische Oszillator – wie wir den schwingenden Dipol nun im weiteren bezeichnen wollen – nicht ein Kontinuum an Energiewerten ϵ annehmen kann, wie es die klassische Physik eigentlich zulässt, sondern nur abzählbar viele, also in diskreten Werten $\epsilon = n\epsilon_0$, wobei n eine positive ganze Zahl oder Null ist und ϵ_0 eine endliche Energiegröße darstellt, ein **Energiequantum**, das aber möglicherweise von der Wellenlänge λ abhängt.

Dann stellt sich die Berechnung der durchschnittlichen Oszillatorenergie, analog zu (1.7), so dar:

$$
\begin{aligned}
\bar{\epsilon} &= \frac{\sum_{n=0}^{\infty} n\epsilon_0 e^{-\beta n \epsilon_0}}{\sum_{n=0}^{\infty} e^{-\beta n \epsilon_0}} \\
&= -\frac{\mathrm{d}}{\mathrm{d}\beta} \left[\log \sum_{n=0}^{\infty} e^{-\beta n \epsilon_0} \right] \\
&= -\frac{\mathrm{d}}{\mathrm{d}\beta} \left[\log \left(\frac{1}{1 - e^{-\beta \epsilon_0}} \right) \right] = \frac{\epsilon_0}{e^{\beta \epsilon_0} - 1},
\end{aligned}
\tag{2.1}
$$

und die spektrale Energiedichte $\rho(\lambda, T)$ ergibt sich zu:

$$
\rho(\lambda, T) = \frac{8\pi}{\lambda^4} \frac{\epsilon_0}{e^{\epsilon_0/(k_B T)} - 1}.
\tag{2.2}
$$

Um der Form (1.4) zu genügen, musste ϵ_0 umgekehrt proportional zur Wellenlänge λ

Max Planck um 1930 (Abbildung: Fotografie der ehemaligen Transocean GmbH Berlin, Wikimedia Commons, Public Domain).

beziehungsweise proportional zur Frequenz ν sein, also:

$$\epsilon_0 = hc/\lambda$$
$$= h\nu,$$

wobei h eine fundamentale physikalische Konstante von der Dimension einer Wirkung darstellt, die später als **Planck–Konstante** bezeichnet wurde. Gleichung (1.4) stellt sich dann so dar:

$$f(\lambda T) = 8\pi hc \frac{1}{e^{hc/(\lambda k_B T)} - 1}, \tag{2.3}$$

und wir erhalten das **Plancksche Strahlungsgesetz**:

$$\rho(\lambda, T) = \frac{8\pi hc}{\lambda^5} \frac{1}{e^{hc/(\lambda k_B T)} - 1}. \tag{2.4}$$

Es ist sofort zu erkennen, dass (2.4) für große Wellenlängen λ in das Rayleigh–Jeans-Gesetz und für kleine λ in das Wiensche Strahlungsgesetz übergeht:

$$\rho(\lambda, T) \xrightarrow{\lambda k_B T \gg hc} \frac{8\pi}{\lambda^4} k_B T,$$
$$\rho(\lambda, T) \xrightarrow{\lambda k_B T \ll hc} \frac{8\pi hc}{\lambda^5} e^{-hc/(\lambda k_B T)},$$

womit auch gleichzeitig die beiden bislang unbestimmten Konstanten c_1 und c_2 in (1.5) festgelegt sind:

$$c_1 = 8\pi hc \tag{2.5}$$

$$c_2 = \frac{hc}{k_B}. \tag{2.6}$$

Das Wiensche Verschiebungsgesetz (1.2) kann ebenfalls abgeleitet werden. Setzt man in (2.4) die erste Ableitung von $\rho(\lambda; T)$ zu Null, folgt dieses implizit aus der Gleichung:

$$e^{hc/(\lambda_{max} k_B T)} \frac{hc}{\lambda_{max} k_B T} = 5, \tag{2.7}$$

und lautet:

$$\lambda_{max} T \approx \frac{hc}{4{,}965 k_B} \tag{2.8}$$

mit der Verschiebungskonstanten $b = hc/(4{,}965 k_B)$.

Die Gesamtenergiedichte $\rho(T)$ ist ebenfalls endlich:

$$\begin{aligned} \rho(T) &= \int_0^\infty \rho(\lambda, T)\mathrm{d}\lambda \\ &= \frac{8\pi^5}{15} \frac{k^4}{h^3 c^3}, \end{aligned} \tag{2.9}$$

so dass die Stefan–Boltzmann-Konstante in (1.1) folgendermaßen lautet:

$$\sigma = \frac{2\pi^5}{15} \frac{k^4}{h^3 c^2}. \tag{2.10}$$

Sowohl die Wiensche Verschiebungskonstante b als auch die Stefan–Boltzmann-Konstante σ standen nun also als Ausdruck der drei fundamentalen Naturkonstanten c, k_B und h da. Um 1900 war die Lichtgeschwindigkeit c recht präzise bestimmt, und die experimentellen Werte für b und σ waren ebenfalls bekannt. Somit konnten für die Boltzmann-Konstante k_B und die Planck-Konstante h Werte abgeleitet werden:

$$k_B \approx 1{,}346 \cdot 10^{-23}\,\mathrm{J\,K^{-1}},$$

$$h \approx 6{,}55 \cdot 10^{-34}\,\mathrm{J\,s}.$$

Das war bis dato nicht nur die genaueste Bestimmung von k_B, sondern auch die erste Berechnung von h. Im Jahre 2019 sind die Werte der Boltzmann-Konstanten und der Planck-Konstanten per Definition auf exakt

$$k_B = 1{,}380\,649 \cdot 10^{-23}\,\mathrm{J\,K^{-1}},$$

$$h = 6{,}626\,070\,15 \cdot 10^{-34}\,\mathrm{J\,s}$$

festgesetzt worden.

Die Idee der Quantisierung der Energie, in dem also die Energie nur bestimmte diskrete Werte annehmen durfte, stand in völligem Widerspruch zur klassischen Physik. Plancks Theorie wurde infolgedessen auch nicht sofort allgemein anerkannt. Zu diesem Zeitpunkt jedoch standen sowohl der Teilchencharakter der Materie als auch der Wellencharakter der elektromagnetischen Strahlung immer noch vollkommen unangetastet da. Auch Planck selbst betrachtete das elektromagnetische Feld weiterhin als ein klassisches Wellenfeld gemäß den Maxwell-Gleichungen. Schon fünf Jahre später jedoch setzte ein anderer Physiker an, an der Eindeutigkeit des Letzteren völlig überraschend und radikal zu rütteln: Albert Einstein.

3 Einsteins Erklärung des Photoeffekts und die Lichtquantenhypothese

Es ist eine Ironie der Geschichte, dass ausgerechnet dieselbe Reihe von Experimenten, die die Wellennatur elektromagnetischer Strahlung bestätigten, auch diejenigen waren, die gleichzeitig zur Entdeckung der Teilchennatur führten. Als Heinrich Hertz 1887 seine heute gefeierten Versuche durchführte, stieß er nebenbei auf das Phänomen, dass der Einfall von ultraviolettem Licht auf eine metallische Elektrode zu einem Funkenschlag führte [Her87]. Sein damaliger Assistent Wilhelm Hallwachs fand heraus, dass sich metallische Oberflächen durch hochfrequente Strahlung elektrisch aufladen ließen [Hal88a; Hal88b]. Dieses Phänomen wurde **Photoeffekt** genannt, heute spezifischer als **äußerer Photoeffekt** bezeichnet.

Der österreichisch-ungarische Physiker Philipp Lenard maß 1900 in Experimenten, die ähnlich waren denen, durch die J. J. Thomson die Elektronen entdeckte, die spezifische Ladung, oder das Masse-zu-Ladung-Verhältnis, der emittierten Teilchen und konnte sie so als Elektronen identifizieren [Len00]. Er verwendete folgenden Versuchsaufbau: in einer evakuierten Glasröhre fällt ultraviolettes Licht auf eine polierte Metallkathode (als **Photokathode** bezeichnet), woraufhin Elektronen freigesetzt werden. Erreichen einige dieser Elektronen die Anode, fließt im äußeren Stromkreis ein photoelektrischer Strom I.

Lenard untersuchte die Abhängigkeit von I von der Potentialdifferenz U zwischen der Photokathode und der Anode. Wenn $U > 0$, wurden die Elektronen von der Anode angezogen. Mit steigender Spannung U erhöhte sich der Strom I so lange, bis U groß genug war, damit sämtliche emittierten Elektronen die Anode erreichten. Wenn $U < 0$, dann gab es eine charakteristische negative Spannung $U = -U_0$, bei der kein Strom mehr floss: $I = 0$, weil offensichtlich keine Elektronen mehr emittiert wurden. Aus diesem Ergebnis folgerte Lenard, dass die Elektronen mit einer Maximalgeschwindigkeit v_{max} emittiert wurden und die negative Spannung $-U_0$ gerade ausreichend war, die schnellsten Elektronen zu stoppen. Es musste also sein:

$$eU_0 = \frac{1}{2}mv_{max}^2,\tag{3.1}$$

mit der **Bremsspannung** U_0.

Dass nicht alle Elektronen dieselbe, maximale kinetische Energie besaßen, war schnell erklärt: einige Elektronen wurden von der Oberfläche der Photokathode emittiert und besaßen maximale kinetische Energie, während andere aus dem Inneren herausgelöst wurden und daher Energie aufwenden mussten, um an die Oberfläche zu gelangen.

Lenard fand heraus, dass der photoelektrische Strom I proportional war zur Strahlungsintensität des einfallenden Lichts, sprich die Anzahl der herausgelösten Elektronen pro Zeiteinheit ist proportional zur Strahlungsintensität. Dieses Ergebnis alleine wäre im Rahmen der klassischen Elektrodynamik vorhergesagt und erklärbar gewesen.

Die experimentellen Daten ergaben aber auch folgendes:

- Es gab eine minimale Schwellenfrequenz v_{min}, die von dem Kathodenmaterial abhängt, unterhalb der keinerlei Elektronenemission stattfand, vollkommen unabhängig von der Strahlungsintensität oder der Dauer der Bestrahlung. Die klassische Theorie würde vorhersagen, dass der Photoeffekt für jede Frequenz der einfallenden Strahlung stattfände, vorausgesetzt, die Strahlungsintensität war hoch genug, um ausreichend viel Energie an die Elektronen zu übertragen.

- Die Bremsspannung U_0 und damit die maximale kinetische Energie $T_{max} = \frac{1}{2}mv_{max}^2$ besaß offensichtlich eine lineare Abhängigkeit von der Strahlungsfrequenz und war vollkommen unabhängig von der Strahlungsintensität. Die klassische Theorie würde vorhersagen, dass die maximale kinetische Energie mit der Strahlungsintensität zunähme und keine explizite Abhängigkeit von der Strahlungsfrequenz aufwies.

- Die Elektronenemission fand unmittelbar nach Strahlungseinfall auf die Photokathode statt, ohne messbare zeitliche Verzögerung. Die klassische Theorie würde vorhersagen, dass die einzelnen Photoelektronen je nach Strahlungsintensität zunächst hinreichend viel Energie aufnehmen müssten, um herausgelöst zu werden.

Diese experimentellen Befunde waren im Rahmen der klassischen Theorie nicht erklärbar. Albert Einstein aber lieferte eine, wenngleich radikale, Erklärung.

In seinem „Wunderjahr" 1905 („*Annus Mirabilis*") veröffentlichte der 26-jährige Einstein, der seit rund drei Jahren als Sachbearbeiter („technischer Experte III. Klasse") am Berner Patentamt beschäftigt war, drei Arbeiten, von denen jede einzelne aufgrund ihrer Radikalität, ihrer Erklärungs- beziehungsweise Vorhersagekraft oder der Gesamtheitlichkeit des Ansatzes Nobelpreis-würdig war. Einstein entwickelte die Spezielle Relativitätstheorie, er erklärte die Brownsche Bewegung und – das interessiert uns an dieser Stelle – er erklärte den Photoeffekt, indem er Plancks Quantisierungsansatz gleichermaßen allgemeiner fasste als nur auf die physikalischen Größen Energie und Wirkung bezogen, wie auch radikaler dahingehend, dass er die Lichtquantenhypothese aufstellte und behauptete, Licht würde aus einzelnen Teilchen bestehen. Damit hatte Einstein das **Photon** in die Physik eingeführt, dieser Begriff selbst wurde allerdings erst 1926 vom amerikanischen Physiker-Chemiker Gilbert Newton Lewis geprägt [Lew26]. (Nebenbei reichte Einstein 1905 auch noch seine Doktorarbeit über die Bestimmung der Avogadro-Zahl an der Universität Zürich ein.)

Einstein beschrieb in seiner Arbeit [Ein05] das Licht der Frequenz v als ein Ensemble von Lichtquanten, von denen jedes einzelne die Energie $E = hv$ besitzen sollte. Diese Lichtquanten wären hinreichend lokalisiert, so dass die gesamte Energie eines Lichtquants von einem einzelnen Kathodenatom auf einmal aufgenommen werden konnte. Traf ein solches Lichtquant nun auf eine metallische Oberfläche, würde dessen gesamte Energie hv dazu verwendet, ein Elektron aus dem Atom herauszulösen. Ein Teil dieser Energie (die **Austrittsarbeit** W) würde dabei zur Überwindung der Elektronbindung an das Atom verwendet, der Rest würde in kinetische Energie T des Elektrons verwandelt. Daraus folgte dann mühelos:

$$\frac{1}{2}mv_{max}^2 = hv - W, \tag{3.2}$$

so dass sich die Schwellenfrequenz v_{min} ergab durch:

$$v_{max} = 0 \iff hv_{min} = W. \tag{3.3}$$

Albert Einstein während einer Vorlesung in Wien, 1921 (Abbildung: Fotografie von Ferdinand Schmutzer, Wikimedia Commons, Public Domain).

Die Anzahl emittierter Photoelektronen pro Zeiteinheit ist in Einsteins Theorie proportional zur Anzahl an Photonen pro Zeiteinheit, die auf die Kathodenoberfläche treffen. Die Intensität der einfallenden Strahlung ist aber ebenfalls proportional zur Photonenanzahl. Also ist der photoelektrische Strom I proportional zur Strahlungsintensität. Einsteins Theorie konnte den Photoeffekt also in seiner vollständigen Phänomenologie erklären.

Im eigentlichen Großteil seiner Arbeit [Ein05] widmete sich Einstein der Hohlraumstrahlung und leitete aus dem Wienschen Strahlungsgesetz (1.5), welches für hohe Frequenzen näherungsweise gilt, und aus der Additivität der Entropie ab, dass die Hohlraumstrahlung effektiv aus statistisch unabhängigen Energiequanten mit der jeweiligen Energie $E = h\nu$ bestand – die Erklärung des Photoeffekts war gewissermaßen nur eine zusätzliche Konsequenz.

Während die Lichtquantenhypothese beim Rest der Physikergemeinde zunächst eher ein geteiltes Echo fand, wandte Einstein sich weiterhin der Erarbeitung der Konsequenzen des Photonbilds zu. In zwei Arbeiten 1909 [Ein09b; Ein09a] nahm Einstein nun nicht mehr das Wiensche Strahlungsgesetz (1.5), sondern das Plancksche Strahlungsgesetz (2.3) zum Ausgangspunkt seiner Betrachtungen und berechnete die Energiefluktuation $\overline{(\Delta E)^2}$ der Hohlraumstrahlung, welche gemäß den Gesetzen der klassischen Statistischen Physik für ein kanonisches Ensemble durch die Formel

$$\overline{(\Delta E)^2} = k_{\mathrm{B}}T^2 \frac{\mathrm{d}\bar{E}(T)}{\mathrm{d}T} \tag{3.4}$$

definiert ist. Hierbei sei die Hohlraumstrahlung im Frequenzbereich $[\nu, \nu+\mathrm{d}\nu]$ gegeben, und es ist $\bar{E}(T) = Vu(\nu, T)\mathrm{d}\nu$ der Erwartungswert der inneren Energie des Systems als Funktion der Temperatur T. Dabei ist $u(\nu, T) = (\lambda^2/c)\rho(\lambda, T)$ die spektrale Energiedichte als Funktion von ν. Es kam ein bemerkenswertes Ergebnis heraus: die Energiefluktuation $\overline{(\Delta E)^2}$ ergab genau die Summe der beiden Ausdrücke, welche sich jeweils aus dem Wienschen und dem Rayleigh–Jeans-Gesetz (1.9) ergeben:

$$\overline{(\Delta E)^2} = \underbrace{h\nu\bar{E}}_{(\Delta E)^2_{\text{Wien}}} + \underbrace{\frac{c^3}{8\pi\nu^2}\frac{\bar{E}^2}{V\mathrm{d}\nu}}_{(\Delta E)^2_{\text{R.-J.}}} . \tag{3.5}$$

Während der erste Summand in (3.5) mit der linearen Abhängigkeit von $\bar{E}$ und dem Planckschen Wirkungsquantum h gewissermaßen einen korpuskularen Anteil an der Energiefluktuation darstellt, lässt sich der zweite Term aus dem Wellencharakter des Lichts im Rayleigh–Jeans-Regime heraus verstehen (Abschnitt 1) und das Vorkommen des Terms $\mathrm{d}\nu$ zeugt von der Kontinuumseigenschaft. Die **Einsteinsche Fluktuationsformel** (3.5) drückt also bereits den **Welle-Teilchen-Dualismus** für Strahlung aus, wird allerdings von Einstein selbst falsch interpretiert. Einsteins Welle-Teilchen-Dualismus ordnete einem physikalischen System gewissermaßen zwei voneinander statistisch unabhängige Subsysteme zu: eines mit Wellen- und eines mit Teilchencharakter. Die spätere Quantenmechanik hingegen wird einem physikalischen System sowohl Wellen- als auch Teilchencharakter beimessen, als zwei zueinander komplementäre Eigenschaften, die je nach Umstand einzeln entweder hervor- oder in den Hintergrund treten. Außerdem ist Einsteins Herleitung von (3.5) nicht ganz unproblematisch: im Allgemeinen ist die quantenmechanische Entropie (von Neumann-Entropie) nämlich subadditiv, nicht additiv, was Einstein 1909 natürlich nicht wissen konnte. Allerdings war durch das Gibbs-Paradoxon schon lange bekannt, dass bei identischen Teilchen die Entropie nicht additiv sein kann. Hinzu kommt, dass die Plancksche Strahlungsformel immer noch nur eine „geratene Formel" war und nicht aus fundamentalen Prinzipien hergeleitet worden war.

Dennoch ist (3.5) quantenmechanisch korrekt! Man kann es so zusammenfassen: Einstein hat unter inkorrekten Annahmen ein richtiges Ergebnis abgeleitet und danach falsch interpretiert – dem an Wissenschaftshistorie interessierten Leser sei die Arbeit [Bac89] ans Herz gelegt. In jedem Fall deutet (3.5) in Retrospektive schon sehr früh eine notwendige **Quantenelektrodynamik** als Prototyp einer Quantenfeldtheorie an. Wie wir in Abschnitt 8 lernen werden, wird Pascual Jordan im Jahre 1925 im letzten Drittel der „Dreimännerarbeit" die Relation (3.5) erstmalig korrekt und „quantenfeldtheoretisch" reproduzieren.

Zurück zum Photoeffekt. Zwischen 1914 und 1916 führte der amerikanische Physiker Robert Andrews Millikan [Mil16] sehr genaue Messungen durch, die Einsteins Theorie bestätigten. Kombiniert man (3.3) mit (3.1), erhält man

$$U_0 = \frac{h}{e}\nu - \frac{W}{e} . \tag{3.6}$$

Millikan maß für einzelne Oberflächenmaterialien U_0 als Funktion von ν und erhielt eine Gerade mit der Steigung h/e. Da er aus seinen früheren Öltröpfchenversuchen die absolute

Elektronenladung e recht gut kannte, konnte er so einen Wert für die Planck-Konstante ermitteln und erhielt:

$$h \approx 6{,}56 \cdot 10^{-34} \, \text{J s},$$

was sich sehr gut mit Plancks Ergebnis aus den Betrachtungen zur Wärmestrahlung deckte (siehe Abschnitt 2).

Einstein selbst war zwischenzeitlich so sehr mit der Ausarbeitung der Allgemeinen Relativitätstheorie beschäftigt, dass er sich nicht wirklich mit weiteren Beiträgen zur Quantentheorie zu Wort meldete. Als er sie jedoch 1915 fertiggestellt hatte, änderte sich das schlagartig. In seiner legendären Arbeit [Ein17] leitete er das Plancksche Strahlungsgesetz (2.4) aus einfachen Annahmen heraus ab: die Moleküle eines Gases können jeweils Zustände Z_n mit der Energie ϵ_n annehmen. Gemäß der klassischen Boltzmann-Statistik für ein kanonisches Ensemble ist dann die relative Wahrscheinlichkeit W_n für den Zustand Z_n gegeben durch

$$W_n = g_n \exp\left(-\frac{\epsilon_n}{k_{\mathrm{B}} T}\right), \tag{3.7}$$

wobei g_n das statistische Gewicht beziehungsweise der Entartungsgrad des Zustands Z_n ist.

Es sei nun $E_m > E_n$. Einstein verband ja mit dem Übergang der Art $Z_m \rightarrow Z_n$ die Emission eines Lichtquants der Energie $h\nu = \epsilon_m - \epsilon_n$ und entsprechend mit dem Übergang der Art $Z_n \rightarrow Z_m$ die Absorption eines Lichtquants. Die Übergangsraten für diese induzierte Emission und Absorption sind dann gegeben durch

$$\frac{\mathrm{d}W}{\mathrm{d}t} = \begin{cases} B_{m\rightarrow n} u(\nu, T) & \text{(induzierte Emission)} \\ B_{n\rightarrow m} u(\nu, T) & \text{(induzierte Absorption)} \end{cases}. \tag{3.8}$$

Außerdem modelliert Einstein die spontane Emission bei einem „Quanten-Dipol" in Analogie zum exponentiellen radioaktiven Zerfallsgesetz durch

$$\frac{\mathrm{d}W}{\mathrm{d}t} = A_{m\rightarrow n} \quad \text{(spontane Emission)}. \tag{3.9}$$

Hierbei sind die **Einstein-Koeffizienten** $A_{m\rightarrow n}$, $B_{m\rightarrow n}$, $B_{n\rightarrow m}$ für den jeweiligen Übergang spezifisch. Im thermischen Gleichgewicht muss nun spontane und induzierte Emission sowie induzierte Absorption derart ausgeglichen sein, dass sich die Boltzmann-Verteilung nicht ändert. Daher muss sein:

$$W_n B_{n\rightarrow m} u(\nu, T) = W_m (B_{m\rightarrow n} u(\nu, T) + A_{m\rightarrow n}). \tag{3.10}$$

Für $T \rightarrow \infty$ dominieren wegen $u(\nu, T) \rightarrow \infty$ die induzierten Übergänge, also muss sein:

$$g_n B_{n\rightarrow m} = g_m B_{m\rightarrow n},$$

so dass sich (3.10) nach $u(\nu, T)$ auflösen lässt:

$$u(\nu, T) = \frac{A_{m\rightarrow n} / B_{m\rightarrow n}}{\mathrm{e}^{h\nu/(k_{\mathrm{B}} T)} - 1}, \tag{3.11}$$

was aber nichts anderes ist als das Plancksche Strahlungsgesetz! Vergleicht man (3.11) mit (2.4) und berücksichtigt wieder $u(v, T) = (\lambda^2/c)\rho(\lambda, T)$, so erhält man

$$\frac{A_{m\to n}}{B_{m\to n}} = \frac{8\pi h v^3}{c^3}. \tag{3.12}$$

Damit hatte Einstein das Plancksche Strahlungsgesetz aus einfachen Grundannahmen abgeleitet, ein grandioser Erfolg! Im restlichen Verlauf dieser Arbeit führte er noch eine Analyse des Energie- und Impulsübertrags zwischen Materie und Strahlung durch und nahm in gewisser Weise den Compton-Effekt voraus.

Einsteins Lichtquantenhypothese und der inhärente Welle-Teilchen-Dualismus der Strahlung waren also der Schlüssel zur weiteren Entwicklung der Quantentheorie. Und es war diese eine Arbeit zur Erklärung des Photoeffekts, für die Albert Einstein – zweifellos einer der größten und für viele *der* größte Physiker aller Zeiten – 1921 den Nobelpreis für Physik erhielt.

Obwohl der Photoeffekt zwingende Hinweise auf eine Teilchennatur des Lichts lieferte, darf an dieser Stelle nicht vergessen werden, dass die Existenz der Phänomene Beugung und Interferenz nach wie vor dafür sprach, dass das Licht ebenfalls Wellencharakter besaß. Die Maxwell-Gleichungen waren also nicht über Nacht ungültig geworden, vielmehr war der Welle-Teilchen-Dualismus des Lichts ein Hinweis darauf, dass die klassische Elektrodynamik eben nicht der Weisheit letzter Schluss war, sondern einige Jahre später durch eine Quantenelektrodynamik ersetzt werden musste. Bis dahin mussten sich die Physiker jedoch noch an einige weitere Paradigmenwechsel gewöhnen, aber zunächst gab es weitere, noch zwingendere Hinweise auf eine Teilchennatur des Lichts.

4 Der Compton-Effekt

Die Teilchennatur elektromagnetischer Strahlung wurde in einem vollkommen anders aufgebauten Experiment 1923, nämlich bei der Streuung von Röntgenstrahlen an Kristallen, durch den amerikanischen Physiker Arthur Holly Compton auf spektakuläre Weise bestätigt [Com23]. Röntgenstrahlen waren 1895 von Wilhelm Conrad Röntgen entdeckt worden, und man wusste bereits, dass es sich hierbei um hochfrequente elektromagnetische Strahlung handelte.

Die Streuung von Röntgenstrahlen an diversen Materialien wurde erstmals 1909 vom britischen Physiker Charles Glover Barkla untersucht, der seine Ergebnisse mit Hilfe der klassischen Theorie von J. J. Thomson erklärte, die um 1900 entwickelt wurde. Nach dieser versetzt das oszillierende elektromagnetische Feld die atomaren Elektronen des Targets in Schwingungen, und zwar mit derselben Frequenz wie die der einfallenden Strahlung. Die schwingenden Elektronen wiederum wirken wie Hertzsche Dipole und erzeugen wiederum eine elektromagnetische Strahlung mit derselben Frequenz. Diese insgesamt entstehende elastische Strahlung heißt **Thomson-Streuung**.

Die gemessenen Intensitäten von Barklas Experimenten stimmten im Allgemeinen recht gut mit den Vorhersagen der klassischen Theorie überein. Einige der Messdaten waren jedoch anormal, vor allem bei der elastischen Streuung sehr harter Röntgenstrahlung. Zu dieser Zeit konnte man die Wellenlänge von Röntgenstrahlen noch nicht messen, und ein weiterer Fortschritt ließ erst bis 1912 auf sich warten, als Max von Laue und später William Bragg zeigen konnten, dass die Wellenlänge von Röntgenstrahlen durch Beugung an Kristallen bestimmt werden konnte. Das Experiment von Compton, das wir nun betrachten wollen, war nur durch die Fortschritte in der Kristallspektrometrie möglich.

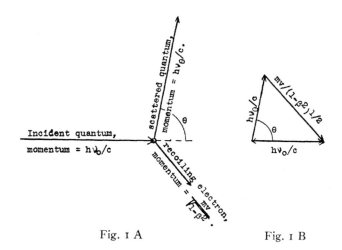

Fig. 1 A   Fig. 1 B

Die Kinematik des Compton-Versuchs [Com23].

19

Der von Compton verwendete experimentelle Aufbau war wie folgt: Ein Graphit-Target wurde mit nahezu monochromatischer Röntgenstrahlung der Wellenlänge λ_0 bestrahlt und die Intensität der gestreuten Strahlung als Funktion der Wellenlänge λ gemessen. Die Ergebnisse zeigten das von der Thomson-Streuung her erwartete Maximum bei $\lambda = \lambda_0$, aber auch ein weiteres lokales Maximum bei einer Wellenlänge λ_1 mit $\lambda_1 > \lambda_0$. Dieses Phänomen, **Compton-Effekt** genannt, konnte im Rahmen des klassische Thomson-Modells nicht erklärt werden. Die Verschiebung der Wellenlänge $\Delta\lambda = \lambda_1 - \lambda_0$ war darüber hinaus abhängig vom Streuwinkel θ, nämlich

$$\Delta\lambda \approx 4{,}8 \cdot 10^{-12}\,\text{m}\,\sin^2(\theta/2). \tag{4.1}$$

Ferner war $\Delta\lambda$ offensichtlich unabhängig von λ_0 und auch vom verwendeten Material des Targets, die Proportionalitätskonstante selbst mit dem Wert $4{,}8 \cdot 10^{-12}$ m war bislang nicht weiter erklärbar.

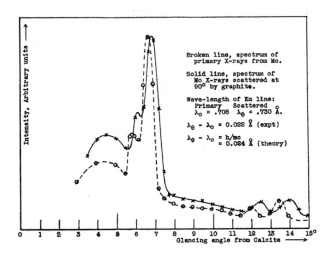

Die Ergebnisse des Compton-Versuchs [Com23].

Um die Ursache der Wellenlängenverschiebung zu erklären, schlug Compton vor, dass die Photonen der Röntgenstrahlung an Elektronen gestreut werden, die als frei betrachtet werden konnten, weil deren Bindungsenergie sehr klein war im Vergleich zur Energie der Photonen. Auf diese Weise wurde jedenfalls bereits die Unabhängigkeit des Compton-Effekts vom Target-Material erklärt.

Betrachten wir im Folgenden also die Streuung eines hochenergetischen Photons mit Energie $E_0 = hc/\lambda_0$ und Impuls $p_0 = E_0/c$ an einem freien ruhenden Elektron mit Ruhemasse m_e. Nach der Kollision besitzt das Photon die Energie $E_1 = hc/\lambda_1$ und den Impuls $p_1 = E_1/c$ und das Elektron den Impuls p_2. Wir betrachten von Anfang an relativistische Kinematik.

Der Impulserhaltungssatz liefert:

$$p_0 = p_1 \cos \theta + p_2 \cos \phi,$$
$$0 = p_1 \sin \theta - p_2 \sin \phi,$$

woraus folgt:

$$p_2^2 = p_0^2 + p_1^2 - 2p_0 p_1 \cos \theta, \tag{4.2}$$

und der Energieerhaltungssatz ergibt:

$$E_0 + m_e c^2 = E_1 + \sqrt{m_e^2 c^4 + p_2^2 c^2}.$$

Wir bezeichnen mit T_2 die kinetische Energie des Elektrons nach dem Stoß. Dann gilt:

$$
\begin{aligned}
T_2 &= \sqrt{m_e^2 c^4 + p_2^2 c^2} - m_e c^2 \\
&= E_0 - E_1 \\
&= c(p_0 - p_1),
\end{aligned}
$$

so dass

$$p_2^2 = (p_0 - p_1)^2 + 2m_e c(p_0 - p_1). \tag{4.3}$$

Kombinieren wir (4.2) und (4.3), erhalten wir:

$$
\begin{aligned}
m_e c(p_0 - p_1) &= p_0 p_1 (1 - \cos \theta) \\
&= 2 p_0 p_1 \sin^2 \frac{\theta}{2},
\end{aligned}
$$

und nach Multiplikation auf beiden Seiten mit $h/(m_e c p_0 p_1)$ erhalten wir – wobei wir berücksichtigen, dass $\lambda_0 = h/p_0$ und $\lambda_1 = h/p_1$ – schlussendlich:

$$
\begin{aligned}
\Delta\lambda &= \lambda_1 - \lambda_0 \\
&= 2\lambda_C \sin^2 \frac{\theta}{2} \\
&= \lambda_C (1 - \cos \theta) \tag{4.4}
\end{aligned}
$$

mit der **Compton-Wellenlänge** λ_C des Elektrons:

$$\lambda_C = \frac{h}{m_e c}. \tag{4.5}$$

Der derzeit genaueste Wert für λ_C beträgt [NIS18]:

$$\lambda_C = 2{,}426\,310\,236\,7(11) \cdot 10^{-12}\,\text{m}.$$

Die beiden gemessenen Wellenlängenmaxima in der Intensität der gestreuten Strahlung lässt sich nun wie folgt erklären: das Maximum bei λ_0 rührt von der Streuung der Photonen an sehr stark gebundenen Elektronen her, die nicht als frei angesehen werden können. Der Stoßpartner ist somit das gesamte Atom mit einer Masse $M \gg m_e$, so dass die entsprechende Compton-Wellenlänge vernachlässigbar klein ist. Aus genau dem gleichen Grund gibt es auch keinen Compton-Effekt im sichtbaren Licht, weil in diesem Fall die Photonenergie zu klein ist gegenüber der Bindungsenergie der Elektronen, das Elektron also wieder nicht als frei angesehen werden kann, im Unterschied zum Fall von hochenergetischer Röntgenstrahlung.

Die Experimente von Compton haben damit eindrucksvoll die Teilchennatur von elektromagnetischer Strahlung demonstriert und damit die Existenz von Photonen nachgewiesen. Die von Compton vorhergesagten Rückstoßelektronen wurden 1923 von Walther Bothe und Johannes „Hans" Geiger sowie von Charles Thomson Rees Wilson nachgewiesen. Wenig später, im Jahre 1925, zeigten Bothe und Geiger durch die Koinzidenzmethode, dass das Rückstoßelektron und das gestreute Photon gleichzeitig auftraten. Arthur Compton und Charles Wilson teilten sich 1927 für ihre Arbeiten den Nobelpreis für Physik.

5 Die Quantentheorie des Festkörpers

Wir gehen noch einmal zurück in der Zeit, und zwar in das Jahr 1907, zwei Jahre nach Einsteins *„Annus Mirabilis"*. Er beschäftigte sich mittlerweile zwar eingehend mit einer Formulierung der Allgemeinen Relativitätstheorie, die ihm noch einige Zeit bis zur Fertigstellung abverlangen sollte, dennoch engagierte er sich weiterhin unvermindert in der Quantentheorie und wandte das Quantenprinzip von Planck auf ein mögliches Modell des Festkörpers an. Es war bis dato unverstanden, warum die (molare) spezifische Wärmekapazität $C_{m,V}$ von Festkörpern gegen Null geht, wenn die Temperatur T gegen Null geht. Experimentell ergab sich für $C_{m,V}$ bei niedrigen Temperaturen ein T^3-Verhalten. Das bereits seit nahezu 100 Jahren aus der klassischen Thermodynamik bekannte **Dulong–Petit-Gesetz**

$$C_{m,V} = 3N_A k_B \qquad (5.1)$$

war zwar für höhere Temperaturen gut geeignet, versagte für $T \to 0$ aber jämmerlich.

Im **Einstein-Modell** [Ein07] besteht ein Festkörper aus einer Menge von ungekoppelten, identischen harmonischen Oszillatoren. Die Gitterschwingungen der Kristalle werden dann auf die Anregungen der einzelnen Oszillatoren zurückgeführt. Wendet man nun die Idee Plancks der gequantelten Oszillatorenergie an, ergibt sich für die mittlere Energie $\langle E \rangle$ eines Festkörpers aus der Statistischen Physik dann zu

$$\langle E \rangle = \frac{h\nu}{e^{h\nu/(k_B T)} - 1}, \qquad (5.2)$$

woraus sich mittels der Gleichverteilungssatzes unmittelbar der Ausdruck für die innere Energie ergibt:

$$U(T) = 3N_A \frac{h\nu}{e^{h\nu/(k_B T)} - 1}, \qquad (5.3)$$

und damit für die spezifische Wärmekapazität $C_{m,V}$ folgt:

$$C_{m,V}(T) = \left.\frac{\partial U}{\partial T}\right|_V = 3N_A \frac{(h\nu)^2}{k_B T^2} \frac{e^{h\nu/(k_B T)}}{(e^{h\nu/(k_B T)} - 1)^2}. \qquad (5.4)$$

Für hohe Temperaturen ergibt sich aus (5.3) durch Ableitung nach der Temperatur direkt das Dulong–Petit-Gesetz (5.1), während sich für $T \to 0$ ergibt:

$$U(T) \overset{T \to 0}{\sim} 3N_A h\nu e^{-h\nu/(k_B T)},$$

$$C_{m,V}(T) = \left.\frac{\partial U}{\partial T}\right|_V \overset{T \to 0}{\sim} 3N_A \frac{(h\nu)^2}{k_B T^2} e^{-h\nu/(k_B T)},$$

und somit gehen sowohl die innere Energie $U(T)$ als auch die spezifische Wärmekapazität $C_{m,V}(T)$ für $T \to 0$ gegen Null, ein weiteres Ergebnis der erfolgreichen Anwendung des Planckschen Quantenprinzips.

Die Quantelung der Atomschwingungen im Kristall ergab ein qualitativ korrektes Verhalten von $C_{m,V}(T)$ für niedrige Temperaturen. Allerdings führte die starke Vereinfachung des Einstein-Modells, dass nämlich alle harmonischen Oszillatoren im Festkörper mit einer einheitlichen Frequenz schwingen, zu einer immer noch vorhandenen Abweichung von realen Messungen: $C_{m,V}(T)$ fiel viel zu stark für $T \rightarrow 0$ ab.

Der niederländische Physiker und spätere Träger des Nobelpreises für Chemie Peter Debye führte 1912 eine wesentliche Verbesserung des Einstein-Modells durch, indem er anstelle von schwingenden Oszillatoren identischer Frequenz von einer Vielzahl möglicher Frequenzen im Festkörper ausging [Deb12]. Im heute bezeichneten **Debye-Modell** betrachtete er das Kristallgitter als einen Würfel mit periodischen Randbedingungen, und anstelle einzeln schwingender harmonischer Oszillatoren nahm er Anregungen bis zu einer maximalen „Cut-off"-Frequenz an, die sich durch den endlichen Atomabstand und die damit einhergehende Diskretisierung und unter Berücksichtigung einer endlichen Schallfrequenz im Kristall ergab. Damit wurde erstmalig das **Phonon**-Konzept in die Physik eingeführt – den Begriff selbst prägte allerdings erst der sowjetische Physiker Igor Tamm im Jahre 1932. Dieser Ansatz führte bemerkenswerterweise dazu, dass er mit dem Ansatz Plancks zur Berechnung der Hohlraumstrahlung formal äquivalent war, wenn man die Schallgeschwindigkeit im Festkörper durch die Lichtgeschwindigkeit ersetzte, und führte zum nun auch quantitativ korrekten T^3-Verhalten für die spezifische Wärmekapazität $C_{m,V}$ bei $T \rightarrow 0$.

Somit war in jedem Falle klar, dass das neuartige und im Grunde noch unverstandene Konzept der Energiequantelung nicht nur für elektromagnetische Strahlung, sondern auch für materielle Gegenstände eine unverzichtbare Zutat zur Modellbildung und zur quantitativen Vorhersage beziehungsweise Erklärung zweifelsfreier experimenteller Befunde war.

6 Atomspektren und das Bohrsche Atommodell

Die Turbulenzen und Unsicherheiten, die die Physik in den ersten zwei Jahrzehnten des 20. Jahrhunderts mitsamt ihrem bis dato recht gut funktionierenden klassischen Theoriegebäude erfasste, zeigten sich nirgendwo anders so deutlich und gebündelt wie in der Physik des Atoms. Es zeigte sich, dass auch über 2000 Jahre, nachdem die griechischen Philosophen den Begriff und das Konzept prägten, und selbst, als die Chemie längst ihre gut funktionierenden Ordnungsschemata wie das Periodensystem der Elemente und bereits eine funktionierende Industrie entwickelt hatte, der eigentliche Kern des Themas vollkommen unverstanden war. Jeder Versuch, ein Atommodell zu konstruieren, stieß schnell auf Widersprüche, die sich nur durch eine ständige Erweiterung durch zusätzliche Ad-hoc-Hypothesen kurzzeitig überbrücken ließen. In der Struktur selbst des einfachsten aller Atome, des Wasserstoffatoms, fokussierte gewissermaßen das komplette Unverständnis der Physiker der damaligen Jahre über die Gesetze in der mikroskopischen Welt.

Dabei war die experimentelle Faktenlage überwältigend: bereits seit 1752, als der schottische Naturphilosoph Thomas Melvill die ersten Emissionsspektren maß, war bekannt, dass chemische Elemente diskrete Emissionsspektren besitzen. 1859 zeigt Gustav Kirchhoff, dass die Emissions- und Absorptionsspektren für ein gegebenes Element gleich waren. Das oben erwähnte Periodensystem der Elemente wurde 1869 nahezu gleichzeitig von Dmitri Mendelejew und Lothar Meyer eingeführt. Grundlegende kombinatorische Kenntnisse über Molekülbindungen („Wertigkeit von Elementen") waren bereits vorhanden, auch wenn ein Verständnis über die physikalische Natur der Molekülbindung in keinem Falle gegeben war.

Ein gewisser Meilenstein in der Spektralanalyse wurde 1885 erzielt, als der Schweizer Johann Jakob Balmer Gesetzmäßigkeiten im Linienspektrum von Wasserstoff-Atomen entdeckte. Im sichtbaren und nahen Ultraviolettbereich des Spektrums bestand dieses aus einer Serie von Linien, die seitdem als **Balmer-Serie** bekannt ist. Diese Linien verdichten sich für größer werdende Wellenlängen λ immer mehr, bis sie bei etwa 3646 Å eine Art Grenzwert erreichen. Die Regelmäßigkeit, die Balmer fand, bestand darin, dass die Wellenlängen λ_n dieser neun Linien, die damals bereits bekannt waren, der einfachen **Balmer-Formel**

$$\lambda_n = 3646 \, \text{Å} \cdot \frac{n^2}{n^2 - 4} \tag{6.1}$$

genügten, wobei n die Werte $\{3, 4, 5, \dots\}$ annahm. 1889 fand der Schwede Johannes Rydberg eine nützlichere und verallgemeinerbare Version dieser Formel:

$$\frac{1}{\lambda_n} = R_\infty \left(\frac{1}{2^2} - \frac{1}{n^2} \right), \tag{6.2}$$

mit der **Rydberg-Konstanten**

$$R_\infty = 10\,967\,758 \, \text{m}^{-1}. \tag{6.3}$$

(Das Subskript stellt die moderne Notation dar, die erst später klar wird.) Der aktuell am genauesten gemesse Wert ist [NIS18]:

$$R_\infty = 10\,973\,731{,}568\,508(65) \, \text{m}^{-1}.$$

In der Form (6.2) konnte die Formel nun einfach für weitere Linienserien verallgemeinert werden, die darauffolgend im Ultraviolett- und im Infrarotbereich gefunden wurden. Die **Rydberg-Formel** lautet:

$$\frac{1}{\lambda_{ab}} = R_\infty \left(\frac{1}{n_a^2} - \frac{1}{n_b^2} \right), \tag{6.4}$$

wobei $n_a \in \{1, 2, \dots\}$ und $n_b \in \{2, 3, \dots\}$ und beschreibt für jeweils festes $n_a = 1$ beispielsweise die im Ultravioletten liegende **Lyman-Serie**. Die Serien für $n_a = 3, 4, 5$ liegen im Infrarotbereich und heißen **Paschen-**, **Brackett-** und **Pfund-Serie**.

Die Rydberg-Formel (6.4) zeigt, dass sich λ_{ab}^{-1} als Differenz zweier sogenannter **Spektralterme** $T_{a,b}$ schreiben lässt:

$$\frac{1}{\lambda_{ab}} = T_a - T_b, \tag{6.5}$$

die im Falle des Wasserstoffatoms die einfache Form eines quadratischen Kehrwerts besitzen. Es war zu vermuten, dass eine entsprechende Relation (6.5) auch für andere Atome gilt, aber mit komplizierteren und gegebenenfalls zunächst unbekannten Ausdrücken für die Spektralterme T_a, T_b. Im Jahre 1908 stellte der Schweizer Mathematiker und Physiker Walter Ritz empirisch das nach im benannte **Ritzsche Kombinationsprinzip** auf [Rit08a; Rit08b], das besagt: bei gegebenen zwei Spektrallinien mit

$$\frac{1}{\lambda_1} = T_a - T_b$$

$$\frac{1}{\lambda_2} = T_b - T_c,$$

gibt es auch eine dritte Spektrallinie mit

$$\frac{1}{\lambda_3} = T_a - T_c.$$

Was lediglich nach elementarer Algebra aussieht, stellt dennoch eine deutliche Erweiterung des kombinatorischen Verständnis der Spektralterme dar. Geradezu zwingend drängt sich aus heutiger Sicht durch dieses Verständnis ein Atommodell mit irgendwie gearteten diskreten Energieniveaus auf. Allerdings dauerte es noch drei Jahre, bis Rutherford sein „planetares" Atommodell aufstellte, und nochmals drei Jahre, bis Bohr dieses erweiterte und tatsächlich mit diskreten Energieniveaus versah, indem er erstmalig Quantenkonzepte in sein Atommodell einbaute.

Das Bohrsche Atommodell

In einer Reihe von Experimenten untersuchten der neuseeländische Experimentalphysiker Ernest Rutherford, Hans Geiger und der Engländer Ernest Marsden zwischen 1908 und 1913 an der University of Manchester die Streuung von α-Teilchen an dünnen Metallfolien. Diese berühmten Streuversuche gingen als die **Geiger–Marsden-Experimente** in die Physikgeschichte ein. Zu dem Zeitpunkt war Rutherford bereits Nobelpreisträger für Chemie – er hatte diesen 1908 für seine Arbeiten zum Zerfall radioaktiver Elemente erhalten.

Das spektakuläre Ergebnis dieser Streuexperimente gehört seitdem zum kanonischen Schulstoff des Physikunterrichts. Ernest Rutherford schrieb später: *"It was almost as incredible as if you fired a 15-inch shell at a piece of tissue paper and it came back and hit you."* Denn zur völligen Überraschung ergaben die Experimente, dass ein Atom nicht etwa eine harte, weitestgehend homogene Kugel darstellt, sondern vielmehr aus einem winzigen, sehr harten Kern (dem „Nukleus") besteht, der einen Durchmesser von etwa 10^{-14} m hat und der nahezu die gesamte Masse des Atoms in sich vereint, und einer Elektronenhülle im Abstand von etwa 10^{-10} m vom Kern. Dazwischen war quasi leerer Raum.

In Rutherfords „planetarem" Atommodell [Rut11] umkreisen die negativ geladenen Elektronen den positiv geladenen Kern auf stabilen Bahnen, vergleichbar mit der Bewegung der Planeten um die Sonne. Dass diese stabilen Bahnen in vollkommenem Widerspruch zur klassischen Elektrodynamik standen, war von Anfang an klar: denn diese würde vorhersagen, dass die aufgrund der Kreisbahnen beschleunigten Elektronen durch emittierte Bremsstrahlung in einem Zeitraum von der Größenordnung 10^{-10} s ihre Energie verlieren und mit dem Atomkern kollidieren müssten – ein weiterer Hinweis darauf, dass die klassische Physik auf mikroskopischer Skala ihre Gültigkeit verliert. Dennoch war das Rutherford-Modell ein wichtiger Meilenstein, da es insbesondere den Atomkern in die Physik einführte und damit eine vollkommen andersartige Vorstellung über den Aufbau eines Atoms nach sich zog.

Ernest Rutherford (Abbildung: George Grantham Bain Collection (Library of Congress), Wikimedia Commons, Public Domain).

Viel später, im Jahre 1931, wurde Ernest Rutherford von King George V aufgrund seiner wissenschaftlichen Leistungen in den erblichen Adelstand erhoben und zum *1st Baron Rutherford of Nelson* ernannt – ein Titel, der allerdings mit dem vorzeitigen, krankheitsbedingten Ableben von Rutherford im Jahre 1937 nicht mehr weitergetragen werden sollte.

Einen großen Schritt voran in Richtung eines Verständnis der atomaren Strukturen ging 1913 der aus Dänemark stammende Niels Bohr [Boh13b; Boh13a], der Rutherfords im Grunde klassisches Atommodell mit Plancks Quantenkonzept und Einsteins Konzept der Lichtquanten kombinierte und so das erste echte Quantenmodell eines Atoms vorstellte.

Bohr erweiterte das Rutherford-Modell um die Ad-hoc-Annahme, dass es abzählbar viele stabile Elektronenbahnen geben sollte, die er als **stationäre Bahnen** bezeichnete. Der Einfachheit halber beschränkte sich Bohr auf die Betrachtung kreisförmiger Bahnen. Je nach Bahn des Elektrons besaß das Atom demnach eine diskrete innere Energie $E_a, E_b, E_c, \ldots$ und befand sich in einem entsprechenden **stationären Zustand**.

Die nächste, recht lapidare Ad-hoc-Annahme Bohrs war, dass das Elektron, wenn es sich auf einer dieser stationären Bahnen um den Atomkern befand, keine elektromagnetische Strahlung emittiert. Elektromagnetische Strahlung wird vielmehr dann emittiert, wenn das Elektron von einer Bahn zu E_a auf eine andere Bahn zu E_b wechselt, mit $E_a > E_b$. Die Frequenz dieser Strahlung ergab sich in dem Modell durch die Planck-Formel

$$h\nu = E_a - E_b. \tag{6.6}$$

Den Übergang von einem stationären Zustand zum anderen bezeichnete Bohr als **Quantensprung**.

Im Bohrschen Modell musste nun erklärt werden, wie sich aus den beiden Annahmen die Energieniveaus E_a ergeben. Dazu forderte er – ohne dies explizit als weiteres Postulat zu bezeichnen – dass der Drehimpuls des Elektrons als Größe mit der Dimension einer Wirkung **gequantelt** ist, also nur diskrete Werte

$$L = nh/(2\pi) \quad (n = 1, 2, 3, \ldots) \tag{6.7}$$

annehmen könnte. Mit dieser weiteren Annahme ergaben sich die erlaubten Elektronenbahnen dann wie folgt: durch Gleichsetzen der Coulomb-Kraft mit der Zentripetalkraft erhält man:

$$\frac{e^2}{r^2} = \frac{m_e v^2}{r} \tag{6.8}$$

mit der Elektronmasse m_e, und durch Verwendung von (6.7) ergibt sich dadurch für die Geschwindigkeit des Elektrons v sowie für den Radius der Elektronenbahn r:

$$v_n = \frac{2\pi e^2}{nh}, \tag{6.9}$$

$$r_n = \frac{n^2 h^2}{4\pi^2 m_e e^2}. \tag{6.10}$$

Die Gesamtenergie des Elektrons E_n ergibt sich dann aus Summe von potentieller Energie

V und kinetischer Energie T:

$$V = -\frac{e^2}{r_n}$$

$$T = \frac{1}{2}m_\mathrm{e}v^2$$

$$= \frac{2\pi^2 m_\mathrm{e}e^4}{n^2 h^2} = \frac{e^2}{2r_n}$$

also

$$E_n = T + V = -\frac{e^2}{2r_n}$$

$$= -\frac{2\pi^2 m_\mathrm{e}e^4}{n^2 h^2}. \tag{6.11}$$

Der Index n zeigt die diskrete Natur der Energieniveaus des Wasserstoffatoms und heißt **Hauptquantenzahl**. Der Zustand E_1 mit dem niedrigsten Energieniveau heißt **Grundzustand** alle anderen Zustände sind **angeregte Zustände**, die für $n \to \infty$ asymptotisch zum Energiewert $E_\infty = 0$ konvergieren. Der zum Grundzustand gehörende Atomradius r_1 heißt **Bohrscher Atomradius** und wird heutzutage gemeinhin mit a_0 bezeichnet. Für ihn ergibt sich im Bohrschen Atommodell:

$$a_0 \approx 5{,}29 \cdot 10^{-11} \,\mathrm{m}.$$

Der derzeit genaueste Wert ist [NIS18]:

$$a_0 = 5{,}291\,772\,106\,7(12) \cdot 10^{-11} \,\mathrm{m}.$$

Das Bohrsche Atommodell erklärte mühelos das Ritzsche Kombinationsprinzip und lieferte außerdem eine Formel für die Rydberg-Konstante: aus

$$\Delta E_{12} = E_{n_1} - E_{n_2} \quad (n_1 > n_2)$$

$$= \frac{2\pi^2 m_\mathrm{e}e^4}{h^2}\left(\frac{1}{n_2^2} - \frac{1}{n_1^2}\right) \tag{6.12}$$

folgt leicht:

$$R_\infty = \frac{2\pi^2 m_\mathrm{e}e^4}{ch^3}. \tag{6.13}$$

Es lieferte infolgedessen auch die Ionisierungsenergie des Wasserstoffatoms und ließ sich auf einfache Weise für wasserstoffartige Ionen mit Kernladung $Z \cdot e$, also Gesamtladung $(Z-1)e$ verallgemeinern. Um ferner einer endlichen Kernmasse m_nucl gerecht zu werden, musste in (6.13) lediglich die Elektronmasse m_e durch eine reduzierte Masse

$$\mu = \frac{m_\mathrm{e}m_\mathrm{nucl}}{m_\mathrm{e} + m_\mathrm{nucl}}$$

ersetzt werden, was beim Wasserstoffatom immerhin eine Korrektur von etwa 0,05 % in allen Ausdrücken bewirkt, in denen die Masse linear eingeht.

Eine berühmte experimentelle Bestätigung erfuhr das Bohrsche Atommodell durch die Versuche des deutsch-amerikanischen Physiker James Franck und Gustav Hertz, Neffe des berühmten Heinrich Hertz, in den Jahren 1911 bis 1914. In diesem Versuchsaufbau, später als **Franck–Hertz-Versuch** bezeichnet, werden Elektronen durch eine mit Quecksilberdampf gefüllte Röhre in Richtung eines Kollektors beschleunigt und die Stromstärke in Abhängigkeit der kinetischen Energie der Elektronen gemessen. Es stellt sich heraus, dass die entstehende Stromstärke bei Vielfachen von etwa 4,9 eV einen drastischen Abfall erfährt. Franck und Hertz gingen zunächst davon aus – noch vor Bohrs Formulierung seines Atommodells – die Ionisierungsenergie von Quecksilber gefunden zu haben Erst später wurde die volle Tragweite des Ergebnisses klar: die Abnahme der Stromstärke ging mit der Abnahme der kinetischen Energie einiger Elektronen einher, die zur Anregung der Quecksilberatome in den ersten angeregten Zustand aufgewandt wurde.

Das Bohrsche Atommodell war das allererste Modell, das – obwohl es mit Begriffen der klassischen Physik wie Bahn, Radius, und so weiter formuliert wurde – Quantenkonzepte in sich trug und somit zumindest einen hybriden Charakter hatte: das Plancksche Wirkungsquantum h fand seinen Platz, genauso wie das Lichtquant für die emittierte (oder absorbierte) elektromagnetische Strahlung. Allerdings war das Erklärungsvermögen des Modells durchaus begrenzt:

- Es war ein Modell für Ein-Elektron-Atome, also das Wasserstoffatom beziehungsweise wasserstoffähnliche Ionen. Es gab keine Möglichkeit, beispielsweise das Helium-Atom zu beschreiben.
- Die Quantisierungspostulate wurden ad-hoc eingeführt, was zwar der Erklärungskraft des Modells keinen Abbruch tat, allerdings aus theoretischer Sicht unbefriedigend war.
- Die Beschränkung auf Kreisbahnen musste zwangsläufig Einschränkungen in der Anwendbarkeit nach sich ziehen. Der seit langem bekannte Zeeman-Effekt und auch der Stark-Effekt konnten so nicht erklärt werden. Auch relativistische Korrekturen konnten in diesem Modell nicht eingebaut werden.

Trotz alledem wies der Weg, den Bohr mit seinem Modell beschritten hatte, in genau die richtige Richtung. Bohr führte noch ein drittes Postulat ein, das er selbst erst später als **Korrespondenzprinzip** bezeichnet wurde – dieses diente in der gesamten „Älteren Quantentheorie" als heuristisches Prinzip, um den Übergang zur klassischen Physik (in diesem Fall Elektrodynamik) für große Quantenzahlen zu beschreiben. Im seinem Atommodell lässt sich das Korrespondenzprinzip dahingehend konkretisieren, dass im Falle hoher Quantenzahlen n die Formel für die Frequenz der emittierten Strahlung in die der klassischen Physik übergeht. Denn aus (6.12) ergibt sich für den Übergang vom stationären Zustand n zum stationären Zustand $n - 1$:

$$\nu = \frac{2\pi^2 m_e e^4}{h^3}\left(\frac{1}{(n-1)^2} - \frac{1}{n^2}\right) \xrightarrow{n\to\infty} \frac{4\pi^2 m_e e^4}{h^3 n^3}.$$

Niels Bohr (circa 1922) (Abbildung: AB Lagrelius & Westphal, Wikimedia Commons, Public Domain).

Auf der anderen Seite entspricht gemäß den Gesetzen der klassischen Elektrodynamik die Strahlungsfrequenz v_{cl} eines geladenes Teilchen auf einer Kreisbahn mit Radius r und Geschwindigkeit v der Rotationsfrequenz des Teilchens:

$$v_{cl} = \frac{v}{2\pi r} = \frac{4\pi^2 m_e e^4}{h^3 n^3},$$

unter Benutzung der Ausdrücke (6.9) und (6.10).

Die Interpretation des Korrespondenzprinzips, gewissermaßen als konzeptionelles Bindeglied zwischen klassischer Theorie und Quantentheorie zu dienen, war aber vermutlich gar nicht, was Bohr selbst damit zum Ausdruck bringen wollte. In der Meinung der meisten „Bohr-Historiker" besteht weitestgehend Einstimmigkeit darüber, dass nicht eindeutig klar ist, was Bohr nun eigentlich genau damit bezeichnete. Bohr, der sich recht frühzeitig den philosophischen Implikationen der Quantentheorie zuwandte, hat hierzu auch keine eindeutige Position bezogen. Eine tiefergehende Zusammenfassung der verschiedenen Interpretationen des Bohrschen Korrespondenzprinzips findet man sehr schön in [Bok14].

Im Jahre 1922 erhielt Niels Bohr den Nobelpreis für Physik. 1925 erhielten Franck und Hertz den Nobelpreis *„für ihre Entdeckung der Gesetze, die den Zusammenstoß eines Elektrons mit einem Atom beschreiben"*.

Das Bohr–Sommerfeld-Atommodell

Zwischen 1915 und 1916 erweiterte der deutsche Mathematiker und theoretische Physiker Arnold Sommerfeld, Begründer einer gesamten nach ihm benannten „Schule" der Theoretischen Physik, das Bohrsche Modell zum **Bohr–Sommerfeld-Atommodell** [Som16], das die Einschränkung auf Kreisbahnen aufhob und zu diesem Zwecke Elemente der Hamiltonschen analytischen Mechanik beinhaltete. So wurde die Bedingung an den Drehimpuls (6.7) ersetzt durch die **Sommerfeld–Wilson-Quantisierungsbedingung**:

$$\oint p\,\mathrm{d}q = nh, \tag{6.14}$$

wobei p, q zueinander kanonisch konjugierte Variablen im Phasenraum waren und das Integral über eine geschlossene Kurve im Phasenraum lief, die zu einer geschlossenen Elektronenbahn korrespondierte, die nun durchaus auch elliptisch sein durfte. Neben der bislang einzigen Hauptquantenzahl n kannte das Bohr–Sommerfeld-Modell nun noch eine **Nebenquantenzahl** l und eine **magnetische Quantenzahl** m. Eine Erklärung des Stark- und des Zeeman-Effekts war nun möglich, und auch das Periodensystem der Elemente konnte zumindest qualitativ in großen Zügen nachvollzogen werden. Darüber hinaus berechnete Sommerfeld erfolgreich die Feinstruktur des Wasserstoffatoms, und das alles zusammen in einer 94-seitigen Arbeit. Er führte die **Feinstrukturkonstante**

$$\alpha := \frac{2\pi e^2}{hc} \tag{6.15}$$

ein, mit der sich die Energieniveaus des Wasserstoffatoms schreiben ließen als:

$$E_{nl} = -\frac{2\pi^2 m_e e^4}{h^2 n^2}\left(1 + \frac{\alpha^2}{n^2}\left(\frac{n}{l+1} - \frac{3}{4}\right)\right) + O(\alpha^4). \tag{6.16}$$

Die Feinstrukturformel von Sommerfeld enthält die korrekte relativistische Korrektur zu den Energieniveaus des Wasserstoffatoms, ohne dass der bis dato unbekannte Elektronenspin berücksichtigt wird. Warum das so ist, werden wir in den Abschnitten IV-15 und IV-21 diskutieren. An dieser Stelle ist es schlicht eine bemerkenswerte Fügung im Rahmen einer großartigen analytischen Arbeit.

Dennoch war auch das Bohr–Sommerfeld-Modell ein hybrides Ein-Elektron-Modell, und es sollten keine wesentlichen Fortschritte im Verständnis des atomaren Aufbaus mehr folgen, bevor erst die Quantenmechanik in ihrer vorläufigen Formulierung ab dem Jahre 1925 eine korrekte nichtrelativistische Behandlung des Wasserstoffatoms durch Wolfgang Pauli erlaubte, unter Anwendung der Matrizenmechanik nach Werner Heisenberg. Auf dem Weg dorthin sollte jedoch noch – neben den Lichtquanten – ein weiterer Einschlag in das klassische Theoriegebäude aus elektromagnetischen Wellen und materiellen Teilchen erfolgen: Materiewellen.

7 De Broglie-Hypothese und Materiewellen

Louis-Victor Pierre Raymond de Broglie entstammte dem französischen Hochadel norditalienischer Wurzeln – später, nach dem Tod seines Bruders Maurice im Jahre 1960 hatte er den Titel eines Herzogs inne. Nachdem er an der Pariser Sorbonne Philosophie und Geschichte studiert hatte, schloss er im Jahre 1911 auf Anregung ebendieses Bruders, damals ein bekannter Experimentalphysiker, ein Studium der Mathematik und der Physik an.

Als de Broglie 1924 – der erste Weltkrieg hatte sein Studium zeitlich stark nach hinten geworfen – dem Prüfungsausschuss der Sorbonne seine später berühmte Doktorarbeit « *Recherches sur la théorie des quanta* » vorlegte, war sich dieser unsicher, wie damit nun umzugehen wäre, denn in der Hauptsache bestand die Dissertation aus einer enorm wagemutigen Hypothese: Materie sollte Wellencharakter besitzen.

Stark verkürzt, aber die wesentlichen Schritte nachvollziehend und heutzutage geradezu kanonisch, ging de Broglies Gedankengang wie folgt: für Lichtquanten gilt die bekannte Relation

$$E = h\nu \iff \lambda = \frac{h}{p},$$

wobei ν und λ jeweils Frequenz und Wellenlänge der betrachteten elektromagnetischen Strahlung ist. In dieser Relation drückt sich der Welle-Teilchen-Dualismus für Licht, also für elektromagnetische Strahlung, durch Verknüpfung der Wellenlänge λ mit einem Impuls p aus. Postuliert man nun den gleichen Dualismus für materielle Teilchen, wird man schnell zu der **de Broglie-Relation**:

$$\lambda = \frac{h}{p} = \frac{h}{\gamma m v} \tag{7.1}$$

geführt, v ist hierbei die Geschwindigkeit des Teilchens, und γ der Lorentz-Faktor

$$\gamma = \frac{1}{\sqrt{1 - v^2/c^2}}.$$

Man beachte, dass de Broglie von vornherein die ja erst unlängst erhaltenen und daher immer noch topaktuellen relativistischen Beziehungen verwendete. Es war typisch für die Entwicklung der Quantenmechanik, von vornherein Quantenkonzepte auf inhärent relativistische Theorien wie die Elektrodynamik anzuwenden. Eine gewisse Dekonvergenz zwischen nichtrelativistischer Quantenmechanik und relativistischer Quantenfeldtheorie, die sich auch in einem stark unterschiedlichen mathematischen Unterbau ausdrückt, fand erst später statt.

Die Wellenlänge λ wurde später als **de Broglie-Wellenlänge** bezeichnet, die Welle selbst als **Materiewelle**. Der gesamte Ansatz einer Verknüpfung des Teilchenimpuls p, der dem Teilchen- oder Korpuskularcharakter Rechnung trug, mit einer Wellenlänge λ, erhielt den Namen **de Broglie-Hypothese**.

Es gab nur einen quantitativen Unterschied im Welle-Teilchen-Dualismus zwischen Lichtquanten und materiellen Punktteilchen: während für Lichtquanten Energie E und Impuls p stets proportional zueinander sind – es gilt ja $E = pc$ – existiert für die Materiewellen eine nichtlineare **Dispersionsrelation** $E = E(p)$, so dass Phasen- und Gruppengeschwindigkeit voneinander abweichen:

$$v_{\text{phase}} = \frac{E}{p} = \frac{c}{\gamma} > c, \tag{7.2}$$

$$v_{\text{group}} = \frac{\partial E}{\partial p} = v. \tag{7.3}$$

Die Phasengeschwindigkeit ist also stets größer als die Lichtgeschwindigkeit c.

Louis de Broglie (Abbildung: Académie des sciences, Paris, courtesy AIP Emilio Segrè Visual Archives).

Die de Broglie-Relation (7.1) versieht im Nachhinein das Bohr–Sommerfeld-Atommodell mit einer wellentheoretischen Sicht auf die Quantenbedingung (6.7) beziehungsweise (6.14): die Materiewellen der Elektronen des Wasserstoffatoms mussten demnach geschlossene Wellenzüge sein. Aus dieser Forderung folgt nämlich unmittelbar:

$$n\lambda = 2\pi r$$
$$\implies L = rp = nh/(2\pi).$$

Man beachte hierbei, dass sich auf diese Weise *keine* stehenden Wellen bilden, sondern Wellen, die den Atomkern mit einer Gruppengeschwindigkeit v_{group} umlaufen. Stehende Wellen, wie sie in diesem Bild notwendig sind, um einen verschwindenden Drehimpuls zu realisieren – sind in diesem Modell noch nicht möglich!

Was sich aus heutiger Sicht eigentlich als selbstverständliche Verallgemeinerung darstellt, nämlich als ein gemeinsamer **Welle-Teilchen-Dualismus** für elektromagnetische Strahlung wie für Materie, war in der damaligen Zeit eine große geistige Transferleistung von de Broglie, für die auch zunächst keinerlei experimentelle Grundlage bestand, und die gewissermaßen auch ein Fanal darstellte, dass sich nun eine neue, jüngere Generation von theoretischen Physikern dem Problem der Quantenphysik annahm. Zum Vergleich: Planck war zu diesem Zeitpunkt bereits 66 Jahre alt und Rutherford 62 Jahre. Einstein war immerhin erst 45 Jahre und Bohr 39 Jahre alt. Jedenfalls akzeptierte der Prüfungsausschuss am Ende die Dissertation [Bro25], allerdings nach Rücksprache mit Einstein, der sich tief beeindruckt zeigte.

Nun galt es, einen experimentellen Nachweis für Materiewellen zu erhalten, und Nachweis hieß mit anderen Worten: Beugung und damit Interferenz. Wir wollen zunächst einmal eine quantitative Abschätzung der physikalischen Größen machen: für ein makroskopisches Teilchen der Masse $m = 10^{-3}$ kg, das sich mit einer Geschwindigkeit $v = 1\,\mathrm{m\,s^{-1}}$ bewegt, erhalten wir aus (7.1) eine de Broglie-Wellenlänge von $\lambda \approx 6{,}6 \cdot 10^{-33}\,\mathrm{m} = 6{,}6 \cdot 10^{-21}\,\mathrm{Å}$, was etwa 21 Größenordnungen kleiner ist als der Durchmesser eines Atoms und jenseits jeglicher experimenteller Möglichkeit von Beugungsexperimenten.

Ein relativistisches Elektron hingegen mit $m \approx 9{,}1 \cdot 10^{-31}$ kg und $E = 1$ eV besitzt eine de Broglie-Wellenlänge von etwa $\lambda \approx 12{,}3\,\mathrm{Å}$, bei $E = 1000$ eV ist $\lambda \approx 0{,}39\,\mathrm{Å}$, beides vergleichbar der Wellenlänge von Röntgenstrahlen, womit sich aus experimenteller Sicht die Beugung an einem Kristallgitter anbot.

Entsprechende Experimente wurden 1927 von den beiden US-amerikanischen Physikern Clinton Davisson und seinem damaligen Assistenten Lester Germer an den Bell Laboratories in Murray Hill, New Jersey, durchgeführt, unabhängig davon zur gleichen Zeit vom englischen Physiker George Paget Thomson – dem Sohn von J. J. Thomson, dem Entdecker des Elektrons – an der University of Aberdeen. Im **Davisson–Germer-Experiment** wurde die Bragg-Reflektion von Elektronen mit einer Energie von 54 eV an einer Nickel-Kristalloberfläche untersucht, während der Versuchsaufbau von Thomson die Transmission von Elektronen durch eine dünne polykristalline Folie vorsah.

In beiden Fällen wurden Interferenzmuster genau wie vorhergesagt beobachtet und de Broglies Hypothese der Materiewellen auf spektakuläre Weise bestätigt. Damit war der Nobelpreis eine reine Selbstverständlichkeit: schon zwei Jahre später, nämlich 1929, wurde Louis de Broglie zuerst mit der hochrenommierten Médaille Henri Poincaré geehrt, und noch im selben Jahr erhielt er den Nobelpreis für Physik. Davisson und Thomson teilten sich diesen im Jahre 1937.

Die Bedeutung der de Broglie-Hypothese für die weitere Entwicklung kann gar nicht überschätzt werden, denn von nun an ging alles ganz schnell: die Einführung von Materiewellen in die Quantenphysik bedeutete, dass es eine Wellengleichung geben musste! Auf einen Schlag tat sich die Tür in ein Gebiet hinein auf, das nun vollkommen vertrautes Terrain war: die Mathematik der Differentialgleichungen, und es sollte nach de Broglies Veröffentlichung gerade noch ein weiteres Jahr vergehen, bis 1926 eine solche Differentialgleichung von Erwin Schrödinger gefunden wurde und damit die **Wellenmechanik** systematisch entwickelt werden konnte.

Die Wellennatur der Materie hängt natürlich direkt mit der endlichen Größe der Planck-Konstanten h zusammen. Wäre $h = 0$, würde die de Broglie-Wellenlänge verschwinden, und die Gesetze der klassischen Mechanik wären gültig – ganz im Sinne des Bohrschen Korrespondenzprinzips aus Abschnitt 6. Der numerische Wert von h gibt eine Skala vor, ab der die Gesetze der klassischen Mechanik also nicht mehr gültig sind. Mit Blick auf Materiewellen bedeutet das: ganz so, wie die geometrische (Strahlen-)Optik der Grenzfall der Wellenoptik für kleine Wellenlängen ist, stellt die klassische Mechanik den Grenzfall der Wellenmechanik für kleine Wellenlängen dar. Schrödinger wird demnächst mehr dazu zu sagen haben.

Bevor wir uns jedoch dem systematischen Ausbau der Wellenmechanik näher zuwenden, müssen wir einen Abstecher machen zu einem mittlerweile legendären Aufenthalt auf Helgoland, und nach Göttingen. Denn der Durchbruch kam bereits 1925 aus einer gänzlich anderen Richtung, von einem erst 24-jährigen „Wunderknaben", der zuvor fast durch seine mündliche Doktorprüfung bei Wilhelm Wien gerasselt wäre! Sein Name: Werner Heisenberg.

8 Die Geburt der Quantenmechanik I: Die Matrizenmechanik

Das Geburtsjahr der Quantenmechanik ist 1925, als innerhalb eines guten halben Jahres nicht nur ein vollkommen neuer, anfangs unanschaulicher Formalismus erarbeitet wurde, sondern am Ende auch das Coulomb-Problem und damit das Spektrum des Wasserstoffatoms (ohne Berücksichtigung des Spins) vollständig gelöst vorlag.

Werner Heisenberg kurierte im Frühsommer 1925 eine heftige Heuschnupfenattacke auf der von Pollen befreiten Nordseeinsel Helgoland aus, wo er sich in aller Ruhe dem Problem der Quantentheorie auf ganz grundsätzliche Art annehmen konnte. Heisenberg war zu diesem Zeitpunkt Assistent von Max Born in Göttingen, als Nachfolger von Wolfgang Pauli in dieser Position, der mittlerweile eine Privatdozentenstelle in Hamburg innehatte.

Heisenberg berichtete später, dass er sich ebenso grundsätzlich dem Problem der quantentheoretischen Interpretation von kinematischen und dynamischen Größen in der mikroskopischen Physik nähern wollte, wie Einstein dies mit Bezug auf Raum und Zeit in seiner bahnbrechenden Arbeit 1905 zur Speziellen Relativitätstheorie tat, und sich auch vom Charakter dieser Arbeit leiten ließ. Im Konkreten betrachtete er das nach wie vor schwerwiegende Problem der atomaren Übergänge, sprich der Übergangsenergien und der Übergangsraten. Eines Nachts kam ihm während seines Aufenthalts auf Helgoland die Erleuchtung, die ihn nicht mehr schlafen ließ, so dass er den Rest der Nacht bis zum nächsten Morgen auf einem Felsen an der Steilküste verbrachte. Dann schrieb er alles zusammen und schickte sein Manuskript an Max Born.

Werner Heisenberg im Jahre 1926 (Abbildung: Aufnahme von Friedrich Hund, Wikimedia Commons, Original im Privatbesitz von Gerhard Hund).

Juli 1925: Heisenbergs „magische Arbeit"

Heisenbergs „magische" Arbeit [Hei25] ist nicht nur berühmt, sondern auch nahezu berüchtigt, aufgrund der mehrfachen spontanen Wechsel in der Notation und vor allem aufgrund der an zentralen Stellen gedanklichen Sprünge ohne nähere Erläuterungen, wie ein Ergebnis im Detail zustande kommt. Steven Weinberg, sicher einer der ernstzunehmendsten Personen der theoretischen Physik ab der zweiten Hälfte des 20. Jahrhunderts und Nobelpreisträger des Jahres 1979, schrieb später in seinem Buch *"Dreams of a Final Theory"*:

> *"If the reader is mystified at what Heisenberg was doing, he or she is not alone. I have tried several times to read the paper that Heisenberg wrote on returning from Helgoland, and, although I think I understand quantum mechanics, I have never understood Heisenberg's motivations for the mathematical steps in his paper. Theoretical physicists in their most successful work tend to play one of two roles: they are either sages or magicians. [...] It is usually not difficult to understand the papers of sage-physicists, but the papers of magician-physicists are often incomprehensible. In this sense, Heisenberg's 1925 paper was pure magic."*

Es muss Heisenbergs genialer Vision gepaart mit der intensiven Energie und der Innovationskraft eines 24-Jährigen geschuldet sein, dass er sich von seiner Eingebung derart schnell vorantreiben ließ, dass er auf die eine oder andere Zwischenerläuterung verzichtete – ein durchaus typisches Phänomen. Man muss heutzutage bedenken: mitten in dieser „Sturm-und-Drang-Zeit" der Quantenmechanik wurden gerade neue Weltbilder geschaffen, Paradigmenwechsel eingeleitet und physikalisches Neuland betreten. Es gab schlichtweg keinen vorgezeichneten, didaktisch ausgereiften Weg für die geistigen Errungenschaften, die sich im Verlaufe von ganz kurzer Zeit ergaben. Es lohnt sich, eine etwas eingehendere Analyse dieser Arbeit zu studieren, wobei hier das schöne neuzeitliche Paper [AMS04] als Interpretationshilfe dient. Die Notation ist im Folgenden aber deutlich modernisiert, da Heisenbergs Darstellung im Original für das heutige Auge verwirrend ist und den Blick auf das physikalisch Wesentliche erschwert.

Heisenberg stellte zunächst die grundsätzliche Forderung auf, dass sich die theoretischen Aussagen der Quantenphysik nur auf prinzipiell beobachtete Größen wie Energie und Frequenz beziehen sollten. Er verwarf somit von Vornherein klassische kinematische Begriffe wie Elektronenbahn oder Umlaufzeit. Vielmehr müsse es quantenphysikalische Ersetzungen für die kinematischen Größen der klassischen Physik geben. Desweiteren modellierte er ein Atom der Einfachheit halber zunächst als ein periodisch schwingendes Elektron. Klassisch, so schickt er voraus, würde man für die Bahn $x_n(t)$ einen Ansatz der Form

$$x_n(t) = \sum_{\alpha=-\infty}^{\infty} X_{n,\alpha} e^{i\alpha\omega_n t} \tag{8.1}$$

wählen, wobei $X_{n,\alpha}$ die Fourier-Koeffizienten der Bahn des n-ten stationären Zustands darstellen. Außerdem würde nun für ein periodisch schwingendes Elektron die Larmor-

Formel für die Strahlungsleistung gelten (Heisenberg schreibt das aber nicht explizit aus):

$$-\frac{dE}{dt} = \frac{2}{3}\frac{e^2 a^2}{c^3}$$

$$= \frac{2}{3}\frac{e^2}{c^3}(\alpha\omega_n)^4 |X_{n,\alpha}|^2, \tag{8.2}$$

mit der Elektronladung e und der klassischen Beschleunigung a.

In der Älteren Quantentheorie jedoch sind die Übergangsfrequenzen nicht einfach nur Vielfaches von irgendeiner Grundfrequenz ω_n, sondern vielmehr gilt:

$$\omega_{mn} = \frac{2\pi}{h}(E_m - E_n), \tag{8.3}$$

und an Stelle der Larmor-Formel (8.2) müsste – geleitet durch das Bohrsche Korrespondenzprinzip – ein Strahlungsgesetz der Art

$$P_{mn} = \frac{2}{3}\frac{2\pi e^2}{hc^3}\omega_{mn}^3 |X_{mn}|^2 \tag{8.4}$$

stehen, wobei P_{mn} die Übergangswahrscheinlichkeit pro Zeit darstellt, die multipliziert mit $h\omega_{mn}/(2\pi)$ dann das Pendant zur linken Seite von (8.2) ist. Die Frage war nun aber: was sollte X_{mn}^2 für eine Größe sein (auch ohne Betragsstriche)? Und was überhaupt zunächst X_{mn}?

Kurzerhand machte Heisenberg dann den Ansatz, dass es ein Quanten-Pendant zu (8.1) geben müsste, und dass die Gesamtheit der Größen

$$X_{mn}e^{i\omega_{mn}t} \tag{8.5}$$

gewissermaßen die klassische Bahn $x(t)$ ersetzen müssten. Um einen Ausdruck für X_{mn}^2 zu erhalten, ließ er sich wieder vom klassischen Ausdruck leiten: aus (8.1) folgt:

$$x_n(t)^2 = \sum_{\beta=-\infty}^{\infty} Y_{n,\beta}e^{i\beta\omega_n t} \tag{8.6}$$

wobei

$$Y_{n,\beta} = \sum_{\alpha=-\infty}^{\infty} X_{n,\alpha}X_{n,\beta-\alpha}, \tag{8.7}$$

und offensichtlich gilt das triviale Kombinationsprinzip:

$$\beta\omega_n = \alpha\omega_n + (\beta - \alpha)\omega_n. \tag{8.8}$$

Also machte Heisenberg für das Quanten-Pendant zu (8.6) wieder den gleichen Ansatz wie oben, nämlich die Gesamtheit der Größen

$$(X^2)_{mn}e^{i\omega_{mn}t}, \tag{8.9}$$

nur dass ω_{mn} natürlich immer noch mit dem Kombinationsprinzip kompatibel zu (8.3) sein muss:

$$\omega_{mk} + \omega_{kn} = \omega_{mn}. \tag{8.10}$$

Geradezu zwingend schien Heisenberg dann offensichtlich der Schluss, dass daher gelten müsse:

$$(X^2)_{mn} e^{i\omega_{mn}t} = \sum_{k=0}^{\infty} X_{mk} e^{i\omega_{mk}t} X_{kn} e^{i\omega_{kn}t},$$

woraus sich nun trivialerweise wegen (8.10) ergibt:

$$(X^2)_{mn} = \sum_{k=0}^{\infty} X_{mk} X_{kn}. \tag{8.11}$$

Er beendete noch den ersten Teil seiner Arbeit mit der Feststellung, dass für zwei unterschiedliche klassische Größen $x(t), y(t)$ – was immer diese sein mögen – durch seine gefundene Ersetzungsvorschrift in der Quantenphysik folgendes passiert: es ist dann nämlich:

$$(X \cdot Y)_{mn} \neq (Y \cdot X)_{mn} \tag{8.12}$$

weil ja im Allgemeinen

$$\sum_{k=0}^{\infty} X_{mk} Y_{kn} \neq \sum_{k=0}^{\infty} Y_{mk} X_{kn}.$$

Er schlägt daher in solchen Fällen einen Symmetrisierungsansatz vor, die später als Weyl-Ordnung bekannt ist:

$$x(t) \cdot y(t) \mapsto \frac{1}{2}(X \cdot Y + Y \cdot X)_{mn} e^{i\omega_{mn}t}. \tag{8.13}$$

Die Ersetzungsvorschrift Heisenbergs führt also zu Größen, für die eine im Allgemeinen **nicht-kommutative** Multiplikationsvorschrift existiert.

In moderner Sprache gesprochen hat Heisenberg die klassischen observablen Größen durch die entsprechenden hermiteschen Operatoren im Heisenberg-Bild ersetzt und allgemeine Relationen zwischen Übergangsamplituden und Übergangsfrequenzen in Energiedarstellung gefunden – heutzutage klassischer Lehrbuchstoff – dies aber, ohne etwas von Matrizenrechnung zu verstehen! Man behalte daher im Hinterkopf, dass Heisenberg weder von Operatoren, noch von Matrizen sprach. Matrixalgebra – in heutiger Zeit teilweise Schulstoff der Oberstufe im Gymnasium – war den meisten theoretischen Physikern der damaligen Zeit nicht geläufig. Es war Max Born, der aufgrund seiner Mathematik-Kenntnisse in den für Heisenberg seltsamen Multiplikationsregeln bei Sichtung dessen Manuskripts nichts anderes erkannte als schlichte Matrixmultiplikation, wenn auch mit unendlichem Index – Heisenberg hatte sogar bereits den Kontinuumsfall angedeutet, für den aus Matrixprodukten Faltungsintegrale werden.

Nachdem er nun die kinematischen Grundgrößen seines Formalismus festgelegt hat, machte er sich im zweiten Teil der Arbeit daran zu zeigen, wie deren dynamischen Zusammenhänge „aus den gegebenen Kräften des Systems" abgeleitet werden können, sprich: wie Bewegungsgleichungen abzuleiten sind. Zunächst nahm er die Sommerfeld–Wilson-Quantisierungsbedingung (6.14) zum Ausgangspunkt einer Umwandlung in eine Bedingungsgleichung, in der nur noch die neuen kinematischen Quantengrößen vorkommen sollten. Zuerst brachte er diese mit Hilfe von (8.1) in eine andere Form:

$$nh = \oint p \, \mathrm{d}q$$

$$= \oint m\dot{x}^2 \mathrm{d}t$$

$$= 2\pi m \sum_{\alpha=-\infty}^{\infty} |X_{n,\alpha}|^2 \alpha^2 \omega_n$$

$$\implies h = 2\pi m \sum_{\alpha=-\infty}^{\infty} \alpha \frac{\mathrm{d}}{\mathrm{d}n}\left[\alpha \omega_n |X_{n,\alpha}|^2\right].$$

Die letzte Zeile erhielt er durch Ableitung nach n auf beiden Seiten. Die Form der letzten Zeile ist bewusst gewählt, denn jetzt kam der eigentliche Trick: er wandte die **Bornsche Ersetzungs-** oder **Korrespondenzregel**:

$$\alpha \frac{\mathrm{d}f(n,\alpha)}{\mathrm{d}n} \mapsto f(n+\alpha, n) - f(n, n-\alpha) \tag{8.14}$$

an, um aus der Ableitung eine endliche Differenz zu machen, und erhielt dann (wieder in moderner Notation):

$$h = 2\pi m \sum_{m=0}^{\infty} |X_{mn}|^2 \omega_{mn}. \tag{8.15}$$

Das ist nichts anderes als die damals seit kurzem empirisch bekannte Thomas–Kuhn-Summenregel für atomare Strahlungsübergänge, später als **Thomas–Reiche–Kuhn-Summenregel** bezeichnet.

Von hier ab wäre es nur noch ein kleiner Schritt gewesen, die kanonischen Vertauschungsrelationen zu erhalten, aber Heisenberg machte an dieser Stelle Schluss und wandte sich dann im dritten und letzten Teil seiner Arbeit den Energieniveaus des anharmonischen Oszillators und des starren Rotators zu. Hierzu führte er wie anfangs des zweiten Teils bereits angekündigt in den jeweils klassischen Bewegungsgleichungen

$$\ddot{x} + f(x) = 0 \tag{8.16}$$

die Ersetzung der klassischen Größen durch seine neu eingeführten kinematischen Größen durch und löste die enstandenen Rekursionsrelationen im Falle des anharmonischen Oszillators störungstheoretisch. Dabei wurde er unter anderem auf die Terme der Nullpunktsenergie gestoßen. Warum er ausgerechnet den anharmonischen Oszillator als Start seiner Betrachtungen ausgewählt hatte und nicht gleich den einfacheren und universell wichtigen harmonischen Oszillator, auf dessen Spektrum er in nullter Ordnung Störungstheorie ohnehin stieß, bleibt bis heute eines der kleineren Rätsel dieser Arbeit.

Heisenbergs zentrale Aussage der Arbeit ist jedenfalls: man ersetze die klassischen kinematischen Größen in den klassischen Bewegungsgleichungen (8.16) durch seine im ersten Teil der Arbeit neu eingeführten kinematischen Quantengrößen und löse die entstehenden Gleichungen, was nur in den einfachsten Fällen exakt möglich ist. Gleichung (8.15) stellt hierbei eine Bedingungsgleichung dar. In moderne Sprache übersetzt heißt dies: Heisenberg schlägt die kanonische Quantisierungsmethode vor, in der klassische Observable durch Matrixelemente hermitescher Operatoren (im Heisenberg-Bild) ersetzt werden, wobei implizit stets die Energiedarstellung verwendet wird. Zur Lösung von Quantenproblemen müssen unter anderem kanonische Vertauschungsrelationen verwendet werden (die er selbst an dieser Stelle noch nicht final abgeleitet hat).

Heisenbergs magische Arbeit war der Durchbruch: sie wurde von Max Born umgehend im Juli 1925 zur Veröffentlichung geschickt. Born selbst und Pascual Jordan, der ebenfalls in Borns Arbeitsgruppe war, arbeiteten dann zunächst ohne Heisenberg – dieser befand sich mittlerweile wieder auf Reisen, unter anderem nach Cambridge, wo er auf den damals völlig unbekannten Paul Dirac traf – die **Matrizenmechanik** weiter aus. Nur 60 Tage später kam die Arbeit [BJ25] zustande.

September 1925: Born, Jordan und die kanonischen Vertauschungsrelationen

Angestachelt von Heisenbergs genialer Idee setzten Born und Jordan die entstehende Matrizenmechanik auf eine solidere mathematische Grundlage und begradigten die Notation [BJ25]. Explizit ist nicht nur bereits in der Zusammenfassung von „Matrizenrechnung“ die Rede, die dann auch gleich im ersten Teil sauber – gewissermaßen als didaktischer Überblick für die bislang wie erwähnt unwissende Physik-Community – dargelegt wird, vielmehr wird darüber hinaus schon im Titel der moderne Begriff **Quantenmechanik** geprägt.

Im zweiten Teil wandten sie sich der Quantendynamik zu und leiteten erstmalig die als „verschärfte Quantenbedingung“ bezeichneten **kanonischen Vertauschungsrelationen** in der Form

$$[\hat{p}, \hat{q}] = -\frac{ih}{2\pi} \mathbb{1} \tag{8.17}$$

ab, mit der Bemerkung versehen, dass die zu Ort q und Impuls p korrespondierenden Matrizen $\hat{q}, \hat{p}$ notwendigerweise unendlich-dimensional sein müssen und auch unbeschränkt sind. An genau dieser Stelle und sonst nirgends ging die Planck-Konstante h in die Matrizenmechanik ein, zunächst für den Fall mit einem Freiheitsgrad – die Sommerfeld–Wilson-Quantisierungsbedingung und damit die gesamte „Alte Quantenphysik“ wurden ab sofort nicht mehr benötigt. Es folgten weitere algebraische Rechenregeln, die heutzutage typische Übungsaufgaben einer Quantenmechanik-Vorlesung darstellen.

Der dritte und letzte Teil ist der Berechnung des Spektrums von harmonischem und anharmonischem Oszillator gewidmet, nun in sauererer Notation.

Den wesentlichen Anteil an dieser Arbeit hatte Jordan, denn Born hatte kurz zuvor einen Erschöpfungsanfall erlitten und befand sich weitestgehend in einer Phase der Regeneration.

Max Born (Abbildung: Wikimedia Commons, Public Domain).

Mit der Rückkehr von Werner Heisenberg von dessen Reisen entstand nun noch die dritte und krönende Arbeit zur Matrizenmechanik, die „Dreimännerarbeit" vom November 1925.

November 1925: Die „Dreimännerarbeit"

In dieser gemeinsamen Arbeit [BHJ25] bringen Born, Heisenberg und Jordan die Matrizenmechanik zu ihrem Abschluss. Mittlerweile hatte auch Heisenberg sich das notwendige mathematische Rüstzeug angeeignet.

Das Auffinden der Energieniveaus eines Quantensystems wie beispielsweise eines Atoms wird im Wesentlichen als Eigenwertproblem des entsprechenden Hamilton-Operators beschrieben. Die zum Erhalt der Diagonalform notwendigen, als „kanonische Transformationen" bezeichneten, unitären Transformationen werden eingehend studiert. Auch eine Störungstheorie wird systematisch entwickelt. Zum ersten Mal ist von „hermiteschen Matrizen" und „Bilinearformen" die Rede (man beachte aber: immer noch waren abstrakte Operatoren nicht bekannt). In dieser Arbeit werden erstmalig auch systematisch kontinuierliche Spektren untersucht, sowie die Orthonormalitätseigenschaften der entsprechenden Eigenvektoren.

Die Verallgemeinerung der Matrizenmechanik auf Systeme mit beliebig vielen Freiheitsgraden erfolgt im nächsten Teil, und die kanonischen Vertauschungsrelationen besitzen nun ihre endgültige Form:

$$[\hat{p}_i, \hat{q}_j] = -\frac{ih}{2\pi}\delta_{ij}, \tag{8.18}$$

$$[\hat{p}_i, \hat{p}_j] = 0, \tag{8.19}$$

$$[\hat{q}_i, \hat{q}_j] = 0. \tag{8.20}$$

Erstmalig findet sich auch die Heisenberg-Gleichung in der Form

$$\frac{d\hat{A}(t)}{dt} = \frac{2\pi i}{h}[\hat{H}, \hat{A}(t)] \tag{8.21}$$

für allgemeine, physikalischen Größen entsprechende, hermitesche Matrizen $\hat{A}(t)$ in zeitunabhängige Quantensystemen wieder.

Das Spektrum des Drehimpulsoperators wird algebraisch abgeleitet, einschließlich halbzahliger Quantenzahlen.

Abschließend wird auch erstmalig in dieser Arbeit ein Ausblick gegeben, wie der Formalismus anhand eines Systems quantenmechanischer harmonischer Oszillatoren auf das Phänomen der Hohlraumstrahlung angewandt werden kann und damit die erste Diskussion einer möglichen Quantelektrodynamik geführt: eine Kette von Massepunkten, an Federn gekoppelt, wird „quantisiert" – gewissermaßen die Grundlegung eines heutigen Standard-Zugangs zur Quantenfeldtheorie in einem typischen Einstiegs-Lehrbuch. Dieser letzte Teil geht aus heutiger Sicht völlig unbestritten auf Jordan alleine zurück. Es gelingt ihm in diesem vereinfachten Modell, Einsteins Fluktuationstheorem (3.5) von 1909 (Abschnitt 3) durch Quantisierung eines Systems mit unendlich vielen Freiheitsgraden abzuleiten. Es ist dies die Geburtsstunde der Quantenfeldtheorie!

Paulis Triumph: die Lösung des Coulomb-Problems

Das Jahr 1925 war das Geburtsjahr der Quantenmechanik, ausgelöst durch Heisenbergs bahnbrechende Arbeit vom Juli, in der er die gesamte kinematische Altlast der klassischen Mechanik für ungültig erklärte und durch eine neue Kinematik ersetzte. Die neuen Größen der Quantenmechanik waren von nun an hermitesche Operatoren, und eine Beherrschung ihrer Mathematik ist zum Verständnis und zur Lösung von Quantenproblemen unabdingbar. In nur einem halben Jahr wurde von Born, Heisenberg und Jordan der gesamte notwendige Apparat erarbeitet.

Nach einem Vierteljahrhundert vollkommener physikalischer Unklarheit hatten die theoretischen Physiker endlich eine Richtung gewiesen bekommen, in der nun systematische Weiterentwicklung und mathematische Ausarbeitung möglich war.

Gleich wenige Wochen später – im Januar 1926 – folgte ein grandioser Triumph: Als Reaktion auf die ständige Stänkerei Wolfgang Paulis („*Göttinger [formaler] Gelehrtenschwall [...]*") hatte Heisenberg im Oktober 1925 wütend einen Brief an Wolfgang Pauli geschrieben: „*[...] Es ist wirklich ein Saustall, daß Sie das Pöbeln nicht aufhören können [...] Ihre ewigen Schimpfereien [...] wenn Sie uns vorhalten, daß wir so große Esel seien,*

Pascual Jordan in der 1920er-Jahren (Abbildung: Wikimedia Commons, Public Domain).

daß wir doch nie etwas physikalisch Neues fertig brächten, so mag das richtig sein. Aber dann sind Sie doch ein ebenso großer Esel, weil Sie's auch nicht fertig bringen".

Das wiederum hatte nun Wolfgang Pauli nicht auf sich sitzen lassen können. Als ausschweifiger Nachtmensch, beißender Kritiker, aber exzellenter Mathematiker bekannt, wandte der in Wien geborene theoretische Physiker in einer herausragenden *Tour de Force* Heisenbergs Matrizenmechanik auf das Coulomb-Problem an und fand innerhalb von nur drei Wochen die vollständige und exakte algebraische Lösung [Pau26]. Darüber hinaus berechnete er störungstheoretisch den Stark-Effekt. Damit war das Spektrum des Wasserstoffatoms – ohne Berücksichtigung von Spin und relativistischer Korrekturen – erstmalig vollständig aus elementaren Prinzipien hergeleitet.

Im Jahre 1932 erhielt Werner Heisenberg den Nobelpreis für Physik *„für die Begründung der Quantenmechanik, deren Anwendung unter anderem zur Entdeckung der allotropen Formen des Wasserstoffs geführt hat"*. Jordan und Born blieben hierbei unberücksichtigt – die politische Ausrichtung Jordans und sein Eintritt in die SA waren sicher mit ausschlaggebend – jedoch war die gedankliche Grundlegung und Richtungsweisung ganz klar Heisenbergs alleiniger und großartiger Verdienst. Born bekam später selbst den Nobelpreis für die Wahrscheinlichkeitsinterpretation der Quantenmechanik verliehen, siehe Abschnitt 10.

Jordan jedoch blieb bis zuletzt seine politische Nähe zur NSDAP und seine rechte Gesinnung trotz seines als persönlich liebenswürdig geschilderten Charakters diesbezüglich ein Verhängnis. Erst in jüngerer Zeit sind zahlreiche Arbeiten erschienen, die Jordans Beiträge zur mathematischen Systematisierung der Quantenmechanik und zur Grundlegung der Quantenfeldtheorie angemessen würdigen [ES02; Wis07].

Die politischen Betätigungen der drei Hauptakteure in der Dreimännerarbeit, Heisenberg, Born und Jordan, in der Nachkriegszeit schildert die sehr informative und interessante Arbeit [Sch05] von Arne Schirrmacher.

9 Die Geburt der Quantenmechanik II: Die Wellenmechanik

Wir befinden uns am Anfang des Jahres 1926, und nicht nur lag die Matrizenmechanik vollständig formuliert vor. Auch das Coulomb-Problem wurde gerade eben von Wolfgang Pauli gelöst und der Stark-Effekt in Störungstheorie berechnet.

Erst vor ein paar Wochen war der österreichische Physiker Erwin Schrödinger – wie Pauli gebürtiger Wiener – von einem Winterurlaub im Schweizer Ferienort Arosa zurückgekommen, den er mit einer bis heute unbekannten Muse verbracht hatte. Offensichtlich hatte dieser Ferienaufenthalt Schrödinger sehr inspiriert, denn schon währenddessen und vor allem kurz nach seiner Rückkehr entwickelte er voller Energie und in einem atemberaubenden Tempo – sechs Arbeiten in sechs Monaten – die gesamte **Wellenmechanik** im Alleingang, die er anfangs noch „undulatorische Mechanik" nannte.

Es ist ganz interessant zu erwähnen, dass Schrödinger zu diesem Zeitpunkt bereits 38 Jahre alt war und damit deutlich älter als Heisenberg, Pauli, Jordan oder Dirac. Schrödinger war damit eher die Generation von Bohr, Born und Einstein, und gerade letzterer hatte hin und wieder von der „Knabenphysik" gesprochen, wenn er die Quantenphysik nach Art der jungen theoretischen Physiker meinte.

Jedenfalls war nach der bahnbrechenden Doktorarbeit von Louis de Broglie aus dem Jahre 1924 und der Einführung von Materiewellen klar, dass es – wenn man diese ernst nahm – eine Wellengleichung geben musste. Da de Broglie von Anfang an eine relativistische Formulierung wählte, war auch Schrödinger – seinen Notizen nach zu schließen – zunächst daran gegangen, eine relativistische Wellengleichung der Form

$$\nabla^2 \psi + k^2 \psi = 0 \tag{9.1}$$

zu suchen, und tatsächlich hatte er diese mit einem relativistischen Ausdruck für k^2 auch recht schnell gefunden, hatte aber erkennen müssen, dass sich so eine falsche Feinstruktur-aufspaltung für das Wasserstoffspektrum ergab. Man erinnere sich: Arnold Sommerfeld hatte diese bereits vor einigen Jahren korrekt aus dem Bohr–Sommerfeld-Atommodell erhalten. Er hatte das Problem daher beiseite gelegt und sich daraufhin dem nichtrelativistischen Fall zugewandt.

Von der Hamilton–Jacobi-Theorie zur stationären Wellengleichung

Noch während seines Arosa-Aufenthalts war er – seinen Notizen zufolge – bereits in der Lage, die Energieniveaus des Wasserstoffatoms aus einer nichtrelativistischen Wellengleichung der Form (9.1) zu finden, und bereits Ende Januar 1926 erschien seine erste Arbeit [Sch26c]. Schrödinger motiviert seine Arbeit für den Leser dadurch, dass er einleitet, keine explizite Forderung nach „ganzen Zahlen" mehr zu stellen, sondern dass er vielmehr findet, dass sich diese Quantisierungsbedingung implizit aus mathematischen Prinzipien ergeben sollte, so wie beispielsweise *„die Ganzzahligkeit der Knotenzahl einer schwingenden Saite"*.

Daraufhin erinnert er an die reduzierte Hamilton–Jacobi-Gleichung

$$H\left(q, \frac{\partial W(q)}{\partial q}\right) = E, \tag{9.2}$$

Erwin Schrödinger (Abbildung: Photograph by Francis Simon, courtesy of AIP Emilio Segrè Visual Archives)

wobei H die Hamilton-Funktion des Coulomb-Problems sein soll und $W(q)$ die verkürzte Wirkung. In dieser führt er nun eine Ersetzung der Form

$$W = K \cdot \log \psi \iff \psi = e^{W/K},\tag{9.3}$$

durch, mit einer Konstanten K von der Dimension einer Wirkung. Schrödinger fordert nun, dass die unbekannte Funktion ψ – etwas umformuliert – reellwertig, beschränkt und zweifach stetig differenzierbar sein soll. Damit erhält er aus (9.2):

$$J := (\nabla \psi)^2 - \frac{2m}{K^2}\left(E + \frac{e^2}{r}\right)\psi^2 = 0.\tag{9.4}$$

Diese in ψ quadratische Form J unterwirft er daraufhin einem Variationsprinzip der Art

$$\delta J = \delta \int_{\mathbb{R}^3} \mathrm{d}^3 r \left[(\nabla \psi)^2 - \frac{2m}{K^2}\left(E + \frac{e^2}{r}\right)\psi^2\right] \stackrel{!}{=} 0,\tag{9.5}$$

woraus er „in gewohnter Weise" erhält:

$$\nabla^2 \psi + \frac{2m}{K^2}\left(E + \frac{e^2}{r}\right)\psi = 0.\tag{9.6}$$

Dabei weist er bereits auf den Kontinuumsfall hin, für den ψ selbstverständlich quadratintegrabel sein muss. Anschließend löst er nach Einführung von Kugelkoordinaten die entstehende Radialgleichung, weist dabei auf die notwendigen Rand- und Regularitätsbedingungen für die Radialfunktion hin, setzt irgendwann $K := h/2\pi$ und erhält die Energieniveaus für das Coulomb-Problem. Dabei ist seine Behandlung der Radialgleichung mathematisch durchaus strenger als in vielen Lehrbüchern heutzutage. Im Rest der Arbeit folgen einige tiefergehende mathematische Betrachtungen zu (9.6).

Die Gleichung (9.6) ist heute als **stationäre Schrödinger-Gleichung** bekannt, hier speziell für das Coulomb-Problem, und der ungläubig staunende Leser mag sich fragen, an welcher Stelle Schrödinger denn nun genau die Verwandlung der klassischen Hamilton–Jacobi-Gleichung (9.4) vollzieht in eine Quantengleichung (9.6). Seine Herleitung ist gleichermaßen hocheffizient wie obskur. Die Antwort lautet: die „Verwandlung" der reduzierten Hamilton–Jacobi-Gleichung in die stationäre Schrödinger-Gleichung erfolgt über das Variationsprinzip (9.5), welches aber recht unvermittelt daherkommt und sich nicht gerade aufdrängt.

Tatsächlich ist (9.5) an dieser Stelle vollkommen aus der Luft gegriffen, und Schrödinger selbst schreibt gleich am Anfang seiner zweiten Arbeit [Sch26e], dass er diesen Rechenvorgang nicht weiterverfolge, denn: *„Wir hatten diesen Zusammenhang vorläufig nur kurz seiner äußeren analytischen Struktur nach beschrieben durch die an sich unverständliche Transformation [(9.3)] und den ebenso unverständlichen Übergang von der* Nullsetzung *eines Ausdrucks zu der Forderung, daß das Raumintegral des nämlichen Ausdruckes* stationär *sein soll."*

Diese ebengenannte zweite Arbeit erschien gerade einmal einen Monat später, nämlich Ende Februar 1926. War die erste Arbeit noch ein Schnellschuss, den Schrödinger offensichtlich unverzüglich loswerden wollte – was angesichts der Geschwindigkeit, mit der sich in dieser Zeit neue Erkenntnisse einstellten und Veröffentlichungen erschienen, nicht verwundert – so war diese zweite Arbeit ein Meisterwerk. Sich selbst wie erwähnt durchaus bewusst über die obskure Motivation seiner Wellengleichung in der ersten Arbeit schreibt er eingangs, dass es ihm zunächst darum ginge, den allgemeinen Zusammenhang zwischen der Hamilton–Jacobi-Gleichung eines mechanischen Problems und der „zugehörigen" Wellengleichung näher zu beleuchten, gefolgt vom eben zitierten Abschnitt. Erst dann wolle er das Eigenwertproblem für weitere Quantensysteme behandeln.

So sind denn auch zwei Drittel der 39-seitigen Arbeit genau diesem Zusammenhang gewidmet und in einem leicht lesbaren, prosaischen Stil geschrieben, der eine nähere Betrachtung wert ist.

Es folgt daher im ersten Teil eine Zusammenfassung der Hamilton–Jacobi-Theorie. Die Hamilton–Jacobi-Gleichung lautet:

$$\frac{\partial S(\boldsymbol{q}, t)}{\partial t} = -H\left(\boldsymbol{q}, \nabla_{\boldsymbol{q}} S(\boldsymbol{q}, t), t\right), \tag{9.7}$$

mit den verallgemeinerten Koordinaten $\boldsymbol{q}$, den kanonisch-konjugierten Impulsen $\boldsymbol{p}$, der Wirkungsfunktion $S(\boldsymbol{q}, t)$ und der Hamilton-Funktion $H(\boldsymbol{q}, \boldsymbol{p}, t)$. Man beachte bei der Lektüre der Originalarbeit, dass Schrödinger S für die reduzierte Wirkung verwendet und W für die Hamiltonsche Wirkungsfunktion, wir hingegen hier die heutzutage übliche, umgekehrte Notation verwenden. Im Folgenden beschränkt sich Schrödinger auf die Betrachtungen von

Hamilton-Funktionen der Form

$$H(\boldsymbol{q}, \boldsymbol{p}) = T(\boldsymbol{q}, \boldsymbol{p}) + V(\boldsymbol{q}),$$

also ohne explizite Zeitabhängigkeit und mit einem konservativen Potential. Der kinetische Teil sei hierbei üblicherweise eine in den p_i quadratische Form der Art:

$$T(\boldsymbol{q}, \boldsymbol{p}) = \frac{1}{2} \sum_{i,j} M_{ij}^{-1}(\boldsymbol{q}) p_i p_j. \tag{9.8}$$

Mit Verweis auf die geometrische Sichtweise von Heinrich Hertz, so erklärt Schrödinger, ist $M_{ij}(\boldsymbol{q})$ als Riemannsche Metrik im Konfigurationsraum – heutzutage in diesem Zusammenhang als **Jacobi-Metrik** bezeichnet – anzusehen, und es ist das Linienelement definiert als

$$\mathrm{d}s^2 = \sum_{i,j} M_{ij}(\boldsymbol{q})\mathrm{d}q_i\mathrm{d}q_j$$

$$= \sum_{i,j} M_{ij}(\boldsymbol{q})\dot{q}_i\dot{q}_j\mathrm{d}t^2 \tag{9.9}$$

$$= 2\bar{T}(\boldsymbol{q}, \dot{\boldsymbol{q}})\mathrm{d}t^2, \tag{9.10}$$

wobei $\bar{T}(\boldsymbol{q}, \dot{\boldsymbol{q}}) = T(\boldsymbol{q}, \boldsymbol{p}(\dot{\boldsymbol{q}})) = \frac{1}{2} \sum_{i,j} M_{ij}(\boldsymbol{q})\dot{q}_i\dot{q}_j$, und es gilt:

$$p_i = M_{ij}\dot{q}_j. \tag{9.11}$$

Schrödinger ist an dieser Stelle allerdings eher prosaisch als rechnerisch. Um die geometrische Interpretation zu vervollständigen, weist Schrödinger explizit noch einmal darauf hin, dass also $T(\boldsymbol{q}, \boldsymbol{p})$ nichts anderes ist als die zu $\bar{T}(\boldsymbol{q}, \dot{\boldsymbol{q}})$ kontravariante Form, die als Argument einen kovarianten Vektor benötigt. M_{ij} bildet also einen kontra- auf einen kovarianten Vektor ab, und M_{ij}^{-1} ist demnach nichts anderes als die Metrik für kovariante Vektoren. Man beachte, wie Schrödinger von Anfang an eine große Allgemeinheit vorsieht, indem er verallgemeinerte Koordinaten in einem mehrdimensionalen Konfigurationsraum betrachtet und nicht nur ein einzelnes Punktteilchen. Die Rechnung selbst führt Schrödinger wiederum nicht aus, sondern setzt sie gewissermaßen als bekannt voraus. Sie geht aber wie folgt: da für eine klassische Bahn $\boldsymbol{q}(t)$ die Hamilton-Gleichungen gelten, so ist wegen (9.8):

$$\dot{q}_i = \frac{\partial H(\boldsymbol{q}, \boldsymbol{p})}{\partial p_i}$$

$$= \frac{\partial T(\boldsymbol{q}, \boldsymbol{p})}{\partial p_i}$$

$$= \sum_j M_{ij}^{-1}(\boldsymbol{q}) p_j$$

$$= \sum_j M_{ij}^{-1}(\boldsymbol{q}) \nabla_j W(\boldsymbol{q}), \tag{9.12}$$

im Einklang mit (9.9) beziehungsweise (9.10).

Durch den bekannten Ansatz

$$S(\boldsymbol{q}, t) = W(\boldsymbol{q}) - Et \qquad (9.13)$$

mit der verkürzten Wirkungsfunktion $W(\boldsymbol{q})$ erhält man so die reduzierte Hamilton–Jacobi-Gleichung

$$H\left(\boldsymbol{q}, \nabla_q W(\boldsymbol{q})\right) = E \qquad (9.14)$$
$$\Longrightarrow 2T\left(\boldsymbol{q}, \nabla_q W(\boldsymbol{q})\right) = 2(E - V(\boldsymbol{q})). \qquad (9.15)$$

Gleichung (9.15) kann aber nun wegen (9.9,9.10) geschrieben werden kann als:

$$\sum_{i,j} M_{ij}^{-1} \nabla_i W(\boldsymbol{q}) \nabla_j W(\boldsymbol{q}) = 2(E - V(\boldsymbol{q}))$$

$$\Longrightarrow \|\nabla_q W(\boldsymbol{q})\| = \sqrt{2(E - V(\boldsymbol{q}))}. \qquad (9.16)$$

Nun folgt ein wichtiges Zwischenergebnis, das Schrödinger ganz besonders herausstreicht. Wir betrachten die Potentialflächen $S(\boldsymbol{q}, t) = $ const, aus denen sich wiederum Potentialflächen zu jeweils gleichem Wert von $W(\boldsymbol{q})$ ergeben:

$$W(\boldsymbol{q}) = \text{const} + Et.$$

Diese Potentialflächen zu jeweils gleichem Wert von $W(\boldsymbol{q})$ ändern genau diesen Wert im Laufe der Zeit um das Inkrement Et. Man kann jedoch auch die umgekehrte Sichtweise einnehmen, nämlich dass „die Flächen *fortwandern, indem jede die Gestalt und Lage der nächstfolgenden annimmt, und dabei ihren [S]-Wert mit sich führt.*" In dieser Sichtweise bewegen sich die Wellen mit einer Phasengeschwindigkeit v_{phase}. Die Frage ist: wie groß ist diese Phasengeschwindigkeit?

Die Antwort ergibt sich aus der Betrachtung, dass eine Kontinuitätsgleichung gelten muss:

$$\nabla_q S(\boldsymbol{q}, t) \cdot \mathrm{d}\boldsymbol{n} = -\frac{\partial S(\boldsymbol{q}, t)}{\partial t} \mathrm{d}t \qquad (9.17)$$

$$\Longrightarrow \nabla_q W(\boldsymbol{q}) \cdot \mathrm{d}\boldsymbol{n} = E\mathrm{d}t,$$
$$\nabla_q W(\boldsymbol{q}) \cdot \dot{\boldsymbol{n}} = E, \qquad (9.18)$$

wobei $\boldsymbol{n}$ der Normalenvektor an der Potentialfläche $S(\boldsymbol{q}, t) = $ const ist. Dieser ist dann per Voraussetzung proportional zu $\nabla_q W(\boldsymbol{q})$, so dass, mit $v_{\text{phase}} = \|\dot{\boldsymbol{n}}\|$ und (9.16):

$$\|\nabla_q W(\boldsymbol{q})\| \cdot v_{\text{phase}} = E$$

$$\Longrightarrow v_{\text{phase}} = \frac{E}{\sqrt{2(E - V(\boldsymbol{q}))}}. \qquad (9.19)$$

Schrödinger betont nochmals: „*Die Wirkungsfunktion [S] spielt [...] die Rolle einer Phase.*"

Schrödinger wendet nun das Fermatsche Prinzip an, indem er die Phasengeschwindigkeit v_{phase} – wie in der Optik – als umgekehrt proportional zu einem Brechungsindex interpretiert, so dass mit (9.15):

$$0 \stackrel{!}{=} \delta \int_{q_1}^{q_2} \frac{ds}{v_{phase}} \tag{9.20}$$

$$= \delta \int_{q_1}^{q_2} ds \frac{\sqrt{2(E - V(q_i))}}{E}$$

$$= \frac{1}{E} \delta \int_{t_1}^{t_2} 2T \, dt, \tag{9.21}$$

was aber nichts anderes ist als das **de Maupertuis-Prinzip**:

$$\delta \int_{q_1}^{q_2} \boldsymbol{p} \cdot d\boldsymbol{q} = \delta \int_{t_1}^{t_2} \frac{\partial L(\boldsymbol{q}, \dot{\boldsymbol{q}})}{\partial \dot{\boldsymbol{q}}} \dot{\boldsymbol{q}} \, dt$$

$$= \delta \int_{t_1}^{t_2} 2(E - V(\boldsymbol{q})) \, dt$$

$$= \frac{1}{E} \delta \int_{t_1}^{t_2} 2T \, dt.$$

Das bedeutet: die klassisch erlaubten Bahnen $\boldsymbol{q}(t)$ sind analog den Strahlen im Rahmen der Strahlenoptik. Allerdings ist da noch die offensichtliche Diskrepanz zwischen der Phasengeschwindigkeit v_{phase} und der eigentlichen Fortpflanzungsgeschwindigkeit $\|\dot{\boldsymbol{q}}\|$ des Systems im Konfigurationsraum. Diese ist ja gemäß (9.10) einfach:

$$\|\dot{\boldsymbol{q}}\| = \frac{ds(t)}{dt} = \sqrt{2(E - V(\boldsymbol{q}))}, \tag{9.22}$$

und so stellt Schrödinger fest, dass es eine mechanische Analogie zur Wellenoptik geben müsse, so dass Begriffe wie Amplitude, Frequenz, Wellenlänge und allgemeiner die Wellenform ihren wohldefinierten Platz fänden.

In folgenden Worten beendet Schrödinger den ersten Teil seiner Arbeit: „*Wir wissen doch heute, daß unsere klassische Mechanik bei sehr kleinen Bahndimensionen und sehr starken Bahnkrümmungen versagt. Vielleicht ist dieses Versagen eine volle Analogie zum Versagen der geometrischen Optik, d. h. der „Optik mit unendlich kleiner Wellenlänge", das bekanntlich eintritt, sobald die „Hindernisse" oder „Öffnungen" nicht mehr groß sind gegen die wirkliche, endliche Wellenlänge. Vielleicht ist unsere klassische Mechanik das volle Analogon der geometrischen Optik [...], sie versagt, sobald die Krümmungsradien und Dimensionen der Bahn nicht mehr groß sind gegen eine gewisse Wellenlänge, der im q-Raum reale Bedeutung zukommt. Dann gilt es, eine „undulatorische Mechanik" zu suchen – und der nächstliegende Weg dazu ist wohl die wellentheoretische Ausgestaltung des Hamiltonschen Bildes.*"

Diese führt er nun im zweiten Teil seiner Arbeit durch, wiederum in einem sehr prosaischen Stil, so dass wir diesen Teil deutlich gestrafft wiedergeben können: Schrödinger macht im Wesentlichen den Ansatz, dass die Wellenfunktion die Form

$$\Psi(\boldsymbol{q}, t) = \exp\left(\frac{2\pi}{h} S(\boldsymbol{q}, t) + \text{const}\right) \tag{9.23}$$

$$= \text{const} \cdot \exp\left(\frac{2\pi}{h} W(\boldsymbol{q})\right) \exp\left(-\frac{2\pi E t}{h}\right) \tag{9.24}$$

besitzt und liest so direkt die Frequenz

$$\nu = \frac{E}{h} \tag{9.25}$$

ab. Daraus wiederum erhält er sofort die Wellenlänge:

$$\lambda = \frac{v_{\text{phase}}}{\nu}$$

$$= \frac{h}{\sqrt{2(E - V(\boldsymbol{q}))}} \tag{9.26}$$

und bemerkt, dass die Energieabhängigkeit von λ zu einer Dispersionsrelation führt und eine bestimmte physikalische Konfiguration damit durch eine Wellengruppe dargestellt werden müsse, weshalb die Fortpflanzungsgeschwindigkeit $\|\dot{\boldsymbol{q}}\|$ des Systems im Konfigurationsraum gleich der Gruppengeschwindigkeit der zeitabhängigen Wellenfunktionen sei, wie auch schon de Broglie abgeleitet hatte.

Aus dem „Bestreben nach Einfachheit" setzt er nun für den Fall, dass die Wellenfunktion die separable Form (9.24) aufweist, folgende zeitunabhängige Differentialgleichung im Konfigurationsraum an:

$$\nabla_{\boldsymbol{q}}^2 \psi(\boldsymbol{q}) - k^2 \psi(\boldsymbol{q}) = 0, \tag{9.27}$$

woraus er mit $k = 2\pi\nu/v_{\text{phase}}$ erhält:

$$\left(2\pi^2 h^2 \nabla_{\boldsymbol{q}}^2 + V(\boldsymbol{q})\right) \psi(\boldsymbol{q}) = E\psi(\boldsymbol{q}). \tag{9.28}$$

Schrödinger betont, dass in all den Fällen, die er bereits untersucht habe, Gleichung (9.28) durch die Einbeziehung aller Anfangs- und Randbedingungen bereits „die Quantenbedingungen in sich trägt". An dieser Stelle sei nochmals daran erinnert, dass Schrödinger zu diesem Zeitpunkt immer noch an der Reellwertigkeit von $\Psi(\boldsymbol{q}, t)$ festhält. Er motiviert (9.27) insbesondere dadurch, dass ja die einfachste Wellengleichung – die d'Alembert-Gleichung – die Form

$$\nabla_{\boldsymbol{q}}^2 \Psi(\boldsymbol{q}, t) - \frac{1}{v_{\text{phase}}^2} \frac{\partial^2 \Psi(\boldsymbol{q}, t)}{\partial t^2} = 0$$

besitzt, woraus sich dann (9.27) für die Eigenmoden ergibt. Dass der sich später als falsch herausstellende Ansatz trotzdem zu einer korrekten stationären Gleichung führte, verschaffte im Nachhinein betrachtet Schrödinger viel Zeit, die er zum Lösen stationärer Probleme nutzte.

Der dritte und letzte Teil seiner Arbeit ist der Lösung des harmonischen Oszillators und des starren und unstarren Rotators sowie des zweiatomigen Moleküls gewidmet, in der heutzutage üblichen Darstellung.

An dieser Stelle ist eine Zwischenbetrachtung angebracht. Die Vorarbeit von Louis de Broglie hat in Schrödinger offensichtlich einen Funken gezündet, so dass sich dieser in einem sehr kurzen Zeitraum die bereits seit Jahrzehnten bekannte Hamilton–Jacobi-Theorie, die ja schon Andeutungen einer zugrundeliegenden Wellenmechanik in sich trägt, weiterdachte und mit einem wellentheoretischen Unterbau versah. Dabei ist nochmals zu bedenken, dass es selbstverständlich keine logische und zwingende Herleitung einer Wellengleichung gibt – mehr als das mechanische Pendant der geometrischen Strahlenoptik ist mit der Hamilton–Jacobi-Theorie schlichtweg nicht möglich.

Was Schrödinger zum vorliegenden Zeitpunkt noch fehlte, war eine korrekte zeitabhängige Gleichung, für die er noch weitere 4 Monate benötigen sollte. Wie wir weiter unten sehen werden, musste er dafür seine Forderung nach Reellwertigkeit der Wellenfunktion aufgeben. Dass seine stationäre Gleichung (9.28) die korrekte Lösung zeitunabhängiger Probleme lieferte, war aber bereits ein großer Triumph, und er gab somit den theoretischen Physikern ein Werkzeug an die Hand, mit denen sie bedeutend einfacher umgehen konnten als mit der Matrizenmechanik von Heisenberg, Born und Jordan, und die darüber hinaus auch noch deutlich anschaulicher war. Allerdings ließ sich Schrödinger selbst durch diese Anschaulichkeit selbst trügen, mehr dazu aber weiter unten. Im Mai 1926 erschien seine Arbeit [Sch26b], in der er äußerst ausführlich die Störungstheorie entwickelte, die heute als **Rayleigh–Schrödinger-Störungstheorie** bekannt ist (siehe Abschnitt III-1). In diesem Formalismus berechnete er dann auch noch den Stark-Effekt. Den Zeeman-Effekt konnte er noch nicht berechnen, da der Spin noch keinen Niederschlag in den Formalismus gefunden hatte – dies bewerkstelligte etwas später erst Wolfgang Pauli.

Davor erschien eine kurze Arbeit [Sch26a], in der Schrödinger wieder den harmonischen Oszillator untersuchte und das betrachtete, was man heute als kohärente Zustände bezeichnet. Er stellt fest, dass bei diesen kein Zerfließen des Wellenpakets mit der Zeit eintritt, wie es im Allgemeinen der Fall ist und vermutet, dass derartige stabilen Wellenpakete auch für die Elektronen im Coulomb-Potential existieren. Es deutet sich schon hier an, dass Schrödinger später große Schwierigkeiten haben würde, die Wahrscheinlichkeitsinterpretation von Max Born (Abschnitt 10) zu akzeptieren. Zu diesem Zeitpunkt scheint Schrödinger sich jedenfalls vorzustellen, dass die Punktteilchen der klassischen Mechanik in der Wellenmechanik durch irgendwie zusammengeballte, stabile Wellenpakete dargestellt sein müssten, was sich jedoch als unhaltbar herausstellen sollte. Dabei war Schrödinger durchaus bewusst, dass derartige „Zusammenballungen" vor allem in höherdimensionalen Konfigurationsräumen immer weniger mathematisch realisierbar sind.

Die Äquivalenz der Wellen- zur Matrizenmechanik

Sowohl Schrödinger als auch allen anderen theoretische Physikern der damaligen Zeit standen nun zwei vermeintlich konkurrierende Formalismen zur Verfügung, um quantentheoretisch die Energieniveaus von Modellsystemen oder Atomen zu berechnen. Heisenbergs Matrizenmechanik hatte bislang zwar den Nachteil der Unanschaulichkeit und der für damalige Verhältnisse völlig neuartigen Mathematik – heutzutage werden algebraische Lösungen und Methoden allerdings als deutlich attraktiver für das Tiefenverständnis angesehen – während die Wellenmechanik von Schrödinger den Nachteil hatte, noch keine Zeitabhängigkeit zu besitzen. Matrizenmechanik fokussierte auf die „Teilchen-Natur" im Welle-Teilchen-Dualismus, während die Wellenmechanik genau das Gegenteil tat.

Die Tatsache jedoch, dass in beiden Formalismen die korrekten experimentellen Ergebnisse berechenbar sind, ließ auf einen tiefergehenden mathematischen Zusammenhang zwischen beiden Methoden schließen, dem sich neben vielen anderen selbstverständlich auch Schrödinger annahm. In seiner Arbeit [Sch26f] vom März 1926 zeigte er, wie man mit Hilfe des allgemeinen Operatorbegriffes von der Wellen- zur Matrizenmechanik kommt – das Folgende ist stark gekürzt, da kanonischer Stoff jeder modernen Darstellung der Quantenmechanik.

So beginnt Schrödinger seine Herleitung recht schnell mit der lapidaren Bemerkung, dass man die $2n$ Größen der verallgemeinerten Koordinaten und Impulse $\{q_i, p_i\}$ einfach als Differentialoperatoren zu betrachten habe und macht die Ersetzungsvorschrift

$$p_i \mapsto \frac{\partial}{\partial q_i},$$

und kommt damit sofort auf die „Grundlage der Heisenbergschen Vertauschungsrelation"

$$\frac{\partial}{\partial q_i} q_j - q_j \frac{\partial}{\partial q_i} = \delta_{ij}.$$

Außerdem zeigt er für allgemeine operatorwertige Funktionen $F(q, p)$:

$$\frac{\partial F(q, p)}{\partial q_l} = \frac{1}{K}[p_l, F(q, p)], \tag{9.29}$$

$$\frac{\partial F(q, p)}{\partial p_l} = -\frac{1}{K}[q_l, F(q, p)], \tag{9.30}$$

mit $K = h/(2\pi)$, sowie, wie man aus einem Orthonormalsystem von Wellenfunktionen $\{u_l(x)\}$ und einer allgemeinen Operatorfunktion F die Matrizen der Matrizenmechanik erhält, nämlich durch

$$F_{kl} = \int u_k(x) F u_l(x) \mathrm{d}x. \tag{9.31}$$

Es folgt die Herleitung weiterer heutzutage vollkommen üblicher Rechenregeln für operatorwertige Funktionen und ihrer Darstellungen.

Bemerkenswert ist allemal noch seine Betrachtung der Heisenberg-Gleichungen: aus – gemäß Heisenberg:

$$\dot{q}_{ik} = 2\pi \mathrm{i}(\nu_i - \nu_k) q_{ik},$$
$$\dot{p}_{ik} = 2\pi \mathrm{i}(\nu_i - \nu_k) p_{ik},$$

und mit $H(\boldsymbol{q}, \boldsymbol{p})$ in (9.29) erhält er durch die Berechnung der Matrixelemente in (9.31), indem er für die $u_l(x)$ die Eigenfunktionen des Hamilton-Operators verwendet:

$$\nu_i - \nu_k = \frac{1}{h}(E_i - E_k),$$

womit allerdings lediglich gezeigt ist, dass Wellen- und Matrizenmechanik auch in diesem Punkt jeweils konsistent sind. Eine wirkliche Zeitabhängigkeit der Wellenfunktion hatte Schrödinger ja wie bereits erwähnt immer noch nicht gefunden.

Eine vollkommene Äquivalenz der Matrizen- zur Wellenmechanik hat Schrödinger zwar nicht gezeigt – dazu fehlte zu diesem Zeitpunkt nicht unbedingt mehr der allgemeine mathematische Unterbau, sondern vielmehr der Begriff des stationären Zustands in der Matrizenmechanik, sowie eine zeitabhängige Wellengleichung – aber immerhin in weiten Teilen gezeigt, wie dieser Nachweis zu führen ist. Etwas überschwänglich schreibt Schrödinger: *„Damit ist also die Auflösung des ganzen Systems der Heisenberg–Born–Jordanschen Matrizengleichungen zurückgeführt auf das natürliche Randwertproblem einer linearen partiellen Differentialgleichung."*

Am Ende seiner Arbeit leitet er seine zeitunabhängige Wellengleichung nochmals – diesmal etwas ausführlicher begründet – über das bereits eingangs erwähnte Variationsprinzip her. Tatsächlich wirkt dieses immer noch recht unvermittelt, und darüber hinaus gewinnen Variationsprinzipe und zu Wellengleichungen gehörige Lagrange-Dichten erst sehr viel später an Relevanz. Schrödingers Gedankengang ist an dieser Stelle äußerst bemerkenswert.

Der Abschluss der Wellenmechanik – die zeitabhängige Wellengleichung

Endlich, mit der sechsten Arbeit [Sch26d] vom Juni 1926, wendet sich Schrödinger der Zeitabhängigkeit zu. Schrödinger bemerkt gleich eingangs, dass gewissermaßen die „Rückwärtsrechnung" aus der zeitunabhängigen Gleichung (9.27):

$$\nabla_q^2 \psi(\boldsymbol{q}) - k^2 \psi(\boldsymbol{q}) = 0$$

zur d'Alembert-Gleichung

$$\nabla_q^2 \Psi(\boldsymbol{q}, t) - \frac{1}{v_{\text{phase}}^2} \frac{\partial^2 \Psi(\boldsymbol{q}, t)}{\partial t^2} = 0$$

zu keinerlei allgemeineren Lösungsschar führt, da ja wegen $v_{\text{phase}} = E/\sqrt{2(E - V(\boldsymbol{q}))}$ bereits eine E-Abhängigkeit der zeitabhängigen Gleichung folgt. Die d'Alembert-Gleichung ist also zur zeitunabhängigen Gleichung vollkommen äquivalent, und es existieren überhaupt nur Lösungen zu einem festen Energieparameter E. Es ist aber vielmehr eine zeitabhängige Gleichung gesucht, die den Energieparameter nicht mehr enthält.

Für konservative Systeme wäre ein möglicher Ansatz:

$$\left(\nabla_q^2 - \frac{8\pi^2}{h^2} V(\boldsymbol{q}) \right)^2 \Psi(\boldsymbol{q}, t) + \frac{16\pi^2}{h^2} \frac{\partial^2 \Psi(\boldsymbol{q}, t)}{\partial t^2} = 0, \tag{9.32}$$

was sich für die betrachteten Basislösungen (9.24) aus

$$\frac{\partial^2 \Psi(\boldsymbol{q},t)}{\partial t^2} = -\frac{4\pi^2 E^2}{h^2} \Psi(\boldsymbol{q},t)$$

ergibt. Für nicht-konservative Systeme, also mit einem zeitabhängigen Potential $V(\boldsymbol{q},t)$ ist aber der Separationsansatz (9.24) nicht mehr möglich, und so führt der Ansatz (9.32) wegen seiner Ortsableitung 4. Ordnung und Zeitableitung 2. Ordnung zu größeren Komplikationen.

Um also die Sache erst mal so einfach wie möglich zu halten, akzeptiert Schrödinger wohl oder übel eine komplexwertige Wellenfunktion $\Psi(\boldsymbol{q},t)$, um den deutlich einfacheren Ansatz

$$\left(\nabla_{\boldsymbol{q}}^2 - \frac{8\pi^2}{h^2} V(\boldsymbol{q},t)\right) \Psi(\boldsymbol{q},t) \pm \frac{4\pi\mathrm{i}}{h} \frac{\partial \Psi(\boldsymbol{q},t)}{\partial t} = 0, \tag{9.33}$$

zu ermöglichen. Da steht sie nun: die volle **zeitabhängige Schrödinger-Gleichung** – in Ortsdarstellung, oder sollte man besser sagen: in $\boldsymbol{q}$-Darstellung – die mit $\hbar := h/(2\pi)$ umgeschrieben werden kann zu ihrer endgültigen Form:

$$\mathrm{i}\hbar \frac{\partial \Psi(\boldsymbol{q},t)}{\partial t} = \left(-\frac{\hbar^2 \nabla_{\boldsymbol{q}}^2}{2} + V(\boldsymbol{q},t)\right) \Psi(\boldsymbol{q},t). \tag{9.34}$$

Die Vorzeichenkonvention ist allgemein üblich, das andere Vorzeichen ist jederzeit ebenfalls möglich, da die komplex-konjugierte Wellenfunktion $\Psi^*(\boldsymbol{q},t)$ dann entsprechend die Gleichung zu anderem Vorzeichen löst.

Im weiteren Verlauf seiner Arbeit entwickelt Schrödinger dann die zeitabhängige Störungstheorie und wendet sich mit diesem Rüstzeug im Anschluss der Dispersionstheorie zu und berechnet das induzierte Dipolmoment eines Atoms in einem zeitabhängigen Feld. Dabei diskutiert er ebenfalls den Resonanzfall. Er leitet darüber hinaus eine Kontinuitätsgleichung für die „Gewichtsfunktion" ab, die er interessanterweise als Ladungsdichte, nicht als Wahrscheinlichkeitsdichte, interpretierte.

Mit seiner Serie von Arbeiten im ersten Halbjahr 1926 hat Erwin Schrödinger sein Lebenswerk geschaffen. Im Gegensatz zur Matrizenmechanik mit ihren neuartigen algebraischen Regeln und ihrer relativen Unanschaulichkeit bot die Wellenmechanik durch die Schrödinger-Gleichung eine klare, im Prinzip wohlbekannte Mathematik. Das Lösen von Differentialgleichungen war eine wohldefinierte Aufgabe, und die Methoden dafür gehörten spätestens mit dem Erscheinen des Lehrbuchs „*Methoden der Mathematischen Physik*" von Richard Courant und David Hilbert aus dem Jahre 1924 zum Handwerkszeug eines jeden theoretischen Physikers.

Schrödinger erhielt im Jahre 1933 den Nobelpreis für Physik „*für die Entdeckung neuer produktiver Formen der Atomtheorie*" – ein Jahr nach Heisenberg. Er teilte sich diesen mit Paul Dirac, über den wir bislang noch kein Wort verloren haben, der aber eine weitreichende Rolle spielen sollte im nun befindlichen Ausbau der Quantenmechanik zu ihrer endgültigen Form. Diesem Ausbau widmen wir uns im nun folgenden Abschnitt.

10 Die endgültige Formulierung der Quantenmechanik und die Kopenhagener Deutung

Im Jahre 1925 schrieb der junge englische theoretische Physiker Paul Adrien Maurice Dirac gerade an seiner Doktorarbeit am St. John's College der Cambridge University. Heisenberg hatte kurz zuvor seine bahnbrechende, „magische" Arbeit vollendet, und Dirac war im Besitz einer Abschrift, denn Heisenberg hatten seine anschließenden Reisen unter anderem zu einem Vortrag nach Cambridge geführt, wo Dirac und er sich trafen.

Paul Dirac wurde 1902 in Bristol geboren, wurde aber erst 1919 britischer Staatsbürger. Der französische Nachname Dirac zeugt von der väterlichen Herkunft – sein Vater Charles entstammte dem Dorf Saint-Maurice in der französischen Schweiz, und dessen Vorfahren wiederum kamen ursprünglich aus dem Westen Frankreichs in der Nähe von Bordeaux. Der Vater verlangte unter anderem von seinen Kindern, dass zu Hause Französisch gesprochen wurde – vielleicht rührte Pauls Schüchternheit und seine Wortkargheit daher, für die er jedenfalls äußerst bekannt war, ebenso wie für seinen oftmals unter Beweis gestellten Mangel an Taktgefühl. Von nahezu keinem theoretischen Physiker kursieren derart viele Anekdoten wie von Paul Dirac, nur Wolfgang Pauli kann hier mithalten. Und seine Physikerkollegen nahmen es ihm nicht übel: als Heisenberg und Dirac später – im Jahre 1929 – gemeinsam von Yellowstone nach Japan reisten, waren beide schon sehr berühmt, und die Presse wollte bei ihrer Ankunft in Japan ein Interview von beiden haben. Heisenberg, der über die Schüchternheit von Dirac natürlich bescheid wusste, erklärt den Reportern jedoch, dass Dirac gerade unabkömmlich sei – obwohl dieser genau neben ihm stand!

Die damaligen Zentren der Forschung zur Quantentheorie waren ohne jeden Zweifel Göttingen und Kopenhagen. Es ist daher bemerkenswert, wie Paul Dirac gewissermaßen im Alleingang – nur durch Briefkorrespondenz mit den anderen Protagonisten der Zeit – seine eigene, abstrakte Formulierung der Quantenmechanik verfasste. Max Born gab später zu, dass direkt nach Erscheinen von dessen erster Arbeit zur Quantenmechanik [Dir25] der Name Dirac für ihn vollkommen unbekannt war.

Jedenfalls fiel Dirac nach der Lektüre von Heisenbergs Arbeit sofort die algebraische Struktur ins Auge, die sich darin in der Quantentheorie abzeichnete, und ihm war daran gelegen, einen algebraischen Bezug zur Hamilton–Jacobi-Theorie zu formulieren, insbesondere interessierte er sich für die Transformation auf besonders geeignete Wirkungs- und Winkelvariable für das betrachtete System, die eine unmittelbare Anwendung der Sommerfeld–Wilson-Quantisierungsbedingungen erlaubten.

In dieser ersten Arbeit brachte Dirac Heisenbergs Arbeit im Wesentlichen in eine etwas elegantere Formulierung. Unter anderem beschrieb Dirac darin die algebraische Analogie des Kommutators zweier Quantengrößen $[\hat{x}, \hat{y}]$ mit der Poisson-Klammer $\{x, y\}$ der entsprechenden klassischen Größen in der Hamilton-Mechanik. Er erinnerte sich später, dass ihm während eines ausgedehnten Spaziergangs auf dem Land diese Analogie einfiel, aber nicht mehr genau wusste, wie die Poisson-Klammern definiert waren. *"The next morning, I hurried along to one of the libraries as soon as it was open and then I looked up Poisson brackets in Whittaker's 'Analytic Dynamics' [...] and I found that they were just what I*

Paul Dirac an einer Tafel (Abbildung: AIP Emilio Segrè Visual Archives, Gift of Mrs. Zemansky).

needed. They provided the perfect analogy with the commutator.''

Dirac verwendete nun Heisenbergs kinematische Ersetzungsvorschrift

$$x_n(t) = \sum_{\alpha=-\infty}^{\infty} X_{n,\alpha} e^{i\alpha\omega_n t} \mapsto X_{nm} e^{i\omega_{nm}t}$$

beziehungsweise

$$\mapsto X_{n,n-\alpha} e^{i\omega_{n,n-\alpha}t},$$

zusammen mit der Bornschen Ersetzungsregel (8.14):

$$\alpha \frac{\mathrm{d}f(n,\alpha)}{\mathrm{d}n} \mapsto f(n+\alpha,n) - f(n,n-\alpha),$$

rechnete aber rückwärts, um aus dem quantenmechanischen Kommutator im Falle großer Quantenzahlen n die Poisson-Klammer der entsprechenden klassischen Größen zu erhalten. Dann ist nämlich:

$$(X \cdot Y)_{nm} - (Y \cdot X)_{nm} = \sum_{k=0}^{\infty} (X_{nk}Y_{km} - Y_{nk}X_{km}),$$

woraus sich auf der rechten Seite zunächst ergibt:

$$[X,Y]_{n,n-\alpha-\beta} = \left(X_{n,n-\alpha}Y_{n-\alpha,n-\alpha-\beta} - Y_{n,n-\beta}X_{n-\beta,n-\alpha-\beta}\right)\mathrm{e}^{\mathrm{i}\omega_{n,n-\alpha-\beta}t}$$

$$= \left(X_{n,n-\alpha} - X_{n-\beta,n-\beta-\alpha}\right)Y_{n-\alpha,n-\alpha-\beta} \times \mathrm{e}^{\mathrm{i}\omega_{n,n-\alpha-\beta}t}$$

$$- \left(Y_{n,n-\beta} - Y_{n-\alpha,n-\alpha-\beta}\right)X_{n-\beta,n-\alpha-\beta} \times \mathrm{e}^{\mathrm{i}\omega_{n,n-\alpha-\beta}t}$$

$$\mapsto \left(\beta\frac{\partial[X_{n,\alpha}\mathrm{e}^{\mathrm{i}\alpha\omega_n t}]}{\partial J}\cdot\frac{\mathrm{d}J}{\mathrm{d}n}Y_{n-\alpha,n-\alpha-\beta}\times\mathrm{e}^{\mathrm{i}\omega_{n-\alpha,n-\alpha-\beta}t}\right.$$

$$\left.-\alpha\frac{\partial[Y_{n,\beta}\mathrm{e}^{\mathrm{i}\beta\omega_n t}]}{\partial J}\cdot\frac{\mathrm{d}J}{\mathrm{d}n}X_{n-\beta,n-\alpha-\beta}\times\mathrm{e}^{\mathrm{i}\omega_{n-\beta,n-\alpha-\beta}t}\right)$$

$$= h\left(\frac{\partial[X_{n,\alpha}\mathrm{e}^{\mathrm{i}\alpha\omega_n t}]}{\partial J}\beta Y_{n-\alpha,n-\alpha-\beta}\times\mathrm{e}^{\mathrm{i}\omega_{n-\alpha,n-\alpha-\beta}t}\right.$$

$$\left.-\frac{\partial[Y_{n,\beta}\mathrm{e}^{\mathrm{i}\beta\omega_n t}]}{\partial J}\alpha X_{n-\beta,n-\alpha-\beta}\times\mathrm{e}^{\mathrm{i}\omega_{n-\beta,n-\alpha-\beta}t}\right),$$

wobei J eine Wirkungsvariable darstellt und hierfür die Sommerfeld–Wilson-Quantisierungsregel $J = nh$ gilt. Da nun aber ferner gilt:

$$\frac{\partial}{\partial w_n}X_{n,\alpha}\mathrm{e}^{2\pi\mathrm{i}\alpha w_n} = 2\pi\mathrm{i}\alpha X_{n,\alpha}\mathrm{e}^{2\pi\mathrm{i}\alpha w_n},$$

$$\frac{\partial}{\partial w_n}Y_{n,\beta}\mathrm{e}^{2\pi\mathrm{i}\beta w_n} = 2\pi\mathrm{i}\beta Y_{n,\beta}\mathrm{e}^{2\pi\mathrm{i}\beta w_n},$$

mit der Winkelvariable $w_n = (\omega_n t)/(2\pi)$, folgt daraus im Falle großer Quantenzahlen $n \gg \alpha,\beta$:

$$[X,Y]_{n,n-\alpha-\beta} \mapsto +\frac{\mathrm{i}h}{2\pi}\left(\frac{\partial[X_{n,n-\alpha}\mathrm{e}^{\mathrm{i}\alpha\omega_n t}]}{\partial w_n}\frac{\partial[Y_{n,n-\beta}\mathrm{e}^{\mathrm{i}\beta\omega_n t}]}{\partial J}\right.$$

$$\left.-\frac{\partial[Y_{n,n-\beta}\mathrm{e}^{\mathrm{i}\beta\omega_n t}]}{\partial w_n}\frac{\partial[Y_{n,n-\alpha}\mathrm{e}^{\mathrm{i}\alpha\omega_n t}]}{\partial J}\right)$$

und damit für allgemeine Indizes n, m:

$$[X,Y]_{n,n-\alpha-\beta} \mapsto +\frac{\mathrm{i}h}{2\pi}\sum_{\alpha+\beta=n-m}\left(\frac{\partial[X_{n,n-\alpha}\mathrm{e}^{\mathrm{i}\alpha\omega_n t}]}{\partial w_n}\frac{\partial[Y_{n,n-\beta}\mathrm{e}^{\mathrm{i}\beta\omega_n t}]}{\partial J}\right.$$

$$\left.-\frac{\partial[Y_{n,n-\beta}\mathrm{e}^{\mathrm{i}\beta\omega_n t}]}{\partial w_n}\frac{\partial[Y_{n,n-\alpha}\mathrm{e}^{\mathrm{i}\alpha\omega_n t}]}{\partial J}\right).$$

Schlussendlich heißt das für die allgemeinen Quantengrößen $\hat{x}, \hat{y}$:

$$[\hat{x},\hat{y}] \mapsto \frac{\mathrm{i}h}{2\pi}\{x,y\}. \tag{10.1}$$

Nahezu zeitgleich mit Born und Jordan leitete er so die kanonischen Vertauschungs-relationen her. Dirac behielt dabei das Heisenberg-Bild bei, wie wir heute sagen würden (denn die Schrödingersche Wellenmechanik lag noch nicht vor), und leitete aus allgemeinen Betrachtungen her ab, dass ein allgemeiner Differentialoperator $d/d\hat{v}$, angewandt auf eine Quantengröße, stets von der Form sein muss:

$$\frac{d\hat{x}}{d\hat{v}} = \hat{x}\hat{a} - \hat{a}\hat{x}, \tag{10.2}$$

mit einer weiteren Observable $\hat{a}$.

Dirac hatte hier noch keine neue Physik entdeckt, aber bereits den Weg aufgezeigt zu einer wesentlich abstrakteren und damit einfacheren algebraischen Formulierung der Quantenmechanik. Kurz danach, nämlich im Januar 1926 und damit diesmal wiederum zeitgleich mit Wolfgang Pauli, löste Dirac das Coulomb-Problem auf algebraische Weise [Dir26c]. In der Korrespondenz mit Heisenberg wies dieser ihn auf Paulis Arbeit hin, die nur kurz zuvor erschienen war – Dirac nahm es gelassen auf, sah diesen Umstand gewissermaßen als „Reality Check" seines Formalismus und zitierte bereits Paulis noch unveröffentlichte Arbeit. Dirac führte auch die heutzutage veralteten Termini *"q-number"* für Quantengrößen – für die das Produkt im Allgemeinen nicht-kommutativ ist – und *"c-number"* für klassische Größen ein, die hin und wieder allerdings noch in einfacheren Einführungen Verwendung finden.

Im Verlauf des nächsten halben Jahres lieferte Dirac noch vier weitere Arbeiten ab [Dir26e; Dir26d; Dir26a; Dir26b], in denen er seinen Formalismus weiter ausbaute, neueste Erkenntnisse wie Schrödingers Wellenmechanik oder die Spinhypothese sowie den Spin-Statistik-Zusammenhang (siehe Kapitel 11) aufnahm und dabei immer wieder auf seine eigene Weise, gewissermaßen als Bestätigung seines allgemeinen algebraischen Formalismus, bereits bekannte Ergebnisse reproduzieren konnte. In der letzten der obengenannten Arbeiten [Dir26b] führte Dirac das ein, was heute als Dirac- oder Wechselwirkungsbild bezeichnet wird (siehe Abschnitt III-13) und für die zeitabhängige Störungstheorie, die Streu-theorie und damit auch in weiten Teilen der Quantenfeldtheorie standardmäßig verwendet wird.

Dazwischen reichte Dirac im Mai 1926 seine Doktorarbeit mit dem schlichten Titel *"Quantum Mechanics"* an der Cambridge University ein, die allererste Doktorarbeit zum beziehungsweise aus dem Gebiet der Quantenmechanik überhaupt. Diese war vollständig handgeschrieben und fasste alles zusammen, was Dirac bis dahin zum Formalismus der Quantenmechanik beigetragen hatte.

In der nun folgenden Arbeit [Dir27a] – die zu seinen größten Arbeiten gehört – breitete Dirac nun tiefergehend aus, was als **Transformationstheorie** bezeichnet wurde, aufbauend auf Arbeiten von Fritz London [Lon27] und Pascual Jordan [Jor26b; Jor26c], die in moderner Formulierung um nichts anderes handelt als beliebige Basiswechsel im Hilbert-Raum und damit einhergehende Operatordarstellungen – bislang wurde mangels eines allgemeineren Formalismus nur die Energiedarstellung verwendet. Die physikalische Konsequenz war am Ende: jede physikalische Observable wird durch einen hermiteschen Operator dargestellt, und dessen Eigenwerte sind gemäß der **Bornschen Regel** (siehe unten) mögliche Messwerte.

In dieser Arbeit macht er auch erstmals Gebrauch von dem nach ihm benannten **Dirac-** oder **Delta-Funktional** $\delta(x)$ und entwickelt den hierfür notwendigen Rechenapparat – eine strenge mathematische Fassung sollte erst später erfolgen (siehe ebenfalls weiter unten).

Nach seiner Promotion begann Dirac überhaupt erst mit der Erarbeitung seiner größten wissenschaftlichen Leistungen. Hatte er bislang im Wesentlichen immer wieder bereits Bekanntes auf elegantere Weise nachvollzogen, übernahm er von nun an immer mehr die Führung, wenn es um die weitere Entwicklung der Quantenmechanik ging. Er reiste zunächst zu Forschungsaufenthalten unter anderem auch endlich nach Göttingen und Kopenhagen und wandte sich im Folgenden der relativistischen Quantentheorie zu und leitete 1928 die berühmte nach ihm benannte relativistische Spinorgleichung, die **Dirac-Gleichung**, ab (Abschnitt IV-18). 1927 legte er des Weiteren unter anderem durch die als *"second quantization"* bezeichnete Einführung von Feldoperatoren den Grundstein für die Formulierung der Quantenfeldtheorie und entwickelte nahezu im Alleingang die Grundlagen der Quantenelektrodynamik [Dir27b] (siehe Kapitel IV-1). Darüber hinaus war es Dirac, der 1931 die Existenz von Antiteilchen postulierte [Dir31].

An der 1927 stattfindenden fünften Solvay-Konferenz, der wohl berühmtesten aller Solvay-Konferenzen in Brüssel, an der die legendäre **Bohr–Einstein-Debatte** ihren Ausgangspunkt nahm, nahm Dirac als jüngster Teilnehmer teil, gerade einmal 25 Jahre alt.

Im Jahre 1930 erschien auch die erste Auflage seiner Monographie *"The Principles of Quantum Mechanics"*, dem ersten Lehrbuch der Quantenmechanik in ihrer modernen Form, das bereits 1935 in einer zweiten Auflage erschien. Im Jahre 1939 führte Dirac die heutzutage verwendete, moderne Notation in die Quantenmechanik ein, die **Bra-Ket-Notation** [Dir39], die durch ihre mnemonische Schreibweise die zugrundeliegenden mathematischen Prinzipien der linearen Algebra und ihre funktionalanalytischen Verallgemeinerungen klar zum Ausdruck brachte. Physikalische Zustände wurden mit dem Symbol $|\rangle$ bezeichnet, Linearformen mit $\langle|$ und Skalarprodukte mit $\langle|\rangle$.

Entsprechend erschien die dritte Auflage seines Lehrbuchs 1945 in dieser neuen Notation. Die vierte Auflage erschien 1958, eine revidierte vierte und damit letzte Auflage im Jahre 1967. An logischer Struktur, Modernität der Darstellung und einer konsequenten Top-Down-Ableitung aus grundlegenden Prinzipien ist dieses Lehrbuch auch heute noch schwer zu übertreffen. Ganz im Stile Diracs kommt es jedoch vollständig ohne jegliche Illustration oder Diagramme aus.

Im Jahre 1932 nahm Dirac als Nachfolger von Joseph Larmor den wohl renommiertesten Lehrstuhl an, den das gesamte Britische Königreich in der Theoretischen Physik zu bieten hat, und der einen der angesehensten akademischen Positionen der Welt darstellt: den *Lucasian Chair of Mathematics* an der Cambridge University, den vor ihm Giganten wie Isaac Newton und später Stephen Hawking innehatten. Dirac bekleidete diese Position bis zum Jahre 1969.

Zusammen mit Erwin Schrödinger erhielt Paul Dirac 1933 den Nobelpreis für Physik. Eine weitere Anekdote erzählt, wie er diesen zunächst ablehnen wollte, aus Furcht vor der damit einhergehenden Öffentlichkeit. Erst als Rutherford ihm klarmachte, dass eine Ablehnung des Nobelpreises noch viel mehr Öffentlichkeit nach sich ziehen würde, änderte

Dirac seine Meinung.

Zu Recht gilt Paul Dirac in den Augen vieler nicht nur als genialer Eigenbrötler, sondern als größter britischer Physiker seit Isaac Newton. Ganz sicher war er einer der größten und einflussreichsten theoretischen Physiker überhaupt, der großartige physikalische Intuition kombinierte mit der Gabe, für neue Physik neue Mathematik zu erfinden. Wenn wir heutzutage Quantenmechanik sprechen oder schreiben, so verwenden wir die Sprache und den Formalismus, die beide maßgeblich auf Dirac zurückgehen.

Die mathematische Formulierung der Quantenmechanik

In den Gründerjahren der Quantenmechanik 1925–1926 blieb den theoretischen Physikern wie Heisenberg, Born oder Dirac teilweise nichts anderes übrig, als in der neuen Quantenmechanik mit ihren neuartigen Begriffen und Konzepten einen etwas laxen Umgang mit mathematischen Begriffen und Konzepten zu betreiben. In großen Teilen war die Mathematik auch gar nicht so weit, eine präzise Formulierung der Quantenmechanik zu erlauben – die Anwendung der Theorie der Differentialgleichungen ist hier eine der wenigen Ausnahmen. Pascual Jordan war neben Paul Dirac von den Gründervätern der Quantenmechanik vermutlich derjenige, der die strengste mathematische Formulierung suchte und die bis dahin allgemeinste und abstrakteste Synthese der diversen Fomulierungen schuf [Jor27a; Jor27b; Jor26a].

John von Neumann (Abbildung: AIP Emilio Segrè Visual Archives).

Zu der mathematisch präzisen Formulierung der Quantenmechanik ist vor allem ein Name zu nennen: der österreich-ungarisch-stämmige Johann von Neumann, 1903 in Budapest geboren. Von Neumann gelangte schon zu frühen Lebzeiten in den Ruf eines mathematischen

Genies enormer Intelligenz, mit einem sagenhaften Detailgedächtnis und einer unübertroffenen Gabe des Kopfrechnens. Dieses und seine mathematischen Leistungen in sehr vielen Gebiete der Mathematik sind so umfangreich, dass sich ein Vergleich mit Leonhard Euler wagen lässt.

In den Jahren 1926/1927 war von Neumann Assistent bei David Hilbert in Göttingen, der führende Mathematiker seiner Zeit. Damit war von Neumann als richtiger Mann zur richtigen Zeit am richtigen Ort, um die mathematischen Grundlagen der Quantenmechanik zu erarbeiten. Auf von Neumann geht die Theorie linearer Operatoren im Hilbert-Raum zurück, auch der Begriff **Hilbert-Raum** selbst ist eine Prägung von Neumanns. Von Neumann erarbeitete außerdem erstmalig eine Theorie des quantenmechanischen Messprozesses, deren Kernbestandteil das sogenannte **Projektionspostulat** (Axiom 4 in Abschnitt 12) ist, und der Quantenstatistik, wobei er den Begriff der **Dichtematrix** einführte (Abschnitt 28). Sein 1932 erschienenes Buch „*Mathematische Grundlagen der Quantenmechanik*" fasst diese zur Formulierung der Quantenmechanik notwendigen Teile der Funktionalanalysis zusammen und ist auch heute noch ein sehr gut lesbares einführendes Lehrbuch, das für die Physiker der damaligen Zeit selbst allerdings etwas unzugänglich blieb, weswegen diese Diracs oben erwähntes Buch zum Standardwerk erhoben. Hinzu kam, dass erst 1950 der französische Mathematiker und spätere Träger der Fields-Medaille Laurent Schwartz die Funktionalanalysis um die Distributionentheorie erweiterte, die den Begriff des Operators nochmals verallgemeinerte und damit auch den **uneigentlichen Zuständen** einen Platz in der Hilbert-Raum-Theorie beimaß.

Mit dem ebenfalls ungarisch-stämmigen Eugene Wigner veröffentlichte von Neumann 1928/29 eine Reihe von Arbeiten über die Anwendung der Gruppentheorie in den Atomspektren. Auch hier war die Begeisterung der Physiker allerdings zunächst gedämpft, Paul Ehrenfest sprach gar von einer „Gruppenpest", die sich von Seiten der Mathematiker in der Quantenmechanik breitzumachen versuchte.

So war denn eine gewisse Ambivalenz mit der Mathematisierung der Quantenmechanik verbunden: auf der einen Seite hatten die theoretischen Physiker kein Problem damit, die zur Formulierung ihrer neuartigen Ideen notwendige Mathematik einfach zu erfinden. Aber kaum machten sich Mathematiker daran, diese sauber und solide durchzuformulieren, war es ihnen dann doch des Guten zuviel – cum grano salis, natürlich! Denn genauso galt damals und gilt heute nämlich die eherne Erkenntnis, dass theoretische Physik und Mathematik sich seit jeher gegenseitig befruchtet haben und oft erst ihre Symbiose einen Ausgangspunkt zu weiterer theoretischen Erkenntnis darstellt. Ohne ein tieferes Wissen über die Darstellungstheorie raumzeitlicher Symmetriegruppen ist beispielsweise ein wirkliches Verständnis physikalischer Grundbegriffe wie Masse und Spin nicht möglich (siehe Kapitel II-2).

Die Bedeutung der Wellenfunktion und die quantenmechanische Wahrscheinlichkeit

Es steckt eine gewisse Tragik darin, dass ausgerechnet Erwin Schrödinger, dessen Wellengleichung und vor allem die darin die Hauptrolle spielende Wellenfunktion $\Psi(q, t)$ durch ihr starkes Visualisierungsvermögen und die Eröffnung der bekannten Mathematik der Differentialgleichungen ein so starkes Werkzeug zur Lösung quantenmechanischer Probleme darstellt, genau durch diese starke Visualisierung zu einem Irrglauben verleitet und zu einer regelrechten Krise geführt wurde, die darin gipfelte, dass Schrödinger am Ende der gesamten Quantenmechanik im Wesentlichen den Rücken kehrte.

Bereits in seiner kurzen Arbeit [Sch26a] hatte Schrödinger ja bereits – in moderner Sprache – kohärente Zustände des harmonischen Oszillators untersucht und festgestellt, dass die Wellenfunktion ihre Gestalt im Laufe der Zeit nicht ändert. Schrödinger vermutete nun fälschlicherweise, dass es also zu jedem beliebigen Potential derartige Wellenfunktionen gäbe, die eine stabile Gestalt aufweisen würden und dass ein Teilchen demnach kein Punktteilchen mehr wäre, sondern vielmehr gewissermaßen eine „verschmierte" Form besäße, was mathematisch recht schnell ausgeschlossen werden konnte: Ein Wellenpaket zerfließt im Allgemeinen im Laufe der Zeit, der harmonische Oszillator stellt eine spezielle Ausnahme dar!

In der letzten Arbeit seiner berühmten Quadrilogie [Sch26d], im siebten Abschnitt mit dem Titel *„Über die physikalische Bedeutung des Feldskalars"* äußerte Schrödinger dann nochmals die Vermutung, dass die Größe $\bar{\Psi}\Psi$ *„eine Art* Gewichtsfunktion *im Konfigurationsraum des Systems"* sei. Indem er nun eine Kontinuitätsgleichung ableiten konnte (siehe Abschnitt 19), zog er den Schluss, dass es sich hierbei um die Kontinuitätsgleichung für die elektrische Ladungsdichte handelt.

Dass diese **realistische Interpretation** der Wellenfunktion zwar noch eine zunächst valide, sprich diskussionswürdige Option für das Ein-Teilchen-System darstellt, aber schon beim Mehrteilchen-System keinen Sinn mehr ergibt, blendete Schrödinger gewissermaßen einfach aus, obwohl er ja die nach ihm benannte Differentialgleichung bereits von Anfang an in verallgemeinerten Koordinaten formuliert hat!

So war denn die Reaktion vieler Physikerkollegen auch wenig enthusiastisch über diese Interpretation der Wellenfunktion. Heisenberg schrieb 1926 an Pauli: *„Je mehr ich über den physikalischen Teil der Schrödingerschen Theorie nachdenke, desto abscheulicher finde ich ihn. Was Schrödinger über die Anschaulichkeit seiner Theorie schreibt [...] ich finde es Mist."* Schließlich fand beispielsweise die Natur des Elektrons als Punktteilchen eine überwältigende experimentelle Bestätigung. Er konstatierte aber auch: *„Die große Leistung der Schrödingerschen Theorie ist die Berechnung der Matrizenelemente."* Trotz ihrer vordergründigen Anschaulichkeit war die physikalische Interpretation der Wellenfunktion $\Psi(q, t)$ ein offenes Problem und musste geklärt werden. Am Ende hatte aber auch nicht Heisenberg die entscheidende Einsicht, sondern Max Born.

Born wandte die auch von ihm bevorzugte Schrödingersche Wellenmechanik, die sich wieder einmal als deutlich einfacher erwies als die Matrizenmechanik Heisenbergs, auf die Streuung eines Elektrons an einem Atom an. Born war damit der erste, der auch das Streuproblem quantenmechanisch fasste, während bis dahin die Quantenmechanik nur auf gebundene Zustände angewandt worden war. In seiner im Juni 1926 veröffentlichten kurzen Mitteilung [Bor26b] und in den nachfolgenden ausführlicheren Arbeiten [Bor26a; Bor26c] führt er aus, was wir heute als **Bornsche Näherung** bei der Berechnung der Streuamplituden und des differentiellen Streuquerschnitts bezeichnen (Abschnitt III-27). Er betrachtet daneben eindimensionale Probleme (siehe Kapitel 3) und führt für dreidimensionale Probleme die Partialwellenmethode ein (Abschnitt III-30).

Er motiviert seine **Wahrscheinlichkeitsinterpretation** der Wellenfunktion wie folgt: Wenn $\phi_m(q)$ die Eigenfunktionen des freien Atoms sind und die ebene Welle $\sin(2\pi z/\lambda)$ die Wellenfunktion des freien Elektrons ist, dann ergibt sich für die gestreute Welle ein Ausdruck der Form (vereinfacht)

$$\psi_{n,E}(r,q) = \sum_m \int d\Omega \psi_{nm}^E(e_k) \sin(k_{nm} \cdot r + \delta)\phi_m(q).$$

Born schreibt hierzu: „*Das bedeutet: die Störung lässt sich im Unendlichen auffassen als Superposition von Lösungen des ungestörten Vorgangs.*" Er interpretiert dann dieses Resultat dahingehend, dass „*[$|\psi_{nm}^E(e_k)|^2$] die Wahrscheinlichkeit dafür [bestimmt], dass das aus der z-Richtung kommende Elektron in die durch [e_k] bestinmte Richtung [...] geworfen wird [...]*". Das ist nichts anderes als die **Bornsche Regel** in der Rohfassung. Und in den folgenden zwei Absätzen dieser kurzen Arbeit sagt Born im Prinzip alles aus, was über die Interpretation der Wellenfunktion gesagt werden kann: „*Die Schrödingersche Wellenmechanik gibt also auf die Frage nach dem Effekt eines Zusammenstoßes eine ganz bestimmte Antwort; aber es handelt sich um keine Kausalbeziehung. Man bekommt* keine *Antwort auf die Frage, „wie ist der Zustand nach dem Zusammenstoße", sondern nur auf die Frage, „wie wahrscheinlich ist ein vorgegebener Effekt des Zusammenstoßes" [...]*".

Born ließ sich hierbei von Einstein inspirieren, der über das Verhältnis von elektromagnetischem Feld und Lichtquanten davon gesprochen hatte, dass die Wellen nur dazu da seien, um den Lichtquanten den Weg zu weisen, welche Träger von Impuls und Energie sind, im Gegensatz zu ebendiesen Feldern, und in diesem Sinne von einem „Gespensterfeld" gesprochen hatte. Und genau auf die gleiche Weise misst Born nun der Wellenfunktion die Rolle eines „Führungsfeldes" zu. Er schreibt: „*Die Bewegung der Partikeln folgt Wahrscheinlichkeitsgesetzen, die Wahrscheinlichkeit selbst aber breitet sich im Einklang mit dem Kausalgesetz aus.*" Damit gibt er implizit auch der von Schrödinger bereits abgeleiteten Kontinuitätsgleichung eine Bedeutung.

Born wirft damit vollkommen richtigerweise die Frage nach dem Determinismus in der Quantenmechanik auf und ahnt bereits, welches Fass er damit aufmacht: „*Hier erhebt sich die ganze Problematik des Determinismus. Vom Standpunkt unserer Quantenmechanik gibt es keine Größe, die im Einzelfalle den Effekt eines Stoßes kausal festlegt; aber auch in der Erfahrung haben wir bisher keinen Anhaltspunkt dafür, dass es innere Eigenschaften der Atome gibt, die einen bestimmten Stoßerfolg bedingen. Sollen wir hoffen, später solche Eigenschaften (etwa Phasen der inneren Atombewegungen) zu entdecken und im Einzelfalle zu bestimmen? Oder sollen wir glauben, dass die Übereinstimmung von Theorie und Erfahrung in der Unfähigkeit, Bedingungen für den kausalen Ablauf anzugeben, eine prästabilierte Harmonie ist, die auf der Nichtexistenz solcher Bedingungen beruht? Ich selber neige dazu, die Determiniertheit in der atomaren Welt aufzugeben. Aber das ist eine philosophische Frage, für die physikalische Argumente nicht allein maßgebend sind.*" Damit positioniert sich Born bereits von Anfang an klar gegen – wie wir heute sagen würden – **verborgene Variablen** (Anhang A.1), gibt sich aber auch tolerant gegenüber möglicherweise aufkommenden Diskussionen: *„Aber es ist natürlich jedem, der sich nicht damit beruhigen will, unverwehrt, anzunehmen, dass es weitere, noch nicht in die Theorie eingeführte Parameter gibt, die das Einzelereignis determinieren."*

Wir müssen an dieser Stelle kurz innehalten und reflektieren, was Born hier eigentlich zum Ausdruck brachte: Dem gesamten Alltagsempfinden zur damaligen Zeit (und ehrlicherweise: für die meisten Menschen in ihrem Alltag ja auch heute noch) lag ein klassisches Weltbild zugrunde. Es war innerhalb dieses klassischen Weltbildes vollkommen akzeptiert, dass mangelhafte Kenntnis über den Anfangszustand eines Systems – besonders, wenn es aus sehr vielen Teilchen oder Freiheitsgraden besteht – nur zu statistischen Aussagen zur weiteren Zeitentwicklung dieses Systems führt. Ständige Mittelungen verwaschen im Verlaufe der Näherung mikroskopische Freiheitsgrade – nichts anderes passiert ja in der Statistischen Physik!

Was Born aber vorschlug, war nun eben gerade nicht, die Unkenntnis möglicherweise vorhandener, aber schwer zugänglicher mikroskopischer Freiheitsgrade zu akzeptieren (die sogenannten **verborgenen Variablen**) und aus pragmatischen Gründen mit Wahrscheinlichkeitsaussagen zu leben. Vielmehr propagierte er die kategorische Verneinung der prinzipiellen Möglichkeit, dass es diese überhaupt gibt! Es ist also die Wahrscheinlichkeit, wie sie in der Quantenmechanik auftaucht, von fundamentaler Natur und prinzipiell nicht durch eine Erweiterung der Theorie durch zusätzliche Parameter eliminierbar! Die fundamentalen Naturgesetze sind demnach Wahrscheinlichkeitsaussagen! Die philosophischen Implikationen können an dieser Stelle nicht überbetont werden und waren Born bereits sonnenklar. Die von ihm oben erwarteten Diskussionen sollten in der Tat kurz danach einsetzen und sehr lange anhalten.

Verstärkt wurden diese durch die kurz darauf erschienene Arbeit von Heisenberg [Hei27] – einem weiteren Meilenstein – in der er die berühmte **Unbestimmtheitsrelation** zwischen den Größen Ort und Impuls und allgemeiner zwischen kanonisch-konjugierten Größen formulierte (Abschnitt 14).

Die Kopenhagener Deutung der Quantenmechanik

Bohr, Heisenberg und Pauli konnten sich mit dieser statistischen Interpretation der Wellenfunktion und der Bornschen Regel sofort anfreunden. Jordan und Dirac bauten um diese Interpretation herum den mathematischen Apparat sorgfältig aus. Geradezu als Gegner dieser Aufgabe des klassischen Determinismus stellten sich de Broglie, Schrödinger und Einstein auf, und sie sollten ihre Position auch Zeit ihres Lebens nicht mehr wesentlich ändern.

Die berühmten Solvay-Konferenzen für Physik fanden in unregelmäßigen Abständen seit 1911 in Brüssel statt und erhielten ihren Namen nach dem belgischen Großindustriellen Ernest Solvay. Es gibt sie noch immer, mittlerweile in einem regelmäßigen 3-Jahre-Turnus und im Wechsel mit den Solvay-Konferenzen für Chemie – im Jahre 2014 fand die 26. Solvay-Konferenz für Physik statt. Ein Schwerpunkt dieses Konferenz-Formats liegt auf der Diskussion unter den Teilnehmern, weniger auf Präsentationen. Die Solvay-Konferenz für Physik 1911 war die allererste internationale wissenschaftliche Konferenz überhaupt.

Die vermutlich berühmteste dieser Konferenzen war die 5. Solvay-Konferenz im Jahre

1927. Sämtliche theoretischen Physiker von Rang und Namen – außer Jordan! – waren vertreten, und das Thema der Konferenz war offiziell *„Elektronen und Photonen"*, handelte aber natürlich über die neue Quantenmechanik und die Implikationen ihrer Gesetzmäßigkeiten. Insbesondere Bohr und Einstein lieferten sich wissenschaftliche Gefechte, in denen Einstein immer wieder versuchte, zentrale Schwachpunkte in der statistischen Interpretation der Quantenmechanik, die letztlich die Aufgabe des klassischen Determinismus beinhaltet, aufzuzeigen, was Bohr allerdings immer wieder erfolgreich kontern konnte. Die Beschäftigung mit den Argumenten Einsteins und Bohrs ist enorm lehrreich, würde allerdings den Rahmen dieses historischen Überblicks maßlos sprengen. Ich empfehle dem interessierten Leser daher den Blick auf die weitere Literatur.

Fünfte Solvay-Konferenz 1927 in Brüssel, das Thema war die neuentwickelte Quantenmechanik (Abbildung: Benjamin Couprie, Institut International de Physique de Solvay, Wikimedia Commons, Public Domain).

Die „Debatte um die Quantentheorie" – so wird der Disput zwischen Anhängern verschiedener philosophischer Schulen um die Begriffs- und Deutungswelt der Quantenmechanik und um die Frage, ob die Quantenmechanik eine vollständige Theorie sei, häufig genannt. Zumindest aus der Perspektive eines *''working theorist''* ist diese allerdings entschieden: die sogenannte **Kopenhagener Deutung** oder **Kopenhagener Interpretation** stellt seit Ende der 1920er-Jahre die kanonische Lehrbuchfassung dar und fasst die gesamte quantenmechanische Ontologie zusammen, wie sie durch Born, Heisenberg, Pauli und natürlich Bohr dargelegt wurde und durch Dirac und von von Neumann in eine axiomatische Formulierung gebracht und so zur eigentlichen **Standard-Interpretation** wurde und die den darin vorkommenden mathematisch-abstrakten Begriffen eine physikalische Bedeutung gibt. Der Begriff „Kopenhagener Deutung" selbst stammt vermutlich von Heisenberg aus der 50er-Jahren und spiegelt die enorme intellektuelle Dominanz Bohrs wider, die damals aber auch heute nicht völlig unkritisch gesehen wurde und wird.

Obwohl es nirgends eine wohldefinierte, „maßgebliche" Fassung der Kopenhagener Deutung gibt und die Lehrbuchfassungen durchaus Unterschiede im Detail aufweisen, was den Axiomensatz angeht, kann man die Standard-Interpretation wie folgt zusammenfassen:

1. Der physikalische Zustand eines quantenmechanischen Systems wird zu jedem Zeitpunkt vollständig durch einen Vektor $|\Psi\rangle$ in einem Hilbert-Raum dargestellt.
2. Jede physikalische Observable A wird durch einen hermiteschen Operator $\hat{A}$ in einem Hilbert-Raum dargestellt. Mögliche Ausgänge einer Messung der entsprechenden Observablen sind genau die Eigenwerte $\{a_n\}$ des hermiteschen Operators.
3. Ist $|A_i\rangle$ der Eigenvektor von $\hat{A}$ zum Eigenwert a_i, so ist die Wahrscheinlichkeit, bei einer Messung von A genau diesen Wert a_i zu erhalten, gegeben durch $P(a_i) = |\langle\Psi|A_i\rangle|^2$ (Bornsche Regel).
4. Direkt nach der Messung der Observablen A mit Messresultat a_i befindet sich das quantenmechanische System im Zustand $|A_i\rangle$.
5. Zwischen stattfindenden Messungen ist die Zeitentwicklung des physikalischen Zustands gegeben durch die Schrödinger-Gleichung

$$i\hbar\frac{\mathrm{d}\,|\Psi(t)\rangle}{\mathrm{d}t} = \hat{H}\,|\Psi(t)\rangle\,.$$

Allerdings ist ein Ausbau des quantenmechanischen Formalismus nicht ohne Hinzufügung der kanonischen Kommutatorrelationen $[\hat{r}_i, \hat{p}_j] = i\hbar\delta_{ij}$ als zusätzliches Postulat möglich, da dies die zentrale Stelle zur Einführung der Planck-Konstante $\hbar$ überhaupt ist. Warum dies in vielen Darstellungen unterlassen wird, hängt vermutlich damit zusammen, dass sie keinen direkten philosophischen Bezug besitzen und damit im Rahmen von ontologischen Ausführungen häufig vergessen werden. Lässt man ihre Postulierung jedoch weg, ist schlichtweg keinerlei konkrete Berechnung möglich, und auch der Übergang von der Quantenmechanik zur klassischen Mechanik ist ohne die Einführung der Planck-Konstante quantitativ überhaupt nicht zu erfassen.

Im Jahre 1954 erhielt Max Born endlich den wohlverdienten Nobelpreis für Physik, *„für seine grundlegenden Forschungen in der Quantenmechanik, besonders für seine statistische Interpretation der Wellenfunktion"*.

Wir werden im Anschluss an dieses historische Einleitungskapitel den gesamten Formalismus der nichtrelativistischen Quantenmechanik aus diesen Axiomen heraus erarbeiten, dabei aber auch neuere Zugänge zur Quantenmechanik wie den Pfadintegralformalismus vorstellen, die vor allem neue mathematische Ansätze bieten und begrifflich komplementär sind, nicht konträr.

Auf weitere Interpretationen der Quantenmechanik, die vor allem in neuerer Zeit wieder sehr an Bedeutung gewonnen haben, und die Frage nach der Möglichkeit von verborgenen

Variablen gehen wir an dieser Stelle nicht näher ein. Ich bin der Meinung, dass es erst sinnvoll ist, sich mit diesen Alternativ-Formulierungen zu beschäftigen, wenn man die Standard-Interpretation vollständig verstanden und den gesamten mathematischen und den Begriffs-Apparat sicher beherrscht. Ansonsten ist es schwer, den von der Standard-Interpretation abweichenden und teilweise äußerst abstrakten Gehalt hinreichend zu begreifen.

Epilog: Die Zeit nach 1927

Im Jahre 1927 – so kann man ruhigen Gewissens sagen – war der begriffliche Apparat der Quantenmechanik fertiggestellt und die Mathematik hinreichend zur Anwendung auf die gezielte Problemlösung entwickelt. Spätestens mit der mathematischen Axiomatik nach Dirac und der mathematischen Entwicklung von von Neumann in der Zeit zwischen 1930–32 fand die Quantenmechanik auch eine moderne Sprache, in der sie präzise formuliert werden konnte. Die Standard-Interpretation der Quantenmechanik bot seitdem ein vielseitiges Instrumentarium, in der eine überwältigende Fülle an mikroskopischen Problemen so unterschiedlicher Natur endlich angepackt und gelöst werden konnte, oft zumindest einmal näherungsweise.

Aus diesem Grund fand nach der Gründerzeit der Quantenmechanik, also etwa ab 1930 eine Ausdifferenzierung der theoretischen Physik in immer mehr Einzeldisziplinen statt, wobei jede einzelne von ihnen zunehmend spezialisierte Rechen- und Näherungsmethoden sowie die jeweils eigene Expertengruppen ausbildete. Unter anderem entstanden neben der Atom- und der Kernphysik die Festkörperphysik und die Astrophysik als Anwendungsgebiete, in denen Quantenmechanik eine zentrale Rolle spielt.

Aber auch die Quantentheorie selbst erlebte eine fundamentale Weiterentwicklung, wobei vor allem die Formulierung einer relativistischen Quantentheorie von zentraler Bedeutung war. So waren es aus der Riege der Gründerväter der Quantenmechanik vorrangig Dirac, Heisenberg, Pauli und Jordan, die sich zunehmend der Entwicklung der Quantenelektrodynamik als (heutzutage) wichtigstem Vertreter einer relativistischen Quantenfeldtheorie widmeten. Die sogenannte *"second quantization"* – ein Begriff, den man besser vermeiden sollte, und der im Wesentlichen nichts anderes umschreibt als die nicht-relativistische Quantenfeldtheorie, wie wir sie in Kapitel II-6 betrachten werden – wurde hierbei recht früh von Jordan und Dirac betrachtet. Während man jedoch im nichtrelativistischen Fall eine Quantenfeldtheorie betrachten *kann*, sollte sich herausstellen, dass die Relativitätstheorie impliziert, dass man eine Quantenfeldtheorie betrachten *muss* und daher keine konsistente relativistische Quantenmechanik mehr existiert. Darauf werden wir in Kapitel IV-2 dieses Buchs im Detail eingehen. Die Parade-Anwendung der relativistischen Quantenfeldtheorie wurde natürlich in kürzester Zeit die Elementarteilchenphysik.

Sehr schnell wurde hierbei klar, dass die mathematischen Herausforderungen allerdings für die damalige Generation der theoretischen Physiker ein enormes Ausmaß besaßen – die Rede ist hierbei von auftauchenden Divergenzen in der störungstheoretischen Behandlung von Streuproblemen. Da die gerade erwähnten Anwendungsgebiete wie die neu entstandene Kernphysik allerdings von großer Bedeutung waren und dementsprechend viele Arbeiten und Dissertationen sich mit der Plethora an Problemstellungen beschäftigten, sollte es noch zwei weitere Generationen von theoretischen Physikern dauern, bis diese Probleme in den

Griff bekommen wurden und ein signifikanter theoretischer Fortschritt im Grundlagen-verständnis der Quantentheorie erzielt werden konnte – als „Generation" sei hierbei in grober Näherung die persönliche Entwicklung vom Doktoranden zum Doktorvater eines Wissenschaftlers bezeichnet. Gehörten Heisenberg, Pauli, Dirac und Jordan noch zum „Jung-spund" – oder in den Worten Einsteins zur „Knabenphysik" – als es um die Entwicklung der Quantenmechanik zu einer vollständigen Theorie ging, tratem später großartige Theoretiker wie Julian Schwinger, Richard Feynman, Shin'ichirō Tomonaga oder Freeman Dyson. Eine stringente und mathematisch-präzise Fassung der allgemeinen Quantenfeldtheorie steht allerdings bis zum heutigen Tage aus.

Bevor wir nun den historischen Überblick verlassen, schenken wir einem weiteren, in den Anfangsjahren der Quantenmechanik recht kontroversen Thema gebührende Aufmerk-samkeit und betrachten eine kurze Geschichte des Spin.

11 Eine kurze Geschichte des Spin

Die Geschichte des Spin ist eine seltsame. Kaum ein anderes Phänomen der modernen theoretischen Physik ist so sehr von Irrungen und Wirrungen begleitet wie Spin. Und kein anderer Name ist so sehr mit dem Spin des Elektrons verknüpft wie der von Wolfgang Pauli.

Gewissermaßen als Prolog der Geschichte schlug schon 1921 Arthur Compton vor, dass eine der Hauptursachen für das Phänomen von Para- und Ferromagnetismus die Existenz eines ausgerichteten Elektronenspins sei [Com21], was aber schlichtweg nahezu in Vergessenheit geriet.

1922 führten dann die beiden deutschen Experimentalphysiker Otto Stern und Walther Gerlach in Frankfurt ihren berühmten Versuch durch, heute als **Stern–Gerlach-Experiment** bezeichnet. Ein Strahl aus Silberatomen passiert ein inhomogenes Magnetfeld $\boldsymbol{B}$. In einer gewissen Distanz jenseits des Magnetfelds schlägt sich das Silber auf einer Glasplatte nieder. Klassisch wäre eine kontinuierliche Verteilung der Silberpartikel zu erwarten, symmetrisch um eine mittlere Position verteilt. Der experimentelle Befund war jedoch anders: es wurde eine Aufteilung in zwei Teilstrahlen beobachtet.

Passfoto von Wolfgang Pauli, angefertigt für eine Reise nach Princeton, NJ (USA) (Abbildung: CERN).

Dieses Ergebnis war in zweifacher Hinsicht bemerkenswert: zum einen zeigte das Stern–Gerlach-Experiment die sogenannte *„Richtungsquantelung"* auf, die bereits von Peter Debye und Arnold Sommerfeld 1916 im Rahmen der Untersuchung des Zeeman-Effekts vorhergesagt worden war. Die Richtungsquantelung ist in heutiger Sprache natürlich nichts anderes als die Existenz diskreter Eigenwerte des $\hat{J}_z$-Operators. Stern und Gerlach hatten bereits nachgewiesen, dass das Silberatom im Grundzustand ein magnetisches Moment besitzt. Ihre wenig später durchgeführte genaue Messung dieses magnetischen Moments ergab den erwarteten Betrag, 1 Bohrsches Magneton.

Das aber mindestens ebenso Bemerkenswerte war zum damaligen Zeitpunkt jedoch noch gar nicht in seiner vollen Bedeutung begreifbar, nur in Retrospektive: Silber (Ag) hat 47 Elektronen, von denen 46 eine kugelsymmetrische Ladungsverteilung bilden und das 47. Elektron ein 5s-Orbital besetzt. Daher ist im Grundzustand der gesamte Bahndrehimpuls des Silberatoms Null: $l = 0$. Wenn der gesamte Bahndrehimpuls der Silberatome jeweils Null ist, erwartet man einen einzigen, unabgelenkten Strahl und den ensprechenden Bildpunkt auf der Glasplatte. Wäre das 47. Elektron aber im 5p-Orbital ($l = 1$), wäre quantenmechanisch eine Aufteilung des Strahls in drei Teilstrahlen zu erwarten, gemäß der Bohr–Sommerfeld-Theorie jedoch in zwei. Diese Unzulänglichkeit der Bohr–Sommerfeld-Theorie war drei Jahre vor der Enstehung der Quantenmechanik allerdings noch nicht bekannt, erst recht nicht die Existenz halbzahliger Drehimpulse. Wie erwähnt, ergab der Versuch aber eine zweifache Aufspaltung. Stern und Gerlach interpretierten das Ergebnis jedenfalls als Bestätigung der (falschen!) Vorhersage der Bohr–Sommerfeldschen Theorie einer zweifachen Aufspaltung bei $l = 1$ und waren darüber hoch erfreut.

Der Stern–Gerlach-Versuch ist ein seltenes Ereignis doppelter Verwirrung: Stern und Gerlach waren – übrigens entgegen einer häufigen Lehrbuchdarstellung – der glücklichen Meinung, etwas gezeigt zu haben, was klassisch nicht zu erwarten war, wohl aber quantentheoretisch. Aber sie haben ein falsches Modell vermeintlich bestätigt. Was sie nämlich eigentlich gezeigt haben, hatten sie gar nicht als Vorhersage angesetzt, und so haben sie den Ausgang des Experiments gar nicht wirklich verstanden, und genau das haben sie noch nicht einmal gemerkt! Und dass als magnetisches Moment der erwartete Wert von 1 Bohrschen Magneton herauskam, war dem Effekt der gegenseitigen Kompensation von halbzahligem Spin und dem gyromagnetischen Faktor des Elektrons $g = 2$ geschuldet!

Die eigentliche Geschichte geht nun los bei der Analyse der Emissionsspektren der Alkali-Metalle. Es ist erhellend und unterhaltsam zugleich, die Nobelpreisrede Wolfgang Paulis an dieser Stelle zu lesen [Pau46], die insbesondere diesen frühen Teil der Geschichte erzählt. Pauli beschäftigte 1924 unter anderem das Problem, den anomalen Zeeman-Effekt zu erklären. Damit verknüpft ist der noch unbekannte Entartungsgrad der Energieniveaus der einzelnen Atome, wobei das bereits von Niels Bohr 1921 eingeführte *Aufbauprinzip* – nach dem die einzelnen Energieniveaus entlang des Periodensystems der Elemente gewissermaßen „von unten nach oben" mit Elektronen aufgefüllt werden – allgemein anerkannt war.

Pauli entnahm während der Lektüre einer Arbeit des englischen theoretischen Physikers Edmund Clifton Stoner [Sto24] die Erkenntnis, dass für eine gegebene Hauptquantenzahl n die Anzahl der Terme des anomalen Zeeman-Effekts im Alkalimetallspektrum gleich der Anzahl der Elektronen der geschlossenen Schale des Edelgases ist (also gleich $2n^2$). Daraus leitete Pauli sein berühmtes **Ausschließungsprinzip** ab, später schlicht als **Pauli-Prinzip** bezeichnet [Pau25]: *„Es kann niemals zwei oder mehrere äquivalente Elektronen im Atom geben, für welche in starken Feldern die Werte aller Quantenzahlen n, k_1, k_2, m_1 (oder, was dasselbe ist, n, k_1, m_1, m_2) übereinstimmen. Ist ein Elektron im Atom vorhanden, für das diese Quantenzahlen (im äußeren Felde) bestimmte Werte haben, so ist dieser Zustand „besetzt"."* Zur Erklärung des anomalen Zeeman-Effekts führte er also eine vierte

Quantenzahl ein, während sowohl der normale Zeeman-Effekt als auch die Feinstruktur ja mit nur drei Quantenzahlen n, k, m_k auskamen.

Man muss sich an dieser Stelle vor Augen halten, dass zu diesem Zeitpunkt die Quantenzahlen weitestgehend heuristisch eingeführt wurden. Wir schreiben ja erst das Jahr 1924 – die „Alte Quantenmechanik" und das Bohr–Sommerfeld-Atommodell sind noch immer das Maß der Dinge. Die im obigen Zitat angegebenen Quantenzahlen entsprechen in moderner Notation:

$$n \to n,$$

$$k_1 \to l + 1,$$

$$k_2 \to j + \frac{1}{2},$$

$$-l \leq m_1 \leq +l,$$

$$-j \leq m_2 \leq +j.$$

Die neue Quantenzahl k_2 trug also irgendwie zum Gesamtdrehimpuls des Atoms bei und war in einer nicht verstandenen Zweifachheit in den Elektronenzuständen begründet. Allerdings ging Pauli an dieser Stelle nicht den letzten Schritt, gedanklich von dieser Zweifachheit auf einen „inneren" Drehimpuls der Elektronen zu schließen: *„Das Problem der näheren Begründung der hier zugrunde gelegten allgemeinen Regel über das Vorkommen von äquivalenten Elektronen im Atom dürfte wohl erst nach einer weiteren Vertiefung der Grundprinzipien der Quantentheorie erfolgreich angreifbar sein."* Diesen Schritt gingen kurz darauf zwei niederländische Physiker, Samuel Abraham Goudsmit und George Eugene Uhlenbeck. (Es lohnt sich allerdings an dieser Stelle, den interessanten Review zur Geschichte des Elektronenspins [Com12] zu lesen, insbesondere über das Aufeinandertreffen von Pauli und Ralph Kronig in Tübingen 1925.)

In einer kurzen Mitteilung [UG25] stellen Goudsmit und Uhlenbeck kurzerhand die Hypothese vom Eigendrehimpuls des Elektrons mit halbzahliger Drehimpulsquantenzahl $s = \frac{1}{2}$ und $m_s = \pm\frac{1}{2}$ auf – die allerdings bei den meisten Physikern (bis auf Bohr) nicht gerade auf uneingeschränkte Akzeptanz stieß. Zum einen führte dieser Eigendrehimpuls – wenn man ihn streng mechanistisch interpretierte und den klassischen Elektronradius ansetzte – zu einer Rotationsgeschwindigkeit an der Elektronoberfläche, die größer als die Lichtgeschwindigkeit war. Ein größeres Problem war aber, dass bei der Anwendung des Eigendrehimpuls-Modells auf die Feinstruktur des Wasserstoffatoms der entsprechende Beitrag immer um den Faktor 2 danebenlag. Erst eine äußerst kurze Arbeit des englischen Physikers und Mathematikers Llewellyn Hylleth Thomas 1926 [Tho26], in der er die später als **Thomas-Präzession** bezeichnete korrekte relativistische Korrektur zur Feinstruktur berechnete und den fehlenden Faktor 2 als rein kinematischen Effekt erklären konnte, führte dazu, dass Heisenberg und Jordan sowohl den anomalen Zeeman-Effekt als auch die Feinstruktur des Wasserstoffatoms in Störungstheorie korrekt berechnen konnten [HJ26] (übrigens eine der wenigen Arbeiten, in der auch Arthur H. Compton im Zusammenhang mit der Spin-Hypothese angemessen erwähnt wird) – eine Bestätigung nicht nur für die

Existenz des Spin, sondern auch ein großer Triumph für die Matrizenmechanik! Nun nahm auch Wolfgang Pauli die „Uhlenbeck–Goudsmit-Hypothese" ernst.

Spin in der Quantenmechanik und die tiefere theoretische Begründung

Im Folgenden schreiten wir in schnellen Schritten von der 1920er-Jahren bis hin zur Neuzeit.

Mittlerweile überzeugt von der Existenz des Elektronenspins im Speziellen und von Spin als universeller Eigenschaft von Punktteilchen im Allgemeinen war es nun wiederum Pauli, der diesen 1927 in den Formalismus der mittlerweile ausformulierten Quantenmechanik einbaute, indem er die nach ihm benannten **Pauli-Matrizen** in die Schrödingersche Wellenmechanik und mit ihnen Wellenfunktionen einführte, die nicht nur von den klassischen kinematischen Koordinaten abhängen, sondern zusätzlich im Spinorraum definiert sind [Pau27]. Dies beschreiben wir in Abschnitt II-4. (Nebenbei erkennt er dabei auch die Vorarbeiten von Charles Galton Darwin, Enkel des berühmten Charles Darwin, an.)

Als Paul Dirac im Jahre 1928 die Defizite der zwar bereits von Schrödinger gefundenen, aber nach Oskar Klein und Walter Gordon benannten Klein–Gordon-Gleichung dadurch zu eliminieren versuchte, dass er diese in eine relativistische Differentialgleichung erster Ordnung in den Raum- und Zeitableitungen überführte, stieß er gewissermaßen als Nebenprodukt auf den inneren Freiheitsgrad des Spin aufgrund der angewandten Linearisierungsmethode (Abschnitt IV-18). Nicht nur das: auch der sogenannte g-Faktor für das Spin-$\frac{1}{2}$-Punktteilchen von $g = 2$ kam korrekt heraus und musste nicht mehr ad hoc in die Pauli-Gleichung für das Elektron im äußeren elektromagnetischen Feld eingeführt werden. Dadurch lag der Verdacht nahe, dass Spin am Ende ein relativistischer Effekt sein könnte.

Als der ungarisch-stämmige deutsch-amerikanische theoretische Physiker Eugene Paul Wigner 1939 dann eine tiefgehende gruppentheoretische Analyse der Poincaré-Gruppe und ihrer Darstellungstheorie durchführte [Wig39], konnte er zeigen, dass ein massives relativistisches Punktteilchen durch genau zwei raumzeitliche Eigenschaften charakterisiert ist: Masse und Spin (Kapitel IV-28) – eine weitere Bestätigung des Verdachtes also.

Erst im Jahre 1963 zeigte der französische theoretische Physiker Jean-Marc Lévy-Leblond, dass genau diese beiden Parameter bereits aus der Darstellungstheorie der Galilei-Gruppe folgen [Lév63]. Damit war nun die moderne Sichtweise auf die theoretische Natur des Spin klar vor Augen: punktförmige massive Elementarteilchen besitzen genau zwei Eigenschaften: Masse und Spin. Wir führen diese Analyse in Abschnitt II-18 durch. Darüber hinaus wandte Lévy-Leblond vier Jahre später die gleiche Linearisierungsoperation, die Dirac auf die Klein–Gordon-Gleichung angewendet hatte, auf die Schrödinger-Gleichung an [Lév67]. Diesem vordergründig irreführenden, in seiner korrekten Interpretation sehr komplexen, aber gerade dadurch äußerst interessanten Ansatz widmen wir ebenfalls einen eigenen Abschnitt II-11. Auch für den g-Faktor des Spin-$\frac{1}{2}$-Teilchens von $g = 2$ gibt es eine einfache, wenn auch heuristische Motivation.

Ein sehr interessantes, eher philosophisch angehauchtes Review zur Geschichte des Spin, mitsamt einer kritischen Analyse der Bedeutung des Stern–Gerlach-Versuchs ist [Mor07], worin allerdings auf die neueren Arbeiten im Zusammenhang mit der nichtrelativistischen Gallei-Gruppe nicht eingegangen wird.

Spin und Statistik

Im Jahre 1924 schrieb der indische mathematische Physiker Satyendranath Bose im Zuge einer Vorlesungsvorbereitung einen kurzen Artikel über die Quantenstatistik der Photonen und führte damit explizit die **Ununterscheidbarkeit** der Photonen sowie die damit verbundene statistische Abhängigkeit der Teilchen ein. Zur Begutachtung schickte Bose diese Arbeit an Einstein, der sie kurzerhand auf deutsch übersetzte und zur Veröffentlichung schickte [Bos24]. Diese Art der Statistik wurde kurz darauf als **Bose–Einstein-Statistik** für ununterscheidbare Teilchen bezeichnet. Einstein selbst wandte das Konzept der Ununterscheidbarkeit identischer Teilchen auf das einatomige ideale Gas an [Ein24; Ein25a; Ein25b].

Im Juni beziehungsweise Juli 1926 erschienen zwei von Heisenbergs insgesamt drei Arbeiten über Mehrelektronensysteme, speziell dem Helium-Atom als einfachstes Zwei-Elektron-System [Hei26a; Hei26b], für das er nun nach Einführung von Spin und der Postulierung des Ausschließungsprinzips von Pauli die notwendigen Instrumente bei der Hand hatte. Bemerkenswert an dieser Arbeit ist, dass Heisenberg für die Lösung für das Helium-Atom nicht die von ihm entwickelte Matrizenmechanik, sondern die Wellenmechanik von Schrödinger verwendete – der Einfachheit halber, wie er selbst zugab. Wie Heisenberg feststellte, stellten sich die Bose–Einstein-Statistik auf der einen Seite und das Ausschließungsprinzip von Pauli auf der anderen Seite durch die Beschränkung auf in den Koordinaten der einzelnen Teilchen vollkommen symmetrische beziehungsweise antisymmetrische Wellenfunktionen dar. Es ist amüsant, dass Heisenberg sich später daran erinnerte, wie er anfangs die beiden Fälle immer wieder durcheinanderbrachte.

Erst später im Jahre 1926 lieferten dann der italienische Physiker Enrico Fermi [Fer26a; Fer26b] und – wieder einmal – unabhängig davon Paul Dirac in seiner bereits zitierten Arbeit [Dir26b] eine tiefergehende Formulierung für die später als **Fermi–Dirac-Statistik** bezeichnete Statistik, aus der das Pauli-Prinzip unmittelbar folgt. Obwohl Fermis Arbeit unstrittigerweise zeitlich vor Diracs Arbeit erschien, hatte letztere allerdings die größere Wirkung, da Diracs Formalismus allgemeiner war. Es ist eine weitere Anekdote der Geschichte, dass Max Born sich später daran erinnerte, wie er im Dezember 1925 auf eine Reise an das M.I.T. nach Boston, Massachusetts ging, um einige Vorlesungen zu halten, und Pascual Jordan ihm eine Arbeit zum Lesen mitgegeben hatte. Born ließ sie allerdings in Vergessenheit geraten, und als er dann ein halbes Jahr später zurückkehrte, fand er diese Arbeit auf dem Boden des Koffers. *„Sie enthielt, was man jetzt die Fermi-Dirac-Statistik nennt. In der Zwischenzeit war sie von Enrico Fermi und unabhängig von Paul Dirac entdeckt worden. Aber Jordan war der Erste."* [ES02].

Mittlerweile war also vollkommen klar, dass das Pauli-Prinzip eine direkte Konsequenz aus der Fermi–Dirac-Statistik ist und zu vollständigen antisymmetrischen Wellenfunktionen für mehrere identische Teilchen führt. Sie ist offensichtlich auf Elektronen anzuwenden. Die Bose–Einstein-Statistik hingegen führt zu vollständig symmetrischen Wellenfunktionen und ist beispielsweise auf Photonen anzuwenden. Was hingegen noch einige Zeit auf sich warten ließ, war die explizite Begründung des **Spin-Statistik-Zusammenhangs**, nach dem Teilchen mit ganzzahligem Spin (also $s = 0, 1, 2, \dots$) sich gemäß der Bose–Einstein-Statistik verhalten, während Teilchen mit halbzahligem Spin ($s = \frac{1}{2}, \frac{3}{2}, \dots$) sich entsprechend der Fermi–Dirac-Statistik verhalten. Im Jahre 1939 zeigte der Schweizer theoretische Physiker Markus Fierz, der auf Heisenbergs Empfehlung Assistent Paulis an der ETH Zürich war, im Rahmen seiner Habilitation, dass dieser Zusammenhang für eine relativistische Quantenfeldtheorie aus Konsistenzgründen eine notwendige Bedingung ist [Fie39]. Dieses ist der erstmalige Originalbeweis des sogenannten **Spin-Statistik-Theorems**, allerdings nur für freie Felder. Pauli selbst fand kurz danach eine elegantere Formulierung [Pau40]. Spätere Beweise wurden von zahlreichen renommierten theoretischen Physikern wie Schwinger [Sch51] oder Weinberg erbracht – auch für wechselwirkende Felder ist das Spin-Statistik-Theorem mittlerweile bewiesen.

Aus theoretischer Sicht ist es allerdings unbefriedigend, dass diese Beweise allesamt nur im Rahmen der relativistischen Quantenfeldtheorie gelten, da als wesentliche Voraussetzung für deren Gültigkeit das Prinzip der Mikrokausalität, sprich die relativistische Lichtkegelstruktur der Raumzeit, eingeht. Und dies, obwohl der Spin-Statistik-Zusammenhang im Rahmen einer Phänomenologie relevant ist, für die relativistische Effekte ansonsten nicht die geringste Rolle spielen. Darüber hinaus sind diese Beweise allesamt indirekte „Konsistenzbeweise" im folgenden Sinn: sie folgen nicht aus elementaren Prinzipien heraus, sondern führen vielmehr durch Hinzunahme weiterer Zusatzannahmen zum Widerspruch. Man kann daher den Eindruck erhalten, als ob der Spin-Statistik-Zusammenhang nicht vollständig verstanden sein könnte. In den Worten Richard Feynmans aus seinen *''Feynman Lectures on Physics, Volume III''*:

> *''Why is it that particles with half-integral spin are Fermi particles whose amplitudes add with the minus sign, whereas particles with integral spin are Bose particles whose amplitudes add with the positive sign? We apologize for the fact that we cannot give you an elementary explanation. An explanation has been worked out by Pauli from complicated arguments of quantum field theory and relativity. He has shown that the two must necessarily go together, but we have not been able to find a way of reproducing his arguments on an elementary level. It appears to be one of the few places in physics where there is a rule which can be stated very simply, but for which no one has found a simple and easy explanation. The explanation is deep down in relativistic quantum mechanics. This probably means that we do not have a complete understanding of the fundamental principle involved. For the moment, you will just have to take it as one of the rules of the world.''*

Im Jahre 1994 stieß der US-amerikanische Mathematiker und Physiker Dwight E. Neuenschwander eine Diskussion um das Spin-Statistik-Theorem an, indem er an genau dieses Feynman-Zitat erinnerte und in der Rubrik *Questions & Answers* einer Ausgabe des *American Journal of Physics* die offene Frage aufwarf: *''Has anyone made any progress towards an elementary argument for the spin-statistics theorem?''* Die nachfolgende wissenschaftliche Diskussion kulminierte in dem Buch [DS97] von Ian Duck und George Sudarshan. Eine hervorragende Zusammenfassung der bisherigen Beweise und der jeweils wesentlichen

Voraussetzungen, die zu einem möglichen Beweis im Rahmen der nichtrelativistischen Quantenmechanik führen könnten, findet sich in [DS98]. Man lese aber auch den interessanten Artikel [For07], sowie die Monographie [Bai11; Bai16].

Wolfgang Pauli jedenfalls – einer der ganz großen theoretischen Physiker, als „Gewissen der Physik" bezeichnet und eine der interessantesten Persönlichkeiten, die die Physik zu bieten hatte – erhielt 1945 den Nobelpreis für Physik für die Entdeckung des nach ihm benannten Pauli-Prinzips.

Wir beenden an dieser Stelle unsere historischen Betrachtungen zur Quantenmechanik. Nachdem wir aus geschichtlicher oder besser erkenntnistheoretischer Sicht die Motivation zur Begriffs- und Modellbildung studiert haben, die zur modernen Formulierung der Quantenmechanik führten, steigen wir nun ein in den Formalismus und entwickeln das Gebäude der nichtrelativistischen Quantenmechanik.

Weiterführende Literatur

Malcolm Longair: *Quantum Concepts in Physics*, Cambridge University Press, 2013.
Ein recht modernes und sehr kurzweilig geschriebenes Werk mit einen Fokus auf das nahezu dialektische Zusammenspiel zwischen der Entwicklung theoretischer Konzepte und experimenteller Ergebnisse.

Max Jammer: *The Conceptual Development of Quantum Mechanics*, AIP Press, 2nd ed. 1989.
Eines der Standardwerke zur geschichtlichen Entwicklung der Quantenmechanik.

Jagdish Mehra, Helmut Rechenberg: *The Historical Development of Quantum Theory (6 Volumes)*, Springer-Verlag, 1982–2001.
Das mit Abstand umfangreichste und autoritative Werk zur Geschichte der Quantenmechanik.

Jagdish Mehra: *The Golden Age of Theoretical Physics – 2 Vols.*, World Scientific, 2001.
Eine zweibändige Sammlung äußerst kurzweiliger und dennoch tiefgehender Einzelbetrachtungen verschiedener Stationen der Entstehungsgeschichte der Quantenmechanik und damit der Theoretischen Physik als moderne Wissenschaft im Zeitraum etwa zwischen 1900 und 1940.

Anthony Duncan, Michel Janssen: *Constructing Quantum Mechanics – Volume 1: The Scaffold 1900-1923*, Oxford University Press, 2019.
Eine hervorragende Bereicherung der Lektüre zur historischen Entwicklung der Quantenmechanik und der erste von zwei Bänden. Vom Stil her besonders Leser ansprechend, die die Quantenmechanik technisch bereits recht gut beherrschen und daher in der Lage sind, die historische Entwicklung theoretischer Konzepte gewissermaßen im Nachhinein sehr gut einsortieren zu können.

Robert Golub, Steven K. Lamoreaux: *The Historical and Physical Foundations of Quantum Mechanics*, Oxford University Press, 2023.
Ein ebenfalls äußerst interessantes Werk zur historischen Grundlegung der Quantenmechanik.

Ian Duck, E. C. G. Sudarshan: *100 Years of Planck's Quantum*, World Scientific, 2000.

Robert D. Purrington: *The Heroic Age – The Creation of Quantum Mechanics, 1925–1940*, Oxford University Press, 2018.

Peter Enders: *Von der klassischen Physik zur Quantenphysik*, Springer-Verlag, 2006.
Eine äußerst gelungene Darstellung, die die Entstehung und Entwicklung der Quantenmechanik im begrifflichen Zusammenspiel mit der klassischen Physik beleuchtet.

Guido Bacciagaluppi, Antony Valentini: *Quantum Mechanics at the Crossroads – Reconsidering the 1927 Solvay Conference*, Cambridge University Press, 2009.
Eine tiefergehende Betrachtung zur berühmten Solvay-Konferenz, in der die historische Bohr–Einstein-Kontroverse ihren Ausgangspunkt nahm.

Konrad Kleinknecht: *Einstein and Heisenberg: The Controversy Over Quantum Physics*, Springer-Verlag, 2019.

Martin Jähnert: *Practicing the Correspondence Principle in the Old Quantum Theory*, Springer-Verlag, 2019.

Das folgende Buch geht weniger auf die Geschichte der Quantenmechanik ein, sondern betrachtet vor allem die Bedeutung der Quantenmechanik für die Entwicklung der Theoretischen Physik vom notwendigen Anhängsel zur tragenden Säule der Naturwissenschaft Physik, sowie die Implementierung dieser Disziplin in den unterschiedlichen Wissenschaftsbetrieben Europas und der USA von den 1920er-Jahren bis zur Nachkriegszeit. Eine sehr zu empfehlende Lektüre.

Michael Eckert: *Die Atomphysiker – Eine Geschichte der theoretischen Physik am Beispiel der Sommerfeldschule*, Vieweg-Verlag, 1993.

Teil 2

Der theoretische Formalismus der Quantenmechanik

Der Formalismus der Quantenmechanik basiert auf einer Anzahl von Postulaten. Diese Postulate wiederum waren das Ergebnis wiederholter experimenteller Beobachtungen, deren Befunde zu einer Reihe stetig angepasster Modellbildungen mit stetig steigendem Grad mathematischer Abstraktion geführt hatten, bis sie ihre endgültige Form annahmen. Die wichtigsten experimentellen Schlüsselexperimente selbst wurden im letzten Kapitel vorgestellt. In diesem Kapitel werden wir den theoretischen Formalismus der Quantenmechanik vorstellen, wie er im Wesentlichen Ende der Zwanzigerjahre des 20. Jahrhunderts vollständig erarbeitet war und als sogenannte **Kopenhagener Interpretation** seit nunmehr fast 100 Jahren erfolgreich jegliches Experiment der mikroskopischen Welt zu erklären vermag und bis zum gegenwärtigen Zeitpunkt niemals in Konflikt mit einem experimentellen Befund geraten ist.

© Der/die Autor(en), exklusiv lizenziert an
Springer-Verlag GmbH, DE, ein Teil von Springer Nature 2024
O. Tennert, *Quantenmechanik I*, https://doi.org/10.1007/978-3-662-68585-3_2

12 Die Postulate der Quantenmechanik I: Zustände

Postulate können nicht abgeleitet werden, sie sind vielmehr das Ergebnis heuristischer Überlegungen und resultieren letztendlich aus experimentellen Beobachtungen, wie wir sie im letzten Kapitel vorgestellt haben. Sie stellen eine möglichst minimale Menge an unbeweisbaren, sprich nicht weiter aus noch fundamentaleren Prinzipien ableitbaren Aussagen dar, mit denen man eine gesamte Theorie, in diesem Fall die Quantentheorie aufbauen kann, und die zu im Prinzip empirisch überprüfbaren Aussagen führen.

In der klassischen Hamilton-Mechanik ist der **Zustand** eines Systems von N Massepunkten zu jedem Zeitpunkt t eindeutig bestimmt durch die Position $\boldsymbol{r}_n(t)$ und den Impuls $\boldsymbol{p}_n(t)$ aller Massepunkte, der Index n durchläuft deren Anzahl. Der abstrakte $6N$-dimensionale, aus den Elementen $(\boldsymbol{r}_n(t), \boldsymbol{p}_n(t))$ bestehende Vektorraum wird **Phasenraum** genannt.

Sowohl Ort als auch Impuls jedes einzelnen Massepunktes sind prinzipiell jederzeit mit beliebig großer Genauigkeit gleichzeitig messbar, es gibt allenfalls rein praktische oder experimentelle Grenzen der Genauigkeit. Nicht zuletzt ist in Form von Gedankenexperimenten ja jede beliebige Messung erlaubt, per Definition ohne jede praktische Schwierigkeit. Das theoretische Gebäude der klassischen Mechanik besitzt jedenfalls keinerlei grundsätzliche Grenzen der Messbarkeit. Jede andere physikalische Größe wie Drehimpuls, Gesamtdrehimpuls, lässt sich dann aus den dynamischen Variablen $\boldsymbol{r}_n(t)$, $\boldsymbol{p}_n(t)$ berechnen.

Mit Hilfe der **kanonischen Gleichungen**

$$\frac{\mathrm{d}r_{n,i}}{\mathrm{d}t} = \frac{\partial H(\boldsymbol{r}, \boldsymbol{p})}{\partial p_{n,i}}$$

$$\frac{\mathrm{d}p_{n,i}}{\mathrm{d}t} = -\frac{\partial H(\boldsymbol{r}, \boldsymbol{p})}{\partial r_{n,i}}$$

mit $i \in \{1, 2, 3\}$ kann der Zustand dann auch zu jedem späteren Zeitpunkt t berechnet werden, wobei $H(\boldsymbol{r}, \boldsymbol{p})$ die **Hamilton-Funktion** des Systems ist.

In der Quantenmechanik stellt der Zustand eines Systems eine völlig andere mathematische Größe dar und unterliegt daher vollkommen anderen mathematischen Gesetzmäßigkeiten. Der mathematische Apparat der Quantenmechanik definiert sehr präzise die Begriffe **Zustand**, **Observable** und **Messung** und bestimmt als Grundlage der Zeitentwicklung eines quantenmechanischen Systems eine partielle Differentialgleichung erster Ordnung in der Zeit, die **Schrödinger-Gleichung**, die wir in Abschnitt 17 betrachten werden.

Der quantenmechanische Zustand

Wir beginnen mit der Definition des Zustands in der Quantenmechanik.

Axiom 1 (Zustände). *Der **Zustand** $|\Psi(t)\rangle$ eines quantenmechanischen Systems Σ ist zu jedem Zeitpunkt t gegeben durch das normierte Element eines **Hilbert-Raums** $\mathcal{H}_\Sigma$ über $\mathbb{C}$: $|\Psi(t)\rangle \in \mathcal{H}_\Sigma$. $|\Psi(t)\rangle$ umfasst die gesamte Information über das quantenmechanische System.*

Zustände sind also komplexwertige Vektoren, genauer **normierte** komplexwertige Vektoren eines dem quantenmechanischen System Σ zugeordneten Hilbert-Raums $\mathcal{H}_\Sigma$. Ohne die Forderung nach Normierung wären Vielfaches von Vektoren unterschiedliche Zustände. Durch die Normierungsbedingung wird ein Freiheitsgrad des Vektors eliminiert und effektiv nur noch die Richtung des Vektors als maßgeblich erachtet. Das bedeutet aber auch:

$$|\Psi(t)\rangle$$

und

$$e^{i\alpha}\,|\Psi(t)\rangle$$

mit reellwertiger Zahl α stellen denselben Zustand dar. Die Darstellung des Vektors ist also bis auf einen **komplexen Phasenfaktor** $e^{i\alpha}$ bestimmt. Dieser Phasenfaktor wird relevant, wenn wir weiter unten auf die physikalische Bedeutung von Skalarprodukt und Superpositionsprinzip und die Wahrscheinlichkeitsinterpretation der Quantenmechanik zu sprechen kommen. Außerdem ist diese „Restsymmetrie" Ausgangspunkt für den Satz von Wigner über die notwendige Unitarität beziehungsweise Anti-Unitarität von Symmetrietransformationen einerseits (siehe Abschnitt II-13) und für die Betrachtung der projektiven Darstellungen von Symmetriegruppen andererseits, mit weitreichenden Konsequenzen (siehe Abschnitt II-15).

Wir wollen an dieser Stelle die oft unterschlagene Betonung auf die **Abgeschlossenheit** des quantenmechanischen Systems Σ legen, die wir im Folgenden stets unterstellen, sofern nichts anderes explizit erwähnt ist. Per Definition ist Σ also keinerlei äußeren Einflüssen unterworfen, was natürlich eine starke Idealisierung darstellt und darüber hinaus eine gewisse Widersprüchlichkeit in sich birgt. Auf der einen Seite setzt beispielsweise die unitäre Zeitentwicklung (Axiom 6 in Abschnitt 17) die Abgeschlossenheit von Σ voraus. Auf der anderen Seite bedingt eine Messung zwangsweise eine wie auch immer geartete Einflussnahme auf das System. Die gesamte Theorie des Messprozesses ist ein eigener, meist philosophisch angereicherter Forschungszweig an sich, und sogenannte **offene Quantensysteme** und **Dekohärenz** sind erst seit wenigen Jahrzehnten Gegenstand der Betrachtung. Es sei hierfür auf die weiterführende Literatur verwiesen.

Die Frage stellt sich, warum ein Hilbert-Raum? Welche Eigenschaften zeichnen ihn aus, und welche physikalische Relevanz besitzen diese jeweils?

Zunächst ist ein Hilbert-Raum ein Vektorraum. Das bedeutet unter anderem, dass Linearkombinationen von Elementen $|\Psi_1\rangle$, $|\Psi_2\rangle \in \mathcal{H}_\Sigma$ wieder Elemente des Vektorraums ergeben:

$$|\Phi\rangle = z_1\,|\Psi_1\rangle + z_2\,|\Psi_2\rangle \in \mathcal{H}_\Sigma \tag{12.1}$$

mit beliebigen $z_1, z_2 \in \mathbb{C}$. Es gilt also das **Superpositionsprinzip**: eine Linearkombination zweier möglicher Zustände $|\Psi_1\rangle$, $|\Psi_2\rangle$ ergibt wieder einen möglichen Zustand $|\Phi\rangle$. Die Eigenschaft bedarf einer etwas genaueren Analyse bei der Betrachtung sogenannter **Superauswahlregeln** in Abschnitt II-19, was wir bis dahin jedoch in der weiteren Betrachtung nach hinten schieben. Insbesondere besitzt ein Hilbert-Raum eine Basis, in der jedes Element entwickelt werden kann. Bei der gleich folgenden Diskussion von Axiom 2 werden wir diesen wichtigen Aspekt im Detail betrachten.

Ein Hilbert-Raum ist **unitär**, er besitzt also ein **Skalarprodukt** $\langle|\rangle$. Die Existenz dieses Skalarprodukts wird sich im Folgenden für den Messprozess und die Wahrscheinlichkeitsinterpretation als überaus wichtig herausstellen. Sogenannte **unitäre Transformationen**

$$\hat{U} : \mathcal{H} \to \mathcal{H} \tag{12.2}$$

$$|\Psi\rangle \mapsto |\bar{\Psi}\rangle = \hat{U} |\Psi\rangle \tag{12.3}$$

lassen per Definition das Skalarprodukt invariant. Es gilt also:

$$\langle \bar{\Psi}_1 | \bar{\Psi}_2 \rangle = \langle \Psi_1 | \hat{U}^\dagger \hat{U} | \Psi_2 \rangle$$
$$= \langle \Psi_1 | \Psi_2 \rangle \, ,$$

wobei die Operatornotation † die **hermitesche Konjugation** darstellt (siehe Abschnitt 13), so dass für den unitären Operator $\hat{U}$ demnach gilt: $\hat{U}^\dagger = \hat{U}^{-1}$. Die Menge aller unitären Transformationen $\{\hat{U}\}$ auf $\mathcal{H}$ bildet eine Gruppe, die **unitäre Gruppe** $U_\mathcal{H}$, wie sich sehr schnell anhand der Gruppeneigenschaften ableiten lässt.

Durch das Skalarprodukt wird eine **Norm** induziert:

$$\|\Psi\| = \sqrt{\langle \Psi | \Psi \rangle}, \tag{12.4}$$

ein Hilbert-Raum ist also automatisch **normiert** und damit stets auch ein **Banach-Raum**. Anderenfalls wäre natürlich auch die Forderung nach Normierung an $|\Psi(t)\rangle$ sinnlos.

Der Hilbert-Raum ist **vollständig** bezüglich dieser induzierten Norm. Wäre er dies nicht, gäbe es Cauchy-Folgen mit Elementen des Hilbert-Raums, die nicht konvergieren, also keinen Grenzwert in $\mathcal{H}_\Sigma$ besitzen. Er ist außerdem **separabel**, das heißt: es gibt eine abzählbare Teilmenge, die in $\mathcal{H}_\Sigma$ **dicht** liegt. Zunächst bedeutet dies, dass es stets eine abzählbare vollständige Orthonormalbasis gibt (endlich oder unendlich). Auch diese Eigenschaft bedarf einer genaueren Betrachtung, wenn wir sogenannte **kontinuierliche Spektren** betrachten.

Eine kurze Anmerkung zur Struktur des Raums der physikalischen Zustände in der Quantenmechanik. Wir haben oben gesagt, dass die beiden normierten Vektoren $|\Psi(t)\rangle$ und $e^{i\alpha} |\Psi(t)\rangle$ des Hilbert-Raums $\mathcal{H}$ den selben Zustand darstellen. Allgemeiner stellen bereits $|\Psi(t)\rangle$ und $c |\Psi(t)\rangle$ mit $c \in \mathbb{C}$ den selben Zustand dar. Der **physikalische Zustandsraum** oder **Phasenraum** Γ ist in der Quantenmechanik also ein **Quotientenraum**, der sich aus der Identifikation von Elementen in $\mathcal{H}$ ergibt, die durch Multiplikation mit einer komplexen Zahl miteinander zusammenhängen. Wir können das schreiben:

$$\Gamma = \mathcal{H}/\mathbb{C}, \tag{12.5}$$

und Γ wird dadurch zu einem komplexen **projektiven Raum**, der im n-dimensionalen Fall die Bezeichnung $\mathbb{C}P^{n-1}$ trägt, aber im Allgemeinen für unendliche Dimension von $\mathcal{H}$ betrachtet werden muss. Versehen mit dem in $\mathcal{H}$ definierten inneren Produkt wird Γ zu einer sogenannten **Kähler-Mannigfaltigkeit** mit einer nicht-trivialen Topologie [AS99]. Allgemein wird allerdings sowohl schriftlich wie mündlich meist vom „Hilbert-Raum der physikalischen Zustände" gesprochen, was im Allgemeinen zu keinen weiteren negativen Auswirkungen führt, wenn man stets die Normierung und relative Phasen beachtet, sowie nicht an geometrischen Eigenschaften des Zustandsraums interessiert ist. Man sollte aber stets im Hinterkopf behalten, dass zwischen $\mathcal{H}$ und Γ kein Isomorphismus besteht.

Zusammengesetzte Quantensysteme

Wir wollen an dieser Stelle bereits einige grundlegende Begriffsdefinitionen treffen, die in späteren Abschnitten an Bedeutung gewinnen.

Es seien Σ_1 und Σ_2 zwei Quantensysteme. $\mathcal{H}_1$ und $\mathcal{H}_2$ seien jeweils die Zustands-Hilbert-Räume von Σ_1 und Σ_2. Das Quantensystem $\Sigma = \Sigma_1 + \Sigma_2$ sei das Gesamtsystem, zusammengesetzt aus Σ_1 und Σ_2 – entsprechend abstrakt ist das Symbol + in dieser Aussage zu verstehen. Wir sagen, Σ ist ein **zusammengesetztes Quantensystem**. Dann gilt für den Hilbert-Raum $\mathcal{H}$ des Gesamtsystems Σ:

$$\mathcal{H} = \mathcal{H}_1 \otimes \mathcal{H}_2. \tag{12.6}$$

$\mathcal{H}$ ist also das **direkte Produkt** der beiden Hilbert-Räume $\mathcal{H}_1$ und $\mathcal{H}_2$, anders genannt: der **Produktraum** aus $\mathcal{H}_1$ und $\mathcal{H}_2$.

Hierbei ist zu beachten, dass die beiden Quantensysteme Σ_1 und Σ_2 nicht zwangsweise räumlich separiert sein müssen. Sie müssen nicht einmal für sich räumlich begrenzt sein. Die Trennung ist vielmehr gedanklicher Art und kann sich durchaus auch nur auf unterschiedliche Freiheitsgrade eines Gesamtsystems beziehen. Aus mathematischer Sicht sind der Übergang von einer zu drei Dimensionen (Kapitel II-3), der Übergang von einem zu N Teilchen (Kapitel II-6) oder der Zusammenschluss zweier tatsächlich räumlich begrenzten Quantensystemen zu einem zusammengesetzten System (Abschnitt 28) grundsätzlich gleich zu behandeln.

Ein Zustand $|\Psi\rangle \in \mathcal{H}$ heißt **Produktzustand** oder **separabel**, wenn er geschrieben werden kann als:

$$|\Psi\rangle = |\Psi_{(1)}\rangle \otimes |\Psi_{(2)}\rangle, \tag{12.7}$$

mit $|\Psi_{(1)}\rangle \in \mathcal{H}_1$ und $|\Psi_{(2)}\rangle \in \mathcal{H}_2$. Anstelle der sperrigen Schreibweise $|\Psi_{(1)}\rangle \otimes |\Psi_{(2)}\rangle$ schreibt man auch:

$$|\Psi_{(1)}\rangle \otimes |\Psi_{(2)}\rangle =: |\Psi_{(1)}, \Psi_{(2)}\rangle. \tag{12.8}$$

Für einen allgemeinen Zustand $|\Psi\rangle \in \mathcal{H}$ gilt jedoch aufgrund des Superpositionsprinzips:

$$|\Psi\rangle = \sum_{i,j} c_{ij} |\Psi_{(1),i}, \Psi_{(2),j}\rangle, \tag{12.9}$$

und $|\Psi\rangle$ stellt einen **verschränkten Zustand** dar.

Die beiden Quantensysteme Σ_1, Σ_2 heißen **entkoppelt**, wenn alle Zustände $|\Psi\rangle \in \mathcal{H}$ Produktzustände sind. Dieser Fall ist sehr selten und tritt nur im Zusammenhang sogenannter **Superauswahlregeln** auf, die eine echte Einschränkung des Superpositionsprinzips darstellen (siehe Abschnitt II-19).

Im allgemeinen Falle jedoch sind Σ_1, Σ_2 **gekoppelte Quantensysteme**, die also miteinander in Wechselwirkung stehen. Dann besitzt das Gesamtsystem Σ verschränkte Zustände. Jeweils für sich genommen stellen Σ_1 und Σ_2 dann sogenannte **offene Quantensysteme** dar (vergleiche den späteren Abschnitt 28).

Um an die kurzen Erläuterungen weiter oben zur geometrischen Struktur des quantenmechanischen Zustandsraums anzuschließen: auch für zusammengesetzte Quantensysteme ist der Zustandsraum nicht der volle Hilbert-Raum, sondern der entsprechende projektive Raum, im jeweils endlich-$(n \times m)$-dimensionalen Fall der $\mathbb{C}P^{nm-1}$. Produktzustände bilden eine Untermenge, die als **Segre-Varietät** bezeichnet wird, nach dem italienischen Mathematiker Corrado Segre, einem frühen Wegbereiter der algebraischen Geometrie.

Mathematischer Einschub 1: Hilbert-Räume

Der Hilbert-Raum $\mathcal{H}$ der Quantenmechanik ist ein unitärer, separabler Vektorraum über dem Körper $\mathbb{C}$ der komplexen Zahlen, der vollständig ist bezüglich der durch das Skalarprodukt (daher „unitär") induzierten Norm.

Alle endlich-dimensionalen Vektorräume, die man aus der linearen Algebra kennt, lassen sich durch geeignete Definition eines Skalarprodukts auf einfache Weise in einen Hilbert-Raum verwandeln. In der Quantenmechanik sind jedoch abzählbar unendlich-dimensionale Hilbert-Räume interessant, und diese bedingen eine deutlich ausgefeiltere Mathematik. Ein großer Teil der Funktionalanalysis beschäftigt sich daher genau mit der Theorie linearer Operatoren in Hilbert-Räumen.

Per Definition gilt für Hilbert-Räume das Superpositionsprinzip, denn Hilbert-Räume sind Vektorräume. Aber für unendliche Summen von Vektoren oder für Konvergenzbetrachtungen spielt mit der abzählbar unendlichen Dimension eine Komplikation hinein.

Für die Quantenmechanik interessant ist der **Lebesgue-Raum** der **quadratintegrablen** Funktionen $L^2(\mathbb{R})$:

$$f, g \in L^2(\mathbb{R}) \iff \int_{\mathbb{R}} f(x)^* g(x) \mathrm{d}x < \infty.$$

Da man aber zeigen kann, dass alle Hilbert-Räume der selben Dimension – gleich ob endlich oder abzählbar unendlich – zueinander isomorph sind, kann man für allgemeine Betrachtungen der Eigenschaften von Hilbert-Räumen genauso gut den Raum l^2 betrachten, den Raum aller Folgen $(c_i) \in \mathbb{C}$ mit der Eigenschaft, dass

$$\sum_{i=1}^{\infty} |c_i|^2 < \infty.$$

Anhand dieses Hilbert-Raums hat David Hilbert anfangs die Eigenschaften dieser Räume untersucht.

Es ist im Allgemeinen nicht der Fall, dass

$$\sum_{i=1}^{\infty} c_i |\phi_i\rangle \quad (|\phi_i\rangle \in \mathcal{H})$$

überhaupt zu einem Vektor $|\Phi\rangle \in \mathcal{H}$ konvergiert. Die Vollständigkeit eines Hilbert-

---

Raums ist dann gegeben, wenn die Folge $(|\Phi^N\rangle)$ mit:

$$|\Phi^N\rangle = \sum_{i=1}^{N} c_i \, |\phi_i\rangle$$

die Bedingung erfüllt, dass es für jedes gegebene $\epsilon > 0$ ein N gibt, so dass:

$$\|\Phi - \Phi^N\|^2 = \sum_{i=N+1}^{\infty} |c_i|^2 \le \epsilon.$$

Ist das der Fall, so sagt man: die Folge $(|\Phi^N\rangle)$ liegt **dicht** in $\mathcal{H}$ und kann daher zur Konstruktion einer geeigneten Orthonormalbasis verwendet werden. Der hier verwendete Konvergenzbegriff ist die sogenannte **Konvergenz über die Norm** oder **starke Konvergenz**. Es gibt auch eine schwache Konvergenz, die im Zusammenhang mit singulären Distributionen bedeutsam ist (siehe Abschnitt 15).

13 Die Postulate der Quantenmechanik II: Observable und Messungen

Das folgende Axiom gibt nun möglichen Ausgängen von Messvorgängen einen mathematischen Rahmen:

Axiom 2 (Observable). *Jeder am physikalischen System Σ physikalisch messbaren Größe A entspricht ein hermitescher Operator $\hat{A}$ in $\mathcal{H}_\Sigma$, aus dessen Eigenvektoren $\{\ |A_i\rangle\ \}$ eine* **vollständige Orthormalbasis** *in $\mathcal{H}_\Sigma$ gebildet werden kann. Dieser Operator $\hat{A}$ wird als* **Observable** *bezeichnet. Eine Messung der physikalischen Größe A liefert als Ergebnis stets einen der Eigenwerte a_i von $\hat{A}$.*

In gewisser Weise ist Axiom 2 nur vorbereitend für Axiom 3, zu dem wir gleich kommen werden. Physikalisch messbare Größen wie Drehimpuls oder Energie werden innerhalb des quantenmechanischen Formalismus also durch hermitesche Operatoren dargestellt, die in $\mathcal{H}_\Sigma$ wirken; sie bilden also Elemente von $\mathcal{H}_\Sigma$ auf Elemente von $\mathcal{H}_\Sigma$ ab:

$$\hat{A} : \mathcal{H}_\Sigma \to \mathcal{H}_\Sigma. \tag{13.1}$$

Hermitesche Operatoren sind definitionsgemäß lineare Operatoren. Durch die Linearität bleibt das Superpositionsprinzip auch durch Anwendung von $\hat{A}$ erhalten:

$$\hat{A}\left(z_1\,|\Psi_1\rangle + z_2\,|\Psi_2\rangle\right) = z_1\hat{A}\,|\Psi_1\rangle + z_2\hat{A}\,|\Psi_2\rangle \tag{13.2}$$

für alle $|\Psi_1\rangle,\,|\Psi_2\rangle \in \mathcal{H}_\Sigma$.

Die Frage stellt sich, was diese Abbildung denn physikalisch bedeutet? Diese Frage beantworten Axiome 3 und 4, aber bevor wir dorthin kommen, wollen wir uns noch kurz die weiteren Eigenschaften von $\hat{A}$ näher anschauen. Zunächst definieren wir die **hermitesche Konjugation** oder **Adjunktion** † implizit dadurch, dass gilt:

$$\langle\Psi_1|\hat{A}^\dagger|\Psi_2\rangle = \langle\Psi_2|\hat{A}|\Psi_1\rangle^*. \tag{13.3}$$

Für einen hermiteschen Operator $\hat{A}$ gilt:

$$\hat{A} = \hat{A}^\dagger, \tag{13.4}$$

und er besitzt also wegen

$$
\begin{aligned}
\langle\Psi|\hat{A}|\Psi\rangle^* &= \langle\Psi|\hat{A}^\dagger|\Psi\rangle \\
&= \langle\Psi|\hat{A}|\Psi\rangle
\end{aligned}
\tag{13.5}
$$

nur reelle Eigenwerte. Das ist wichtig, denn die Eigenwerte a_i stellen ja mögliche Ergebnisse einer Messung von A dar, und es gibt in der Physik nun mal keine komplexwertigen physikalisch messbaren Größen. Natürlich bieten komplexe Zahlen in vielen Fällen eine einfache Formulierung mathematischer Zusammenhänge, und wir werden bei der Formulierung der Schrödinger-Gleichung in Abschnitt 17 sehen, dass es unabdingbar ist, dass der

Hilbert-Raum $\mathcal{H}_\Sigma$ wie in Axiom 1 gefordert, ein Vektorraum über $\mathbb{C}$ ist und damit die später betrachteten sogenannten Wellenfunktionen komplexwertig sind. Aber alles, was man mit einem Messapparat messen kann, lässt sich als reellwertige Größe darstellen: kinematische Größen wie Ort, Impuls, Geschwindigkeit, Drehimpuls, aber auch Größen wie Energie, Masse, Ladung und so weiter.

Der Begriff **hermitesch** wird im Großteil der physikalischen Literatur oft synonym mit **selbstadjungiert** oder **symmetrisch** verwendet. Die Unterschiede zwischen den präzisen mathematischen Bedeutungen dieser drei Begriffe sind aber vorhanden, nämlich bei der Betrachtung unbeschränkter Operatoren, siehe weiter unten.

Wir wiederholen an dieser Stelle: Die Bedeutung der Eigenwerte a_i von $\hat{A}$ ist die, mögliche Messergebnisse zu sein. Das ist sehr zentral und kann nicht überbetont werden: es gibt keine anderen möglichen Ausgänge für eine Messung der physikalischen Größe A an Σ.

Darstellungen und Darstellungswechsel als passive unitäre Transformationen

Aus dem **Spektralsatz** für selbstadjungierte Operatoren folgt, dass aus den Eigenvektoren $\{\,|A_i\rangle\,\}$ eine **vollständige Orthonormalbasis** in $\mathcal{H}_\Sigma$ gebildet werden kann. Orthonormalität und Vollständigkeit können wie folgt ausgedrückt werden:

$$\langle A_i | A_j \rangle = \delta_{ij}, \tag{13.6}$$

$$\sum_i |A_i\rangle\langle A_i| = \mathbb{1}_\Sigma, \tag{13.7}$$

wobei $|A_i\rangle\langle A_i|$ nichts anderes darstellt als den Projektionsoperator auf jenen eindimensionalen Unterraum von $\mathcal{H}$, der durch den Eigenvektor $|A_i\rangle$ aufgespannt wird. In anderen Worten bedeutet dies: jeder Zustand $|\Psi\rangle$ des Systems Σ besitzt eine sogenannte $\hat{A}$-**Darstellung**:

$$|\Psi\rangle = \sum_i c_i \,|A_i\rangle \tag{13.8}$$

mit

$$c_i = \langle A_i | \Psi \rangle, \tag{13.9}$$

wobei $|A_i\rangle$ ein Eigenvektor von $\hat{A}$ zum Eigenwert a_i ist. Diese Darstellung ist unter Umständen nicht eindeutig, wenn $\hat{A}$ **entartete Eigenwerte** besitzt. Dann lassen die Eigenräume zum jeweiligen entarteten Eigenwert mehrere Möglichkeiten der Auswahl von Einheitsbasisvektoren zu. Wir haben in diesem Fall dann aber unter Umständen die Möglichkeit, durch die Betrachtung des Spektrums weiterer Observablen diese Mehrdeutigkeit zu eliminieren (siehe Abschnitt 14).

Jeder hermitesche Operator $\hat{A}$ kann durch sein eigenes Eigenvektorsystem dargestellt werden. Man spricht dann von der **Spektraldarstellung** von $\hat{A}$:

$$\hat{A} = \sum_i a_i \,|A_i\rangle\langle A_i|. \tag{13.10}$$

Über die Spektraldarstellung ist es sehr einfach, Funktionen von hermiteschen Operatoren zu definieren. Es ist dann:

$$f(\hat{A}) = \sum_i f(a_i) \, |A_i\rangle \, \langle A_i| \,, \tag{13.11}$$

was leicht über eine Potenzreihenentwicklung von f gezeigt werden kann. Hierzu muss nur verwendet werden, dass

$$\hat{A}^2 = \sum_{i,j} a_i a_j \, |A_i\rangle \underbrace{\langle A_i|A_j\rangle}_{\delta_{ij}} \langle A_j|$$

$$= \sum_i a_i^2 \, |A_i\rangle \, \langle A_i| \,,$$

und entsprechend kann man für $k \in \mathbb{N}$ fortfahren. Beispielsweise ist

$$e^{i\hat{A}} = \sum_i e^{ia_i} \, |A_i\rangle \, \langle A_i| \,, \tag{13.12}$$

und es ist sehr leicht zu sehen, dass (13.12) einen unitären Operator darstellt. Die Umkehrung übrigens, dass also zu jedem unitären Operator $\hat{U}$ ein hermitescher Operator $\hat{A}$ existiert, so dass $\hat{U} = e^{i\hat{A}}$, heißt **Satz von Stone** und ist etwas schwieriger zu beweisen – siehe die Literatur zur Mathematik der Quantenmechanik am Ende dieses Kapitels.

Darstellungen von Zuständen wie auch die Wechsel zwischen verschiedenen Darstellungen sind für die Analyse quantenmechanischer Phänomene von enormer Wichtigkeit. In einer geeigneten Darstellung kann ein oberflächlich recht kompliziert anmutendes quantenmechanisches Problem durchaus triviale Züge annehmen. Es seien $\hat{A}, \hat{B}$ hermitesche Operatoren und

$$|\Psi\rangle = \sum_i \underbrace{\langle A_i|\Psi\rangle}_{c_i} |A_i\rangle$$

$$= \sum_j \underbrace{\langle B_j|\Psi\rangle}_{d_j} |B_j\rangle$$

jeweils die $\hat{A}$- beziehungsweise die $\hat{B}$-Darstellung von $|\Psi\rangle$. Der Wechsel von der $\hat{A}$-Darstellung in die $\hat{B}$-Darstellung wird durch eine unitäre Transformation mit Matrixdarstellung $U_{ij} = \langle A_i|B_j\rangle$ erreicht:

$$|\Psi\rangle = \sum_{i,j} \underbrace{\langle A_i|B_j\rangle}_{=U_{ij}} d_j \, |A_i\rangle$$

$$= \sum_{i,j} \underbrace{\langle B_j|A_i\rangle}_{=U_{ji}^*} c_i \, |B_j\rangle \,.$$

Die Unitarität dieser **passiven Transformation** ist schnell aufgrund der Vollständigkeit der Orthonormalbasen $\{\ |A_i\rangle\ \}$ und $\{\ |B_j\rangle\ \}$ zu sehen: gemäß Konstruktion ist ja:

$$\sum_i U_{ij}\,|A_i\rangle = |B_j\rangle\,. \tag{13.13}$$

Die inverse Transformation ist derselben Konstruktion aber leicht als $\langle B_j|A_i\rangle = U^*_{ji}$ zu entnehmen. Wegen der Vollständigkeit ist U_{ij} dann die Matrixdarstellung einer passiven unitären Transformation. Der unitäre Operator $\hat{U}$ selbst ist dann gegeben durch:

$$\hat{U} = \sum_k |B_k\rangle\,\langle A_k|\,, \tag{13.14}$$

$$\hat{U}\,|A_i\rangle = |B_i\rangle\,, \tag{13.15}$$

und es ist schnell zu sehen, dass U_{ij} nichts anderes ist als $\hat{U}$ in der $\hat{A}$-Darstellung:

$$U_{ij} = \langle A_i|\hat{U}|A_j\rangle\,. \tag{13.16}$$

Die Zuordnung der Eigenvektoren von $\hat{A}$ und $\hat{B}$ zueinander ist implizit durch die Abfolge von k gegeben. Sie ist zunächst beliebig, aber durch die Wahl dann fest vorgegeben und gilt auch im entarteten Falle.

Für die Komponenten c_i, d_j gilt dann ein zu den Vektoren reziprokes Transformationsverhalten:

$$d_j = \sum_i U^*_{ji}c_i, \tag{13.17}$$

$$c_i = \sum_j U_{ij}d_j, \tag{13.18}$$

und für die Matrixelemente A_{ij} gilt:

$$A_{ji} = \langle B_j|\hat{A}|B_i\rangle\,,$$

und somit:

$$A_{ji} = \langle A_j|\hat{U}^{-1}\hat{A}\hat{U}|A_i\rangle \tag{13.19}$$

$$= \sum_k U^*_{jk}a_k U_{ki}. \tag{13.20}$$

Sehr wichtige Darstellungen, die wir kennenlernen werden, sind die Energiedarstellung für stationäre Zustände speziell im eindimensionalen Fall, die z-Darstellung bei der Behandlung des Drehimpulses, aber auch ganz allgemein die Orts- und Impulsdarstellung mit all den Besonderheiten kontinuierlicher Spektren.

Die obigen Betrachtungen zu passiven Transformationen, also Basiswechseln im Hilbert-Raum, sind der Kern dessen, was Dirac 1927 als **Transformationstheorie** bezeichnete (siehe Abschnitt 10) und einen wichtigen Meilenstein hin zur endgültigen Formulierung der Quantenmechanik darstellte.

Quantenmechanische Messungen und Wahrscheinlichkeitsinterpretation

Das dritte Axiom quantifiziert die Wahrscheinlichkeiten für mögliche Ausgänge von Messungen:

Axiom 3 (Bornsche Regel). *Befindet sich ein quantenmechanisches System Σ im Zustand $|\Psi\rangle$ und wird an Σ eine Messung der physikalischen Größe A durchgeführt, so ist die Wahrscheinlichkeit $P(a_i)$ dafür, den Eigenwert a_i von $\hat{A}$ als Messresultat zu erhalten, gegeben durch:*

$$P(a_i) = \langle \Psi | \hat{P}_i^A | \Psi \rangle \,, \tag{13.21}$$

*wobei $\hat{P}_i^A$ der **Projektionsoperator** auf den Eigenunterraum von $\hat{A}$ zum Eigenwert a_i ist.*

Erst einmal zur Mathematik:

Satz. *Der Ausdruck*

$$P(a_i) = \langle \Psi | \hat{P}_i^A | \Psi \rangle$$

für die Wahrscheinlichkeit, den Eigenwert a_i von $\hat{A}$ als Messresultat zu erhalten, lässt sich auch schreiben als

$$\text{im nicht-entarteten Fall:} \quad P(a_i) = |\langle \Psi | A_i \rangle|^2, \tag{13.22}$$

$$\text{im entarteten Fall:} \quad P(a_i) = \sum_k \left| \langle \Psi | A_i^{(k)} \rangle \right|^2, \tag{13.23}$$

wobei die Vektoren $\{\, | A_i^{(k)} \rangle \,\}$ eine Orthonormalbasis im Eigenunterraum von $\hat{A}$ zum Eigenwert a_i darstellen.

Beweis. Wir beweisen gleich den entarteten Fall, da er allgemeiner ist: Der Projektionsoperator $\hat{P}_i^A$ auf den Eigenunterraum von $\hat{A}$ zum Eigenwert a_i lässt sich schreiben als:

$$\hat{P}_i^A = \sum_k | A_i^{(k)} \rangle \langle A_i^{(k)} | \,, \tag{13.24}$$

wobei die Summation über k alle Werte von 1 bis zur Dimension der Eigenunterraums zum Eigenwert a_i umfasst. Daraus folgt dann für $P(a_i)$:

$$
\begin{aligned}
P(a_i) &= \langle \Psi | \hat{P}_i^A | \Psi \rangle \\
&= \sum_k \langle \Psi | A_i^{(k)} \rangle \langle A_i^{(k)} | \Psi \rangle \\
&= \sum_k \left| \langle \Psi | A_i^{(k)} \rangle \right|^2 . \qquad \blacksquare
\end{aligned}
$$

Axiom 3 trägt den Namen **Bornsche Regel**, und wir haben im historischen Abschnitt 10 einiges über die philosophischen Implikationen dieses Axioms erfahren. Rein mathematisch gesehen ist es trivial: die Wahrscheinlichkeit eines Messresultats erhält man durch Berechnung eines Skalarproduktes mit anschließendem Betragsquadrat. Im Falle von entarteten

Eigenwerten muss im Eigenunterraum über die entsprechenden Teilwahrscheinlichkeiten summiert werden.

In dem Fall, dass wir die $\hat{A}$-Darstellung eines Zustands $|\Psi\rangle$ kennen:

$$|\Psi\rangle = \sum_i c_i \, |A_i\rangle \,,$$

lässt sich die Wahrscheinlichkeit $P(a_i)$ für das Messergebnis a_i im nicht-entarteten Fall sofort angeben:

$$P(a_i) = |\langle A_i|\Psi\rangle|^2 = |c_i|^2, \tag{13.25}$$

beziehungsweise im entarteten Fall:

$$P(a_i) = \sum_k |c_i^{(k)}|^2, \tag{13.26}$$

wobei die Summation über k wieder alle Werte von 1 bis zur Dimension der Eigenunterraums zum Eigenwert a_i umfasst.

Wir definieren den **Erwartungswert** $\langle\hat{A}\rangle_\Psi$ der Observablen $\hat{A}$ bei gegebenem Zustand $|\Psi\rangle$ durch:

$$\langle\hat{A}\rangle_\Psi = \sum_i P(a_i)a_i. \tag{13.27}$$

Man beachte aber, dass der Erwartungswert $\langle\hat{A}\rangle_\Psi$ im Allgemeinen nicht Eigenwert von $\hat{A}$ ist und daher nicht das Ergebnis einer Messung von A sein muss!

Satz. *Der Erwartungswert $\langle\hat{A}\rangle_\Psi$ der Observablen $\hat{A}$ bei gegebenem Zustand $|\Psi\rangle$ ist gegeben durch:*

$$\langle\hat{A}\rangle_\Psi = \langle\Psi|\hat{A}|\Psi\rangle \,. \tag{13.28}$$

Beweis.

$$\begin{aligned}
\langle\hat{A}\rangle_\Psi &= \sum_i P(a_i)a_i \\
&= \sum_i |c_i|^2 a_i \\
&= \sum_i \langle\Psi|A_i\rangle \langle A_i|\Psi\rangle \, a_i \\
&= \sum_{i,j} \langle\Psi|A_i\rangle \langle A_i|\hat{A}|A_j\rangle \langle A_j|\Psi\rangle \\
&= \langle\Psi|\hat{A}|\Psi\rangle \,. \qquad\blacksquare
\end{aligned}$$

Im vorletzten Schritt haben wir den aus der linearen Algebra probaten Trick des „Einfügens einer Eins" angewandt, denn wir wissen ja aus Axiom 2, dass

$$\sum_j |A_j\rangle \langle A_j| = \mathbb{1}_\Sigma.$$

Damit lässt sich (13.21) auch kompakt schreiben als

$$P(a_i) = \langle \hat{P}_i^A \rangle_\Psi \ . \tag{13.29}$$

Die **Unbestimmtheit** ΔA einer Observablen $\hat{A}$ bei gegebenem Zustand $|\Psi\rangle$ ist definiert durch:

$$\Delta A = \sqrt{\langle \hat{A}^2 \rangle_\Psi - \langle \hat{A} \rangle_\Psi^2} \tag{13.30}$$

und entspricht formal der **Standardabweichung** einer Wahrscheinlichkeitsverteilung in der Stochastik. Sie ist ein Maß dafür, wie weit bei einer Messung der physikalischen Größe A die gemessenen Eigenwerte a_i vom Erwartungswert $\langle \hat{A} \rangle_\Psi$ abweichen, oder anders formuliert, wie weit die Eigenwerte a_i um $\langle \hat{A} \rangle_\Psi$ streuen. Die Unbestimmtheit einer Observablen wird im nächsten Abschnitt eine wichtige Rolle spielen, wenn wir gleichzeitige Messungen zweier verschiedener physikalischer Größen betrachten.

Zustandsreduktion: Das Projektionspostulat

Das nun folgende Postulat vervollständigt neben den Axiomen 2 und 3 das Konzept des quantenmechanischen Messprozesses:

Axiom 4 (Projektionspostulat). *Befindet sich ein quantenmechanisches System Σ im Zustand $|\Psi\rangle$ und ist das Ergebnis einer Messung der physikalischen Größe A an Σ der Eigenwert a_i der Observable $\hat{A}$, so befindet sich Σ unmittelbar nach erfolgter Messung im Zustand*

$$|A_i\rangle = \frac{\hat{P}_i^A |\Psi\rangle}{\sqrt{\langle \Psi | \hat{P}_i^A | \Psi \rangle}}, \tag{13.31}$$

wobei $\hat{P}_i$ der Projektionsoperator auf den Eigenunterraum von $\hat{A}$ zum Eigenwert a_i ist.

Dieses Axiom wurde 1932 von Johann von Neumann formuliert und ist mit Abstand dasjenige, dessen Inhalt seit den Anfängen bis heute die kritischsten anhaltenden Diskussionen im Rahmen der philosophischen Betrachtungen der Quantenmechanik beschert. Im wesentlichen bedeutet es: eine Messung verändert den Zustand eines quantenmechanischen Systems, und sie tut es auf eine nicht-deterministische Weise. Der Übergang

$$|\Psi\rangle \mapsto |A_i\rangle$$

wird als **Zustandsreduktion** oder – im Zusammenhang mit der im späteren Abschnitt 15 eingeführten Ortsdarstellung – auch flapsig als **Kollaps der Wellenfunktion** bezeichnet. Das Axiom selbst wird als **Projektionspostulat** bezeichnet.

Die Zustandsreduktion nach erfolgter Messung hat direkt zur Konsequenz, dass eine unmittelbar nach der Messung durchgeführte neuerliche Messung der physikalischen Größe A mit beliebig großer Wahrscheinlichkeit wieder das gleiche Messergebnis a_i ergibt, denn der Zustand des Systems Σ ist ja nun ein Eigenzustand $|A_i\rangle$ von $\hat{A}$. Wir sprechen von „beliebig großer Wahrscheinlichkeit" und nicht von „mit Sicherheit". Warum? Weil es – wie wir in Abschnitt 17 durch Axiom 6 kennenlernen werden – neben der Zustandsreduktion noch eine gewissermaßen „ungestörte" unitäre Zeitentwicklung eines quantenmechanischen Zustands $|\Psi\rangle$ gibt, die im Allgemeinen dazu führt, dass sich im Laufe der Zeit der Zustand aus dem Eigenraum zum Eigenwert a_i herausbewegt. Je schneller hintereinander man die nachfolgenden Messungen durchführt, desto mehr wird diese unitäre Zeitentwicklung gewissermaßen „gehemmt", was auch als **Quanten-Zeno-Effekt** bezeichnet wird (siehe Abschnitt 17).

Mathematischer Einschub 2: Lineare Operatoren im Hilbert-Raum

Lineare Operatoren in Hilbert-Räumen bergen wieder einmal durch die in der Regel unendliche Dimension des Hilbert-Raums etliche Komplikationen. Im Gegensatz zu endlichdimensionalen Räumen, wo lineare Operatoren stets beschränkt sind, tauchen bei unendlichdimensionalen Räumen auch unbeschränkte lineare Operatoren auf. Beispielsweise ist der Operator $\hat{A}$, der auf l^2 definiert ist durch:

$$\hat{A}: (c_1, c_2, c_3, \ldots, c_n, \ldots) \mapsto (c_1, 2c_2, 3c_3, \ldots, nc_n, \ldots)$$

unbeschränkt und nicht für alle Folgen (c_n) in l^2 definiert, sondern nur diejenigen, für die

$$\sum_{n=0}^{\infty} n^2 |c_n|^2 < 0.$$

Ein linearer Operator $\hat{A}$ besitzt also einen **Definitionsbereich** $\mathcal{D} \subset \mathcal{H}$:

$$\mathcal{D} = \{ \ |\Phi\rangle \ | \ \hat{A} \, |\Phi\rangle \in \mathcal{H} \ \}.$$

In der Praxis sind nur diejenigen linearen Operatoren interessant, für die der Definitionsbereich $\mathcal{D}$ dicht in $\mathcal{H}$ liegt, wenn also $\overline{\mathcal{D}} = \mathcal{H}$. Diese Operatoren heißen **dicht definiert**. Ist für einen linearen Operator $\hat{A}$ sogar $\mathcal{D} = \mathcal{H}$, so ist $\hat{A}$ **beschränkt**, ansonsten **unbeschränkt**.

Ein weiterer Unterschied zum Fall endlicher Dimension betrifft die Existenz von Links- und Recht-Inversen. Seien beispielsweise $\hat{A}, \hat{B}$ auf l^2 wie folgt definiert:

$$\hat{A}(c_1, c_2, c_3, \ldots) = (c_2, c_3, c_4, \ldots) \quad \text{(Links-Shift)}$$
$$\hat{B}(c_1, c_2, c_3, \ldots) = (0, c_1, c_2, c_3, \ldots) \quad \text{(Rechts-Shift)},$$

dann ist schnell zu sehen, dass

$$\hat{A}\hat{B}(c_1, c_2, c_3, \ldots) = (c_1, c_2, c_3, \ldots)$$
$$\hat{B}\hat{A}(c_1, c_2, c_3, \ldots) = (0, c_2, c_3, \ldots),$$

also ist $\hat{A}\hat{B} = \mathbb{1}$, aber $\hat{B}\hat{A} \neq \mathbb{1}$. $\hat{A}$ besitzt einen nichttrivialen Kern und daher kein Links-Inverses. Beachte, dass sowohl $\hat{A}$ als auch $\hat{B}$ beschränkte Operatoren sind. Ein später im Rahmen der Streutheorie zu betrachtendes Beispiel für einen Operator ohne Rechts-Inverses – der daher zwar isometrisch, aber nicht unitär ist – sind die Møller-Operatoren $\hat{\Omega}^{(\pm)}$ (siehe Abschnitt III-24).

Die **Operatornorm** $\|\hat{A}\|$ eines beschränkten Operators $\hat{A}$ ist definiert durch:

$$\|\hat{A}\| = \sup\|\hat{A}\Phi\|, \tag{13.32}$$

wobei wir die Normierung von $|\Phi\rangle$ vorausgesetzt haben. Der auf $L^2[0, 1]$ definierte Operator $\hat{x}$:

$$\hat{x}\colon \phi(x) \mapsto x\phi(x)$$

ist beschränkt, und es ist $\|\hat{x}\| = 1$. In $L^2(\mathbb{R})$ hingegen ist $\hat{x}$ unbeschränkt.

Unbeschränkte Operatoren tauchen in der Quantenmechanik häufig in Form von Differentialoperatoren auf, beispielsweise bei der Betrachtung des Impulsoperators $\hat{p}$ in Ortsdarstellung (Abschnitt 15). Die Theorie der unbeschränkten Operatoren wurde von John von Neumann 1929 begründet und unabhängig davon im Jahre 1932 von Marshall Harvey Stone, der auch den Begriff „selbstadjungiert" prägte.

Sind zwei Operatoren $\hat{A}$, $\hat{B}$ auf $\mathcal{D}_A$ identisch, und ist $\mathcal{D}_A \subset \mathcal{D}_B$, so nennt man $\hat{B}$ eine **Erweiterung** von $\hat{A}$ und schreibt: $\hat{A} \subset \hat{B}$. Ein Beispiel hierfür taucht bei den kanonischen Kommutatorrelationen (15.34) auf, die wir in Abschnitt 15 kennenlernen werden, und die strenggenommen geschrieben werden müssen als:

$$[\hat{r}_i, \hat{p}_j] \subset i\hbar\delta_{ij},$$

da die linke Seite nur für eine Teilmenge von $\mathcal{H}$ gilt, nämlich dem Schwartz-Raum $\mathcal{S}(\mathbb{R})$ der schnellfallenden Funktionen, die rechte Seite aber für ganz $\mathcal{H}$.

Da bei unbeschränkten Operatoren die Betrachtung ihres Definitionsbereich wichtig ist, ergeben sich bei ihnen Unterschiede in den Begriffen symmetrisch, selbstadjungiert und hermitesch: ein Operator $\hat{A}$ heißt

- **symmetrisch**, wenn gilt:

$$\langle f|\hat{A}g\rangle = \langle \hat{A}f|g\rangle \quad \text{für alle } f, g \in \mathcal{H}$$

$$\iff \hat{A} \subseteq \hat{A}^{\dagger}.$$

Der Definitionsbereich von $\hat{A}$ ist also eine Teilmenge des Defintionsbereichs von $\hat{A}^{\dagger}$, aber in der Schnittmenge ist $\hat{A} = \hat{A}^{\dagger}$. Die Äquivalenz beider Zeilen ist in jedem Buch über Funktionalanalysis nachzulesen (siehe Literaturhinweise am Ende des Kapitels).

- **selbstadjungiert**, wenn auf ganz $\mathcal{H}$ gilt:

$$\hat{A} = \hat{A}^\dagger,$$

die Definitionsbereiche von $\hat{A}$ und $\hat{A}^\dagger$ stimmen also überein.

Der Begriff **hermitesch** ist gleichbedeutend mit „selbstadjungiert und beschränkt", trifft also nicht auf Ortsoperator $\hat{r}$ und Impulsoperator $\hat{p}$ zu, obwohl Physiker auf diese Begriffsunterscheidung nicht viel Wert legen.

Für den Ortsoperator $\hat{x}$ gilt: $\hat{x}$ ist sowohl in endlichen Intervallen $[a, b]$ als auch in $[-\infty, \infty]$ unbeschränkt und selbstadjungiert.

Für den Impulsoperator $\hat{p}_x$ gilt:

- $\hat{p}_x$ ist in endlichen Intervallen $[a, b]$ symmetrisch, aber nicht selbstadjungiert.
- $\hat{p}_x$ ist in endlichen Intervallen $[a, b]$ mit der periodischen Randbedingung $f(x) = f(x + b - a)$ selbstadjungiert.
- $\hat{p}_x$ ist in $[-\infty, \infty]$ selbstadjungiert.

Die Menge $L(\mathcal{H})$ aller linearen Operatoren auf $\mathcal{H}$ bildet eine **Operatoralgebra**: seien nämlich $\hat{A}_1, \hat{A}_2$ lineare Operatoren, so ist

$$a_1\hat{A}_1 + a_2\hat{A}_2$$

ebenfalls ein linearer Operator. Also ist $L(\mathcal{H})$ ein Vektorraum. Außerdem existiert eine Multiplikationsvorschrift mit Assoziativgesetz, und es ist

$$\hat{A}_1\hat{A}_2$$

ebenfalls ein linearer Operator. Also ist $L(\mathcal{H})$ eine **assoziative Algebra**. Da allerdings im Allgemeinen $[\hat{A}_1, \hat{A}_2] \neq 0$ ist, ist die Algebra natürlich nicht kommutativ.

Darüber hinaus besitzt $L(\mathcal{H})$ eine sogenannte ***-Operation**, nämlich die hermitesche Konjugation

$$\hat{A} \mapsto \hat{A}^\dagger,$$

die für jeden linearen Operator $\hat{A} \in L(\mathcal{H})$ existiert und die eine involutorische, antimultiplikative und antilineare Abbildung darstellt, genau die Eigenschaften, die eine *-Operation definieren:

$$(\hat{A}^\dagger)^\dagger = \hat{A},$$
$$(\hat{A}\hat{B})^\dagger = \hat{B}^\dagger\hat{A}^\dagger,$$
$$(c_1\hat{A} + c_2\hat{B})^\dagger = c_1^*\hat{A}^\dagger + c_2^*\hat{B}^\dagger.$$

$L(\mathcal{H})$ wird dadurch zu einer sogenannten ***-Algebra**. Mit der zusätzlichen, sogenannten **C*-Eigenschaft** bezüglich der existierenden Norm:

$$\|\hat{A}\hat{A}^{\dagger}\| = \|\hat{A}\|^2$$

wird $L(\mathcal{H})$ schließlich zu einer sogenannten **C*-Algebra**. Die Theorie der C*-Algebren wurde maßgeblich von den beiden sowjetischen Mathematikern Israel Gelfand und Mark Naimark sowie vom US-amerikanischen Mathematiker Irving Segal (der auch den Begriff prägte) begründet und bildet mittlerweile eine eigene Unterdisziplin der Funktionalanalysis.

14 Kommutatoralgebra und Unbestimmtheit

Wir betrachten nun zwei verschiedene hermitesche Operatoren $\hat{A}$ und $\hat{B}$ in einem Hilbert-Raum $\mathcal{H}$ und definieren den **Kommutator** und den **Antikommutator** zwischen $\hat{A}$ und $\hat{B}$:

$$\text{Kommutator:} \quad [\hat{A}, \hat{B}] := \hat{A}\hat{B} - \hat{B}\hat{A}, \tag{14.1}$$

$$\text{Antikommutator:} \quad \{\hat{A}, \hat{B}\} := \hat{A}\hat{B} + \hat{B}\hat{A}. \tag{14.2}$$

Man sagt, zwei Operatoren kommutieren miteinander, wenn $[\hat{A}, \hat{B}] = 0$, beziehungsweise sie antikommutieren miteinander, wenn $\{\hat{A}, \hat{B}\} = 0$. Insbesondere die Kommutatoroperation spielt im Rahmen des quantenmechanischen Formalismus eine große Rolle, daher schauen wir uns einige Eigenschaften des Kommutators an, die meisten sind trivial und leicht nachzurechnen:

Satz. *Für zwei hermitesche Operatoren $\hat{A}$ und $\hat{B}$ gilt: $[\hat{A}, \hat{B}]$ ist ein anti-hermitescher Operator und besitzt damit rein imaginäre Eigenwerte.*

Beweis. Da $\hat{A}$ und $\hat{B}$ hermitesch sind, ist

$$\begin{aligned} [\hat{A}, \hat{B}]^{\dagger} &= (\hat{A}\hat{B} - \hat{B}\hat{A})^{\dagger} \\ &= \hat{B}^{\dagger}\hat{A}^{\dagger} - \hat{A}^{\dagger}\hat{B}^{\dagger} \\ &= \hat{B}\hat{A} - \hat{A}\hat{B} \quad \text{(wegen } \hat{A}, \hat{B} \text{ hermitesch)} \\ &= -[\hat{A}, \hat{B}]. \end{aligned}$$
∎

Es folgt :

Satz. *Wenn das Produkt zweier hermitescher Operatoren $\hat{A}$ und $\hat{B}$ ebenfalls hermitesch ist, dann ist $[\hat{A}, \hat{B}] = 0$.*

Beweis.

$$\begin{aligned} (\hat{A}\hat{B})^{\dagger} &= \hat{B}^{\dagger}\hat{A}^{\dagger} \\ &= \hat{B}\hat{A} \quad \text{(einerseits)} \\ &= \hat{A}\hat{B} \quad \text{(andererseits, per Voraussetzung),} \end{aligned}$$

also ist $[\hat{A}, \hat{B}] = 0$.
∎

Weiter gelten:

- Antisymmetrie:

$$[\hat{A}, \hat{B}] = -[\hat{B}, \hat{A}]. \tag{14.3}$$

- Linearität:

$$[\hat{A} + \hat{B}, \hat{C}] = [\hat{A}, \hat{C}] + [\hat{B}, \hat{C}] \tag{14.4}$$

$$[\hat{A}, \hat{B} + \hat{C}] = [\hat{A}, \hat{B}] + [\hat{A}, \hat{C}]. \tag{14.5}$$

- Distributivität:

$$[\hat{A}\hat{B}, \hat{C}] = \hat{A}[\hat{B}, \hat{C}] + [\hat{A}, \hat{C}]\hat{B} \tag{14.6}$$

$$[\hat{A}, \hat{B}\hat{C}] = [\hat{A}, \hat{B}]\hat{C} + \hat{B}[\hat{A}, \hat{C}]. \tag{14.7}$$

Daraus folgt durch n-faches Anwenden dieser Regel:

$$[\hat{A}^n, \hat{B}] = \sum_{j=0}^{n-1} \hat{A}^{n-j-1}[\hat{A}, \hat{B}]\hat{A}^j, \tag{14.8}$$

$$[\hat{A}, \hat{B}^n] = \sum_{j=0}^{n-1} \hat{B}^j[\hat{A}, \hat{B}]\hat{B}^{n-j-1}, \tag{14.9}$$

und wenn im Speziellen $[\hat{A}, \hat{B}] = c\mathbb{1}$ mit $c \in \mathbb{C}$:

$$[\hat{A}^n, \hat{B}] = cn\hat{A}^{n-1}, \tag{14.10}$$

$$[\hat{A}, \hat{B}^n] = cn\hat{B}^{n-1}. \tag{14.11}$$

- Jacobi-Identität:

$$[\hat{A}, [\hat{B}, \hat{C}]] + [\hat{B}, [\hat{C}, \hat{A}]] + [\hat{C}, [\hat{A}, \hat{B}]] = 0. \tag{14.12}$$

Vollständige Mengen kommutierender Observablen

Wir betrachten zwei Observablen $\hat{A}$ und $\hat{B}$ und behaupten:

Satz. *Wenn zwei Observable $\hat{A}, \hat{B}$ miteinander kommutieren:*

$$[\hat{A}, \hat{B}] = 0,$$

dann besitzen $\hat{A}$ und $\hat{B}$ eine gemeinsame Menge von Eigenzustände $\{ \, |\Psi_i\rangle \, \}$ mit den jeweiligen Eigenwerten a_i beziehungsweise b_i.

Beweis. Aus

$$\hat{A} \, |\Psi_i^A\rangle = a_i \, |\Psi_i^A\rangle$$

folgt

$$0 = \langle \Psi_j^A | [\hat{A}, \hat{B}] | \Psi_i^A \rangle = (a_j - a_i) \, \langle \Psi_j^A | \hat{B} | \Psi_i^A \rangle ,$$

da gemäß Voraussetzung $\hat{A}$ und $\hat{B}$ kommutieren. Wir betrachten zunächst den Fall, dass $\hat{A}$ ein nicht-entartetes Spektrum $\{\,a_i\,\}$ besitzt. Dann ist $a_i \neq a_j$ für $i \neq j$, und es muss sein:

$$\langle \Psi_j^A | \hat{B} | \Psi_i^A \rangle \sim \delta_{ji}.$$

Also sind die Zustände $\{\,|\,\Psi_i^A \rangle\,\}$ auch Eigenzustände von $\hat{B}$.

Wir betrachten nun den Fall, dass $\hat{A}$ ein entartetes Spektrum besitzt, und es sei $a_i = a_j$ für zwei Eigenvektoren $|\Psi_i^A\rangle$, $|\Psi_j^A\rangle$ aus dem entsprechenden k-dimensionalen Eigenunterraum von $\hat{A}$ ($k > 1$). In diesem Fall folgt nicht zwingend, dass

$$\langle \Psi_j^A | \hat{B} | \Psi_i^A \rangle \sim \delta_{ji},$$

sondern nur dann, wenn im k-dimensionalen Eigenunterraum von $\hat{A}$ die Observable $\hat{B}$ bereits eine Diagonaldarstellung besitzt. Diese lässt sich aber immer finden, da ja $\hat{B}$ als hermitescher Operator stets eine Spektraldarstellung in $\mathcal{H}$ besitzt. Es gibt also stets eine Basis $\{\,|\,\Psi_i^{A,B}\rangle\,\}$, die auch $\hat{B}$ vollständig diagonalisiert. ∎

Mit dieser Vorbetrachtung wollen wir uns nun der Eindeutigkeit der Darstellung eines beliebigen Zustands $|\Psi\rangle$ in der Eigenvektorbasis einer Observablen zuwenden.

Ist das Spektrum von $\hat{A}$ bereits nicht-entartet, gibt es eine eindeutige Basis $\{\,|\,\Psi_i^A\rangle\,\}$, in der ein beliebiger Zustand $|\Psi\rangle \in \mathcal{H}$ dargestellt werden kann. Im entarteten Fall gibt es keine eindeutige Basisdarstellung von $|\Psi\rangle$. Dann gibt es aber unter Umständen einen weiteren Operator $\hat{B}$ in $\mathcal{H}$, der die Mehrdeutigkeit der Darstellung in den mehrdimensionalen Eigenunterräumen von $\hat{A}$ aufheben kann, so dass es nun eine eindeutige Basis $\{\,|\,\Psi_i^{A,B}\rangle\,\}$ aus gemeinsamen Eigenvektoren von $\hat{A}$ und $\hat{B}$ gibt, in der $|\Psi\rangle$ dargestellt werden kann.

Ist die Mehrdeutigkeit durch Hinzunahme von $\hat{B}$ immer noch nicht aufgehoben, nimmt man solange weitere hermitesche Operatoren $\hat{C}, \hat{D}, \ldots$ hinzu, bis die gemeinsame Eigenvektorbasis $\{\,|\,\Psi_i^{A,B,C,D\cdots}\rangle\,\}$ eindeutig ist. Die kleinste entstehende Menge an Observablen $\{\,\hat{A}, \hat{B}, \hat{C}, \ldots\,\}$, für die dies der Fall ist, wird eine **vollständige Menge kommutierender Observablen** genannt.

Man beachte übrigens, dass nicht gefordert wird, dass überhaupt eine einzige der Observablen $\hat{A}, \hat{B}, \hat{C}, \ldots$ nicht-entartet ist, und in vielen wichtigen Fällen, denen wir später begegnen, ist dies auch nicht der Fall. Wichtig ist nur, dass in der Kombination $\{\,\hat{A}, \hat{B}, \hat{C}, \ldots\,\}$ eine eindeutige Darstellung des Zustands $|\Psi\rangle$ gegeben ist. Die Eigenzustände selbst sind dann eindeutig durch die Eigenwerte $\{\,a_i, b_j, c_k, \ldots\,\}$ bestimmt, was eine einfache Notation erlaubt:

$$|\Psi_i^{A,B,C,\cdots}\rangle \longrightarrow |a_i, b_j, c_k, \ldots\rangle$$

$$\Longrightarrow |\Psi\rangle = \sum_{i,j,k,\ldots} n_{ijk,\ldots}\,|a_i, b_j, c_k, \ldots\rangle.$$

Die Vollständigkeits- und Orthonormalrelationen lauten dann:

$$\sum_{i,j,k,\dots} |a_i, b_j, c_k, \dots\rangle \langle a_i, b_j, c_k, \dots| = \mathbb{1}_\Sigma,$$

$$\langle a_i, b_j, c_k, \dots | a_{i'}, b_{j'}, c_{k'}, \dots\rangle = \delta_{i,i'}\delta_{j,j'}\delta_{k,k'} \dots$$

Die Frage stellt sich: existiert denn überhaupt für jedes Quantensystem eine vollständige Menge kommutierender Observablen? Die Antwort auf diese Frage ist keine einfache: siehe die weiterführende Literatur am Ende dieses Kapitels, insbesondere die Monographien von Valter Moretti, aber auch das Werk von Arno Bohm, siehe Literaturverzeichnis am Ende dieses Bandes.

Unbestimmtheitsrelationen

Die sogenannten **Unbestimmtheitsrelationen** sagen etwas über gleichzeitige Messbarkeit zweier Observabler aus. Sie sind von großer physikalischer Aussagekraft, aber bevor wir diese entsprechend diskutieren, wollen wir sie einfach vorab präzise formulieren. Sie führen im Speziellen in die bekannten Heisenbergschen Unbestimmtheitsrelationen für Ort und Impuls (siehe Abschnitt 15), sind aber deutlich allgemeinerer Natur und wurden in ebendieser dieser Allgemeinheit erstmalig vom US-amerikanischen Physiker Howard P. Robertson 1929 aufgestellt [Rob29], der kurze Zeit später durch seine Arbeiten zur Allgemeinen Relativitätstheorie und zur Kosmologie bekannt wurde („Robertson–Walker-Metrik").

Satz (Unbestimmtheitsrelation). *Es seien $\hat{A}$ und $\hat{B}$ zwei Observable. Dann gilt die Unbestimmtheitsrelation:*

$$\Delta A \Delta B \geq \frac{1}{2} |\langle [\hat{A}, \hat{B}] \rangle|, \tag{14.13}$$

wobei die Unbestimmtheit einer Observablen in (13.30) *definiert ist.*

Beweis. Wir betrachten die beiden Zustände:

$$|f\rangle = (\hat{A} - \langle \hat{A}\rangle_\Psi) |\Psi\rangle,$$

$$|g\rangle = (\hat{B} - \langle \hat{B}\rangle_\Psi) |\Psi\rangle.$$

Dann gilt zunächst:

$$\langle f|f\rangle = \langle \Psi|(\hat{A} - \langle \hat{A}\rangle_\Psi)^2|\Psi\rangle$$

$$= \langle \hat{A}^2\rangle_\Psi - \langle \hat{A}\rangle_\Psi^2 = (\Delta A)^2$$

und ebenso:

$$\langle g|g\rangle = (\Delta B)^2.$$

Für das Skalarprodukt $\langle | \rangle$ gilt nun die Schwarzsche Ungleichung:

$$(\Delta A)^2 (\Delta B)^2 = \langle f|f\rangle \langle g|g\rangle \geq |\langle f|g\rangle|^2. \tag{14.14}$$

Außerdem stellt $\langle f|g \rangle$ eine komplexe Zahl z dar, für die gilt:

$$|z|^2 = (\mathrm{Re}\, z)^2 + (\mathrm{Im}\, z)^2$$

$$= \left(\frac{z + z^*}{2}\right)^2 + \left(\frac{z - z^*}{2\mathrm{i}}\right)^2$$

$$\Longrightarrow |\langle f|g \rangle|^2 = \frac{1}{4}(\langle f|g \rangle + \langle g|f \rangle)^2 - \frac{1}{4}(\langle f|g \rangle - \langle g|f \rangle)^2.$$

Die Skalarprodukte $\langle f|g \rangle$ und $\langle g|f \rangle$ sind aber schnell ausgerechnet:

$$\langle f|g \rangle = \langle \hat{A}\hat{B} \rangle_\Psi - \langle \hat{A} \rangle_\Psi \langle \hat{B} \rangle_\Psi \,,$$

$$\langle g|f \rangle = \langle \hat{B}\hat{A} \rangle_\Psi - \langle \hat{B} \rangle_\Psi \langle \hat{A} \rangle_\Psi \,,$$

so dass sich ergibt:

$$|\langle f|g \rangle|^2 = \frac{1}{4}\left(\langle\{\hat{A}, \hat{B}\}\rangle_\Psi - 2\langle \hat{A} \rangle_\Psi \langle \hat{B} \rangle_\Psi\right)^2 + \frac{1}{4}\langle \mathrm{i}[\hat{A}, \hat{B}]\rangle^2 \,, \tag{14.15}$$

wobei wir im letzten Term den zuerst unterdrückten imaginären Faktor i wieder explizit ausgeschrieben haben. Wir erinnern uns, dass $[\hat{A}, \hat{B}]$ ja anti-hermitesch ist.

Beide quadratischen Terme sind positive rellen Zahlen, daher können wir in jedem Fall schreiben:

$$|\langle f|g \rangle|^2 \overset{(14.15)}{\geq} \frac{1}{4}\langle \mathrm{i}[\hat{A}, \hat{B}]\rangle^2 \tag{14.16}$$

$$\Longrightarrow (\Delta A)^2(\Delta B)^2 \overset{(14.14)}{\geq} \frac{1}{4}\langle \mathrm{i}[\hat{A}, \hat{B}]\rangle^2$$

$$\Longrightarrow \Delta A \Delta B \geq \frac{1}{2}\left|\langle[\hat{A}, \hat{B}]\rangle\right|. \qquad \blacksquare$$

Es stellt sich nun die Frage der physikalischen Bedeutung der Unbestimmtheitsrelation. Wir hatten weiter oben gezeigt, dass in dem Falle, dass $[\hat{A}, \hat{B}] = 0$ eine Basis aus gemeinsamen Eigenvektoren von $\hat{A}$ und $\hat{B}$ gefunden werden kann. Betrachten wir nun eine gleichzeitige Messung der physikalischen Größen A und B am System Σ: nach Messung von A ist gemäß den Axiomen 3 und 4 das System Σ mit Wahrscheinlichkeit $P(a_i) = \langle P_i^A \rangle_\Psi$ in einem Eigenzustand $|A_i\rangle$ von $\hat{A}$ zum Eigenwert a_i. Das Ergebnis der Messung von A ist also a_i.

Eine unmittelbar anschließende Messung von B an Σ führt nun dazu, dass das System Σ spontan von dem Zustand $|A_i\rangle$ in einen Zustand $|B_j\rangle$ übergeführt wird. Dann gibt es zwei Möglichkeiten: entweder $|A_i\rangle$ ist bereits selbst auch Eigenvektor zu $\hat{B}$, dann muss aber sein: $|A_i\rangle = |B_j\rangle$, und Σ verweilt dann im selben Zustand. Oder aber $|A_i\rangle$ ist nicht gleichzeitig Eigenvektor zu $\hat{B}$, aber Element eines k-fach entarteten Eigenunterraums von $\hat{A}$ und es erfolgt nun innerhalb dessen nach Messung von B eine Zustandsänderung von $|A_i\rangle$ nach $|B_j\rangle$, der aber wiederum gleichzeitig Eigenvektor von $\hat{A}$ zum selben Eigenwert a_i ist.

In jedem Falle wird eine weitere unmittelbar folgende Messung von A ebenfalls wieder mit beliebig hoher Wahrscheinlichkeit das Messergebnis a_i ergeben. Auch im umgekehrten Fall, dass zuerst B und dann A gemessen wird, wird nach Erhalt des Messergebnisses von b_j mit beliebig hoher Wahrscheinlichkeit für A das Messergebnis a_i erhalten werden. Man sagt: die physikalischen Größen A und B sind beliebig scharf gleichzeitig messbar.

Was aber, wenn nun gilt: $[\hat{A}, \hat{B}] \neq 0$? Dann führt eine wiederholt abwechselnde, aber jeweils unmittelbar erfolgende Messung von A und B den Zustand von Σ im Allgemeinen stets aus den jeweiligen Unterräumen von $\hat{A}$ und $\hat{B}$ hinaus, und die Reihenfolge der Messung bestimmt die Messergebnisse von A beziehungsweise B.

Wird zuerst A und dann B gemessen, so ist der Zustand $|\Psi\rangle$ nach nach der zweiten Messung gemäß Axiom 4:

$$|\Psi\rangle \xmapsto{\text{(A dann B)}} |\Psi_1\rangle = \frac{\hat{P}_j^B \hat{P}_i^A |\Psi\rangle}{\sqrt{\langle\Psi|\hat{P}_i^A \hat{P}_j^B \hat{P}_i^A|\Psi\rangle \langle\Psi|\hat{P}_i^A|\Psi\rangle}}$$

$$= \frac{\hat{P}_j^B \hat{P}_i^A |\Psi\rangle}{|\langle A_i|B_j\rangle| \langle\hat{P}_i^A\rangle_\Psi}, \tag{14.17}$$

im umgekehrten Fall (erst B, dann A):

$$|\Psi\rangle \xmapsto{\text{(B dann A)}} |\Psi_2\rangle = \frac{\hat{P}_i^A \hat{P}_j^B |\Psi\rangle}{\sqrt{\langle\Psi|\hat{P}_j^B \hat{P}_i^A \hat{P}_j^B|\Psi\rangle \langle\Psi|\hat{P}_j^B|\Psi\rangle}}$$

$$= \frac{\hat{P}_i^A \hat{P}_j^B |\Psi\rangle}{|\langle A_i|B_j\rangle| \langle\hat{P}_j^B\rangle_\Psi}, \tag{14.18}$$

und wir können ausrechnen, wie weit sich die beiden Zustände $|\Psi_1\rangle$ und $|\Psi_2\rangle$ unterscheiden:

$$\langle\Psi_2|\Psi_1\rangle = \frac{\langle\hat{P}_j^B \hat{P}_i^A\rangle_\Psi}{\langle\hat{P}_i^A\rangle_\Psi \langle\hat{P}_j^B\rangle_\Psi}. \tag{14.19}$$

Formal gesehen entspricht der Ausdruck (14.19) einem Ausdruck in den Erwartungswerten zweier Zufallsvariable X und Y in der Wahrscheinlichkeitstheorie. Sind X und Y stochastisch unabhängige Zufallsvariable, gilt für deren Erwartungswerte:

$$\overline{XY} = \overline{X} \cdot \overline{Y}, \tag{14.20}$$

wobei die Umkehrung im Allgemeinen nicht gilt.

Nun ist die physikalische Bedeutung der Unbestimmtheitsrelation (14.13) klar: setzen wir $Y \mapsto \hat{P}_i^A$ und $X \mapsto \hat{P}_j^B$, bedeutet das physikalisch: wenn A und B gleichzeitig scharf messbar sind, sie also unabhängig voneinander gemessen werden können, ist die rechte Seite von (14.19) gleich Eins. Das bedeutet dann, dass es vollkommen gleichgültig ist, ob zunächst der Projektionsoperator $\hat{P}_i^A$ oder $\hat{P}_j^B$ wirkt, also ob A oder B zuerst gemessen wird. Das wiederum, so wissen wir aus der Betrachtung vollständiger Mengen kommutierender Observablen, ist genau dann der Fall, wenn $[\hat{A}, \hat{B}] = 0$. Auf der linken Seite bedeutet das dann, dass $|\Psi_1\rangle$ und $|\Psi_2\rangle$ ein und derselbe Zustand sind. Es ist also irrelevant, welche physikalische Größe zuerst gemessen wird. Anderenfalls ist dies nicht der Fall, und (14.13) ist dann ein Ausdruck für die Unbestimmtheit bei einer gleichzeitigen Messung von A und B.

Zustände minimaler Unbestimmtheit

Wir fragen uns, welche Bedingungen erfüllt sein müssen, damit für die Unbestimmtheitsrelation (14.13) Gleichheit gilt, wann also gilt:

$$\Delta A \Delta B = \frac{1}{2} \left| \langle [\hat{A}, \hat{B}] \rangle \right|. \tag{14.21}$$

Wenn wir uns den Beweis von (14.13) vor Augen führen, stellen wir fest, dass es in der Herleitung zwei Ungleichungen gibt, in denen Gleichheit gelten kann. Zunächst haben wir die Schwarzsche Ungleichung (14.14) benutzt, aus der eine Gleichung werden kann:

$$(\Delta A)^2 (\Delta B)^2 = \langle f|f \rangle \langle g|g \rangle$$
$$\overset{!}{=} |\langle f|g \rangle|^2,$$

Damit dies der Fall ist, müssen $|f\rangle$ und $|g\rangle$ linear abhängig sein:

$$|f\rangle = c\,|g\rangle$$
$$\implies \left(\hat{A} - \langle \hat{A} \rangle_\Psi \right) |\Psi\rangle = c \left(\hat{B} - \langle \hat{B} \rangle_\Psi \right) |\Psi\rangle,$$

was genau dann der Fall ist, wenn mindestens eine von drei Bedingungen gegeben ist:

1. $|\Psi\rangle$ ist Eigenvektor von $\hat{A}$ zum Eigenwert $\langle \hat{A} \rangle_\Psi$. Dann ist die linke Seite Null. Dann ist aber auch (14.21) trivial gegeben.
2. $|\Psi\rangle$ ist Eigenvektor von $\hat{B}$ zum Eigenwert $\langle \hat{B} \rangle_\Psi$. Dann ist die rechte Seite Null. Dann ist aber auch (14.21) trivial gegeben.
3. $|\Psi\rangle$ ist Eigenvektor von $\hat{A} - c\hat{B}$ zum Eigenwert $\langle \hat{A} \rangle_\Psi - c \langle \hat{B} \rangle_\Psi$. Das ist der interessantere Fall, den wir weiter betrachten.

Man beachte, dass c an dieser Stelle noch eine beliebige komplexe Zahl sein kann!

Wir betrachten also den dritten Fall weiter und schauen uns nun die zweite Ungleichung (14.16) an, die wir verwendet haben. Sie stellt ebenfalls eine Schwarzsche Ungleichung dar, nur eben für komplexe Zahlen. Damit sie zur Gleichung wird, muss in (14.15) gelten:

$$\left(\langle \{\hat{A}, \hat{B}\} \rangle_\Psi - 2 \langle \hat{A} \rangle_\Psi \langle \hat{B} \rangle_\Psi \right)^2 \overset{!}{=} 0,$$

was aber gleichbedeutend ist mit:

$$\left\langle \left\{ \hat{A} - \langle \hat{A} \rangle_\Psi, \hat{B} - \langle \hat{B} \rangle_\Psi \right\} \right\rangle_\Psi = 0, \tag{14.22}$$

Da aber per Voraussetzung gilt:

$$\left(\hat{A} - c\hat{B}\right)|\Psi\rangle = \left(\langle\hat{A}\rangle_{\Psi} - c\langle\hat{B}\rangle_{\Psi}\right)|\Psi\rangle,$$

oder anders:

$$\left(\hat{A} - \langle\hat{A}\rangle_{\Psi}\right)|\Psi\rangle = c\left(\hat{B} - \langle\hat{B}\rangle_{\Psi}\right)|\Psi\rangle, \tag{14.23}$$

wird aus (14.22) letzlich:

$$c^*(\Delta B)^2 + c(\Delta B)^2 = 0,$$

das heißt: c muss eine rein imaginäre Konstante sein: $c = i\lambda$ mit reellem λ.

Mit (14.23) gilt dann auch:

$$(\Delta A)^2 = \lambda^2(\Delta B)^2. \tag{14.24}$$

Wir fassen zusammen: Ein Zustand $|\Psi\rangle$ ist ein **Zustand minimaler Unbestimmtheit** bezüglich der beiden Operatoren $\hat{A}$ und $\hat{B}$, wenn gilt: $|\Psi\rangle$ ist Eigenvektor von $\hat{A} - i\lambda\hat{B}$ zum Eigenwert $\langle\hat{A}\rangle_{\Psi} - i\lambda\langle\hat{B}\rangle_{\Psi}$ mit reeller Konstante λ.

Mathematischer Einschub 3: Die Eulersche Gamma-Funktion

Die **Eulersche Gamma-Funktion** $\Gamma(z)$ stellt die Verallgemeinerung der Fakultät für komplexe Zahlen $z \in \mathbb{C}$ dar. Sie ist eine meromorphe Funktion auf $\mathbb{C}$ und besitzt einfache Pole bei den nicht-positiven ganzen Zahlen, also bei $z \in \{0, -1, -2, \dots\}$. Für $n \in \mathbb{Z}, n \geq 0$ gilt:

$$n! = \Gamma(n+1). \tag{14.25}$$

Sie kann auf unterschiedliche Weisen mathematisch definiert werden:

- Produktdarstellung nach Gauß:

$$\Gamma(z) = \lim_{n\to\infty} \frac{n!\, n^z}{z(z+1)\dots(z+n)}, \tag{14.26}$$

- Integraldarstellung nach Euler (das sogenannte **Eulersche Integral 2. Art**):

$$\Gamma(z) = \int_0^\infty t^{z-1}e^{-t}\,dt \quad (\operatorname{Re} z > 0), \tag{14.27}$$

- Produktdarstellung nach Weierstraß:

$$\frac{1}{\Gamma(z)} = ze^{\gamma z}\prod_{n=1}^\infty \left[\left(1+\frac{z}{n}\right)e^{-z/n}\right], \tag{14.28}$$

mit der **Euler–Mascheroni-Konstanten**

$$\gamma = \lim_{n \to \infty} \left[\sum_{k=1}^{n} \frac{1}{k} - \log n \right] \approx 0{,}577\,215\,664\,9\ldots \tag{14.29}$$

Es gelten folgende grundlegende Relationen:

$$\Gamma(1 + z) = z\Gamma(z), \tag{14.30}$$

$$\Gamma(z)\Gamma(1 - z) = \frac{\pi}{\sin(\pi z)} \quad (z \notin \mathbb{Z}) \quad \textbf{(Eulersche Reflektionsformel)}, \tag{14.31}$$

$$\Gamma(z^*) = \Gamma(z)^*, \tag{14.32}$$

sowie die **Legendre-Verdopplungsformel**:

$$\Gamma(z)\Gamma(z + \tfrac{1}{2}) = 2^{1-2z}\sqrt{\pi}\Gamma(2z), \tag{14.33}$$

woraus unmittelbar folgt:

$$\Gamma(\tfrac{1}{2}) = \sqrt{\pi}. \tag{14.34}$$

Für $n \in \mathbb{Z}$ gilt:

$$\Gamma(\tfrac{1}{2} + n) = \frac{(2n)!}{4^n n!}\sqrt{\pi} = \frac{(2n-1)!!}{2^n}\sqrt{\pi} = \binom{n - \tfrac{1}{2}}{n}n!\sqrt{\pi}, \tag{14.35}$$

$$\Gamma(\tfrac{1}{2} - n) = \frac{(-4)^n n!}{(2n)!}\sqrt{\pi} = \frac{(-2)^n}{(2n-1)!!}\sqrt{\pi} = \frac{\sqrt{\pi}}{\binom{-1/2}{n}n!} \tag{14.36}$$

Im Zusammenhang mit der Eulerschen Gamma-Funktion steht die **Digamma-Funktion**

$$\psi(z) = \frac{\mathrm{d}}{\mathrm{d}z} \log \Gamma(z) \tag{14.37}$$

$$= \frac{\Gamma'(z)}{\Gamma(z)}, \tag{14.38}$$

für die gilt:

$$\psi(1) = -\gamma, \tag{14.39}$$

$$\psi(\tfrac{1}{2}) = -\gamma - 2\log 2, \tag{14.40}$$

$$\psi(z+1) = \psi(z) + \frac{1}{z}, \tag{14.41}$$

$$\psi(n) = -\gamma + \sum_{k=1}^{n-1} \frac{1}{k} \quad (n \in \mathbb{Z}, n \geq 2). \tag{14.42}$$

Ferner lässt sich die **Eulersche Beta-Funktion** $B(x, y)$ mit folgenden Eigenschaften einführen:

$$B(z_1, z_2) = \frac{\Gamma(z_1)\Gamma(z_2)}{\Gamma(z_1 + z_2)}, \tag{14.43}$$

für die es ebenfalls eine mathematische Definition in Form einer Integraldarstellung gibt, das sogenannte **Eulersche Integral 1. Art**:

$$B(z_1, z_2) = \int_0^1 u^{z_1-1}(1-u)^{z_2-1}du \quad (\text{Re } z_1 > 0, \text{Re } z_2 > 0). \tag{14.44}$$

Mathematischer Einschub 4: Exponentialfunktionen von Operatoren

Im Folgenden wollen wir einige äußerst wichtige Formeln ableiten, die Exponentialfunktionen von hermiteschen Operatoren miteinander verknüpfen.

Eine Funktion $f(\hat{A})$ eines Operators $\hat{A}$ lässt sich über eine Potenzreihe in $\hat{A}$ definieren. Von besonderem Interesse ist hierbei die Exponentialfunktion $\exp(\hat{A})$, definiert durch:

$$e^{\hat{A}} = \sum_{k=0}^{\infty} \frac{1}{k!}\hat{A}^k. \tag{14.45}$$

Mit dieser Definition ist es einfach zu sehen, dass für den Fall $[\hat{A}, \hat{B}] = 0$ gilt:

$$e^{\hat{A}+\hat{B}} = e^{\hat{A}}e^{\hat{B}} = e^{\hat{B}}e^{\hat{A}}. \tag{14.46}$$

Schwieriger wird es – und das ist leider der Normalfall – wenn gilt: $[\hat{A}, \hat{B}] \neq 0$.

Hierzu betrachten wir zunächst die **parametrische Ableitung** einer Operatorpotenz:

Satz (Parametrische Ableitung einer Operatorpotenz).

$$\frac{\mathrm{d}}{\mathrm{d}t}\hat{A}(t)^n = \sum_{k=0}^{n-1} \hat{A}(t)^k \frac{\mathrm{d}\hat{A}(t)}{\mathrm{d}t}\hat{A}(t)^{n-k-1}. \tag{14.47}$$

Beweis. Der Beweis ergibt sich schnell aus der Produktregel für Ableitungen. ∎

Damit lässt sich schnell die auch als **Sneddon-Formel** bezeichnete parametrische Ableitung des Exponentialoperators herleiten:

Satz (Parametrische Ableitung des Exponentialoperators).

$$\frac{\mathrm{d}}{\mathrm{d}t}\mathrm{e}^{\hat{A}(t)} = \int_0^1 \mathrm{e}^{u\hat{A}(t)}\frac{\mathrm{d}\hat{A}(t)}{\mathrm{d}t}\mathrm{e}^{(1-u)\hat{A}(t)}\,\mathrm{d}u. \tag{14.48}$$

Beweis. Mit (14.47) erhalten wir zunächst:

$$\frac{\mathrm{d}}{\mathrm{d}t}\mathrm{e}^{\hat{A}(t)} = \sum_{n=0}^{\infty}\sum_{k=0}^{n} \underbrace{\frac{1}{(n+1)!}\hat{A}(t)^k \frac{\mathrm{d}\hat{A}(t)}{\mathrm{d}t}\hat{A}(t)^{n-k}}_{=:f_{n,k}}.$$

Wir vertauschen nun die Summation über n und k wie folgt:

$$\sum_{n=0}^{\infty}\sum_{k=0}^{n} f_{n,k} = \sum_{k=0}^{\infty}\sum_{n=k}^{\infty} f_{n,k} = \sum_{k=0}^{\infty}\sum_{n=0}^{\infty} f_{n+k,k},$$

und erhalten so weiter:

$$\frac{\mathrm{d}}{\mathrm{d}t}\mathrm{e}^{\hat{A}(t)} = \sum_{k=0}^{\infty}\sum_{n=0}^{\infty} \frac{1}{(n+k+1)!}\hat{A}(t)^k \frac{\mathrm{d}\hat{A}(t)}{\mathrm{d}t}\hat{A}(t)^n.$$

Den Bruch im Summanden erweitern wir mit $n!k!$, so dass sich für diesen ergibt

$$\frac{1}{(n+k+1)!} = \frac{1}{k!n!}\frac{n!k!}{(k+n+1)!}$$
$$= \frac{1}{n!k!}\frac{\Gamma(k+1)\Gamma(k+1)}{\Gamma(k+n+2)}$$
$$= \frac{1}{n!k!}\mathrm{B}(k+1,n+1),$$

wobei $\Gamma(x)$ die **Eulersche Gamma-Funktion** (14.25) ist und $B(x, y)$ die **Eulersche Beta-Funktion** (14.43). Für die letztere existiert eine Integraldarstellung (14.44):

$$B(x, y) = \int_0^1 u^{x-1}(1 - u)^{y-1}\mathrm{d}u, \tag{14.49}$$

so dass sich zunächst weiter ergibt:

$$\frac{\mathrm{d}}{\mathrm{d}t}e^{\hat{A}(t)} = \sum_{k=0}^{\infty}\sum_{n=0}^{\infty}\frac{1}{n!k!}\int_0^1 (u\hat{A}(t))^k \frac{\mathrm{d}\hat{A}(t)}{\mathrm{d}t}[(1 - u)\hat{A}(t)]^n\mathrm{d}u.$$

Führt man nun die beiden Summationen durch, erhält man Gleichung (14.48). ∎

Ist $\hat{A}(t) = t\hat{A}$, so vereinfacht sich (14.48) zu:

$$\frac{\mathrm{d}}{\mathrm{d}t}e^{t\hat{A}} = \hat{A}e^{t\hat{A}} = e^{t\hat{A}}\hat{A}. \tag{14.50}$$

Daraus folgt unmittelbar als Korollar die parametrische Ableitung einer Ähnlichkeitstransformation:

Satz (Parametrische Ableitung einer Ähnlichkeitstransformation). *Es sei:*

$$\hat{A}(t) = e^{t\hat{B}}\hat{A}e^{-t\hat{B}}. \tag{14.51}$$

Dann gilt:

$$\frac{\mathrm{d}}{\mathrm{d}t}e^{\hat{A}(t)} = [\hat{B}, \hat{A}(t)]. \tag{14.52}$$

Die parametrische Ableitung einer Ähnlichkeitstransformation entspricht einer **Lie-Ableitung** von Vektorfeldern in der Differentialgeometrie. Wendet man formal eine Taylor-Entwicklung an, kommt man so zum sogenannten **Hadamard-Lemma**, auch **Liesche Entwicklungsformel** genannt:

Satz (Hadamard-Lemma).

$$e^{t\hat{B}}\hat{A}e^{-t\hat{B}} = \hat{A} + t[\hat{B}, \hat{A}] + \frac{t^2}{2}[\hat{B}, [\hat{B}, \hat{A}]] + \dots$$

$$+ \frac{t^n}{n!}\underbrace{[\hat{B}, [\hat{B}, \dots, [\hat{B}, \hat{A}]\dots]]}_{n\ Klammern} + \dots. \tag{14.53}$$

In dem häufigen Falle, dass gilt: $[\hat{B}, \hat{A}] = c$ mit $c \in \mathbb{C}$, vereinfacht sich (14.53) zu:

$$\hat{A}' = \hat{A} + t[\hat{B}, \hat{A}]. \tag{14.54}$$

Formal kann man die **Lie-Ableitung** $\mathcal{L}_B$ eines Operators $\hat{A}$ nach dem Operator $\hat{B}$ definieren durch:

$$\mathcal{L}_B \hat{A} := [\hat{B}, \hat{A}], \tag{14.55}$$

mit dem sich (14.52) und das Hadamard-Lemma (14.53) schreiben lassen als:

$$\hat{A}(t) := e^{t\hat{B}} \hat{A} e^{-t\hat{B}} \tag{14.56}$$

$$= \sum_{k=1}^{\infty} \frac{t^k}{k!} (\mathcal{L}_B)^k \hat{A} \tag{14.57}$$

$$= e^{t \mathcal{L}_B} \hat{A}. \tag{14.58}$$

Von besonderer Bedeutung ist die sogenannte **Baker–Campbell–Hausdorff-Formel**, kurz **BCH-Formel**, benannt nach den beiden britischen Mathematikern Henry Frederick Baker und John Edward Campbell, sowie dem deutschen Mathematiker Felix Hausdorff. Sie ermöglicht, Produkte von Exponentialoperatoren zu kontrahieren, sprich: gesucht ist ein Operator $\hat{P}$, für den gilt:

$$e^{\hat{A}} e^{\hat{B}} = e^{\hat{P}}, \tag{14.59}$$

so dass $\hat{P}$ also ein Ausdruck in $\hat{A}$, $\hat{B}$ ist. Um $\hat{P}$ zu erhalten, parametrisieren wir den Exponentialausdruck in $\hat{B}$ zunächst und betrachten den Ausdruck:

$$e^{\hat{A}} e^{t\hat{B}} = e^{\hat{P}(t)}, \tag{14.60}$$

den wir sodann nach t ableiten und die Sneddon-Formel (14.48) anwenden. Wir erhalten:

$$e^{\hat{A}} e^{t\hat{B}} \hat{B} = e^{\hat{P}(t)} \int_0^1 e^{-u\hat{P}(t)} \frac{d\hat{P}(t)}{dt} e^{u\hat{P}(t)} du,$$

was wir durch Linksmultiplikation mit $e^{-\hat{P}(t)}$ und Anwendung von (14.58) umwandeln können in:

$$\hat{B} = \int_0^1 e^{-u\hat{P}(t)} \frac{d\hat{P}(t)}{dt} e^{u\hat{P}(t)} du$$

$$= \int_0^1 e^{-u\mathcal{L}_{P(t)}} du \frac{d\hat{P}(t)}{dt}$$

$$= \mathcal{L}_{P(t)}^{-1} \left(1 - e^{-\mathcal{L}_{P(t)}}\right) \frac{d\hat{P}(t)}{dt}.$$

Als Zwischenergebnis erhalten wir also:

$$\frac{d\hat{P}(t)}{dt} = \left(1 - e^{-\mathcal{L}_{P(t)}}\right)^{-1} \mathcal{L}_{P(t)} \hat{B}. \tag{14.61}$$

Eine Zwischenrechnung ergibt mit Hilfe von (14.60):

$$e^{\mathcal{L}_{P(t)}} \hat{B} = e^{\hat{P}(t)} \hat{B} e^{-\hat{P}(t)}$$
$$= e^{\hat{A}} e^{t\hat{B}} \hat{B} e^{-t\hat{B}} e^{-\hat{A}}$$
$$= \underbrace{e^{\mathcal{L}_A} e^{t\mathcal{L}_B}}_{=:\hat{M}(t)} \hat{B},$$

so dass (14.61) die Form annimmt:

$$\frac{d\hat{P}(t)}{dt} = \hat{M}(t) \left[\hat{M}(t) - 1\right]^{-1} \log\left[\hat{M}(t)\right] \hat{B}$$
$$= \left[1 + \left[\hat{M}(t) - 1\right]^{-1}\right) \log\left[\hat{M}(t)\right] \hat{B},$$

mit der formalen Lösung:

$$\hat{P}(t) = \hat{A} + \left[\int_0^t \left(1 + \left[\hat{M}(u) - 1\right]^{-1}\right) \log \hat{M}(u) du\right] \hat{B}. \tag{14.62}$$

Verwenden wir nun die Potenzreihenentwicklung des Logarithmus:

$$\log(1 + x) = \sum_{k=1}^{\infty} \frac{(-1)^{k+1}}{k} x^k,$$

so kann man schreiben:

$$\left(1 + \left[\hat{M}(u) - 1\right]^{-1}\right) \log \hat{M}(u) = \log \hat{M}(u) + \left[\hat{M}(u) - 1\right]^{-1} \log \hat{M}(u)$$
$$= \sum_{k=1}^{\infty} \frac{(-1)^{k+1}}{k} \left(\left[\hat{M}(t) - 1\right]^k + \left[\hat{M}(t) - 1\right]^{k-1}\right)$$
$$= 1 + \sum_{k=1}^{\infty} \frac{(-1)^{k+1}}{k(k+1)} \left[\hat{M}(t) - 1\right]^k.$$

Dies eingesetzt in (14.62) führt dann zu:

$$\hat{P}(t) = \hat{A} + t\hat{B} + \left[\int_0^t \sum_{k=1}^{\infty} \frac{(-1)^{k+1}}{k(k+1)} \left[\hat{M}(u) - 1\right]^k \mathrm{d}u\right] \hat{B}. \qquad (14.63)$$

Setzen wir nun $t = 1$, so erhalten wir die **Baker–Campbell–Hausdorff-Formel** in ihrer allgemeinen, abstrakten Form:

Satz (Baker–Campbell–Hausdorff-Formel). *Es gilt:*

$$\mathrm{e}^{\hat{A}}\mathrm{e}^{\hat{B}} = \mathrm{e}^{\hat{A}+\hat{B}+\hat{C}}, \qquad (14.64)$$

$$mit \quad \hat{C} = \left[\int_0^1 \sum_{k=1}^{\infty} \frac{(-1)^{k+1}}{k(k+1)} \left[\hat{M}(t) - 1\right]^k \mathrm{d}t\right] \hat{B} \qquad (14.65)$$

$$und \quad \hat{M}(t) = \mathrm{e}^{\mathcal{L}_A}\mathrm{e}^{t\,\mathcal{L}_B}. \qquad (14.66)$$

Die BCH-Formel in ihrer abstrakten Form (14.64) ist für konkrete Berechnungen vollkommen unbrauchbar. Wenigstens etwas zugänglicher hierfür wird sie, wenn wir $\hat{M}(t)$ in eine Potenzreihe in $\mathcal{L}_A$, $\mathcal{L}_B$ entwickeln. Setzen wir

$$\hat{T}(t) := \hat{M}(t) - 1, \qquad (14.67)$$

so ist

$$\hat{T}(t) = \sum_{m=1}^{\infty} \frac{1}{m!} \mathcal{L}_A^m + \sum_{n=1}^{\infty} \frac{t^n}{n!} \mathcal{L}_B^n + \sum_{m,n=1}^{\infty} \frac{t^n}{m!n!} \mathcal{L}_A^m \mathcal{L}_B^n, \qquad (14.68)$$

und

$$\hat{C} = \left[\int_0^1 \sum_{k=1}^{\infty} \frac{(-1)^{k+1}}{k(k+1)} \hat{T}(t)^k \mathrm{d}t\right] \hat{B}, \qquad (14.69)$$

und man sieht, dass sich $\hat{C}$ letzten Endes als äußerst komplizierte Abfolge von iterierten Kommutatorausdrücken in $\hat{A}$, $\hat{B}$ ergibt, die nur für einfachste Fälle eine leicht zu schreibende Form annimmt:

- Es sei $[\hat{A}, \hat{B}] = 0$: Dann ist:

$$\mathrm{e}^{\hat{A}}\mathrm{e}^{\hat{B}} = \mathrm{e}^{\hat{A}+\hat{B}}. \qquad (14.70)$$

- Es sei $[\hat{A}, \hat{B}] = c$ mit $c \in \mathbb{C}$: Dann ist:

$$\mathrm{e}^{\hat{A}}\mathrm{e}^{\hat{B}} = \mathrm{e}^{\hat{A}+\hat{B}+\frac{1}{2}[\hat{A},\hat{B}]}. \qquad (14.71)$$

- Für den allgemeinen Fall, dass $[\hat{A}, \hat{B}] \neq 0$ lauten die ersten Glieder der iterierten Kommutatorsummen bis zur 2. Ordnung:

$$e^{\hat{A}}e^{\hat{B}} = e^{\hat{A}+\hat{B}+\frac{1}{2}[\hat{A},\hat{B}]+\frac{1}{12}[\hat{A},[\hat{A},\hat{B}]]-\frac{1}{12}[\hat{B},[\hat{A},\hat{B}]]+\cdots}. \tag{14.72}$$

Zur BCH-Formel existiert auch gewissermaßen eine Umkehrung, die **Zassenhaus-Formel**, benannt nach dem deutschen Mathematiker Hans Julius Zassenhaus. Sie ermöglicht, zusammengesetzte Exponentialoperatoren zu expandieren. Für Details hierzu und zu weiteren Ausführungen zur Algebra von Exponentialoperatoren siehe [Wil67]. Aus dieser ergibt sich dann die insbesondere zur Formulierung des Pfadintegralformalismus wichtige **Trotter-Produktformel** für selbstadjungierte Operatoren, die wir unbewiesen angeben (für einen Beweis siehe die weiterführende Literatur):

$$e^{\hat{A}+\hat{B}} = \lim_{N\to\infty} \left(e^{\hat{A}/N} e^{\hat{B}/N} \right)^{N}. \tag{14.73}$$

15 Die Postulate der Quantenmechanik III: Orts- und Impulsdarstellung

Wir haben bislang durchgängig hermitesche Operatoren mit **diskreten Spektren** betrachtet, das heißt: die Menge der Eigenwerte ist **abzählbar** (endlich oder unendlich). Die notwendige Mathematik zur Formulierung der Axiome 1 bis 4 bislang war im Wesentlichen lineare Algebra: Vektoren, Komponentendarstellung, Skalarprodukt, Projektionsoperator – das sind Begriffe, wie man sie aus der Grundvorlesung „Mathematik für Physiker" kennt.

Viele wichtigen hermiteschen Operatoren besitzen aber auch **kontinuierliche Spektren**, die Menge der Eigenwerte ist also **überabzählbar unendlich**. Hierin stecken mathematische Herausforderungen, aber auch physikalische Subtilitäten. Diesen Fall wollen wir in diesem Abschnitt näher betrachten und in diesem Zusammenhang zwei wichtige Darstellungen einführen: die Orts- und die Impulsdarstellung.

Wir halten die mathematische Übersicht insgesamt knapp und wollen vor allem die in der Quantenmechanik immer wiederkehrenden mathematischen Begriffe soweit klären, dass der Theoretische Physiker ein gewisses Gefühl dafür bekommt, wie diese Begriffe motiviert werden und was die Grundeigenschaften sind und verweisen an dieser Stelle nochmals auf die vertiefende Fachliteratur, siehe die Anmerkungen zur weiterführenden Literatur am Ende dieses Kapitels.

Orts- und Impulsdarstellung

Der Ort r und der Impuls p sind die wichtigsten kinematischen Größen der klassischen Mechanik. Aus ihnen lässt sich der komplette Apparat der analytischen Mechanik aufbauen, und sie finden ihre Verallgemeinerung im Konzept sogenannter **kanonisch konjugierter Variablen**.

Axiom 2 weist ihnen quantenmechanische Observable zu, den **Ortsoperator** $\hat{r}$ und den **Impulsoperator** $\hat{p}$ zu, wobei wir aus Gründen der Kompaktheit gleich die Vektorschreibweise wählen und damit auch das erste Mal vektorwertige Observable betrachten:

$$\hat{r} = \begin{pmatrix} \hat{x} \\ \hat{y} \\ \hat{z} \end{pmatrix}, \quad \hat{p} = \begin{pmatrix} \hat{p}_x \\ \hat{p}_y \\ \hat{p}_z \end{pmatrix}.$$

Die Eigenwerte von $\hat{r}$ und $\hat{p}$ sind entsprechend der Orts- und der Impulsvektor, die das Ergebnis einer Messung sein können.

Betrachten wir ein quantenmechanisches System Σ. Da – zumindest nach derzeitigem Kenntnisstand – die Raumzeit ein Kontinuum ist, gibt es überabzählbar viele mögliche Messwerte für $\hat{r}$ beziehungsweise für $\hat{x}, \hat{y}, \hat{z}$, wir haben also ein **kontinuierliches Spektrum** vor uns, die Menge der Eigenwerte $\{\, r\, \}$ ist **überabzählbar unendlich**. Die Eigenvektorbasis $\{\, |\, r\rangle\, \}$ besitzt ebenfalls überabzählbar unendliche Dimension. Sofort wird dem gründlichen Leser aufgrund unserer Erläuterungen aus den Abschnitten 12 und 13 klar, dass wir nun fünf Fragen beantworten müssen:

1. Wie stellen sich die Orthonormalitäts- und Vollständigkeitsrelationen (13.6, 13.7) in kontinuierlichen Basen dar?

2. Wie stellt sich dann eine $\hat{r}$-Darstellung eines Zustands $|\Psi\rangle$ dar?
3. Wie stellt sich der Erwartungswert $\langle \hat{P}^r \rangle_{\Psi}$ des Projektionsoperators $\hat{P}^r$ dar?
4. Sind die Observable $\hat{r}, \hat{x}, \hat{y}, \hat{z}$ überhaupt hermitesche Operatoren?
5. Sind die Eigenvektoren $|r\rangle$ von $\hat{r}$ Elemente des Hilbert-Raums $\mathcal{H}_{\Sigma}$, der ja per Definition separabel sein soll, also eine abzählbare Basis besitzt?

Beantworten wir zuerst die erste Frage nach den Orthonormalitäts- und Vollständigkeitsrelationen. Flapsig ausgedrückt kann man sagen: bei einem Übergang vom Diskreten zum Kontinuum werden aus Summen Integrale und aus Koeffizienten Funktionen. Die Orthonormalitäts- und Vollständigkeitsrelationen (13.6,13.7) lassen sich also in der kontinuierlichen Basis $\{ \, | \, r\rangle \, \}$ wie folgt ausdrücken:

$$\langle r|r'\rangle = \delta(r - r'), \tag{15.1}$$

$$\int_{r\in\mathbb{R}^3} \mathrm{d}^3 r \, |r\rangle\langle r| = \mathbb{1}_{\Sigma}, \tag{15.2}$$

wobei

$$\delta(r - r') = \delta(x - x')\delta(y - y')\delta(z - z') \tag{15.3}$$

gilt und $\delta(x)$ das von Dirac eingeführte **Delta-Funktional** ist.

Damit ist auch die Frage 2 beantwortet: die Verallgemeinerung von (13.8,13.9) lautet:

$$|\Psi\rangle = \int_{r\in\mathbb{R}^3} \mathrm{d}^3 r \Psi(r) \, |r\rangle \tag{15.4}$$

mit

$$\Psi(r) = \langle r|\Psi\rangle. \tag{15.5}$$

Die Funktion $\Psi(r)$ wird **Wellenfunktion** genannt. Sie ist nichts anderes als der Zustand des quantenmechanischen Systems in **Ortsdarstellung**. Ein großer Teil der quantenmechanischen Problemstellung besteht darin, diese Wellenfunktion für verschiedene physikalischen Systeme zu berechnen, worauf wir in Abschnitt 17 zurückkommen werden.

Frage 3 lässt sich nun ebenfalls beantworten: mit

$$\begin{aligned}
\hat{P}^r |\Psi\rangle &= |r\rangle\langle r|\Psi\rangle \\
&= \Psi(r) \, |r\rangle
\end{aligned}$$

ist

$$\langle \hat{P}^r \rangle_{\Psi} = |\Psi(r)|^2. \tag{15.6}$$

Mit (15.4) erhalten wir so:

$$\begin{aligned}
\langle\Psi|\Psi\rangle &= \int_{r\in\mathbb{R}^3} \mathrm{d}^3 r \, \langle \hat{P}^r \rangle_{\Psi} \\
&= \int_{r\in\mathbb{R}^3} \mathrm{d}^3 r |\Psi(r)|^2 \overset{!}{=} 1, \tag{15.7}
\end{aligned}$$

weil der Zustand $|\Psi\rangle$ per Voraussetzung ja normiert sein soll. Das bedeutet also, das Betragsquadrat der Wellenfunktion $|\Psi(r)|^2$ ist eine **Wahrscheinlichkeitsdichte**, die auch mit $\rho(r)$ bezeichnet wird. Im Unterschied zum diskreten Fall besitzt die Wellenfunktion im $\mathbb{R}^3$ die Dimension $1/L^{3/2}$, im Eindimensionalen – was wir in Kapitel 3 genauer betrachten wollen – die Dimension $1/\sqrt{L}$.

(15.7) setzt voraus, dass das Raumintegral über d^3r im betrachteten Volumen existiert. In dem wichtigen Fall, dass wir eindimensionale Probleme rechnen, haben wir oft einfache Integrale der Form

$$\int_{-\infty}^{\infty} |\psi(x)|^2 dx$$

oder

$$\int_{0}^{\infty} |\psi(r)|^2 dr,$$

also über unendliche Intervalle. Damit das Integral überhaupt existiert, müssen die Wellenfunktionen dann einer gewissen Klasse von Funktionen angehören, nämlich dem **Raum der quadratintegrablen Funktionen** über $\mathbb{R}$, mit $L^2(\mathbb{R})$ bezeichnet. Dieser Funktionenraum ist eine besondere Klasse der sogenannten **Lebesgue-Räume** $L^p(\mathbb{R})$ der p-fach integrablen Funktionen über $\mathbb{R}$ und besitzt alle mathematischen Eigenschaften eines Hilbert-Raumes. Das Integral selbst ist als **Lebesgue-Integral** definiert, das in der Funktionalanalysis seine wichtige Anwendung findet und allgemeinere Eigenschaften besitzt als das aus der Analysis bekannte Riemann-Integral. Quadratintegrabilität reicht aber noch nicht aus, um physikalisch erlaubte Zustände zu beschreiben: setzt man physikalisch „vernünftige" Randbedingungen an Wellenfunktionen wie die Existenz des Erwartungswertes $\langle \hat{p}^n \rangle$ von Potenzen des Impulsoperators voraus, kommt man zum sogenannten **Schwartz-Raum** $\mathcal{S}(\mathbb{R})$ der schnellfallenden Funktionen, siehe weiter unten.

Die Frage, ob $\hat{r}, \hat{x}, \hat{y}, \hat{z}$ hermitesche Operatoren sind, ist mit einem klaren „jein" zu beantworten, da sich begriffliche Subtilitäten ergeben, siehe die mathematischen Ausführungen in Abschnitt 13. Wir werden diese jedoch – hier unterscheidet sich der Theoretische Physiker vom Mathematiker – weiterhin mit dem Begriff „hermitesch" bezeichnen: Es gibt reelle Eigenwerte, und man kann eine Vollständigkeitsrelation (15.2) formulieren. Allerdings gilt die Orthonormalitätsrelation (15.1) nur im Distributionensinne, sprich: sie ist eine formale Hilfskonstruktion, um rechnerische Zwischenschritte analog zum diskreten Fall ausdrücken zu können, und das führt uns zur Beantwortung der letzten Frage:

Sind denn die Eigenvektoren $|r\rangle$ von $\hat{r}$ Elemente des Hilbert-Raums $\mathcal{H}_\Sigma$, sprich, ist $|r\rangle$ ein möglicher Zustand des quantenmechanisches System Σ? Die kurze Antwort ist schlicht: nein, und zwar aus einem einfachen mathematischen Grund: $|r\rangle$ ist nicht normierbar! Denn wie eben erläutert gehört (15.1) eben nicht zu den Ausdrücken, die für sich genommen wohldefiniert sind, und erst recht nicht ein Ausdruck wie

$$\langle r|r \rangle = \delta(0).$$

Die Eigenvektoren $|r\rangle$ werden oft auch als **uneigentliche Zustände** oder **Pseudozustände** bezeichnet. Ihr Charakteristikum ist, dass sie Pseudo-Eigenzustände aus dem **kontinuierlichen Spektrum** eines hermiteschen Operators sind. Ein physikalisches System Σ kann niemals den Pseudo-Eigenzustand aus dem kontinuierlichen Spektrum eines hermiteschen Operators einnehmen, wohl aber kann das Ergebnis einer Messung aus dem kontinuierlichen Spektrum stammen.

Außerdem lassen sich – wie oben betrachtet – aus den uneigentlichen Zuständen durch die Kontinuumsversion (15.4) der linearen Superposition **Wellenpakete** konstruieren, die dann sehr wohl Elemente des Hilbert-Raums – beziehungsweise wie oben erwähnte sogar Elemente des Schwartz-Raums S – sind und damit erlaubte Zustände eines physikalischen Systems Σ.

Zusammenfassend kann man sagen: ein Hilbert-Raum $\mathcal{H}_\Sigma$ ist stets separabel, ein Zustand $|\Psi\rangle$ ist Element des Hilbert-Raums und damit stets normierbar, $\hat{r}$ ist ein selbstadjungierter Operator, die Ortsdarstellung $\Psi(r) = \langle r|\Psi\rangle$ ist definiert, aber die Eigenvektoren $|r\rangle$ von $\hat{r}$ sind keine Elemente von $\mathcal{H}_\Sigma$, sondern uneigentliche Zustände und damit keine physikalischen Zustände des quantenmechanischen Systems Σ. Das gibt uns übrigens einen Vorgeschmack auf die quantenmechanische Unmöglichkeit der beliebig genauen Lokalisierung von Punktteilchen, und wir werden im Zusammenhang mit Wellenpaketen und Unbestimmtheitsrelationen darauf zurückkommen.

Alles, was bisher im Zusammenhang mit der Ortsdarstellung betrachtet und erklärt wurde, gilt vollkommen identisch auch für die **Impulsdarstellung**: es gibt ein kontinuierliches Spektrum von Eigenwerten $\{p\}$ des Impulsoperators $\hat{p}$, die Eigenvektorbasis $\{|p\rangle\}$ ist also überabzählbar-unendlich. Die Orthonormalitäts- und Vollständigkeitsrelationen lauten:

$$\langle p|p'\rangle = \delta(p - p'), \tag{15.8}$$

$$\int_{p \in \mathbb{R}^3} d^3 p \, |p\rangle \langle p| = \mathbb{1}_\Sigma, \tag{15.9}$$

wobei

$$\delta(p - p') = \delta(p_x - p'_x)\delta(p_y - p'_y)\delta(p_z - p'_z). \tag{15.10}$$

Das gilt zumindest, wenn $x \in \mathbb{R}^3$ gilt. Im Falle endlicher Volumina nimmt der Impuls p durchaus diskrete Eigenwerte an (siehe Abschnitt 32).

Ein Zustand $|\Psi\rangle$ wird in der Impulsdarstellung ebenfalls durch eine quadratintegrable Wellenfunktion dargestellt:

$$|\Psi\rangle = \int_{p \in \mathbb{R}^3} d^3 p \, \tilde{\Psi}(p) \, |p\rangle, \tag{15.11}$$

mit

$$\tilde{\Psi}(p) = \langle p|\Psi\rangle. \tag{15.12}$$

Um diese Betrachtung abzuschließen, wollen wir (15.1) und (15.8) unter einem etwas anderen Blickwinkel betrachten:

$$\langle r|r'\rangle = \delta(r - r') \qquad \text{ist (uneigentlicher) Eigenzustand } |r'\rangle \text{ in } \hat{r}\text{-Darstellung,}$$

$$\langle p|p'\rangle = \delta(p - p') \qquad \text{ist (uneigentlicher) Eigenzustand } |p'\rangle \text{ in } \hat{p}\text{-Darstellung.}$$

Übergang zwischen Orts- und Impulsdarstellung

Die interessante Frage ist nun, wie Impuls- und Ortsdarstellung miteinander zusammenhängen und wie die Vorschrift ist, von der Orts- in die Impulsdarstellung zu wechseln und
umgekehrt. Aus

$$|\Psi\rangle = \int_{p \in \mathbb{R}^3} d^3p\, |p\rangle\, \langle p|\Psi\rangle$$

erhalten wir:

$$\Psi(r) = \int_{p \in \mathbb{R}^3} d^3p\, \langle r|p\rangle\, \tilde{\Psi}(p). \tag{15.13}$$

Umgekehrt können wir schreiben:

$$|\Psi\rangle = \int_{r \in \mathbb{R}^3} d^3r\, |r\rangle\, \langle r|\Psi\rangle\,,$$

$$\tilde{\Psi}(p) = \int_{r \in \mathbb{R}^3} d^3r\, \langle p|r\rangle\, \Psi(r). \tag{15.14}$$

(15.13) und (15.14) hängen also über eine Integraltransformation miteinander zusammen,
was ja wegen unserer weiter oben getroffenen Aussage: „beim Übergang vom Diskreten
ins Kontinuierliche werden aus Summen Integrale" zu erwarten war. Aber wie lautet diese
Integraltransformation?

Aus der Orthonormalitätsrelation (15.1) und der Vollständigkeitsrelation (15.9) können
wir zunächst ableiten:

$$\int_{p \in \mathbb{R}^3} d^3p\, \langle r|p\rangle\, \langle p|r'\rangle = \delta(r - r') \tag{15.15}$$

$$= \frac{1}{(2\pi)^3} \int_{k \in \mathbb{R}^3} e^{ik \cdot (r - r')} d^3k, \tag{15.16}$$

wobei der Zusammenhang verwendet wurde, dass die Exponentialfunktion die Fourier-
Transformierte des Delta-Funktionals ist, hier eben im Dreidimensionalen. Vergleichen wir
nun die linke und die rechte Seite, so stellen wir fest:

$$p = C \cdot k,$$

$$d^3p = C^3 d^3k,$$

$$\langle r|p\rangle = \frac{1}{(2\pi C)^{3/2}} e^{ik \cdot r},$$

$$\langle p|r'\rangle = \frac{1}{(2\pi C)^{3/2}} e^{-ik \cdot r'},$$

mit einer unbekannten Konstante C. Aus Dimensionsbetrachtungen heraus stellen wir fest, dass C von der Dimension $L \cdot P$ sein muss, also von der Dimension der **Wirkung** S ist.

In der Literatur werden hier unterschiedliche Ansätze gewählt, um einen Ausdruck für $\langle r|p \rangle$ zu erhalten, oft nur mit unzureichender Motivierung. Wichtig ist in jedem Falle an dieser Stelle zu erkennen, dass das bisherige Axiomengerüst nicht ausreicht, um $\langle r|p \rangle$ angeben zu können! Im historischen Rückblick (siehe Kapitel 1) wissen wir, dass zeitlich vor dem quantenmechanischen Formalismus in seiner hier vorgestellten Form die „Alte Quantenmechanik" ihr Anwendung fand und das **Plancksche Wirkungsquantum** $\hbar$ ein zentraler, wenn nicht der zentrale Teil der neuen Physik sein musste.

Kurzum: wir setzen per Konvention:

$$C := \hbar, \tag{15.17}$$

so dass gilt:

$$\langle r|p \rangle = \frac{1}{(2\pi\hbar)^{3/2}} e^{ir \cdot p/\hbar}, \tag{15.18}$$

$$\langle p|r \rangle = \frac{1}{(2\pi\hbar)^{3/2}} e^{-ir \cdot p/\hbar}. \tag{15.19}$$

Wir werden weiter unten diese Zusammenhänge in ein Axiom Nummer 5 fließen lassen, das wir ausnahmsweise einmal nicht an den Anfangspunkt eines Abschnitts stellen, sondern an das Ende. Die Relation

$$p = \hbar k \tag{15.20}$$

wird historisch bedingt auch immer noch **de Broglie-Hypothese** genannt (siehe den historischen Abschnitt 7).

(15.13) und (15.14) lassen sich nun schreiben als:

$$\Psi(r) = \frac{1}{(2\pi\hbar)^{3/2}} \int_{p \in \mathbb{R}^3} e^{ir \cdot p/\hbar} \tilde{\Psi}(p) d^3 p, \tag{15.21}$$

$$\tilde{\Psi}(p) = \frac{1}{(2\pi\hbar)^{3/2}} \int_{r \in \mathbb{R}^3} e^{-ir \cdot p/\hbar} \Psi(r) d^3 r, \tag{15.22}$$

und da per Definition $|\Psi\rangle$ normiert ist, gilt für $\Psi(r)$ und $\tilde{\Psi}(p)$ ebenfalls:

$$\int_{r \in \mathbb{R}^3} \Psi^*(r) \Psi(r) d^3 r = 1, \tag{15.23}$$

$$\int_{p \in \mathbb{R}^3} \tilde{\Psi}^*(p) \tilde{\Psi}(p) d^3 p = 1. \tag{15.24}$$

Dieser Zusammenhang wird oft auch **Satz von Parseval** genannt.

Als letztes interessiert uns in diesem Abschnitt nun noch einerseits die Ortsdarstellung des Impulsoperators $\hat{p}$ beziehungsweise die Impulsdarstellung des Ortsoperators $\hat{r}$. Dazu betrachten wir

$$\langle r|\hat{p}|\Psi\rangle = \int_{p\in\mathbb{R}^3} \langle r|\hat{p}|p\rangle \langle p|\Psi\rangle$$

$$= \int_{p\in\mathbb{R}^3} p \langle r|p\rangle \langle p|\Psi\rangle$$

$$= \frac{1}{(2\pi\hbar)^{3/2}} \int_{p\in\mathbb{R}^3} p e^{ir\cdot p/\hbar}\tilde{\Psi}(p)\mathrm{d}^3 p.$$

Mit

$$p e^{ir\cdot p/\hbar} = -i\hbar\nabla e^{ir\cdot p/\hbar}$$

und dem Umstand, dass wir den Ableitungsoperator vor das Integral ziehen dürfen, können wir also schreiben:

$$\langle r|\hat{p}|\Psi\rangle = -i\hbar\nabla \langle r|\Psi\rangle ,$$

womit wir den Ausdruck für den Impulsoperator $\hat{p}$ in der Orstdarstellung gefunden haben:

$$\hat{p} \mapsto -i\hbar\nabla. \tag{15.25}$$

Die kartesischen Komponenten lauten:

$$\hat{p}_x \mapsto -i\hbar\frac{\partial}{\partial x}, \tag{15.26}$$

$$\hat{p}_y \mapsto -i\hbar\frac{\partial}{\partial y}, \tag{15.27}$$

$$\hat{p}_z \mapsto -i\hbar\frac{\partial}{\partial z}. \tag{15.28}$$

Auf die gleiche Weise erhalten wir den Ortsoperator in der Impulsdarstellung:

$$\hat{r} \mapsto i\hbar\nabla_p, \tag{15.29}$$

mit den kartesischen Komponenten

$$\hat{x} \mapsto i\hbar\frac{\partial}{\partial p_x}, \tag{15.30}$$

$$\hat{y} \mapsto i\hbar\frac{\partial}{\partial p_y}, \tag{15.31}$$

$$\hat{z} \mapsto i\hbar\frac{\partial}{\partial p_z}. \tag{15.32}$$

Und auch an dieser Stelle wollen wir (15.18,15.19) wieder unter einem etwas anderen Blickwinkel betrachten:

$$\langle r|p\rangle = \frac{1}{(2\pi\hbar)^{3/2}}\,e^{ir\cdot p/\hbar} \qquad \text{ist (uneigentlicher) Eigenzustand } |p\rangle \text{ in } \hat{r}\text{-Darstellung,}$$

$$\langle p|r\rangle = \frac{1}{(2\pi\hbar)^{3/2}}\,e^{-ir\cdot p/\hbar} \qquad \text{ist (uneigentlicher) Eigenzustand } |r\rangle \text{ in } \hat{p}\text{-Darstellung.}$$

Kommutatorrelationen zwischen $\hat{r}$ und $\hat{p}$

Wir sind nun in der Lage, die wichtigen Kommutatorbeziehungen zwischen den Ortsoperatoren $\hat{r}_i$ und den Impulsoperatoren $\hat{p}_i$ zu berechnen. Dazu betrachten wir:

$$\langle r|\hat{x}\hat{p}_x|\Psi\rangle = -i\hbar x\frac{\partial\Psi(r)}{\partial x}$$

$$\langle r|\hat{p}_x\hat{x}|\Psi\rangle = -i\hbar\left(\Psi(r)+x\frac{\partial\Psi(r)}{\partial x}\right).$$

Damit ist

$$\langle r|[\hat{x}\hat{p}_x-\hat{p}_x\hat{x}]|\Psi\rangle = i\hbar\Psi(r),$$

und somit

$$[\hat{x},\hat{p}_x] = i\hbar. \tag{15.33}$$

Allgemein können wir auf diese Weise die **kanonischen Kommutatorrelationen** ableiten:

$$[\hat{r}_i,\hat{p}_j] = i\hbar\delta_{ij}, \tag{15.34}$$

$$[\hat{r}_i,\hat{r}_j] = 0, \tag{15.35}$$

$$[\hat{p}_i,\hat{p}_j] = 0. \tag{15.36}$$

Auch wenn wir (15.34–15.36) explizit in der Ortsdarstellung ausgerechnet haben, ist das Ergebnis darstellungsunabhängig. Wir prüfen dies explizit in der Impulsdarstellung nach:

$$\langle p|\hat{x}\hat{p}_x|\Psi\rangle = i\hbar\left(\tilde{\Psi}(p)+p_x\frac{\partial\tilde{\Psi}(p)}{\partial p_x}\right)$$

$$\langle p|\hat{p}_x\hat{x}|\Psi\rangle = i\hbar p_x\frac{\partial\tilde{\Psi}(p)}{\partial p_x}$$

$$\Longrightarrow \langle p|[\hat{x}\hat{p}_x-\hat{p}_x\hat{x}]|\Psi\rangle = i\hbar\tilde{\Psi}(p),$$

also wieder $[\hat{x},\hat{p}_x] = i\hbar$.

Allgemein können wir folgende Kommutatorausdrücke ableiten:

$$[\hat{r}_i^n,\hat{p}_i] = i\hbar n\hat{r}_i^{n-1}, \tag{15.37}$$

$$[\hat{r}_i,\hat{p}_i^n] = i\hbar n\hat{p}_i^{n-1}, \tag{15.38}$$

wobei auf der linken Seite nicht über den Index i zu summieren ist! Und für Funktionen $f(\hat{r})$ finden wir die Kommutator-Ausdrücke:

$$[\hat{p}_i, f(\hat{r}_i)] = -i\hbar \frac{\partial f(\hat{r}_i)}{\partial \hat{r}_i} \qquad (15.39)$$

$$\Longrightarrow [\hat{\boldsymbol{p}}, f(\hat{\boldsymbol{r}})] = -i\hbar \hat{\nabla} f(\hat{\boldsymbol{r}}). \qquad (15.40)$$

Analog:

$$[\hat{r}_i, f(\hat{p}_i)] = i\hbar \frac{\partial f(\hat{p}_i)}{\partial \hat{p}_i} \qquad (15.41)$$

$$\Longrightarrow [\hat{\boldsymbol{r}}, f(\hat{\boldsymbol{p}})] = i\hbar \hat{\nabla}_{\hat{\boldsymbol{p}}} f(\hat{\boldsymbol{p}}). \qquad (15.42)$$

Beides folgt trivialerweise per Induktion aus dem Distributivgesetz für Kommutatoren (siehe Abschnitt 14).

Zuguterletzt wollen wir das in diesem Abschnitt Gesagte in ein Axiom münden lassen. Wir erinnern uns: wir haben (15.18) beziehungsweise (15.19) dadurch erhalten, indem wir die Proportionalitätskonstante C zwischen $\boldsymbol{p}$ und $\boldsymbol{k}$ gleich dem Planckschen Wirkungsquantum $\hbar$ gesetzt haben. Damit waren dann die kanonischen Kommutatorrelationen (15.34–15.36) numerisch bestimmt. Der umgekehrte Weg ist ebenfalls möglich, und das ist derjenige, den wir axiomatisch bestreiten wollen.

In der klassischen Hamilton-Mechanik gibt es das Konzept der **generalisierten Koordinaten** q_i und der **kanonisch konjugierten Impulse** p_i, die voneinander unabhängige Größen darstellen. Das Produkt derartig **kanonisch-konjugierter Variablen** ist stets von der Dimension der Wirkung S.

Axiom 5 (Kanonische Kommutatorrelationen). *Den generalisierten Koordinaten q_i und den dazugehörigen kanonisch konjugierten Impulsen p_i eines Systems der klassischen Mechanik entsprechen die linearen hermiteschen Operatoren $\hat{q}_i$ und $\hat{p}_i$ eines quantenmechanischen Systems Σ. Es gelten die **kanonischen Kommutatorrelationen** $[\hat{q}_i, \hat{p}_j] = i\hbar \delta_{ij}$ und $[\hat{q}_i, \hat{q}_j] = [\hat{p}_i, \hat{p}_j] = 0$, wobei $\hbar$ die experimentell bestimmte **Planck-Konstante** ist. Insbesondere gelten für die kartesischen Komponenten des vektorwertigen Ortsoperators $\hat{\boldsymbol{r}}$ und des vektorwertigen Impulsoperators $\hat{\boldsymbol{p}}$: $[\hat{r}_i, \hat{p}_j] = i\hbar \delta_{ij}$ sowie $[\hat{r}_i, \hat{r}_j] = [\hat{p}_i, \hat{p}_j] = 0$.*

In vielen Darstellungen wird dieses Axiom aus unverständlichen Gründen unterschlagen. Dabei ist die fundamentale Bedeutung dieses Axioms die, mit der Planck-Konstanten $\hbar$ eine **fundamentale Skala** der Dimension einer Wirkung in die Quantenmechanik einzuführen. Diese fundamentale Skala stellt das zentrale Element sämtlicher phänomenologischer Aspekte in der gesamten Quantenmechanik dar und stand ganz am Anfang der Entwicklung der Quantenmechanik auf dem Weg hin zu einer vollwertigen Theorie. Die Wichtigkeit dieser fundamentalen Skala innerhalb der Quantenmechanik ist vergleichbar mit der Wichtigkeit der Lichtgeschwindigkeit c als fundamentale Geschwindigkeitsskala in der Speziellen Relativitätstheorie. Die Existenz dieser beiden Skalen lässt eine quantitative Abschätzung zu, in welchen Parameterbereichen innerhalb der Physik die Gesetze der klassischen nichtrelativistischen Mechanik als nicht mehr ausreichend korrekt angesehen werden müssen und die der Quantenmechanik beziehungsweise die der Speziellen Relativitätstheorie (oder gar beide in Kombination) gewissermaßen „übernehmen". Wir werden in Abschnitt 21 darauf zurückkommen.

Der numerische Wert von $\hbar$ ist an dieser Stelle irrelevant und experimentell zu bestimmen (siehe Abschnitt 2). Von grundsätzlicher theoretischer Bedeutung ist allein die Existenz einer Skala mit der Dimension der Wirkung an sich.

Die Darstellung der kanonischen Kommutatorrelationen ist eindeutig bis auf unitäre Transformationen, das heißt: gelten die kanonischen Kommutatorrelationen für die kanonisch-konjugierten Variablen $\hat{q}_i$, $\hat{p}_j$ wie auch für die kanonisch-konjugierten Variablen $\hat{q}'_i$, $\hat{p}'_j$, so hängen $\hat{q}'_i$, $\hat{p}'_j$ und $\hat{q}_i$, $\hat{p}_j$ über eine unitäre Transformation zusammen, ein Zusammenhang, der als **Stone–von Neumann-Theorem** bekannt ist.

Aus den kanonischen Kommutatorrelationen (15.34) folgt außerdem durch Spurbildung:

$$\mathrm{Tr}[\hat{x}, \hat{p}_x] = i\hbar \, \mathrm{Tr}\, \mathbb{1}_\Sigma,$$

dass mindestens einer der beiden Operatoren $\hat{x}$ und $\hat{p}_x$ unbeschränkt sein muss, entsprechendes gilt für die Operatoren in y- und z-Richtung.

Aus den allgemeinen Unbestimmtheitsrelationen (14.13) und den kanonischen Kommutatorrelationen (15.34) lassen sich schnell die historisch bedeutsamen **Heisenbergschen Unbestimmtheitsrelationen**, häufig noch als **Heisenbergsche Unschärferelationen** bezeichnet, ableiten:

$$\Delta x \Delta p_x \geq \frac{\hbar}{2}. \tag{15.43}$$

Eine Dimensionsbetrachtung für Orts- und Impulseigenvektoren

Eine meist vollkommen vernachlässigte Betrachtung ist die über die Dimensionsbehaftetheit uneigentlicher Zustände wie $|r\rangle$ und $|p\rangle$.

Betrachten wir zunächst einen hermiteschen Operator $\hat{A}$ und dessen Eigenvektoren $|A_i\rangle$. Anhand von Ausdrücken wie Matrixelementen oder Erwartungswerten der Form:

$$\langle A_i|\hat{A}|A_i\rangle = a_i$$

sehen wir, dass aus der Bedingung heraus, dass der Operator $\hat{A}$ und der Eigenwert a_i dieselbe Dimension besitzen, die Dimension des Eigenzustands Eins ist, sprich er ist dimensionslos. Dies gilt für alle echten Zustände $|\Psi\rangle$ eines Hilbertraums $\mathcal{H}$:

$$\dim |\Psi\rangle = [1]. \tag{15.44}$$

Gleiches gilt *nicht* für uneigentliche Zustände, wie sofort zu sehen ist, wenn wir die Orthonormalitäts- und Vollständigkeitsrelationen (15.1) und (15.2) betrachten:

$$\langle r|r'\rangle = \delta(r - r'),$$

$$\int_{r \in \mathbb{R}^3} \mathrm{d}^3 r \, |r\rangle \langle r| = \mathbb{1}_\Sigma.$$

Die Vollständigkeitsrelation ist nun keine abzählbare Summe mehr, sondern ein Integral mit einem dimensionsbehafteten Maß. Daher gilt:

$$\dim |r\rangle = [L^{-3/2}]. \tag{15.45}$$

Und aus der Orthonormalitätsrelation leiten wir ab, dass:

$$\dim \delta(r - r') = [L^{-3}]. \tag{15.46}$$

Entsprechend gilt für die uneigentlichen Impulseigenzustände:

$$\dim |p\rangle = [P^{-3/2}], \tag{15.47}$$

$$\dim \delta(p - p') = [P^{-3}]. \tag{15.48}$$

Haben wir uns das vor Augen geführt, ist klar, dass weiterhin gilt:

$$|p\rangle = \frac{1}{\hbar^{3/2}} |k\rangle \tag{15.49}$$

$$\Longrightarrow \langle r|k\rangle = \frac{1}{(2\pi)^{3/2}} e^{ik \cdot r} \tag{15.50}$$

was sich aus den Bedingungen ergibt:

$$\int d^3 p \, |p\rangle \langle p| \overset{!}{=} \mathbb{1}_\Sigma,$$

$$\int d^3 k \, |k\rangle \langle k| \overset{!}{=} \mathbb{1}_\Sigma,$$

$$\int d^3 p = \hbar^3 \int d^3 k.$$

Mathematischer Einschub 5: Distributionen und das Delta-Funktional

Das **Delta-Funktional** wurde ursprünglich von Paul Dirac eingeführt und ist ein Beispiel für eine sogenannte **singuläre Distribution**, ein Begriff, der erst Ende der 1940er-Jahre vom französischen Mathematiker Laurent Schwartz im Rahmen der von ihm entwickelten Distributionentheorie als Teilgebiet der Funktionalanalysis eine strenge Definition fand. Für seine Arbeiten erhielt Schwartz 1950 die Fields-Medaille, die höchste Auszeichnung aus dem Gebiet der Mathematik.

Grundlage ist stets die Betrachtung eines linearen Vektorraums, beispielsweise eines Hilbert-Raums $\mathcal{H}$, über einem Körper, wie beispielsweise $\mathbb{C}$. Dann ist ein **Funktional** nichts anderes als eine Abbildung $\mathcal{H} \to \mathbb{C}$. Ist der betrachtete Hilbert-Raum ein Funktionenraum wie der **Lebesgue-Raum** der **quadratintegrablen** Funktionen $L^2(\mathbb{R})$, ordnet ein Funktional letztlich einer Funktion $f \in L^2(\mathbb{R})$ eine Zahl $z \in \mathbb{C}$ zu.

In endlichdimensionalen Vektorräumen, wie man sie aus der linearen Algebra kennt, kann man nun jedem Vektor ein Element aus dem Dualraum zuordnen und umgekehrt. So werden aus Spalten- Zeilenvektoren. Über das Skalarprodukt ist so ein stetiges Funktional definiert. Der **Darstellungsssatz von Riesz** verallgemeinert diesen Isomorphismus auf Funktionenräume. Für den für uns wichtigen Raum der quadratintegrierbaren Funktionen kann beispielsweise für alle $f \in L^2(\mathbb{R})$ über das Integral:

$$L^2(\mathbb{R}) \to (L^2(\mathbb{R}))^*$$

$$f(x) \mapsto \int_{-\infty}^{\infty} \mathrm{d}x f(x) \cdot$$

(der Multiplikationspunkt · steht für ein notwendig folgendes Argument) ein stetiges Funktional definiert werden:

$$L^2(\mathbb{R}) \to \mathbb{R}$$

$$g(x) \mapsto \int_{-\infty}^{\infty} \mathrm{d}x f(x) g(x). \tag{15.51}$$

Für normierte Räume wie $f \in L^2(\mathbb{R})$ sind stetige lineare Operatoren automatisch beschränkt. Lässt man aber die Eigenschaft der Beschränktheit der Funktionen fallen, so verallgemeinert man den Funktionalbegriff zu dem der **Distribution**. Das ist in der Quantenmechanik deswegen wichtig, weil zwei der wichtigsten linearen Operatoren **unbeschränkt** sind: der Orts- und der Impulsoperator, mit der Konsequenz, dass die jeweiligen (uneigentlichen) Eigenzustände von $\hat{r}$ oder $\hat{p}$ nicht quadratintegrabel sind. Die ebenen Wellen sind daher *nicht* Elemente von $L^2(\mathbb{R})$.

Die bislang betrachteten linearen, beschränkten Funktionale sind **reguläre Distributionen**, für die der Darstellungssatz von Riesz gilt. Und die wichtige, weiter unten betrachtete **Fourier-Transformation**, die ja das Skalarprodukt zwischen einer Funktion und einer ebenen Welle ist und beim Wechsel zwischen Orts- und Impulsdarstellung die zentrale Rolle spielt, ist ohne eine Erweiterung des betrachteten Hilbert-Raums nicht möglich. Darüber hinaus möchte man die Existenz des Erwartungswerts $\langle \hat{p}^n \rangle$ des Impulsoperators $\hat{p}$ sicherstellen, der in Ortsdarstellung zu einem Differentialoperator wird.

Um diesen Sachverhalt zu fassen, führt man den **Schwartz-Raum** $\mathcal{S}(\mathbb{R})$ der **schnellfallenden** Funktionen ein, das heißt derjenigen unendlich oft differenzierbaren Funktionen, die und deren sämtliche Ableitungen schneller als jede Potenz im Unendlichen gegen Null streben. Man kann nun zeigen, dass das gewöhnliche aus der Funktionalanalysis bekannte Skalarprodukt (15.51) auch für sogenannte **singuläre Distributionen** definiert ist – also für Funktionale, für die keine Zuordnung zu einer Funktion $f \in L^2(\mathbb{R})$ existiert, wie es beispielsweise für das Delta-Funktional $\delta(x)$ der Fall ist – wenn die Distribution nur auf Elemente des Schwartz-Raums $\mathcal{S}$ wirkt. Der Dualraum $\mathcal{S}^*$ der sogenannten **temperierten Distributionen** umfasst dann auch die singulären

Distributionen, und man erhält das sogenannte **Gelfandsche Raumtripel**:

$$\mathcal{S}(\mathbb{R}) \subset \mathcal{H} = L^2(\mathbb{R}) \subset \mathcal{S}^*(\mathbb{R}), \tag{15.52}$$

im englischen Sprachraum auch als *"rigged Hilbert space"* (*"aufgetakelter Hilbert-Raum"*) bezeichnet.

Der Distributionenbegriff motiviert die Definition einer weiteren Art von Konvergenz, der sogenannten **schwachen Konvergenz**: eine Folge $(|\Phi^N\rangle) \in \mathcal{H}$ heißt **schwach konvergent** gegen $|\Phi\rangle \in \mathcal{H}$, wenn

$$\int_{-\infty}^{\infty} dx \Psi(x) \Phi^N(x) \to \int_{-\infty}^{\infty} dx \Psi(x) \Phi(x) \tag{15.53}$$

für alle stetigen linearen Funktionale $\langle \Psi | \in \mathcal{S}^*(\mathbb{R})$.

Eine Distribution – regulär oder singulär – lässt sich dann auch über eine schwach konvergente Folge darstellen. Als Beispiel sei das Dirac-Funktional genannt, welches von Mathematikern auch nicht wie $\delta(x)$ geschrieben wird, sondern definitionsgemäß über die Wirkung des Funktionals selbst:

$$\delta[f] := f(0), \tag{15.54}$$

was aber häufig durch die mnemonische Schreibweise

$$\int_{-\infty}^{\infty} \delta(x) f(x) dx = f(0) \tag{15.55}$$

ersetzt wird, der wir uns hier ebenfalls anschließen. Man beachte aber, dass (15.55) nur symbolisch zu verstehen ist und insbesondere kein Lebesgue-Integral darstellt, da es keine Funktion $\delta(x)$ gibt, die den funktionalen Zusammenhang (15.54) herstellen kann.

Das Delta-Funktional lässt sich nun als Grenzwert einer **Dirac-Folge** verschiedener Funktionen $\delta_\epsilon(x)$ darstellen. Dabei ist dann:

$$f(0) = \lim_{\epsilon \to 0} \int_{-\infty}^{\infty} \delta_\epsilon(x) f(x) dx. \tag{15.56}$$

Einige Beispiele:

$$\delta_\epsilon(x) = \begin{cases} \dfrac{1}{\sqrt{2\pi\epsilon}}e^{-\frac{x^2}{2\epsilon}} & \text{(Gauß-Integral)} \\[2ex] \dfrac{1}{\pi}\dfrac{\epsilon}{x^2+\epsilon^2} & \text{(Lorentz-Kurve)} \\[2ex] \dfrac{1}{\sqrt{i\pi\epsilon}}e^{\frac{ix^2}{\epsilon}} & \text{(Fresnel-Integral)} \\[2ex] \dfrac{\sin(x/\epsilon)}{\pi x} & \\[2ex] \dfrac{\sin^2(x/\epsilon)\epsilon}{\pi x^2} & \\[2ex] \dfrac{1}{2\pi}\displaystyle\int_{-1/\epsilon}^{1/\epsilon} e^{ikx}\mathrm{d}k & \text{(Fourier-Integral, aber aufpassen!)} \end{cases} \qquad . \qquad (15.57)$$

Insbesondere die letzte Dirac-Folge lässt zu, das Delta-Funktional gewissermaßen als Fourier-Transformierte der rein imaginären Exponentialfunktion zu interpretieren – aber eben nur im Distributionensinne: das gesamte Integral dient wiederum als Integralkern $\delta_\epsilon(x)$ in der Integraldarstellung des Funktionals!

Auch wenn die Notation $\delta(x)$ nicht mathematisch streng gilt, kann man doch gut mit ihr rechnen, wir müssen nur stets beachten, dass $\delta(x)$ immer nur innerhalb eines Integrals (15.55) einen Sinn ergibt:

$$\int_{-\infty}^{\infty} \delta(x)\mathrm{d}x = 1, \qquad (15.58)$$

$$\int_{a}^{b} \delta(x)\mathrm{d}x = \begin{cases} 1 & (a < 0 < b) \\ 0 & \text{sonst} \end{cases}, \qquad (15.59)$$

$$\int_{a}^{b} \delta(x)f(x)\mathrm{d}x = \begin{cases} f(0) & (a < 0 < b) \\ 0 & \text{sonst} \end{cases}, \qquad (15.60)$$

$$\int_{a}^{b} \delta(x-c)f(x)\mathrm{d}x = \begin{cases} f(c) & (a < c < b) \\ 0 & \text{sonst} \end{cases}. \qquad (15.61)$$

Im funktionalen Sinne gilt dann:

$$\delta(ax) = \frac{1}{|a|}\delta(x), \tag{15.62}$$

$$\delta(f(x)) = \sum_i \frac{\delta(x - x_i)}{|f'(x_i)|} \quad (i \text{ geht über alle Nullstellen } x_i \text{ von } f), \tag{15.63}$$

$$\frac{\mathrm{d}}{\mathrm{d}x}\Theta(x) = \delta(x), \tag{15.64}$$

mit der **Stufen-** oder **Heaviside-Funktion** $\Theta(x)$, siehe Abschnitt 24.

Mathematischer Einschub 6: Die Fourier-Transformation

Die **Fourier-Transformation** ist sicher die mit Abstand wichtigste in der Physik verwendete lineare Integraltransformation. Gegeben sei eine Funktion $f \in L^1(\mathbb{R})$:

$$f: \mathbb{R} \to \mathbb{C}$$
$$x \mapsto f(x).$$

Die **Fourier-Transformierte** $[\mathcal{F}f](k)$ von $f(x)$ ist dann für $k \in \mathbb{R}$ definiert durch

$$[\mathcal{F}f](k) := \tilde{f}(k) = \frac{1}{\sqrt{2\pi}}\int_{-\infty}^{\infty} f(x)\mathrm{e}^{-ikx}\mathrm{d}x, \tag{15.65}$$

die Integraltransformation $\mathcal{F}$ selbst heißt **Fourier-Transformation** und ist eine Abbildung

$$\mathcal{F}: L^1(\mathbb{R}) \to L^1(\mathbb{R})$$
$$f(x) \mapsto \tilde{f}(k).$$

Sei entsprechend $f \in L^1(\mathbb{R}^n)$ der Art

$$f: \mathbb{R}^n \to \mathbb{C}$$
$$\boldsymbol{r} \mapsto f(\boldsymbol{r})$$

eine reellwertige Funktion auf $\mathbb{R}^n$, so ist

$$[\mathcal{F}f](\boldsymbol{k}) = \tilde{f}(\boldsymbol{k}) = \frac{1}{(2\pi)^{n/2}}\int_{\mathbb{R}^n} f(\boldsymbol{r})\mathrm{e}^{-i\boldsymbol{k}\cdot\boldsymbol{r}}\mathrm{d}^n\boldsymbol{r} \tag{15.66}$$

die Fourier-Transfomierte von $f(r)$, und es ist

$$\mathcal{F}\colon L^1(\mathbb{R}^n) \to L^1(\mathbb{R}^n)$$

$$f(r) \mapsto \tilde{f}(k).$$

Die Rücktransformation oder **inverse Fourier-Transformation** $\mathcal{F}^{-1}$ von $\tilde{f}(k)$ nach $f(r)$ ist dann gegeben durch:

$$f(r) = [\mathcal{F}^{-1}\tilde{f}](r) = \frac{1}{(2\pi)^{n/2}} \int_{\mathbb{R}^n} \tilde{f}(k)\mathrm{e}^{\mathrm{i}k \cdot r}\,\mathrm{d}^n k. \qquad (15.67)$$

Man beachte, dass in der Literatur nahezu gleich häufig auch die jeweils umgekehrte Definition von Fourier-Transformation und inverser Fourier-Transformation verwendet wird. Eine weitere Konvention besteht darin, für die Fourier-Transformation den Vorfaktor $(2\pi)^{-n/2}$ wegzulassen und dann durch einen Vorfaktor $(2\pi)^{-n}$ bei der inversen Fourier-Transformation zu ersetzen – oder auch genau umgekehrt – beziehungsweise in beiden Fällen keinen Vorfaktor zu verwenden und ihn dafür im Exponenten durch einen zusätzlichen Faktor 2π zu ersetzen.

Die Fourier-Transformation stellt den Grenzfall der Fourier-Reihe für periodische Funktionen dar in dem Sinne, dass die Periode der Funktionen gegen Unendlich geht und aus der diskreten Summe dann ein Integral wird:

$$f(x) = \sum_{n=-\infty}^{\infty} g_n \frac{\mathrm{e}^{2\pi\mathrm{i}xn/L}}{\sqrt{L}} \xrightarrow{L\to\infty} f(x) = \frac{1}{\sqrt{2\pi}} \int_{\mathbb{R}} \tilde{f}(k)\mathrm{e}^{\mathrm{i}kx}\,\mathrm{d}x,$$

$$\tilde{f}_n = \int_{-L/2}^{L/2} f(x) \frac{\mathrm{e}^{-2\pi\mathrm{i}nx/L}}{\sqrt{L}} \xrightarrow{L\to\infty} \tilde{f}(k) = \frac{1}{\sqrt{2\pi}} \int_{-\infty}^{\infty} f(x)\mathrm{e}^{-\mathrm{i}kx}\,\mathrm{d}x.$$

Seien nun $f, g \in L^2(\mathbb{R}^n)$ mit dem Skalarprodukt

$$\langle f, g \rangle = \int_{\mathbb{R}^n} \mathrm{d}^n r\, f(r)^* g(r), \qquad (15.68)$$

dann gilt für die Fourier-Transformierten $\tilde{f}, \tilde{g}$, die ebenfalls Element von $L^2(\mathbb{R}^n)$ sind, der **Satz von Plancherel**:

$$\langle \tilde{f}, \tilde{g} \rangle = \langle f, g \rangle, \qquad (15.69)$$

häufig auch **Satz von Parseval** genannt (obwohl dieser strenggenommen gewissermaßen das Pendant bei Fourier-Reihen darstellt). Die Fourier-Transformation ist also eine unitäre Transformation in $L^2(\mathbb{R}^n)$.

Als Abbildung $\mathcal{F} : L^1(\mathbb{R}^n) \to L^1(\mathbb{R}^n)$ besitzt die Fourier-Transformation einen Fixpunkt, nämlich die Gauß-Funktion:

$$f(\boldsymbol{r}) = \frac{1}{(2\pi)^{n/2}} e^{-\frac{1}{2}|\boldsymbol{r}|^2} \mapsto \tilde{f}(\boldsymbol{k}) = \frac{1}{(2\pi)^{n/2}} e^{-\frac{1}{2}|\boldsymbol{k}|^2}. \tag{15.70}$$

Es sei $\tilde{f}(\boldsymbol{k})$ die Fourier-Transformierte von $f(\boldsymbol{r})$. Dann gilt:

$$f(\boldsymbol{r} + \boldsymbol{R}) \mapsto e^{i\boldsymbol{k}\cdot\boldsymbol{R}} \tilde{f}(\boldsymbol{k}), \tag{15.71}$$

$$f(a\boldsymbol{r}) \mapsto \frac{1}{|a|^n} \tilde{f}(a^{-1}\boldsymbol{k}), \tag{15.72}$$

$$f^*(\boldsymbol{r}) \mapsto \tilde{f}^*(-\boldsymbol{k}), \tag{15.73}$$

$$\nabla f(\boldsymbol{r}) \mapsto i\boldsymbol{k} \tilde{f}(\boldsymbol{k}), \tag{15.74}$$

$$\nabla^2 f(\boldsymbol{r}) \mapsto -k^2 \tilde{f}(\boldsymbol{k}). \tag{15.75}$$

Entsprechende Relationen gelten für die inverse Fourier-Transformation. Damit die Ableitungen in (15.74) und (15.75) definiert sind, muss f natürlich entsprechende Differenzierbarkeitseigenschaften besitzen. Damit aber die Integrale und damit die Fourier-Transformation selbst definiert sind, betrachtet man meist Funktionen f aus dem Schwartz-Raum $\mathcal{S}(\mathbb{R}^n)$ der schnellfallenden Funktionen. Es sind insbesondere diese Eigenschaften der Fourier-Transformierten, die es in der Praxis ermöglichen, gewöhnliche oder partielle Differentialgleichungen in algebraische Gleichungen in den Fourier-Transformierten umzuwandeln. Insbesondere gilt für Greensche Funktionen $G(\boldsymbol{r})$ eines Differentialoperators $D(\nabla)$:

$$D(\nabla)G(\boldsymbol{r}) = \delta(\boldsymbol{r}) \iff (2\pi)^n D(i\boldsymbol{k})\tilde{G}(\boldsymbol{k}) = 1, \tag{15.76}$$

wenn $\tilde{G}(\boldsymbol{k})$ die Fourier-Transformierte von $G(\boldsymbol{r})$ ist.

Die Fourier-Transformation ist ebenfalls für (singuläre und reguläre) Distributionen definiert:

$$\delta(x) \mapsto \frac{1}{\sqrt{2\pi}}, \tag{15.77}$$

$$\Theta(x) \mapsto \frac{1}{2}\left[\delta(x) - \frac{i}{\pi}P\frac{1}{x}\right]. \tag{15.78}$$

Die **Faltung** $*$ zweier Funktionen $f, g \in L^1(\mathbb{R}^n)$ (englisch: *convolution*) ist definiert durch

$$[f * g](\boldsymbol{r}) = \int_{\mathbb{R}^n} d^n r f(\boldsymbol{r} - \boldsymbol{r}')g(\boldsymbol{r}'). \tag{15.79}$$

Dann gilt der **Faltungssatz** für die Fourier-Transformierten $\tilde{f}, \tilde{g}$:

$$[f * g](r) \mapsto (2\pi)^{n/2}\, \tilde{f}(k)\tilde{g}(k), \tag{15.80}$$

$$f(r)g(r) \mapsto (2\pi)^{-n/2}[\tilde{f} * \tilde{g}](k). \tag{15.81}$$

16 Quantisierungsvorschriften und der Hamilton-Operator

Wir werden in Abschnitt 21 sehr genau den Übergang von der Quantenmechanik zu klassischen Mechanik betrachten, hier nehmen wir uns gewissermaßen den umgekehrten Fall vor und fragen uns, wie wir denn aus einem System der klassischen Mechanik ein Quantensystem konstruieren. Axiom 2 legt ja fest, dass einer physikalischen Größe A in der Quantenmechanik ein hermitescher Operator $\hat{A}$ in einem Hilbert-Raum $\mathcal{H}_\Sigma$ entspricht, dessen Eigenwerte mögliche Messwerte bei einer Messung von A am System Σ darstellen. Beim Übergang von der klassischen Mechanik zur Quantenmechanik wird demnach in der mathematischen Formulierung von physikalischen Zusammenhängen eine Ersetzung von klassischen reellwertigen Messgrößen durch hermitesche Operatoren vorgenommen, was gemeinhin als **Quantisierung** bezeichnet wird.

Ausgangspunkt der Quantisierung stellt die in der klassischen Hamilton-Mechanik wichtige zeitabhängige **Hamilton-Funktion** $H(q_i(t), p_i(t), t)$ der generalisierten Koordinaten $q_i(t)$ und der kanonisch konjugierten Impulse $p_i(t)$ dar. Die zeitliche Entwicklung $q_i(t), p_i(t)$ ist durch die **Hamilton-Gleichungen** gegeben:

$$\dot{q}_i(t) = \frac{\partial H(q_i(t), p_i(t), t)}{\partial p_i}$$

$$\dot{p}_i(t) = -\frac{\partial H(q_i(t), p_i(t), t)}{\partial q_i}.$$

Wir wissen aus der klassischen Hamilton-Mechanik ebenfalls, dass die Hamilton-Funktion genau dann die **Gesamtenergie** des Systems darstellt, wenn keine zeitabhängigen Zwangsbedingungen vorliegen, und dass wegen

$$\frac{\mathrm{d}H(q_i(t), p_i(t), t)}{\mathrm{d}t} = \frac{\partial H(q_i(t), p_i(t), t)}{\partial t}$$

demnach die Gesamtenergie des Systems genau dann erhalten bleibt, wenn $H(q_i(t), p_i(t))$ nicht explizit zeitabhängig ist.

Wir betrachten nun ein Punktteilchen der Masse m, das sich in einem Potential $V(\boldsymbol{r}, \boldsymbol{p}, t)$ bewegt. Für dieses lautet die Hamilton-Funktion nun:

$$H(\boldsymbol{r}, \boldsymbol{p}, t) = \frac{\boldsymbol{p}^2}{2m} + V(\boldsymbol{r}, \boldsymbol{p}, t).$$

Der **Hamilton-Operator** $\hat{H}(\hat{\boldsymbol{r}}, \hat{\boldsymbol{p}}, t)$ dieses Quantensystems ist dann gegeben durch:

$$\hat{H}(\hat{\boldsymbol{r}}, \hat{\boldsymbol{p}}, t) = \frac{\hat{\boldsymbol{p}}^2}{2m} + \hat{V}(\hat{\boldsymbol{r}}, \hat{\boldsymbol{p}}, t). \tag{16.1}$$

Gemäß Axiom 3 (Abschnitt 13) sind mögliche Messwerte E für die Energie die Eigenwerte des Hamilton-Operators $\hat{H}$. Setzen wir ein konservatives Potential $\hat{V}(\hat{\boldsymbol{r}})$ voraus, so nimmt die **Eigenwertgleichung** für den Hamilton-Operator $\hat{H}$ die Form an:

$$\left[\frac{\hat{\boldsymbol{p}}^2}{2m} + \hat{V}(\hat{\boldsymbol{r}}) \right] |\Psi(t)\rangle = E |\Psi(t)\rangle. \tag{16.2}$$

Man beachte, dass zwar die Operatorausdrücke keine explizite Zeitabhängigkeit besitzen, der quantenmechanische Zustand aber im Allgemeinen schon! Nur leider kennen wir ja noch keinerlei Gesetzmäßigkeit über die Zeitentwicklung eines Zustands, abgesehen von der Wirkung des Projektionsoperators im Falle einer Messung.

In der Ortsdarstellung erhalten wir aus (16.2) eine partielle Differentialgleichung 2. Ordnung in r, die **stationäre Schrödinger-Gleichung**:

$$\left[-\frac{\hbar^2}{2m} \nabla^2 + V(r) \right] \Psi(r,t) = E\Psi(r,t). \tag{16.3}$$

Durch das Lösen dieser partiellen Differentialgleichung erhalten wir einerseits die möglichen Energieeigenwerte E des Hamilton-Operators $\hat{H}$, andererseits die r-Abhängigkeit der Wellenfunktion $\Psi(r,t)$. Das Auffinden der Lösungen von (16.3) ist eine der zentralen Aufgabenstellungen in der Quantenmechanik.

Was wir allerdings nach wie vor noch nicht kennen, ist die Gesetzmäßigkeit für die Zeitentwicklung eines quantenmechanischen Zustands $|\Psi(t)\rangle$ und damit die t-Abhängigkeit von $\Psi(r,t)$. Dazu benötigen wir ein weiteres Postulat, das wir im folgenden Abschnitt 17 formulieren werden. Zuvor müssen wir aber noch eine kurze Abschweifung über Mehrdeutigkeiten bei der Quantisierung machen.

Quantisierungsvorschriften und Weyl-Ordnung

Axiom 2 der Quantenmechanik weist jeder physikalischen Messgröße A einen hermiteschen Operator $\hat{A}$ in einem Hilbert-Raum Σ zu. Allerdings ist dies für Produkte wie $A \cdot B$ wegen möglicher Nichtvertauschbarkeit (siehe Abschnitt 14) im Allgemeinen und vor dem Hintergrund der kanonischen Kommutatorrelationen für kanonisch-konjugierte Variablen aus Axiom 5 (Abschnitt 15) im Speziellen ja nicht ohne Mehrdeutigkeiten!

Denn betrachten wir beispielsweise einen Ausdruck der Form xp, wobei x die x-Koordinate und p der Impuls in x-Richtung ist. Klassisch gesehen ist xp das selbe wie px, aber in der Quantenmechanik ist es sehr wohl ein Unterschied, ob man $\hat{x}\hat{p}$ oder $\hat{p}\hat{x}$ schreibt, wie wir wissen! Darüber hinaus stellen weder $\hat{x}\hat{p}$ noch $\hat{p}\hat{x}$ jeweils einen hermiteschen Operator dar, denn:

$$(\hat{x}\hat{p})^\dagger = \hat{p}^\dagger \hat{x}^\dagger$$
$$= \hat{p}\hat{x}$$
$$\neq \hat{x}\hat{p},$$

also wieder genau durch die kanonischen Kommutatorrelationen verursacht.

Kurzum: wegen der Existenz nicht-verschwindender Kommutatorrelationen zwischen hermiteschen Operatoren benötigen wir eine Vorschrift, wie aus einer physikalischen Messgröße A der entsprechende Operator $\hat{A}$ zu konstruieren ist. Bislang sind wir noch nicht in diese Schwierigkeit hineingelaufen, aufgrund der einfachen Form der betrachteten Observablen.

Im Rahmen der **Weyl-Quantisierung** wird eine allgemeine Vorschrift formuliert, wie aus polynomialen Ausdrücken einzelner hermitescher Operatoren ein hermitescher Operator erhalten werden kann, nämlich durch vollständige Symmetrisierung. Nehmen wir als

Beispiel den klassischen Ausdruck $x^2 p^2$. Die vollständige Symmetrisierung lautet:

$$x^2 p^2 \mapsto \frac{1}{6}(\hat{x}^2 \hat{p}^2 + \hat{x}\hat{p}\hat{x}\hat{p} + \hat{x}\hat{p}^2 \hat{x} + \hat{p}\hat{x}^2 \hat{p} + \hat{p}\hat{x}\hat{p}\hat{x} + \hat{p}^2 \hat{x}^2),$$

und wir können durch mühsames Nachrechnen zeigen, dass der entstandene Ausdruck tatsächlich hermitesch ist.

Für allgemeine Polynome in $\hat{x}, \hat{p}$ lautet die **Weyl-Vorschrift**:

$$x^j p^k \mapsto \frac{1}{(j+k)!} \sum_{\pi \in S_{j+k}} \pi(\underbrace{\hat{x}, \hat{x}, \ldots,}_{j \text{ mal}} \underbrace{\hat{p}, \hat{p}, \ldots}_{k \text{ mal}}), \tag{16.4}$$

wobei

$$\pi(\hat{A}_1, \hat{A}_2, \hat{A}_3, \ldots, \hat{A}_n) = \hat{A}_{\pi(1)} \hat{A}_{\pi(2)} \hat{A}_{\pi(3)} \ldots \hat{A}_{\pi(n)}$$

und S_{j+k} die Permutationsgruppe der Ordnung $(j+k)$ ist, mit den Permutationen:

$$\pi : \{1, \ldots, j+k\} \rightarrow \{1, \ldots, j+k\}$$
$$(1, 2, \ldots, j+k) \mapsto (\pi(1), \pi(2), \ldots, \pi(j+k))$$

als deren Elemente.

Die Weyl-Quantisierung, auch **Phasenraum-Quantisierung** genannt, ist allerdings mehr als nur eine Symmetrisierungsvorschrift für Operatoren, sondern umfasst ein gesamtes mathematisches Programm, das darin besteht, Zusammenhänge zwischen Größen im Phasenraum und Operatoren im Hilbert-Raum zu untersuchen. Eine umfassende Darstellung würde den Rahmen dieses Textes sprengen; der interessierte Leser sei auf die vertiefende Literatur verwiesen.

Wir wollen noch feststellen, dass sich der klassische Bahndrehimpuls $\boldsymbol{L} = \boldsymbol{r} \times \boldsymbol{p}$ ganz einfach abbilden lässt auf den hermiteschen Operator $\hat{\boldsymbol{L}} = \hat{\boldsymbol{r}} \times \hat{\boldsymbol{p}}$ beziehungsweise $\hat{L}_i = \epsilon_{ijk} \hat{r}_j \hat{p}_k$. Wir benötigen also keinerlei Symmetrisierung, da nirgends ein Ausdruck der Form $\hat{r}_i \hat{p}_i$ auftaucht und uns daher nirgends ein nicht-verschwindender Kommutator „einen Strich durch die Rechnung" macht. Wir betrachten den quantenmechanischen Bahndrehimpuls in Abschnitt II-1 im Detail.

17 Die Postulate der Quantenmechanik IV: Unitäre Zeitentwicklung

Axiom 6 (Schrödinger-Gleichung). *Die unitäre Zeitentwicklung des Zustands* $|\Psi(t)\rangle$ *eines quantenmechanischen Systems* Σ *wird bestimmt durch die **Schrödinger-Gleichung**:*

$$i\hbar\frac{\mathrm{d}\,|\Psi(t)\rangle}{\mathrm{d}t} = \hat{H}\,|\Psi(t)\rangle\,, \tag{17.1}$$

*wobei der **Hamilton-Operator** $\hat{H}$ als Observable der Gesamtenergie des Systems Σ entspricht.*

Die nach ihm benannte Gleichung wurde 1926 von Erwin Schrödinger postuliert. Er verschmolz dabei gewissermaßen die auf Louis de Broglie zurückgehende Vorstellung von **Materiewellen** und die Hamilton–Jacobi-Theorie der klassischen Mechanik und identifizierte die Wirkung S der klassischen Mechanik mit der Phase einer Materiewelle (siehe Abschnitt 9). Anhand der Form von (17.1) ist bereits erkennbar, dass ihr ein komplexwertiger Zustandsraum zugrundeliegen muss.

Die Schrödinger-Gleichung (17.1) beschreibt die **unitäre Zeitentwicklung** eines quantenmechanischen Zustands $|\Psi(t)\rangle$. Anders als die Wirkung des Projektionsoperators, die ja ebenfalls zu einer Zustandsänderung führt, ist diese Zeitentwicklung **deterministisch**. In der Quantenmechanik gibt es also zwei unterschiedliche Möglichkeiten der Zustandsänderung: zum einen die nicht-unitäre, nicht-deterministische Projektion bei einer Messung aus Axiom 4 (Abschnitt 13), zum anderen die unitäre, deterministische Zeitentwicklung. Die Frage ist noch zu klären: warum unitär?

Wir gehen dabei von einem Zustand $|\Psi(t_0)\rangle$ zum Zeitpunkt t_0 aus und wollen uns überlegen, wie wir von diesem zum Zustand $|\Psi(t)\rangle$ zu einem beliebigen späteren Zeitpunkt t gelangen. Die Abbildung von $|\Psi(t_0)\rangle$ auf $|\Psi(t)\rangle$ wird von einem linearen Operator $\hat{U}(t,t_0)$ vermittelt, der **Zeitentwicklungsoperator** genannt wird:

$$|\Psi(t)\rangle = \hat{U}(t,t_0)\,|\Psi(t_0)\rangle\,. \tag{17.2}$$

Es ist unmittelbar einsichtig, dass

$$\hat{U}(t_0,t_0) = \mathbb{1} \tag{17.3}$$

und dass die Gruppeneigenschaft gilt:

$$\hat{U}(t_3,t_2)\hat{U}(t_2,t_1) = \hat{U}(t_3,t_1). \tag{17.4}$$

Setzen wir (17.2) in die Schrödinger-Gleichung (17.1) ein, erhalten wir

$$i\hbar\frac{\mathrm{d}}{\mathrm{d}t}\hat{U}(t,t_0)\,|\Psi(t_0)\rangle = \hat{H}\hat{U}(t,t_0)\,|\Psi(t_0)\rangle$$

und damit

$$i\hbar\frac{\mathrm{d}\hat{U}(t,t_0)}{\mathrm{d}t} = \hat{H}\hat{U}(t,t_0), \tag{17.5}$$

das bedeutet: der Zeitentwicklungsoperator $\hat{U}(t, t_0)$ erfüllt dieselbe Schrödinger-Gleichung wie der Zustand $|\Psi(t)\rangle$.

Formal äquivalent zur Schrödinger-Gleichung (17.5) für den Zeitentwicklungsoperator ist die Integralgleichung:

$$\hat{U}(t, t_0) = 1 - \frac{\mathrm{i}}{\hbar} \int_{t_0}^{t} \mathrm{d}t' \hat{H} \hat{U}(t, t'). \tag{17.6}$$

Die Integration von (17.5) hängt davon ab, ob der Hamilton-Operator von der Zeit abhängt oder nicht. In dem Fall, dass $\hat{H}$ nicht von t abhängt und unter Berücksichtigung der Randbedingung (17.3) finden wir recht schnell:

$$\hat{U}(t, t_0) = \exp\left(-\frac{\mathrm{i}}{\hbar}(t - t_0)\hat{H}\right), \tag{17.7}$$

beziehungsweise, weil $\hat{U}$ in diesem Fall nur von Zeitdifferenzen abhängt,

$$\hat{U}(t) = \exp\left(-\frac{\mathrm{i}}{\hbar}\hat{H}t\right). \tag{17.8}$$

Gleichung (17.1) besitzt dann die die formale Lösung:

$$|\Psi(t)\rangle = \exp\left(-\frac{\mathrm{i}}{\hbar}(t - t_0)\hat{H}\right)|\Psi(t_0)\rangle. \tag{17.9}$$

Der Zeitentwicklungsoperator ist von der Form

$$\hat{U} = \mathrm{e}^{-\mathrm{i}\alpha\hat{G}},$$

sprich die Exponentialfunktion eines hermiteschen Operators $\hat{G}$. Damit ist

$$\hat{U}^{\dagger} = \mathrm{e}^{\mathrm{i}\alpha\hat{G}}$$
$$= \hat{U}^{-1},$$

also ist $\hat{U}$ ein linearer unitärer Operator. Dieser Zusammenhang zwischen unitären und hermiteschen Operatoren gilt universell und ist Ausdruck des **Satzes von Stone**, siehe Abschnitt II-14. Man beachte, dass die durch (17.8) vermittelte unitäre Zeitentwicklung eine **aktive unitäre Transformation** des Zustands $|\Psi(t)\rangle$ darstellt: im Gegensatz zur in Abschnitt 12 vorgestellten passiven Transformation findet kein Wechsel der Darstellungsbasis statt, sondern ein Übergang von einem Zustandsvektor auf einen anderen.

Anhand (17.8) kann man ablesen, dass der Hamilton-Operator $\hat{H}$ die **Erzeugende** der Zeittranslationen ist. Wir werden in Kapitel II-2 im Detail auf Symmetrietransformationen und die Darstellung von Symmetriegruppen in der Quantenmechanik zurückkommen. Aus der Bedingung, dass $\hat{H}$ nicht explizit von der Zeit abhängt, kann man dann die Erhaltung der Gesamtenergie ableiten.

In dem Falle allerdings. dass $\hat{H}$ explizit zeitabhängig ist, ist die Integration von (17.5) nicht mehr so einfach. Diesen Fall betrachten wir in Kapitel III-2 im Rahmen der zeitabhängigen Störungstheorie. Bis dahin und speziell in diesem Kapitel betrachten wir stets Hamilton-Operatoren ohne explizite Zeitabhängigkeit.

Aber auch (17.9) ist zunächst ein formaler Ausdruck, für den erst einmal eine geschlossene algebraische Form gefunden werden muss. Das ist im Allgemeinen nicht exakt möglich, aber wir wollen zumindest die einfachen Fälle berechnen können, und dazu müssen wir in die beiden wichtigsten Darstellungen wechseln: in die Orts- und die Impulsdarstellung. Wir betrachten dies in Abschnitt 18. Zunächst betrachten wir aber noch die Zeitentwicklung von Erwartungswerten.

Zeitentwicklung von Erwartungswerten

Wir betrachten den Erwartungswert $\langle \hat{A} \rangle (t)$ einer allgemeinen zeitabhängigen Observablen $\hat{A}(t)$, wobei wir das bislang verwendete Subskript Ψ von nun an weglassen. Aus

$$\langle \hat{A} \rangle (t) = \langle \Psi(t) | \hat{A}(t) | \Psi(t) \rangle$$

leiten wir gemäß der Produktregel ab und verwenden (17.1):

$$\frac{\mathrm{d}}{\mathrm{d}t} \langle \hat{A} \rangle (t) = -\frac{\mathrm{i}}{\hbar} \langle \Psi(t) | \hat{A}\hat{H} - \hat{H}\hat{A} | \Psi(t) \rangle + \langle \Psi(t) | \frac{\partial A(t)}{\partial t} | \Psi(t) \rangle ,$$

so dass wir also schreiben können:

$$\frac{\mathrm{d}}{\mathrm{d}t} \langle \hat{A} \rangle (t) = -\frac{\mathrm{i}}{\hbar} \langle [\hat{A}, \hat{H}] \rangle + \left\langle \frac{\partial \hat{A}(t)}{\partial t} \right\rangle . \qquad (17.10)$$

Zwei wichtige Ergebnisse erhalten wir aus dieser Relation. Erstens: wenn die Observable $\hat{A}$ nicht explizit von der Zeit abhängt, verschwindet der zweite Term mit der partiellen Ableitung, und die gesamte Zeitentwicklung ist durch den Kommutatorterm bestimmt. Zweitens: wenn die Observable $\hat{A}$ darüber hinaus noch mit dem Hamilton-Operator $\hat{H}$ kommutiert, verschwindet die Zeitableitung $\mathrm{d} \langle \hat{A} \rangle / \mathrm{d}t$ vollständig:

$$\frac{\mathrm{d}}{\mathrm{d}t} \langle \hat{A} \rangle (t) = 0$$

und somit gilt:

Satz. *Wenn eine Observable $\hat{A}$, die nicht explizit von der Zeit abhängt, also $\dfrac{\partial \hat{A}(t)}{\partial t} = 0$, mit dem Hamilton-Operator $\hat{H}$ vertauscht: $[\hat{H}, \hat{A}] = 0$, dann ist deren Erwartungswert $\langle \hat{A} \rangle$ eine* **Konstante der Bewegung:**

$$\langle \hat{A} \rangle (t) = const.$$

Wir wissen aus der klassischen Mechanik, dass beispielsweise die Gesamtenergie, der Gesamtimpuls oder der Gesamtdrehimpuls eines abgeschlossenen Systems Konstanten der Bewegung sind und dass dies mit den Symmetrien des Systems unter Zeittranslationen, Translationen und Rotationen zusammenhängt. Wir werden in Abschnitt II-14 diesen Zusammenhang zwischen Symmetrietransformationen und Erhaltungsgrößen im Detail untersuchen.

Zuguterletzt wollen wir anmerken, dass ja gemäß Abschnitt 14 aus $[\hat{H}, \hat{A}] = 0$ ebenfalls folgt, dass $\hat{H}$ und $\hat{A}$ eine gemeinsame vollständige Basis von Eigenvektoren in $\mathcal{H}_\Sigma$ besitzen. Allgemein: es gibt eine Mindestmenge von Observablen, die zusammen mit dem Hamilton-Operator eine vollständige Menge kommutierender Observablen bilden. Deren Erwartungswerte stellen dann genau alle unabhängigen Konstanten der Bewegung des quantenmechanischen Systems Σ dar. Alle weiteren Konstanten der Bewegung sind dann von diesen abhängig.

Die Energie-Zeit-Unbestimmtheitsrelation

Eine direkte Folge von (17.10) ist die sogenannte **Energie-Zeit-Unbestimmtheitsrelation**, die wir nun herleiten wollen. Von ihr existieren diverse Darstellungen, von denen einige mindestens irreführend, wenn nicht falsch sind. Die folgende Betrachtung geht letztendlich auf die beiden sowjetischen Physiker Leonid Mandelstam und Igor Tamm zurück [MT45]. Eine ausführliche, kritische Auseinandersetzung der diversen Darstellungen findet sich in der fast 100 Seiten starken dreiteiligen Arbeit [All69a; All69b; All69c], und siehe auch [Wig72].

Wir betrachten nochmals die zeitliche Entwicklung des Erwartungswerts $\langle \hat{A} \rangle (t)$ einer Observablen $\hat{A}$, die nicht explizit von der Zeit abhängt. Aus (17.10) wissen wir dann, dass:

$$\frac{\mathrm{d}}{\mathrm{d}t} \langle \hat{A} \rangle (t) = -\frac{\mathrm{i}}{\hbar} \langle [\hat{A}, \hat{H}] \rangle ,$$

und wir können zunächst aus den allgemeinen Unbestimmtheitsrelationen (14.13) ableiten:

$$\Delta A \Delta H \geq \frac{1}{2} \left| \langle [\hat{A}, \hat{H}] \rangle \right|$$
$$= \frac{\hbar}{2} \left| \frac{\mathrm{d}}{\mathrm{d}t} \langle \hat{A} \rangle (t) \right| . \tag{17.11}$$

Wir definieren nun τ_A implizit durch:

$$\Delta A = \left| \frac{\mathrm{d}}{\mathrm{d}t} \langle \hat{A} \rangle (t) \right| \cdot \tau_A , \tag{17.12}$$

das heißt, τ_A ist in linearer Näherung die Zeit, in der sich $\langle \hat{A} \rangle (t)$ um ΔA ändert. Dann wird aus (17.11):

$$\Delta H \cdot \tau_A \geq \frac{\hbar}{2} . \tag{17.13}$$

Ungleichung (17.13) ist die allgemeine und präzise gefasste **Energie-Zeit-Unbestimmtheits-relation**. Sie ist von gänzlich anderem Charakter als die allgemeinen Unbestimmtheitsrelationen (14.13) und insbesondere die Heisenbergschen Unbestimmtheitsrelationen (15.43). Sie sagt etwas über eine gleichzeitige Messung der Energie und einer Observablen $\hat{A}$ aus und besagt, dass die Unbestimmtheit der Energie umso größer ist, je kleiner die charakteristische Zeit τ_A ist, in der sich $\langle \hat{A} \rangle (t)$ um ΔA ändert.

In dem Fall, dass $\hat{A}$ mit $\hat{H}$ vertauscht, $\langle \hat{A} \rangle$ also eine Konstante der Bewegung ist, ist ja $\Delta A = \Delta H = 0$ und damit τ_A in (17.12) unbestimmt. Die Energie-Zeit-Unschärferelation kann in diesem Fall nicht abgeleitet werden.

Quanten-Zeno-Effekt

Wir betrachten folgende Situation: der Zustand $|\Psi(t)\rangle$ sei zum Zeitpunkt $t = 0$ ein Eigenvektor $|a\rangle$ einer Observablen $\hat{A}$, die der Einfachheit halber ein diskretes Spektrum besitze:

$$|\Psi(0)\rangle = |a\rangle . \tag{17.14}$$

Die unitäre Zeitentwicklung von $|\Psi(t)\rangle$ ist dann gegeben durch:

$$|\Psi(t)\rangle = e^{-i\hat{H}t/\hbar} |a\rangle . \tag{17.15}$$

Nach einer Zeit t führen wir eine Messung der Observablen $\hat{A}$ durch. Die Wahrscheinlichkeit, dass nach der Messung der Zustand des Systems wieder $|a\rangle$ ist, ist gegeben durch:

$$p_a(t) = |\langle a|e^{-i\hat{H}t/\hbar}|a\rangle|^2, \tag{17.16}$$

was für kleine Zeiten $t \ll 1$ genähert werden kann durch:

$$p_a(t) = 1 - (\Delta H)^2 t^2 + O(t^4), \tag{17.17}$$

mit der Unbestimmtheit ΔH des Hamilton-Operators $\hat{H}$:

$$\Delta H = \sqrt{\langle \hat{H}^2 \rangle_a - \langle \hat{H} \rangle_a^2}. \tag{17.18}$$

Damit lässt sich implizit eine charakteristische Zeit τ_H definieren durch:

$$(\Delta H)^2 \tau_H^2 = \hbar^2. \tag{17.19}$$

Diese charakteristische Zeit τ_H ist umso größer, je „ähnlicher" $|a\rangle$ einem Energie-Eigenzustand ist. Im Grenzfall $\Delta H = 0$ ist $p_a(t) = 1$, das heißt, das System entwickelt sich überhaupt nicht aus dem Zustand $|a\rangle$ hinaus.

Wir führen nun über einen Zeitraum T eine Anzahl N von Messungen der Observable $\hat{A}$ durch, der Einfachheit halber in gleichen Zeitintervallen $\tau = T/N$. Die bedingte Wahrscheinlichkeit $p^{(N)}(T)$, nach jeder einzelnen Messung der gesamten Sequenz immer wieder den Messwert a zum Anfangs- und Eigenzustand $|a\rangle$ zu erhalten, ist dann:

$$p^{(N)}(T) = [p(\tau)]^N$$
$$= [p(T/N)]^N$$
$$\approx \left(1 - \frac{1}{\tau_H^2}\left(\frac{T}{N}\right)^2\right).$$

Je mehr Messungen nun im Zeitraum T durchgeführt werden, je größer also N und je kleiner das Messintervall τ ist, desto größer ist die Wahrscheinlichkeit dafür, dass das System im Ausgangszustand $|a\rangle$ verweilt. Für immer größere N und kleinere τ dominiert die durch die Messung induzierte Dynamik die unitäre Zeitentwicklung völlig. Im – tatsächlich unphysikalischen – Grenzübergang $N \to \infty$ beziehungsweise $\tau \to 0$ ist das System dann im Ausgangszustand gewissermaßen „eingefroren":

$$\lim_{N\to\infty} p^{(N)}(T) = 1. \tag{17.20}$$

Dieses Phänomen wird als **Quanten-Zeno-Effekt** bezeichnet, eine Begriffsprägung von B. Misra und George Sudarshan [MS77] und benannt nach dem antiken griechischen Philosophen Zenon von Elea, der eine Reihe von bekannten Paradoxa im Zusammenhang mit der Betrachtung des Grenzübergangs zum Kontinuum aufgestellt hat.

Der Quanten-Zeno-Effekt setzt voraus, dass die zu messende Observable $\hat{A}$ nicht mit dem Hamilton-Operator vertauscht, und ist experimentell sehr gut bestätigt.

18 Die unitäre Zeitentwicklung in Orts- und Impulsdarstellung

Wir betrachten im Folgenden nun ein Punktteilchen der Masse m in einem Potential $V(\boldsymbol{r}, t)$. Die Schrödinger-Gleichung (17.1) lautet also:

$$\mathrm{i}\hbar\frac{\mathrm{d}\,|\Psi(t)\rangle}{\mathrm{d}t} = \left(\frac{\hat{\boldsymbol{p}}^2}{2m} + \hat{V}(\hat{\boldsymbol{r}}, t)\right)|\Psi(t)\rangle. \tag{18.1}$$

In der Ortsdarstellung wird daraus:

$$\mathrm{i}\hbar\,\langle\boldsymbol{r}|\frac{\mathrm{d}}{\mathrm{d}t}|\Psi(t)\rangle = \langle\boldsymbol{r}|\left(\frac{\hat{\boldsymbol{p}}^2}{2m} + \hat{V}(\hat{\boldsymbol{r}}, t)\right)|\Psi(t)\rangle,$$

und durch Anwenden der Produktregel für Differentialoperatoren die Schrödinger-Gleichung in Ortsdarstellung:

$$\mathrm{i}\hbar\frac{\partial\Psi(\boldsymbol{r}, t)}{\partial t} = \left(-\frac{\hbar^2}{2m}\nabla^2 + V(\boldsymbol{r}, t)\right)\Psi(\boldsymbol{r}, t). \tag{18.2}$$

Aus der Definitionsgleichung (17.2) für den Zeitentwicklungsoperator wird in der Ortsdarstellung:

$$\langle\boldsymbol{r}|\Psi(t)\rangle = \langle\boldsymbol{r}|\hat{U}(t, t')|\Psi(t')\rangle$$

$$= \int_{\boldsymbol{r}\in\mathbb{R}^3}\mathrm{d}^3\boldsymbol{r}'\,\langle\boldsymbol{r}|\hat{U}(t, t')|\boldsymbol{r}'\rangle\,\langle\boldsymbol{r}'|\Psi(t')\rangle,$$

und damit:

$$\Psi(\boldsymbol{r}, t) = \int_{\mathbb{R}^3}\mathrm{d}^3\boldsymbol{r}'K(\boldsymbol{r}, t; \boldsymbol{r}', t')\Psi(\boldsymbol{r}', t') \tag{18.3}$$

wobei das Matrixelement

$$K(\boldsymbol{r}, t; \boldsymbol{r}', t') := \langle\boldsymbol{r}|\hat{U}(t, t')|\boldsymbol{r}'\rangle \tag{18.4}$$

die Ortsdarstellung des Zeitentwicklungsoperator $\hat{U}(t, t')$ ist und als **Propagator**, genauer als **Schrödinger-Propagator**, bezeichnet wird. Der Propagator $K(\boldsymbol{r}, t; \boldsymbol{r}', t')$ stellt die Wahrscheinlichkeitsamplitude dafür dar, dass ein Punktteilchen der Masse m zum Zeitpunkt t am Ort $\boldsymbol{r}$ ist, wenn es zum Zeitpunkt t' im am Ort $\boldsymbol{r}'$ war.

Aus der Gruppeneigenschaft der Zeitentwicklungsoperatoren (17.4) folgt:

$$K(\boldsymbol{r}, t; \boldsymbol{r}', t') = \int \mathrm{d}\boldsymbol{r}''K(\boldsymbol{r}, t; \boldsymbol{r}'', t'')K(\boldsymbol{r}'', t''; \boldsymbol{r}', t'), \tag{18.5}$$

und da ja für $t \to t'$ gilt: $\hat{U}(t', t) \to \mathbb{1}$, folgt aus (18.4):

$$\lim_{t\to t'}K(\boldsymbol{r}, t; \boldsymbol{r}', t') = \delta(\boldsymbol{r} - \boldsymbol{r}'). \tag{18.6}$$

In der Impulsdarstellung lautet (17.1):

$$i\hbar \langle \boldsymbol{p}| \frac{\mathrm{d}}{\mathrm{d}t} |\Psi(t)\rangle = \langle \boldsymbol{p}| \left(\frac{\hat{\boldsymbol{p}}^2}{2m} + \hat{V}(\hat{\boldsymbol{r}}, t) \right) |\Psi(t)\rangle \,,$$

und wird damit zur Schrödinger-Gleichung in Impulsdarstellung:

$$i\hbar \frac{\partial \tilde{\Psi}(\boldsymbol{p}, t)}{\partial t} = \left(\frac{\boldsymbol{p}^2}{2m} + V(i\hbar\nabla_{\boldsymbol{p}}, t) \right) \tilde{\Psi}(\boldsymbol{p}, t), \qquad (18.7)$$

und wir erkennen sofort, dass sich die Impulsdarstellung nur in Ausnahmefällen eignet, da ansonsten der Differentialoperator ∇ in sehr komplizierter Form in die zu lösende Differentialgleichung (18.7) eingeht.

Dann kann man auch einen Propagator in Impulsdarstellung definieren:

$$\tilde{K}(\boldsymbol{p}, t; \boldsymbol{p}', t') := \langle \boldsymbol{p}|\hat{U}(t, t')|\boldsymbol{p}'\rangle \,. \qquad (18.8)$$

Wir werden die Betrachtung von Propagatoren ab Abschnitt 24 wieder aufgreifen und tiefergehende mathematische Zusammenhänge untersuchen. Insbesondere werden wir zeitunabhängige Propagatoren betrachten, die von großer Bedeutung in der Streutheorie sind (Kapitel III-3), während der zeitabhängige Propagator (18.4) hauptsächlich im Rahmen des vor allem konzeptionell wichtigen Pfadintegral-Formalismus (Abschnitt 27) die zentrale Rolle spielt.

Zeitunabhängige Potentiale und stationäre Zustände

Wir betrachten nun sogenannte **statische Potentiale** der Form $V(\boldsymbol{r})$. Die Schrödinger-Gleichung (18.2) lautet dann:

$$i\hbar \frac{\partial \Psi(\boldsymbol{r}, t)}{\partial t} = \left(-\frac{\hbar^2}{2m}\nabla^2 + V(\boldsymbol{r}) \right) \Psi(\boldsymbol{r}, t), \qquad (18.9)$$

und in diesem Fall bietet sich für die Basislösungen ein sogenannter **Separationsansatz** an:

$$\Psi_E(\boldsymbol{r}, t) = \psi(\boldsymbol{r}) f(t), \qquad (18.10)$$

wobei das Subskript E im Folgenden klar werden wird. Setzen wir (18.10) in (18.9) ein und dividieren dann beide Seiten durch $\psi(\boldsymbol{r}) f(t)$, um eine Separation der Variablen zu erhalten, erhalten wir zunächst:

$$i\hbar \frac{1}{f(t)} \frac{\mathrm{d}f(t)}{\mathrm{d}t} = \frac{1}{\psi(\boldsymbol{r})} \left[-\frac{\hbar^2}{2m}\nabla^2 + V(\boldsymbol{r}) \right] \psi(\boldsymbol{r}).$$

Da die linke Seite nun nur von t abhängt und die rechte nur von $\boldsymbol{r}$, müssen beide Seiten eine Konstante E mit der Dimension einer Energie zum Wert haben:

$$i\hbar \frac{\mathrm{d}f(t)}{\mathrm{d}t} = E f(t), \qquad (18.11)$$

$$\left[-\frac{\hbar^2}{2m}\nabla^2 + V(\boldsymbol{r}) \right] \psi(\boldsymbol{r}) = E\psi(\boldsymbol{r}). \qquad (18.12)$$

Beide Seiten sind Eigenwertgleichungen, jeweils für beide Seiten der Schrödinger-Gleichung (18.9), und die zweite der beiden kennen wir bereits als **stationäre Schrödinger-Gleichung** (16.3). Die Konstante E stellt daher einen Eigenwert des Hamilton-Operators $\hat{H}$ dar, auch als **Energieeigenwert** bezeichnet.

Gleichung (18.11) ist schnell gelöst: es ist $f(t) = e^{-iEt/\hbar}$, so dass aus (18.10) wird:

$$\Psi_E(\boldsymbol{r}, t) = \psi(\boldsymbol{r})e^{-iEt/\hbar}, \tag{18.13}$$

wobei E aus Dimensionsgründen von der Form

$$E = \hbar\omega \tag{18.14}$$

sein muss und ω hierbei eine Wellenfrequenz ist, also die Dimension $1/T$ besitzt. Diese speziellen Lösungen $\Psi(\boldsymbol{r}, t)$ der Schrödinger-Gleichung (18.9) werden als **Energieeigenzustände** oder **stationäre Zustände** bezeichnet, denn die Wahrscheinlichkeitsdichte

$$|\Psi_E(\boldsymbol{r}, t)|^2 = |\psi(\boldsymbol{r})|^2 \tag{18.15}$$

hängt nicht von der Zeit ab.

Gemäß dem Superpositionsprinzip lautet eine allgemeine Lösung der Schrödinger-Gleichung (18.9) dann:

$$\Psi(\boldsymbol{r}, t) = \sum_n c_n \psi_n(\boldsymbol{r})e^{-iE_n t/\hbar}. \tag{18.16}$$

Man beachte, dass die allgemeine Lösung (18.16) natürlich kein stationärer Zustand mehr ist.

Zusammenfassend stellen wir also fest: für zeitunabhängige Potentiale $\hat{V}(\hat{\boldsymbol{r}})$ existieren stationäre Zustände $|\Psi_n(t)\rangle$, welche Eigenzustände zum Hamilton-Operator $\hat{H}$ sind. Die Menge von Eigenwerten $\{E_n\}$ des Hamilton-Operators $\hat{H}$, wird **(Eigenwert)-Spektrum** von $\hat{H}$ genannt, auch als $\rho(\hat{H})$ bezeichnet. Die Eigenvektorbasis $\{|\Psi_n(t)\rangle\}$ ist gemäß Axiom 2 vollständig:

$$\sum_n |\Psi_n(t)\rangle \langle \Psi_n(t)| = \sum_n |\psi_n\rangle \langle \psi_n| = \mathbb{1}, \tag{18.17}$$

oder in Ortsdarstellung:

$$\sum_n \Psi_n(\boldsymbol{r}, t)\Psi_n^*(\boldsymbol{r}', t) = \sum_n \psi_n(\boldsymbol{r})\psi_n^*(\boldsymbol{r}')$$
$$= \langle \boldsymbol{r}|\boldsymbol{r}'\rangle = \delta(\boldsymbol{r} - \boldsymbol{r}').$$

Reduzierbarkeit dreidimensionaler Probleme in kartesischen Koordinaten

Die Schrödinger-Gleichung für ein (spinloses) Teilchen der Masse m unter dem Einfluss eines Potentials im Dreidimensionalen lautet in Ortsdarstellung (siehe (18.2)):

$$i\hbar\frac{\partial \Psi(\boldsymbol{r}, t)}{\partial t} = \left(-\frac{\hbar^2}{2m}\nabla^2 + V(\boldsymbol{r}, t)\right)\Psi(\boldsymbol{r}, t).$$

In kartesischen Koordinaten nimmt der Laplace-Operator ∇^2 hierbei die Form:

$$\nabla^2 = \frac{\partial^2}{\partial x^2} + \frac{\partial^2}{\partial y^2} + \frac{\partial^2}{\partial z^2} \tag{18.18}$$

an.

Wie wir außerdem in diesem Abschnitt gelernt haben, zerfällt für ein statisches Potential $V(r)$ die Ortsdarstellung eines stationären Zustands in einen räumlichen und einen zeitabhängigen Teil (siehe (18.10)):

$$\Psi(r, t) = \psi(r) f(t),$$

und die Aufgabe besteht im Lösen der stationären Schrödinger-Gleichung zum Auffinden der Energieeigenwerte von $\hat{H}$ (siehe (18.12)):

$$\left[-\frac{\hbar^2}{2m} \nabla^2 + V(r) \right] \psi(r) = E \psi(r). \tag{18.19}$$

Im Allgemeinen ist diese partielle Differentialgleichung schwierig zu lösen. In dem Fall allerdings, dass das Potential $V(r)$ von der Form

$$V(r) = V_x(x) + V_y(y) + V_z(z) \tag{18.20}$$

ist, können wir die dreidimensionale stationäre Schrödinger-Gleichung (18.19) durch **Separation der Variablen** lösen. Hierfür setzen wir an:

$$\psi(r) = \psi_x(x) \psi_y(y) \psi_z(z). \tag{18.21}$$

Verwenden wir (18.21) in (18.19), erhalten wir drei unabhängige eindimensionale stationäre Schrödinger-Gleichungen, also drei gewöhnliche Differentialgleichungen:

$$\left[-\frac{\hbar^2}{2m} \frac{\partial^2}{\partial x^2} + V_x(x) \right] \psi_x(x) = E_x \psi(x)$$

$$\left[-\frac{\hbar^2}{2m} \frac{\partial^2}{\partial y^2} + V_y(y) \right] \psi_y(y) = E_y \psi(y)$$

$$\left[-\frac{\hbar^2}{2m} \frac{\partial^2}{\partial z^2} + V_z(z) \right] \psi_z(z) = E_z \psi(z),$$

wobei

$$E_x + E_y + E_z = E.$$

Als wichtigsten Anwendungsfall dieses Separationsprinzips in kartesischen Koordinaten werden wir uns das freie Teilchen in Abschnitt 23 anschauen.

19 Erhaltung der Norm und Kontinuitätsgleichung

Da – wie wir in Abschnitt 17 gezeigt haben – der Hamilton-Operator $\hat{H}$ hermitesch ist, ist der Zeitentwicklungsoperator $\hat{U}(t, t')$ unitär, und damit bleibt die Norm $\|\Psi(t)\|$ erhalten, das heißt:

$$\frac{\mathrm{d}}{\mathrm{d}t}\|\Psi(t)\| = 0. \tag{19.1}$$

Das ist schnell zu sehen, denn:

$$\frac{\mathrm{d}}{\mathrm{d}t}\langle\Psi(t)|\Psi(t)\rangle = \underbrace{\left(\frac{\mathrm{d}}{\mathrm{d}t}\langle\Psi(t)|\right)}_{\frac{\mathrm{i}}{\hbar}\langle\Psi(t)|\hat{H}}|\Psi(t)\rangle + \langle\Psi(t)|\underbrace{\left(\frac{\mathrm{d}}{\mathrm{d}t}|\Psi(t)\rangle\right)}_{-\frac{\mathrm{i}}{\hbar}\hat{H}|\Psi(t)\rangle}$$

$$= \left(\frac{\mathrm{i}}{\hbar} - \frac{\mathrm{i}}{\hbar}\right)\langle\Psi(t)|\hat{H}|\Psi(t)\rangle$$

$$= 0.$$

Wir wollen die gleiche Rechnung nun explizit in der Ortsdarstellung durchführen. Wir beginnen mit (18.2):

$$\mathrm{i}\hbar\frac{\partial\Psi(\boldsymbol{r}, t)}{\partial t} = \left(-\frac{\hbar^2}{2m}\nabla^2 + V(\boldsymbol{r}, t)\right)\Psi(\boldsymbol{r}, t) \tag{19.2}$$

und betrachten ebenfalls die komplex-konjugierte Gleichung:

$$-\mathrm{i}\hbar\frac{\partial\Psi^*(\boldsymbol{r}, t)}{\partial t} = \left(-\frac{\hbar^2}{2m}\nabla^2 + V(\boldsymbol{r}, t)\right)\Psi^*(\boldsymbol{r}, t). \tag{19.3}$$

Multiplizieren wir (19.2) linksseitig mit Ψ^*, (19.3) linksseitig mit Ψ und subtrahieren dann (19.3) von (19.2), erhalten wir:

$$\mathrm{i}\hbar\frac{\partial}{\partial t}\left[\Psi^*(\boldsymbol{r}, t)\Psi(\boldsymbol{r}, t)\right] = -\frac{\hbar^2}{2m}\left[\Psi^*(\boldsymbol{r}, t)\nabla^2\Psi(\boldsymbol{r}, t) - \Psi(\boldsymbol{r}, t)\nabla^2\Psi^*(\boldsymbol{r}, t)\right]. \tag{19.4}$$

Wir können diese Gleichung in Form einer **Kontinuitätsgleichung** für die Wahrscheinlichkeitsdichte $\rho(\boldsymbol{r}, t) = \Psi^*(\boldsymbol{r}, t)\Psi(\boldsymbol{r}, t)$ schreiben:

$$\frac{\partial\rho(\boldsymbol{r}, t)}{\partial t} + \nabla \cdot \boldsymbol{j}(\boldsymbol{r}, t) = 0, \tag{19.5}$$

wobei wir neben der Wahrscheinlichkeitsdichte ρ auch die **Wahrscheinlichkeitsstromdichte** $\boldsymbol{j}$ definiert haben:

$$\rho(\boldsymbol{r}, t) := \Psi^*(\boldsymbol{r}, t)\Psi(\boldsymbol{r}, t) \tag{19.6}$$

$$\boldsymbol{j}(\boldsymbol{r}, t) := -\frac{\mathrm{i}\hbar}{2m}\left(\Psi^*(\boldsymbol{r}, t)\nabla\Psi(\boldsymbol{r}, t) - \Psi(\boldsymbol{r}, t)\nabla\Psi^*(\boldsymbol{r}, t)\right) \tag{19.7}$$

$$= \frac{\hbar}{m}\,\mathrm{Im}\left(\Psi^*(\boldsymbol{r}, t)\nabla\Psi(\boldsymbol{r}, t)\right). \tag{19.8}$$

Eine Kontinuitätsgleichung zieht stets unmittelbar eine Erhaltungsgröße nach sich. Integriert man (19.5) über ein Raumvolumen V mit Rand $S = \partial V$, so erhält man:

$$\int_V d^3r \frac{\partial \rho(\boldsymbol{r}, t)}{\partial t} = -\int_V d^3 r \nabla \cdot \boldsymbol{j}(\boldsymbol{r}, t) \tag{19.9}$$

$$\Longrightarrow \frac{d}{dt} \int_V d^3 r \rho(\boldsymbol{r}, t) = -\oint_S \boldsymbol{j}(\boldsymbol{r}, t) \cdot d\boldsymbol{S}, \tag{19.10}$$

das bedeutet, die zeitliche Änderung der Wahrscheinlichkeit, ein Punktteilchen innerhalb eines Volumens V zu messen, wird stets kompensiert durch einen entsprechenden Ab- oder Zufluss von Wahrscheinlichkeitdichte durch den Rand des Volumens. Ist im Spezialfall $V = \mathbb{R}^3$, so ist $S \equiv 0$, das heißt:

$$\frac{d}{dt} P(t) = \frac{d}{dt} \int_{\mathbb{R}^3} d^3 r \rho(\boldsymbol{r}, t) = 0$$

$$\Longrightarrow P = \text{const},$$

die Gesamtwahrscheinlichkeit P (also die Wahrscheinlichkeit, das Teilchen irgendwo im Raum zu finden) ist also eine Konstante (und stets zu Eins normiert), was gleichbedeutend ist mit der Normerhaltung einer unitären Transformation, in diesem Fall der Zeitentwicklung.

Das gleiche ist der Fall, wenn wir als Volument nicht den gesamten $\mathbb{R}^3$ betrachten, sondern – wie häufig der Fall – einen endlichen Würfel mit periodischen Randbedingungen. In diesem Fall ist ebenfalls:

$$-\oint_S \boldsymbol{j}(\boldsymbol{r}, t) \cdot d\boldsymbol{S} = 0, \tag{19.11}$$

aber nicht deshalb, weil etwa der Rand des Volumens verschwindet, was nicht der Fall ist, sondern weil sich die einzelnen Beiträge von $\boldsymbol{j}(\boldsymbol{r}, t) \cdot d\boldsymbol{S}$ deshalb zu Null addieren, weil für jeweils gegenüberliegenden Seiten S_1 und S_2 des Würfels aufgrund der periodischen Randbedingungen gilt:

$$\boldsymbol{j}(\boldsymbol{r}, t) \cdot d\boldsymbol{S}_1 = -\boldsymbol{j}(\boldsymbol{r}, t) \cdot d\boldsymbol{S}_2,$$

da sich die Orientierung der Fläche bei der Umkehrung des „Durchstoßes" des Flusses umkehrt und daher

$$d\boldsymbol{S}_1 = -d\boldsymbol{S}_2$$

gilt.

Es sei ergänzt, dass auf dieselbe Weise wie oben für zwei Lösungen $\Psi_1(\boldsymbol{r}, t), \Psi_2(\boldsymbol{r}, t)$ der Schrödinger-Gleichung die zu (19.4) verallgemeinerte Relation

$$i\hbar \frac{\partial}{\partial t} \left[\Psi_1^*(\boldsymbol{r}, t) \Psi_2(\boldsymbol{r}, t) \right] = -\frac{\hbar^2}{2m} \left[\Psi_1^*(\boldsymbol{r}, t) \nabla^2 \Psi_2(\boldsymbol{r}, t) - \Psi_2(\boldsymbol{r}, t) \nabla^2 \Psi_1^*(\boldsymbol{r}, t) \right] \tag{19.12}$$

hergeleitet werden kann, aus der dann eine verallgemeinerte Kontinuitätsgleichung folgt:

$$\frac{\partial \rho_{12}(\boldsymbol{r}, t)}{\partial t} + \nabla \cdot \boldsymbol{j}_{12}(\boldsymbol{r}, t) = 0, \tag{19.13}$$

mit

$$\rho_{12}(\boldsymbol{r}, t) := \Psi_1^*(\boldsymbol{r}, t)\Psi_2(\boldsymbol{r}, t) \tag{19.14}$$

$$\boldsymbol{j}_{12}(\boldsymbol{r}, t) := -\frac{\mathrm{i}\hbar}{2m} \left(\Psi_1^*(\boldsymbol{r}, t)\nabla\Psi_2(\boldsymbol{r}, t) - \Psi_2(\boldsymbol{r}, t)\nabla\Psi_1^*(\boldsymbol{r}, t) \right). \tag{19.15}$$

20 Das Heisenberg-Bild

Die unitäre Zeitentwicklung eines quantenmechanischen Systems ist mit Axiom 6 durch die Schrödinger-Gleichung vollständig in den quantenmechanischen Zustand $|\Psi(t)\rangle$ hinein definiert. Observable hingegen können zwar eine explizite Zeitabhängigkeit aufweisen, müssen dies aber nicht. Diese Formulierung der Quantendynamik wird **Schrödinger-Bild** genannt und ist entstehungsgeschichtlich eben der Entwicklung der Wellenmechanik durch Erwin Schrödinger zuzuordnen (siehe Abschnitt 9).

Im sogenannten **Heisenberg-Bild** hingegen liegt die gesamte unitäre Zeitentwicklung in den Observablen, und der quantenmechanische Zustand ist im Zeitraum zwischen zwei Messungen unveränderlich. Das Heisenberg-Bild geht geschichtlich dem Schrödinger-Bild voraus, denn Heisenbergs Formulierung der Matrizenmechanik entstand etwa ein Jahr vor Schrödingers Wellenmechanik (Abschnitt 8).

Das Heisenberg-Bild kann aus dem Schrödinger-Bild wie folgt abgeleitet werden: Zu einem Zeitpunkt $t = t_0$ stimmen beide Bilder und damit auch die Zustände überein:

$$|\Psi\rangle_H = |\Psi(t = t_0)\rangle, \tag{20.1}$$

wobei das Subskript „H" hier den Zustand im Heisenberg-Bild bezeichnet. Fehlt das Subskript, ist immer das Schrödinger-Bild gemeint. Damit gilt für einen Zeitpunkit $t \neq t_0$:

$$|\Psi\rangle_H = \hat{U}^\dagger(t, t_0) |\Psi(t)\rangle \tag{20.2}$$

Wir fordern, dass der Erwartungswert $\langle \hat{A} \rangle (t)$ einer durchaus explizit zeitabhängigen Observablen $\hat{A}(t)$ in beiden Bildern zu jedem Zeitpunkt t übereinstimmt, das also gilt:

$$
\begin{aligned}
\langle \hat{A} \rangle (t) &= \langle \Psi(t)|\hat{A}(t)|\Psi(t)\rangle \\
&= \langle \Psi(t_0)|\hat{U}^\dagger(t, t_0)\hat{A}(t)\hat{U}(t, t_0)|\Psi(t_0)\rangle \\
&\overset{!}{=} {}_H\langle \Psi|\hat{A}_H(t)|\Psi\rangle_H,
\end{aligned}
$$

so dass wir also für die Observable $\hat{A}_H(t)$ im Heisenberg-Bild ableiten können:

$$\hat{A}_H(t) = \hat{U}^\dagger(t, t_0)\hat{A}(t)\hat{U}(t, t_0). \tag{20.3}$$

Der Wechsel vom Schrödinger- zum Heisenberg-Bild wird also durch eine zeitabhängige unitäre Transformation vermittelt, wie an (20.2) und (20.3) zu erkennen ist.

Da $|\Psi\rangle_H$ keinerlei Zeitabhängigkeit mehr aufweist:

$$\frac{d |\Psi\rangle_H}{dt} = 0, \tag{20.4}$$

gibt es keine Schrödinger-Gleichung für $|\Psi\rangle_H$. Vielmehr muss diese durch eine Zeitentwicklungsgleichung für die Observablen ersetzt werden. Wir erhalten aus (20.3):

$$
\begin{aligned}
\frac{d\hat{A}_H(t)}{dt} &= \frac{d}{dt}\left(\hat{U}^\dagger(t,t_0)\hat{A}(t)\hat{U}(t,t_0)\right) \\
&= \frac{d\hat{U}^\dagger(t,t_0)}{dt}\hat{A}(t)\hat{U}(t,t_0) + \hat{U}^\dagger(t,t_0)\hat{A}(t)\frac{d\hat{U}(t,t_0)}{dt} + \frac{\partial\hat{A}(t)}{\partial t} \\
&= \frac{i}{\hbar}\hat{U}^\dagger(t,t_0)\hat{H}\hat{A}(t)\hat{U}(t,t_0) - \frac{i}{\hbar}\hat{U}^\dagger(t,t_0)\hat{A}(t)\hat{H}\hat{U}(t,t_0) + \frac{\partial\hat{A}(t)}{\partial t} \\
&= \frac{i}{\hbar}\hat{H}\hat{A}_H(t) - \frac{i}{\hbar}\hat{A}_H(t)\hat{H} + \frac{\partial\hat{A}_H(t)}{\partial t},
\end{aligned}
$$

wobei wir die Tatsache ausgenutzt haben, dass $\hat{H}$ und $\hat{U}(t,t_0)$ vertauschen:

$$
[\hat{H}, \hat{U}(t,t_0)] = 0,
$$

und außerdem die explizite Zeitabhängigkeit in beiden Bildern identisch ist:

$$
\frac{\partial\hat{A}_H(t)}{\partial t} = \frac{\partial\hat{A}(t)}{\partial t}.
$$

Schlussendlich erhalten wir also:

$$
\frac{d\hat{A}_H(t)}{dt} = -\frac{i}{\hbar}[\hat{A}_H(t), \hat{H}] + \frac{\partial\hat{A}_H(t)}{\partial t}. \tag{20.5}
$$

Diese Gleichung wird **Heisenberg-Gleichung** genannt. Sie spielt im Heisenberg-Bild die gleiche Rolle wie die Schrödinger-Gleichung im Schrödinger-Bild, ist aber aufgrund ihrer Struktur viel schwieriger zu lösen. Das Heisenberg-Bild wird vorrangig in der Formulierung der Quantenfeldtheorie verwendet, in der Zustände wie der Vakuumzustand oder die N-Teilchen-Zustände als zeitunabhängig und sämtliche Operatoren als zeitabhängig betrachtet werden (siehe Abschnitt II-47).

Das heißt: der Zusammenhang (17.10) im Schrödinger-Bild für Erwartungswerte von Observable:

$$
\frac{d}{dt}\langle\hat{A}\rangle(t) = -\frac{i}{\hbar}\langle[\hat{A}, \hat{H}]\rangle + \left\langle\frac{\partial\hat{A}(t)}{\partial t}\right\rangle,
$$

gilt im Heisenberg-Bild für die Observablen selbst. Durch Erwartungswertbildung von (20.5) ergibt sich dann für Operatoren im Heisenberg-Bild:

$$
\frac{d}{dt}\langle\hat{A}\rangle(t) = \left\langle\frac{d}{dt}\hat{A}_H(t)\right\rangle. \tag{20.6}
$$

Es ist übrigens an dieser Stelle darauf hinzuweisen, dass Observable im Heisenberg-Bild zu unterschiedlichen Zeitpunkten $t_1 \neq t_2$ im Allgemeinen nicht mehr vertauschen:

$$
[\hat{A}(t_1), \hat{A}(t_2)] \neq 0. \tag{20.7}
$$

Der genaue Ausdruck für $[\hat{A}(t_1), \hat{A}(t_2)]$ hängt vom Hamilton-Operator ab, und wir werden später für verschiedene Hamilton-Operatoren exakte Ausdrücke hierfür berechnen.

Es sei $\{\, |\,\psi_n\rangle \,\}$ eine Orthonormalbasis aus den Eigenvektoren des als nicht explizit zeitabhängig angenommen Hamilton-Operators im Schrödinger-Bild:

$$\hat{H}\,|\psi_n\rangle = E_n\,|\psi_n\rangle\,. \tag{20.8}$$

Dann gilt für die Matrixelemente eines beliebigen hermiteschen Operators $\hat{A}_{\mathrm{H}}(t)$ im Heisenberg-Bild:

$$\langle\psi_m|\hat{A}_{\mathrm{H}}(t)|\psi_n\rangle = \langle\psi_m|\hat{U}^{\dagger}(t,t_0)\hat{A}(t)\hat{U}(t,t_0)|\psi_n\rangle \tag{20.9}$$

$$= \mathrm{e}^{\mathrm{i}(E_m - E_n)t/\hbar}\,\langle\psi_m|\hat{A}(t)|\psi_n\rangle \tag{20.10}$$

$$= \mathrm{e}^{\mathrm{i}\omega_{mn}t}A_{mn}(t), \tag{20.11}$$

mit $\omega_{mn} = (E_m - E_n)/\hbar$. Die Größen $\mathrm{e}^{\mathrm{i}\omega_{mn}t}A_{mn}(t)$ sind genau die „Matrizen" von Heisenberg (siehe Abschnitt 8), mit denen er 1925 eine neuartige Kinematik entwickelte und den Grundstein zur Quantenmechanik legte. Sie sind nichts anderes als hermitesche Operatoren im Heisenberg-Bild in Energiedarstellung.

Das Heisenberg-Bild liefert auch eine sehr illustrative Beschreibung des Übergangs zur klassischen Mechanik, wie wir in nachfolgenden Abschnitt betrachten wollen.

21 Der Übergang zur klassischen Mechanik I: Ehrenfest-Theorem und Virialsatz

In diesem Kapitel haben wir den theoretischen Formalismus der Quantenmechanik mitsamt seinem mathematischen Apparat eingeführt. Wir haben festgestellt, dass sich dieser grundsätzlich stark von dem mathematischen Apparat der klassischen Mechanik unterscheidet und dass Begriffe wie Zustand oder Observable in der Quantenmechanik völlig andere Eigenschaften haben und anderen Gesetzmäßigkeiten unterliegen wie in der klassischen Physik.

Nichtdestoweniger muss die klassische Physik einschließlich ihrer Gesetze im Grenzfall aus der Quantenmechanik abzuleiten sein, da in der makroskopischen Welt beispielsweise die Newtonsche Mechanik durchaus ihre Gültigkeit besitzt und hinreichend exakte Berechnungen und Vorhersagen von physikalischen Beobachtungen und Experimenten erlaubt. Welcher Grenzfall das genau ist, wollen wir im folgenden Abschnitt betrachten.

Dem aufmerksamen Leser wird bereits nicht entgangen sein, dass einige wichtige Relationen in der Quantenmechanik eine gewisse Ähnlichkeit zu Ausdrücken der klassischen Mechanik besitzen:

- Die **Poisson-Klammern** der kanonischen Mechanik sind definiert als:

$$\{A, B\} = \sum_i \left(\frac{\partial A}{\partial q_i} \frac{\partial B}{\partial p_i} - \frac{\partial A}{\partial p_i} \frac{\partial B}{\partial q_i} \right),$$

wobei q_i, p_i die **generalisierten Koordinaten** und die **kanonisch-konjugierten Impulse** sind. Der Index i läuft über alle Freiheitsgrade des mechanischen Systems.

Die totale Zeitableitung einer Observablen $A(t)$ ist gegeben durch:

$$\frac{dA(t)}{dt} = \{A(t), H\} + \frac{\partial A(t)}{\partial t},$$

wobei $H(q_i, p_i, t)$ die **Hamilton-Funktion** des mechanischen Systems ist.

In der Quantenmechanik spielen die Kommutatoren eine wichtige Rolle:

$$[\hat{A}, \hat{B}] = \hat{A}\hat{B} - \hat{B}\hat{A},$$

und im Heisenberg-Bild gilt die Heisenberg-Gleichung:

$$\frac{d\hat{A}_H(t)}{dt} = -\frac{i}{\hbar}[\hat{A}_H(t), \hat{H}] + \frac{\partial \hat{A}_H(t)}{\partial t}.$$

- In der klassischen Mechanik gelten die **fundamentalen Poisson-Klammern**

$$\{q_i, p_j\} = \delta_{ij},$$
$$\{q_i, q_j\} = \{p_i, p_j\} = 0.$$

159

In der Quantenmechanik gelten die kanonischen Kommutatorrelationen:

$$[\hat{q}_i, \hat{p}_j] = i\hbar\delta_{ij},$$
$$[\hat{q}_i, \hat{q}_j] = [\hat{p}_i, \hat{p}_j] = 0.$$

Die Poisson-Klammern der kanonischen Mechanik erfüllen alle algebraischen Eigenschaften der Kommutatoren der Quantenmechanik, wie wir sie in Abschnitt 14 betrachtet haben. Insbesondere sind die Poisson-Klammern **kanonisch invariant**, das heißt, beim Übergang zu neuen generalisierten Koordinaten und kanonisch-konjugierten Impulsen bleiben die fundamentalen Poisson-Klammern erhalten. Dieser Zusammenhang findet sein quantenmechanisches Pendant im sogenannten **Stone–von Neumann-Theorem**.

Doch bei all den algebraischen Gemeinsamkeiten bleibt, dass in der kanonischen Mechanik die Größen $q_i, p_i, A(t)$ klassische reellwertige Größen sind, in der Quantenmechanik $\hat{q}, \hat{p}, \hat{A}(t)$ allerdings hermitesche Operatoren in einem Hilbertraum. Wir müssen diese beiden unterschiedlichen mathematischen Objekte in einen Zusammenhang bringen, bevor wir zeigen können, wie der Grenzübergang von der Quantenmechanik zur klassischen Physik verläuft. Diesen klassischen Grenzfall werden wir in Kapitel 5 im Rahmen der sogenannten WKB-Näherung genauer beleuchten und begnügen uns an dieser Stelle mit den formalen Analogien.

Wir betrachten dazu ein quantenmechanisches System Σ mit einem Potential $\hat{V}(\hat{r}, t)$ und wollen hier insbesondere die Erwartungswerte des Ortsoperators $\hat{r}$ und des Impulsoperators $\hat{p}$ untersuchen, die beide keine explizite Zeitabhängigkeit aufweisen. Mit Hilfe von (17.10) erhalten wir:

$$\frac{d}{dt}\langle\hat{r}\rangle(t) = -\frac{i}{\hbar}\langle[\hat{r}, \hat{H}]\rangle$$

$$= -\frac{i}{\hbar}\left(\frac{1}{2m}\underbrace{\langle[\hat{r}, \hat{p}^2]\rangle}_{=2i\hbar\hat{p}} + \underbrace{\langle[\hat{r}, \hat{V}(\hat{r}, t)]\rangle}_{=0}\right)$$

$$= \frac{1}{m}\langle\hat{p}\rangle$$

und für

$$\frac{d}{dt}\langle\hat{p}\rangle(t) = -\frac{i}{\hbar}\langle[\hat{p}, \hat{H}]\rangle$$

$$= -\frac{i}{\hbar}\left(\frac{1}{2m}\underbrace{\langle[\hat{p}, \hat{p}^2]\rangle}_{=0} + \underbrace{\langle[\hat{p}, \hat{V}(\hat{r}, t)]\rangle}_{=-i\hbar\hat{\nabla}\hat{V}(\hat{r}, t)}\right)$$

$$= -\langle\hat{\nabla}\hat{V}(\hat{r}, t)\rangle.$$

Daraus folgt so das sogenannte **Ehrenfest-Theorem**:

$$\frac{d}{dt} \langle \hat{\boldsymbol{r}} \rangle (t) = \frac{1}{m} \langle \hat{\boldsymbol{p}} \rangle (t), \tag{21.1}$$

$$\frac{d}{dt} \langle \hat{\boldsymbol{p}} \rangle (t) = - \langle \hat{\boldsymbol{\nabla}} \hat{V}(\hat{\boldsymbol{r}},t) \rangle, \tag{21.2}$$

aufgestellt von Paul Ehrenfest 1927 [Ehr27].

Eine andere Form des Ehrenfest-Theorems ergibt sich, wenn wir direkt (15.39–15.42) verwenden:

$$\frac{d}{dt} \langle \hat{\boldsymbol{r}} \rangle (t) = \langle \hat{\boldsymbol{\nabla}}_{\hat{p}} \hat{H}(\hat{\boldsymbol{r}}, \hat{\boldsymbol{p}}, t) \rangle, \tag{21.3}$$

$$\frac{d}{dt} \langle \hat{\boldsymbol{p}} \rangle (t) = - \langle \hat{\boldsymbol{\nabla}} \hat{H}(\hat{\boldsymbol{r}}, \hat{\boldsymbol{p}}, t) \rangle, \tag{21.4}$$

die natürlich wieder zu (21.1,21.2) führt, aber noch stärkere Ähnlichkeit zu den kanonischen Gleichungen der klassischen Mechanik aufweist.

Im Heisenberg-Bild gelten die Gleichungen (21.1,21.2) übrigens als Operatorgleichungen, wie man aus den Heisenberg-Gleichungen (20.5) direkt ableiten kann:

$$\frac{d}{dt} \hat{\boldsymbol{r}}_{\mathrm{H}}(t) = \frac{1}{m} \hat{\boldsymbol{p}}_{\mathrm{H}}(t),$$
$$\frac{d}{dt} \hat{\boldsymbol{p}}_{\mathrm{H}}(t) = -\hat{\boldsymbol{\nabla}} \hat{V}_{\mathrm{H}}(\hat{\boldsymbol{r}}, t), \tag{21.5}$$

das Ehrenfest-Theorem folgt dann trivial.

In einigen Lehrbuchdarstellungen ist hier schon Schluss mit der weiteren Betrachtung, mit dem Verweis, die Beziehungen (21.1,21.2) beziehungsweise (21.3,21.4) seien aufgrund ihrer strukturellen Ähnlichkeit zu den kanonischen Gleichungen der klassischen Mechanik bereits das Verbindungsglied zwischen Quantenmechanik und klassischer Mechanik. Reduziert ist oft zu lesen: *„für quantenmechanische Erwartungswerte gelten die Gesetze der klassischen Mechanik"*. Das ist aber im Allgemeinen nicht korrekt, sondern gilt nur für Potentiale $V(\boldsymbol{r})$ maximal quadratisch in $\boldsymbol{r}$, wie wir gleich sehen werden. Denn die beiden Gleichungen in (21.1,21.2) verknüpfen mitnichten gegenseitig $\langle \hat{\boldsymbol{r}} \rangle (t)$ und $\langle \hat{\boldsymbol{p}} \rangle (t)$, sondern vielmehr verknüpft (21.1) $\langle \hat{\boldsymbol{r}} \rangle (t)$ mit $\langle \hat{\boldsymbol{p}} \rangle (t)$, (21.2) aber $\langle \hat{\boldsymbol{p}} \rangle (t)$ mit $\langle \hat{\boldsymbol{\nabla}} \hat{V}(\hat{\boldsymbol{r}},t) \rangle$. Was wir benötigen, ist eine Relation, in der irgendwo $\nabla V(\langle \hat{\boldsymbol{r}} \rangle (t), t)$ auftaucht.

Dazu entwickeln wir den Ausdruck $\langle \hat{\boldsymbol{\nabla}} \hat{V}(\hat{\boldsymbol{r}},t) \rangle$ in eine Taylor-Reihe um den Punkt $\langle \hat{\boldsymbol{r}} \rangle (t)$:

$$\frac{\partial \hat{V}(\hat{\boldsymbol{r}},t)}{\partial \hat{r}_i} = \frac{\partial \hat{V}(\hat{\boldsymbol{r}},t)}{\partial \hat{r}_i}\bigg|_{\hat{\boldsymbol{r}} = \langle \hat{\boldsymbol{r}} \rangle (t) \mathbb{1}} + \left(\hat{r}_j - \langle \hat{r}_j \rangle (t) \right) \frac{\partial^2 \hat{V}(\hat{\boldsymbol{r}},t)}{\partial \hat{r}_i \partial \hat{r}_j}\bigg|_{\hat{\boldsymbol{r}} = \langle \hat{\boldsymbol{r}} \rangle (t) \mathbb{1}}$$
$$+ \frac{1}{2} \left(\hat{r}_j - \langle \hat{r}_j \rangle (t) \right) \left(\hat{r}_k - \langle \hat{r}_k \rangle (t) \right) \frac{\partial^3 \hat{V}(\hat{\boldsymbol{r}},t)}{\partial \hat{r}_i \partial \hat{r}_j \partial \hat{r}_k}\bigg|_{\hat{\boldsymbol{r}} = \langle \hat{\boldsymbol{r}} \rangle (t) \mathbb{1}} + \dots,$$

so dass wir nach Erwartungswertbildung erhalten:

$$\langle \hat{\nabla} \hat{V}(\hat{r}, t) \rangle = \nabla V(\langle \hat{r} \rangle (t), t) + \dots$$

Für Potentiale $\hat{V}(\hat{r}, t)$, die maximal quadratisch in $\hat{r}$ sind, verschwinden alle höheren Ableitungen nach der zweiten, und in diesem Fall wird aus der zweiten Gleichung (21.2) des Ehrenfest-Theorems:

$$\frac{\mathrm{d}}{\mathrm{d}t} \langle \hat{p} \rangle (t) = -\hat{\nabla} V(\langle \hat{r} \rangle (t), t). \tag{21.6}$$

In diesem Fall gilt also die Aussage: „für quantenmechanische Erwartungswerte gelten die Gesetze der klassischen Mechanik".

Am Beispiel des harmonischen Oszillators mit dem zeitunabhängigen Potential

$$\hat{V}(\hat{r}) = \frac{1}{2} m\omega^2 \hat{r}^2$$

sehen wir:

$$\langle \hat{\nabla} \hat{V}(\hat{r}) \rangle = m\omega^2 \langle \hat{r} \rangle$$
$$= \nabla V(\langle \hat{r} \rangle),$$

und wir haben tatsächlich die kanonischen Gleichungen des harmonischen Oszillators für die Erwartungswerte von $\hat{r}$ und $\hat{p}$ exakt erhalten – wir kommen später in Kapitel 4 darauf zurück. Im Allgemeinen ist aber $\langle \hat{x}^n \rangle \neq \langle \hat{x} \rangle^n$.

Allerdings taucht in (21.1,21.2) nirgends $\hbar$ auf. Das wundert auch nicht, denn (21.1,21.2) sind darstellungsunabhängige Operatorausdrücke, insbesondere der Ausdruck $\hat{\nabla} \hat{V}(\hat{r}, t)$ ist immer noch operatorwertig. Wünschenswert ist aber ein Zusammenhang, der entweder in Orts- oder in Impulsdarstellung gilt und der die Planck-Konstante $\hbar$ daher explizit enthält. Anderenfalls können wir keine quantitativen Abschätzungen machen, welchen Gültigkeitsbereich die klassische Mechanik besitzt und in welchen Parameterregionen die Quantenmechanik zwingend anzuwenden ist. (21.6) gilt näherungsweise immerhin dann, wenn die höheren Ableitungen von $V(r, t)$ vernachlässigbar klein im Vergleich zur Ausbreitung der Wellenfunktion sind. Diesen quantitativen Zusammenhang liefert die WKB-Näherung, die wir in Kapitel 5 betrachten werden.

Der Virialsatz in der Quantenmechanik

In der klassischen Mechanik liefert der Virialsatz einen Zusammenhang zwischen dem zeitlichen Mittel der kinetischen Energie T eines abgeschlossenen N-Teilchen-Systems mit der potentiellen Energie V gemäß:

$$\overline{T} = -\frac{1}{2} \sum_{k=1}^{N} \overline{(F_k \cdot r_k)},$$

wobei F_k die Kraft auf das k-te Teilchen am Ort r_k ist. Für konservative Potentiale V ist

$$F_k = -\nabla_k V,$$

so dass der Virialsatz lautet:

$$\overline{T} = \frac{1}{2} \sum_{k=1}^{N} \overline{(\nabla_k V \cdot \boldsymbol{r}_k)}$$

oder

$$2 \sum_{k=1}^{N} \overline{\frac{\boldsymbol{p}_k^2}{2m_k}} = \sum_{k=1}^{N} \overline{(\nabla_k V \cdot \boldsymbol{r}_k)}.$$

Wirkt zwischen den einzelnen Teilchen eine Zentralpotential der Form $V \sim r^n$, so nimmt der Virialsatz folgende Form an:

$$2\overline{T} = n\overline{V_{\text{tot}}},$$

wobei V_{tot} die gesamte potentielle Energie des Systems darstellt.

Der **Virialsatz** in der Quantenmechanik gilt ebenfalls, nur mit dem Unterschied, dass kein zeitliches Mittel betrachtet wird, sondern die Erwartungswertbildung für einen stationären Zustand anzuwenden ist:

Satz. *Es sei $|\psi\rangle$ ein stationärer Zustand eines quantenmechanischen Systems Σ. Dann gilt:*

$$2\left\langle \frac{\hat{\boldsymbol{p}}^2}{2m} \right\rangle_\psi = \left\langle \hat{\boldsymbol{r}} \cdot \nabla \hat{V}(\hat{\boldsymbol{r}}) \right\rangle_\psi. \tag{21.7}$$

Beweis. Wir gehen aus von folgender Kommutatorrelation:

$$[\hat{\boldsymbol{r}} \cdot \hat{\boldsymbol{p}}, \hat{H}] = \left[\hat{\boldsymbol{r}} \cdot \hat{\boldsymbol{p}}, \frac{\hat{\boldsymbol{p}}^2}{2m} + \hat{V}(\hat{\boldsymbol{r}}) \right]$$

$$= i\hbar \frac{\hat{\boldsymbol{p}}^2}{m} - i\hbar \hat{\boldsymbol{r}} \cdot \nabla \hat{V}(\hat{\boldsymbol{r}}),$$

und beachten, dass bei Erwartungsbildung die linke Seite verschwindet:

$$\langle \psi | [\hat{\boldsymbol{r}} \cdot \hat{\boldsymbol{p}}, \hat{H}] | \psi \rangle = \langle \psi | \hat{\boldsymbol{r}} \cdot \hat{\boldsymbol{p}} | \psi \rangle E - E \langle \psi | \hat{\boldsymbol{r}} \cdot \hat{\boldsymbol{p}} | \psi \rangle$$

$$= 0,$$

da ja $|\psi\rangle$ der Voraussetzung nach ein stationärer Zustand ist. Daraus folgt direkt (21.7). ∎

22 Der Übergang zur klassischen Mechanik II: Hamilton–Jacobi-Gleichung

Eine weitere interessante und wichtige Erkenntnis über strukturelle Zusammenhänge zwischen klassischer Mechanik und Quantenmechanik ergibt sich auf folgende Weise. Ausgangspunkt ist die Schrödinger-Gleichung in Ortsdarstellung (18.2):

$$i\hbar\frac{\partial\Psi(\boldsymbol{r},t)}{\partial t} = \left(-\frac{\hbar^2}{2m}\nabla^2 + V(\boldsymbol{r},t)\right)\Psi(\boldsymbol{r},t), \tag{22.1}$$

und wir verwenden für die Wellenfunktion $\Psi(\boldsymbol{r},t)$ den allgemeinen Ansatz

$$\Psi(\boldsymbol{r},t) = R(\boldsymbol{r},t)\mathrm{e}^{\frac{i}{\hbar}S(\boldsymbol{r},t)} \tag{22.2}$$

mit reellwertigen Funktionen $R(\boldsymbol{r},t)$ und $S(\boldsymbol{r},t)$. Aus Dimensionsgründen ist an dieser Stelle bereits zu erkennen, dass $R(\boldsymbol{r},t)$ die Dimension der Wurzel einer Wahrscheinlichkeitsdichte besitzt und $S(\boldsymbol{r},t)$ die Dimension einer Wirkung. Die Funktion $S(\boldsymbol{r},t)$ wird auch **Quantenwirkung** genannt.

Setzen wir (22.2) in (22.1) ein und trennen anschließend nach Real- und Imaginärteil, so erhalten wir nach einfacher Rechnung zunächst folgende zwei Gleichungen:

$$\frac{\partial R(\boldsymbol{r},t)}{\partial t} = -\frac{1}{2m}\left(2\nabla R(\boldsymbol{r},t)\nabla S(\boldsymbol{r},t) + R(\boldsymbol{r},t)\nabla^2 S(\boldsymbol{r},t)\right), \tag{22.3}$$

$$\frac{\partial S(\boldsymbol{r},t)}{\partial t} = -\frac{(\nabla S(\boldsymbol{r},t))^2}{2m} - V(\boldsymbol{r},t) + \frac{\hbar^2}{2m}\frac{\nabla^2 R(\boldsymbol{r},t)}{R(\boldsymbol{r},t)}. \tag{22.4}$$

Berücksichtigen wir nun, dass für die Wahrscheinlichkeitsdichte $\rho(\boldsymbol{r},t)$ gemäß (19.6) gilt:

$$\rho(\boldsymbol{r},t) = \Psi^*(\boldsymbol{r},t)\Psi(\boldsymbol{r},t) \tag{22.5}$$

$$= R(\boldsymbol{r},t)^2, \tag{22.6}$$

so ist also:

$$2R(\boldsymbol{r},t)\nabla R(\boldsymbol{r},t) = \nabla\rho(\boldsymbol{r},t)$$

$$2R(\boldsymbol{r},t)\frac{\partial R(\boldsymbol{r},t)}{\partial t} = \frac{\partial\rho(\boldsymbol{r},t)}{\partial t},$$

und wir (22.3) und (22.4) schreiben als:

$$\frac{\partial\rho(\boldsymbol{r},t)}{\partial t} = -\frac{1}{m}\nabla\left(\rho(\boldsymbol{r},t)\nabla S(\boldsymbol{r},t)\right), \tag{22.7}$$

$$\frac{\partial S(\boldsymbol{r},t)}{\partial t} = -\frac{(\nabla S(\boldsymbol{r},t))^2}{2m} - V(\boldsymbol{r},t) - U_{\mathrm{quant}}(\boldsymbol{r},t), \tag{22.8}$$

mit

$$U_{\text{quant}}(\boldsymbol{r}, t) = -\frac{\hbar^2}{2m} \frac{\nabla^2 \sqrt{\rho(\boldsymbol{r}, t)}}{\sqrt{\rho(\boldsymbol{r}, t)}}. \tag{22.9}$$

Dies sind zwei Differentialgleichungen für zwei reellwertige Funktionen $\rho(\boldsymbol{r}, t)$ und $S(\boldsymbol{r}, t)$, und diese sind vollkommen äquivalent zur Schrödinger-Gleichung (22.1) für die komplexwertige Wellenfunktion $\Psi(\boldsymbol{r}, t)$. Wir sehen allerdings sofort, dass (22.7) nichts anderes ist als die Kontinuitätsgleichung (19.5):

$$\frac{\partial \rho(\boldsymbol{r}, t)}{\partial t} + \nabla \cdot \boldsymbol{j}(\boldsymbol{r}, t) = 0,$$

mit

$$\boldsymbol{j}(\boldsymbol{r}, t) = \rho(\boldsymbol{r}, t) \frac{\nabla S(\boldsymbol{r}, t)}{m}. \tag{22.10}$$

Wenn wir die vertraute Form einer Stromdichte ansetzen:

$$\boldsymbol{j}(\boldsymbol{r}, t) = \rho(\boldsymbol{r}, t)\boldsymbol{v}(\boldsymbol{r}, t), \tag{22.11}$$

so kann $\nabla S(\boldsymbol{r}, t)$ mit dem Impuls $\boldsymbol{p}(\boldsymbol{r}, t)$ identifiziert werden, denn mit $\boldsymbol{p}(\boldsymbol{r}, t) = m\boldsymbol{v}(\boldsymbol{r}, t)$ folgt:

$$\nabla S(\boldsymbol{r}, t) = \boldsymbol{p}(\boldsymbol{r}, t). \tag{22.12}$$

Interessanter ist Gleichung (22.8), da sie die durch einen Zusatzterm U_{quant} erweiterte **Hamilton–Jacobi-Gleichung** der klassischen Mechanik ist. Erinnern wir uns, diese lautet:

$$\frac{\partial S_0(q_i, t)}{\partial t} = -H\left(q_i, \frac{\partial S_0(q_i, t)}{\partial q_i}, t\right), \tag{22.13}$$

wobei wir die klassische Wirkung als $S_0(\boldsymbol{r}, t)$ bezeichnet haben und $H(q_i, p_i, t)$ die klassische Hamilton-Funktion darstellt, in diesem Fall in kartesischen Koordinaten:

$$H(\boldsymbol{r}, \boldsymbol{p}, t) = \frac{\boldsymbol{p}^2}{2m} + V(\boldsymbol{r}, t).$$

Das bedeutet aber: ohne den Zusatzterm U_{quant} wäre die Funktion $S(\boldsymbol{r}, t)$ in (22.2) nichts anderes als die klassische **Wirkung** $S_0(\boldsymbol{r}, t)$ der kanonischen Mechanik. Der Zusatzterm

$$U_{\text{quant}}(\boldsymbol{r}, t) = -\frac{\hbar^2}{2m} \frac{\nabla^2 \sqrt{\rho(\boldsymbol{r}, t)}}{\sqrt{\rho(\boldsymbol{r}, t)}}, \tag{22.14}$$

auch als **Quantenpotential** bezeichnet, stellt aber die entscheidende Erweiterung der Hamilton–Jacobi-Gleichung dar. (22.7) und (22.8) stellen den Ausgangspunkt einer ursprünglich von David Joseph Bohm begründeten Interpretationsschule der Quantenmechanik dar, der sogenannten **Bohmschen Mechanik** [Boh52a; Boh52b]. Diese wird – weil sie auf eine konsequente Weise die de Broglie-Theorie der Materiewellen weiterführt – auch als **de Broglie–Bohm-Theorie** der Quantenmechanik bezeichnet. Sie ist eine zur Kopenhagener Deutung abweichende Interpretation der Quantenmechanik und trägt die Züge einer nichtlokalen hydrodynamischen Theorie.

Die Gleichungen (22.7) und (22.8) werden auch als **Madelung-Gleichungen** bezeichnet, nach dem deutschen Physiker Erwin Madelung, der 1926 diese Gleichungen erstmalig aufstellte und eine anschauliche Deutung im Rahmen einer hydrodynamischen Interpretation anbot [Mad26]. Die Wahrscheinlichkeitsstromdichte

$$j(r,t) = \rho(r,t)\frac{\nabla S(r,t)}{m}$$

wird in diesem Zusammenhang gelegentlich auch **Madelung-Fluss** genannt.

Da das Quantenpotential U_{quant} den Parameter $\hbar$ enthält, ist klar, dass die **Quantenwirkung** oder auch **effektive Wirkung** $S(r,t)$ als Lösung der Gleichung (22.8) Korrekturterme zur klassischen Wirkung $S_0(r,t)$ enthalten muss. Eine systematische Reihenentwicklung von $S(r,t)$ in Potenzen von $\hbar$ ist der Ausgangspunkt der sogenannten **semiklassischen** oder **WKB-Näherung**, die wir in Kapitel 5 betrachten werden.

Die Bohmsche Mechanik wird in diesem Buch nicht weiter betrachtet. Für eine vertiefende Darstellung siehe die weiterführende Literatur.

23 Das freie Teilchen in der Quantenmechanik I: Kartesische Koordinaten

Das einfachste quantenmechanische System überhaupt ist das freie Teilchen: es gilt: $V(r) \equiv 0$. An diesem recht trivialen Modellsystem lassen sich bereits wichtige Aspekte der quantenmechanischen Behandlung von Einteilchen-Systemen studieren: kontinuierliche Spektren, Wellenpakete, Nichtnormierbarkeit uneigentlicher Eigenzustände, Dispersion. Der Abschnitt hat daher einen teilweise wiederholenden Charakter. Später, in Abschnitt II-24 werden wir das freie Teilchen dann in Kugelkoordinaten betrachten, im Zusammenhang mit allgemeinen dreidimensionalen Zentralkraftproblemen.

Wir rechnen direkt in der Ortsdarstellung. Dann lautet die stationäre Schrödinger-Gleichung (18.12) für das freie Teilchen:

$$-\frac{\hbar^2}{2m}\nabla^2\psi(r) = E\psi(r)$$

$$\implies \left(\nabla^2 + k^2\right)\psi(r) = 0, \tag{23.1}$$

$$\text{mit} \quad k^2 = \frac{2mE}{\hbar^2}, \tag{23.2}$$

und sie ist genau von dem Typ, bei dem sich der bereits im Abschnitt 18 betrachtete Separationsansatz (18.21) anbietet. Wir erhalten ebene Wellen $\psi_k(r)$ als Basislösungen von (23.1):

$$\psi_k(r) = \frac{1}{(2\pi)^{3/2}}e^{ik \cdot r}, \tag{23.3}$$

mit

$$k^2 = k^2 = \frac{2mE}{\hbar^2}, \tag{23.4}$$

wobei wir den Vorfaktor in Übereinstimmung mit (15.18) gewählt haben, dieser jedoch an dieser Stelle ohne weitere Relevanz ist, da wir ja bereits wissen, dass ebene Wellen ohnehin nicht normierbar sind.

Die volle, zeitabhängige Wellenfunktion $\Psi_k(r,t)$ ist dann gegeben durch:

$$\Psi_k(r,t) = \psi_k(r)e^{-i\omega t} \tag{23.5}$$

mit

$$\omega = \frac{E}{\hbar} = \frac{\hbar k^2}{2m}. \tag{23.6}$$

$\Psi_k(r,t)$ stellt eine in Richtung des **Wellenvektors** k laufende ebene Welle dar. Die Fortpflanzungsgeschwindigkeit der ebenen Wellen $\Psi_k(r,t)$ ist durch ihre **Phasengeschwindigkeit** v_{phase} gegeben:

$$v_{\text{phase}} := \frac{\omega}{k^2}k = \frac{\hbar k}{2m}. \tag{23.7}$$

Eine Skurrilität unterstreicht nun die Ungeeignetheit ebener Wellen als zulässige Wellenfunktionen: Die ebenen Wellen $\Psi_k(r,t)$ besitzen ja die Phasengeschwindigkeit $v_{\text{phase}} = \frac{\hbar k}{2m}$. Der Impuls des Punktteilchens ist aber gegeben durch $p = \hbar k$ und wird gemäß (19.7) mit der Wahrscheinlichkeitsstromdichte

$$j(r,t) = -\frac{i\hbar}{2m}\left(\Psi_k^*(r,t)\nabla\Psi_k(r,t) - \Psi_k(r,t)\nabla\Psi_k^*(r,t)\right)$$

$$= \frac{\hbar k}{m} = \frac{p}{m}$$

assoziiert. Die Geschwindigkeit des Punktteilchens wäre demnach

$$v_{\text{particle}} = \frac{p}{m} = \frac{\hbar k}{m} = 2v_{\text{phase}},$$

das heißt, das Punktteilchen wäre doppelt so schnell wie die Phasengeschwindigkeit der Welle, die es darstellt, nähme man ebene Wellen als zulässige Wellenfunktionen ernst.

Aber wir stellen uns ja eigentlich – aufgrund unserer Überlegungen in Abschnitt 15 – gar nicht mehr die Frage, ob $\Psi_k(r,t)$ zulässige quantenmechanische Wellenfunktionen eines Punktteilchens sein können, denn die Antwort lautet dort bereits: nein. Das entscheidende Problem besteht darin, eine Normierung der Wellenfunktion durchzuführen, so dass ihr Betragsquadrat – als Dichte der Aufenthaltswahrscheinlichkeit interpretiert – über $\mathbb{R}^3$ integriert eins ergibt. Für die Wahrscheinlichkeitsdichte $\rho_k(r,t)$ gilt:

$$\rho_k(r,t) = |\Psi_k(r,t)|^2 = \text{const.}$$

Die Dichte der Aufenthaltswahrscheinlichkeit ist für Ψ_k also konstant – das Punktteilchen ist also gewissermaßen „überall gleichzeitig" – und das Integral von $P_k(r,t)$ über $\mathbb{R}^3$ existiert daher nicht. Hier zeigt sich die Unschärferelation: bei exakt definiertem Impuls $p = \hbar k$ ist der Aufenthaltsort maximal unbestimmt.

$\Psi_k(r,t)$ ist also nicht normierbar und kann keine physikalisch zulässige Wellenfunktion darstellen. Allgemeiner: ebene Wellen sowie abzählbare Linearkombinationen von ebenen Wellen können keine erlaubten Wellenfunktionen sein. Physikalisch bedeutet dies: freie Teilchen können keinen scharfen Impuls besitzen.

Das haben wir alles aber bereits in Abschnitt 15 diskutiert: die Wellenfunktionen $\psi_k(r)$ sind ja Vielfaches der Ortsdarstellung der Eigenfunktionen des Impulsoperators:

$$\psi_k(r) = \frac{1}{(2\pi)^{3/2}}e^{ik\cdot r}$$

$$= \langle r|k\rangle$$

$$= \hbar^{3/2}\langle r|p\rangle,$$

und wir haben bereits festgehalten, dass diese keine physikalischen Zustände im Hilbert-Raum $\mathcal{H}$ darstellen.

Führt man die gleiche Diskussion in der Impulsdarstellung anstatt in der Ortsdarstellung, wird man mit den gleichen mathematischen Problemen konfrontiert: bei scharf definiertem Ort ist der Impuls maximal unbestimmt, und die Wellenfunktion ist nicht normierbar. Daher gilt die analoge Schlussfolgerung: freie Teilchen können keinen scharf definierten Ort besitzen.

Alles in allem sehen wir: wir müssen Wellenpakete der Form

$$\Psi(\boldsymbol{r}, t) = \frac{1}{(2\pi)^{3/2}} \int_{\mathbb{R}^3} \phi(\boldsymbol{k}) e^{i(\boldsymbol{k} \cdot \boldsymbol{r} - \omega(\boldsymbol{k}) t)} d^3 k, \tag{23.8}$$

betrachten, wobei $\phi(\boldsymbol{k})$ die **Spektralfunktion** des Wellenpakets heißt und die Fourier-Transformierte von $\Psi(\boldsymbol{r}, 0)$ ist:

$$\phi(\boldsymbol{k}) = \frac{1}{(2\pi)^{3/2}} \int_{\mathbb{R}^3} \Psi(\boldsymbol{r}, 0) e^{-i\boldsymbol{k} \cdot \boldsymbol{r}} d^3 r. \tag{23.9}$$

Sowohl $\Psi(\boldsymbol{r}, 0)$ als auch $\phi(\boldsymbol{k})$ sind notwendigerweise quadrat-integrable Funktionen:

$$\int_{\mathbb{R}^3} |\Psi(\boldsymbol{r}, 0)|^2 d^3 r = \frac{1}{(2\pi)^3} \int_{\boldsymbol{r} \in \mathbb{R}^3} \int_{\boldsymbol{k} \in \mathbb{R}^3} \int_{\boldsymbol{k}' \in \mathbb{R}^3} \phi(\boldsymbol{k}) \phi^*(\boldsymbol{k}') e^{i(\boldsymbol{k} - \boldsymbol{k}') \cdot \boldsymbol{r}} d^3 k' d^3 k d^3 r$$

$$= \int_{\mathbb{R}^3} |\phi(\boldsymbol{k})|^2 d^3 k, \tag{23.10}$$

wobei wir im letzten Schritt verwendet haben, dass

$$\frac{1}{(2\pi)^3} \int_{\mathbb{R}^3} e^{i(\boldsymbol{k} - \boldsymbol{k}') \cdot \boldsymbol{r}} d^3 r = \delta(\boldsymbol{k} - \boldsymbol{k}')$$

ist. Gleichung (23.6) besitzt die Bedeutung einer **Dispersionsrelation**:

$$\omega(\boldsymbol{k}) = \frac{\hbar k^2}{2m}, \tag{23.11}$$

und die **Gruppengeschwindigkeit**

$$\boldsymbol{v}_{\text{group}} := \nabla_{\boldsymbol{k}} \omega(\boldsymbol{k}) = \frac{\hbar \boldsymbol{k}}{m} = \frac{\boldsymbol{p}}{m} \tag{23.12}$$

entspricht nun genau der Geschwindigkeit des Teilchens $\boldsymbol{v}_{\text{particle}}$.

Zusammenfassend kann man also sagen: freie Teilchen können in der Quantenmechanik nur durch Wellenpakete realisiert sein. Diese sind notwendigerweise nicht-stationäre Lösungen der Schrödinger-Gleichung. Dies ist jedoch keine spezifische Eigenschaft freier Teilchen, sondern gilt vielmehr allgemein für Streuzustände, die als Wellenpaket im kontinuierlichen Teil des Spektrums von $\hat{H}$ realisiert sind, im Unterschied zu gebundenen Zuständen, die stets zum diskreten Teil des Spektrums von $\hat{H}$ gehören. Auf diesen grundlegenden Unterschied gehen wir in Abschnitt 29 für den eindimensionalen Fall etwas genauer ein.

Das Zerfließen von Wellenpaketen

Die Dispersionsrelation (23.11) besitzt im Gegensatz zu den Wellenpaketen der klassischen Elektrodynamik im Vakuum eine nicht-lineare k-Abhängigkeit, ähnlich wie bei elektromagnetischen Wellen in Materie. Die Folge ist, dass die Wellenpakete der Quantenmechanik im Laufe der Zeit zerfließen, das heißt: sie behalten ihre Form nicht bei, sondern verbreitern sich ständig. Veranschaulichen kann man sich das so, dass die einzelnen Partialwellen des Wellenpakets sich mit unterschiedlicher (Phasen-)Geschwindigkeit ausbreiten und sich ihre Phasenbeziehungen zueinander daher im Laufe der Zeit ändern.

Etwas formaler kann man umgekehrt schnell sehen, dass ein Nicht-Zerfließen quantenmechanischer Wellenpakete eine lineare Dispersionsrelation als notwendige Bedingung fordert. Wenn sich das Wellenpaket $\Psi(r,t)$ nämlich als Ganzes lediglich im Laufe der Zeit um die Strecke $r_0(t)$ verschöbe, so würde gelten:

$$|\Psi(r,t)|^2 \stackrel{!}{=} |\Psi(r - r_0(t), 0)|^2.$$

Bringen wir die rechte auf die linke Seite und verwenden (23.8), so würde folgen:

$$\int_{\mathbb{R}^3} \mathrm{d}^3 k \int_{\mathbb{R}^3} \mathrm{d}^3 k' \phi(k)\phi(k') \mathrm{e}^{\mathrm{i}(k-k')\cdot r} \left[\mathrm{e}^{-\mathrm{i}[\omega(k)-\omega(k')]t} - \mathrm{e}^{-\mathrm{i}(k-k')\cdot r_0(t)} \right] \stackrel{!}{=} 0.$$

Substituieren wir $k' = k + p/\hbar$ und führen das k'-Integral aus, so können wir diese Bedingung schreiben als:

$$\int_{\mathbb{R}^3} \mathrm{d}^3 k \, \phi(k)\phi(k + p/\hbar) \left[\mathrm{e}^{-\mathrm{i}[\omega(k)-\omega(k+p/\hbar)]t} - \mathrm{e}^{\mathrm{i}p\cdot r_0(t)/\hbar} \right] \stackrel{!}{=} 0.$$

Wenn diese Bedingung für alle Wellenpakete und damit für beliebige Spektralfunktionen $\phi(k)$ gelten sollte, müsste sein:

$$[\omega(k + p/\hbar) - \omega(k)]\, t \stackrel{!}{=} p \cdot r_0(t)/\hbar,$$

oder, nach Rücksubstitution $p/\hbar = k' - k$:

$$\omega(k') - \omega(k) \stackrel{!}{=} (k' - k) \cdot r_0(t)/t.$$

Daher muss $\omega(k)$ eine in k lineare Funktion sein:

$$\omega(k) \stackrel{!}{=} \alpha \cdot k,$$

mit einem konstanten Vektor α. Dann sind aber, wie in der Vakuumelektrodynamik, Phasen- und Gruppengeschwindigkeit identisch:

$$v_{\mathrm{phase}} = \frac{\omega}{k^2} k = \nabla_k \omega(k)$$

$$= v_{\mathrm{group}} = \alpha.$$

Da diese Voraussetzung in der Quantenmechanik aber nicht erfüllt ist, müssen Wellenpakete notwendigerweise im Laufe der Zeit zerfließen. Ein besonderes Beispiel eines Wellenpakets, ein Gaußsches Wellenpaket, werden wir in Abschnitt 26 genauer betrachten.

24 Propagatoren I: Allgemeine Begriffe und Zusammenhänge

Aus Abschnitt 17 wissen wir, dass der Zeitentwicklungsoperator $\hat{U}(t, t_0)$ eines quantenmechanischen Systems selbst die Schrödinger-Gleichung erfüllt (siehe (17.5)):

$$i\hbar \frac{d\hat{U}(t, t_0)}{dt} = \hat{H}\hat{U}(t, t_0). \tag{24.1}$$

Daraus folgt wiederum, dass der in (18.4) definierte Schrödinger-Propagator ebenfalls die Schrödinger-Gleichung in Ortsdarstellung erfüllt:

$$\left(i\hbar \frac{\partial}{\partial t} + \frac{\hbar^2}{2m}\nabla^2 - V(r, t)\right) K(r, t; r', t') = 0. \tag{24.2}$$

Wir betrachten im Folgenden zeitunabhängige Hamilton-Operatoren $\hat{H}$ und wollen als nächstes einen Ausdruck für den Propagator (18.4) ableiten, indem wir den Ausdruck (18.16) verwenden. Aus

$$K(r, t; r', t') = \langle r|\hat{U}(t, t')|r'\rangle$$

erhalten wir durch „Einschieben einer Eins" (18.17)

$$K(r, t; r', t') = \sum_n \langle r|\hat{U}(t, t')|\Psi_n(t')\rangle \langle \Psi_n(t')|r'\rangle$$

$$= \sum_n \langle r|\hat{U}(t, t')|\Psi_n(t')\rangle \Psi_n^*(r', t')$$

$$= \sum_n \langle r|\hat{U}(t, t')|\Psi_n(t')\rangle e^{\frac{i}{\hbar}E_n t'}\psi_n^*(r').$$

Da die Zustände $|\Psi_n(t)\rangle$ Energieeigenzustände sind, verwenden wir den formalen Ausdruck (17.8) für den Zeitentwicklungsoperator $\hat{U}(t, t')$. Wir erhalten:

$$\langle r|\hat{U}(t, t')|\Psi_n(t')\rangle = \langle r|e^{-\frac{i}{\hbar}(t-t')\hat{H}}|\Psi_n(t')\rangle$$

$$= e^{-\frac{i}{\hbar}E_n(t-t')}\Psi_n(r, t')$$

$$= e^{-\frac{i}{\hbar}E_n(t-t')}\psi_n(r),$$

so dass wir für den Propagator nun schreiben können:

$$K(r, t; r', t') = \sum_n e^{-\frac{i}{\hbar}E_n(t-t')}\psi_n(r)\psi_n^*(r'). \tag{24.3}$$

Gleichung (24.3) ist nichts anderes als die Ortsdarstellung der Operatorgleichung:

$$\hat{U}(t, t') = \sum_n e^{-\frac{i}{\hbar}E_n(t-t')}\hat{P}_n^H, \tag{24.4}$$

wobei $\hat{P}_n^H$ der Projektionsoperator auf den Eigenunterraum des Hamilton-Operators $\hat{H}$ zum Eigenwert E_n ist. Insgesamt lässt sich an dieser Stelle festhalten: für einen zeitunabhängigen Hamilton-Operator $\hat{H}$ lässt sich der Zeitentwicklungsoperator $\hat{U}(t, t')$ und damit auch der Propagator $K(r, t; r', t')$ als eine Fourier-Reihe in der Zeit t mit dem Frequenzspektrum $\{E_n/\hbar\}$ schreiben.

Satz. *Es ist*

$$\hat{U}(t, t') = \frac{1}{2\pi i} \oint_\Gamma dz e^{-iz(t-t')/\hbar} \hat{G}(z), \qquad (24.5)$$

mit $\hat{G}(z)$ wie in (24.49). Der Weg Γ umläuft hierbei das gesamte Spektrum von $\hat{H}$ im positiven Sinn.

Beweis. Der Beweis ergibt sich einfach aus der Integralformel von Cauchy, in einer Version für Operatoren. Es ist einfach:

$$e^{-i\hat{H}(t-t')/\hbar} = \frac{1}{2\pi i} \oint_\Gamma \frac{e^{-iz(t-t')/\hbar}}{z - \hat{H}} dz$$

$$= \frac{1}{2\pi i} \oint_\Gamma e^{-iz(t-t')/\hbar} \hat{G}(z) dz.$$

Etwas ausführlicher:

$$\hat{U}(t, t') = \sum_n e^{-i\hat{H}(t-t')/\hbar} \hat{P}_n = \sum_n e^{-iE_n(t-t')/\hbar}$$

$$= \frac{1}{2\pi i} \sum_n \oint_\Gamma \frac{e^{-iz(t-t')/\hbar}}{z - E_n} dz$$

$$= \frac{1}{2\pi i} \sum_n \oint_\Gamma \frac{e^{-iz(t-t')/\hbar}}{z - \hat{H}} \hat{P}_n dz$$

$$= \frac{1}{2\pi i} \oint_\Gamma e^{-iz(t-t')/\hbar} \hat{G}(z) dz. \qquad \blacksquare$$

Wir definieren nun den **retardierten** oder auch **kausalen Schrödinger-Propagator**

$$K^{(+)}(r, t; r', t') := \langle r|\hat{U}(t, t')|r'\rangle \Theta(t - t'), \qquad (24.6)$$

mit der **Heaviside-** oder **Stufen-Funktion**

$$\Theta(t - t') = \begin{cases} 0 & t < t' \\ 1 & t \geq t'. \end{cases} \qquad (24.7)$$

Die Verwendung des retardierten Schrödinger-Propagators stellt sicher, dass man stets eine monoton zukunftsgerichtete Zeitentwicklung betrachtet, dass also stets $t \geq t'$ gilt.

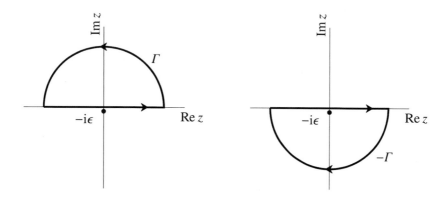

Abbildung 2.1: Zur Integraldarstellung (24.30) der Heaviside-Funktion $\Theta(t)$. Für $t < 0$ muss die Kurve in der oberen Halbebene geschlossen werden (links), für $t > 0$ in der unteren (rechts).

Entsprechend können wir den **avancierten Schrödinger-Propagator**

$$K^{(-)}(\boldsymbol{r},t;\boldsymbol{r}',t') := \langle \boldsymbol{r}|\hat{U}(t,t')|\boldsymbol{r}'\rangle\, \Theta(t'-t) \tag{24.8}$$

einführen, der eine monoton vergangenheitsgerichtete Zeitentwicklung sicherstellt.

Gleichermaßen definieren wir auch den avancierten und den retardierten Zeitentwicklungsoperator durch:

$$\hat{U}^{(+)}(t,t') = \hat{U}(t,t')\Theta(t-t'), \tag{24.9}$$

$$\hat{U}^{(-)}(t,t') = \hat{U}(t,t')\Theta(t'-t), \tag{24.10}$$

so dass

$$K^{(\pm)}(\boldsymbol{r},t;\boldsymbol{r}',t') = \langle \boldsymbol{r}|\hat{U}^{(\pm)}(t,t')|\boldsymbol{r}'\rangle\,. \tag{24.11}$$

Mathematisch gesehen sind sowohl der retardierte, als auch der avancierte Propagator $K^{(\pm)}(\boldsymbol{r},t;\boldsymbol{r}',t')$ jeweils **Greensche Funktionen** zur Schrödinger-Gleichung (18.2) und erfüllen die Gleichung:

$$\left(i\hbar\frac{\partial}{\partial t} + \frac{\hbar^2}{2m}\nabla^2 - V(\boldsymbol{r},t)\right) K^{(\pm)}(\boldsymbol{r},t;\boldsymbol{r}',t') = \pm i\hbar\delta(t-t')\delta(\boldsymbol{r}-\boldsymbol{r}'), \tag{24.12}$$

die man aus (24.6,24.8) unter Berücksichtigung der funktionalen Relation

$$\frac{\mathrm{d}}{\mathrm{d}t}\Theta(t) = \delta(t)$$

erhält. Entsprechend gilt für den avancierten und den retardierten Zeitentwicklungsoperator:

$$\left(i\hbar\frac{\mathrm{d}}{\mathrm{d}t} - \hat{H}\right)\hat{U}^{(\pm)}(t,t') = \pm i\hbar\delta(t-t'). \tag{24.13}$$

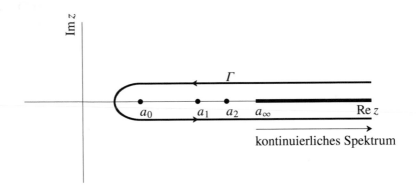

Abbildung 2.2: Das Spektrum eines hermiteschen Operators $\hat{A}$ stellt sich in Form von Singularitäten der Resolvente $\hat{R}(z)$ dar. Elemente $\{a_i\}$ des diskreten Spektrums bilden Pole von $\hat{R}(z)$, während sich das kontinuierliche Spektrum als Schnitt entlang der reellen Achse im halboffenen Intervall $[a_\infty, \infty]$ anschließt. Der Weg Γ umläuft alle Singularitäten.

An die Stelle von (18.5) tritt nun:

$$K^{(+)}(\boldsymbol{r}, t; \boldsymbol{r}', t') = \int d\boldsymbol{r}'' K^{(+)}(\boldsymbol{r}, t; \boldsymbol{r}'', t'') K^{(+)}(\boldsymbol{r}'', t''; \boldsymbol{r}', t') \quad (t \geq t'' \geq t) \quad (24.14)$$

$$K^{(-)}(\boldsymbol{r}, t; \boldsymbol{r}', t') = \int d\boldsymbol{r}'' K^{(-)}(\boldsymbol{r}, t; \boldsymbol{r}'', t'') K^{(-)}(\boldsymbol{r}'', t''; \boldsymbol{r}', t') \quad (t \leq t'' \leq t) \quad (24.15)$$

Zeitunabhängiger Schrödinger-Propagator

Wir definieren den **zeitunabhängigen Schrödinger-Propagator** $G^{(\pm)}(\boldsymbol{r}, \boldsymbol{r}'; E)$ implizit als Greensche Funktion der stationären Schrödinger-Gleichung:

$$\left(E + \frac{\hbar^2}{2m} \nabla^2 - V(\boldsymbol{r}, t)\right) G^{(\pm)}(\boldsymbol{r}, \boldsymbol{r}'; E) = \delta(\boldsymbol{r} - \boldsymbol{r}') \tag{24.16}$$

und wollen im Folgenden einen Zusammenhang zwischen $G^{(\pm)}(\boldsymbol{r}, \boldsymbol{r}'; E)$ und dem kausalen Schrödinger-Propagator herstellen. Auf die Bedeutung des Superskripts $(\pm)$ werden wir weiter unten zurückkommen.

Wir notieren nun:

$$\hat{G}^{(\pm)}(E) := \hat{G}(E \pm i\epsilon). \tag{24.17}$$

Satz. *Es gilt:*

$$G^{(\pm)}(\boldsymbol{r}, \boldsymbol{r}'; E) = \langle \boldsymbol{r} | \hat{G}^{(\pm)}(E) | \boldsymbol{r}' \rangle \tag{24.18}$$

$$= \sum_n \frac{\psi_n(\boldsymbol{r}) \psi_n^*(\boldsymbol{r}')}{E - E_n \pm i\epsilon}. \tag{24.19}$$

Beweis. Aus der Definition (24.35) der Resolvente $\hat{G}(z)$ folgt:

$$(z - \hat{H})\hat{G}(z) = \mathbb{1}$$
$$\implies \langle r|(z - \hat{H})\hat{G}(z)|r'\rangle = \delta(r - r').$$

Diese Relation gilt für alle $z \neq E_n$, insbesondere also auch für $z = E \pm i\epsilon$, so dass sie in diesem Fall nichts anderes als (24.16) darstellt. Also folgt das Behauptete. ■

Mit (24.3) und (24.30,24.31) können wir aus

$$K^{(\pm)}(r, t; r', 0) = \Theta(\pm t) \sum_n e^{-\frac{i}{\hbar}E_n t} \psi_n(r)\psi_n^*(r') \qquad (24.20)$$

recht schnell ableiten:

$$K^{(\pm)}(r, t; r', 0) = \mp\frac{1}{2\pi i} \int_{-\infty}^{\infty} dE e^{-iEt/\hbar} G^{(\pm)}(r, r'; E), \qquad (24.21)$$

beziehungsweise in Operatorform:

$$\hat{U}^{(\pm)}(t) = \mp\frac{1}{2\pi i} \int_{-\infty}^{\infty} dE e^{-iEt/\hbar} \hat{G}^{(\pm)}(E). \qquad (24.22)$$

Ein umgekehrter Zusammenhang zwischen $G^{(\pm)}(r, r'; E)$ und $K^{(\pm)}(r, t; r', 0)$ ist dann gegeben durch den folgenden Satz:

Satz. *Es gilt:*

$$G^{(\pm)}(r, r'; E) = \mp\frac{i}{\hbar} \int_{-\infty}^{\infty} dt e^{i(E \pm i\epsilon)t/\hbar} K^{(\pm)}(r, t; r', 0), \qquad (24.23)$$

und in Operatorform:

$$\hat{G}(z) = -\frac{i}{\hbar} \int_0^{\infty} dt e^{izt/\hbar} \hat{U}^{(+)}(t) \quad \textit{für Im } z > 0 \qquad (24.24)$$

$$= +\frac{i}{\hbar} \int_{-\infty}^0 dt e^{izt/\hbar} \hat{U}^{(-)}(t) \quad \textit{für Im } z < 0 \qquad (24.25)$$

Beweis. Wir multiplizieren (24.24,24.25) linksseitig mit $z - \hat{H}$:

$$
\begin{aligned}
(z - \hat{H})\hat{G}(z) &= \mp\frac{i}{\hbar} \int_{-\infty}^{\infty} \mathrm{d}t\, (z - \hat{H}) \mathrm{e}^{izt/\hbar} \hat{U}^{(\pm)}(t) \\
&= \mp\frac{i}{\hbar} \int_{-\infty}^{\infty} \mathrm{d}t \left[\left(-i\hbar\frac{\mathrm{d}}{\mathrm{d}t} - \hat{H} \right) \mathrm{e}^{izt/\hbar} \right] \hat{U}^{(\pm)}(t) \\
&= \mp\frac{i}{\hbar} \int_{-\infty}^{\infty} \mathrm{d}t \left[-i\hbar\frac{\mathrm{d}}{\mathrm{d}t} \left(\mathrm{e}^{izt/\hbar} \hat{U}^{(\pm)}(t) \right) + \mathrm{e}^{izt/\hbar} \left(i\hbar\frac{\mathrm{d}}{\mathrm{d}t} - \hat{H} \right) \hat{U}^{(\pm)}(t) \right] \\
&= \mp\frac{i}{\hbar} \int_{-\infty}^{\infty} \mathrm{d}t\, \mathrm{e}^{izt/\hbar} \left(i\hbar\frac{\mathrm{d}}{\mathrm{d}t} - \hat{H} \right) \hat{U}^{(\pm)}(t) \\
&= \mp\frac{i}{\hbar} \int_{-\infty}^{\infty} \mathrm{d}t\, \mathrm{e}^{izt/\hbar} (\pm i\hbar\delta(t)) = \mathbb{1}.
\end{aligned}
$$

Je nach dem, ob man die Beziehung für den retardierten oder den avancierten Propagator betrachtet, verläuft der Integrationsbereich jeweils nur für positives beziehungsweise negatives t. Der Randterm in der dritten Zeile verschwindet, da einerseits $\hat{U}^{(\pm)}(0) = \mathbb{1}$ und andererseits durch die Randbedingung an den Imaginärteil von z dieser als exponentieller Dämpfungsfaktor für $t \to \infty$ wirkt. ∎

Zuguterletzt beweisen wir noch den

Satz. *Es ist*

$$
\hat{U}(t) = -\frac{1}{2\pi i} \int_{-\infty}^{\infty} \mathrm{e}^{-iEt/\hbar} \left[\hat{G}^{(+)}(E) - \hat{G}^{(-)}(E) \right] \mathrm{d}E. \tag{24.26}
$$

Beweis. Wir wenden die Dispersionsformel (24.33) auf $\hat{G}^{(\pm)} = \hat{G}(E \pm i\epsilon)$ an und erhalten

$$
\hat{G}^{(\pm)}(E) = \frac{1}{E - \hat{H} \pm i\epsilon} = \mathrm{P}\frac{1}{E - \hat{H}} \mp i\pi\delta(E - \hat{H}),
$$

Dann ist

$$
\hat{G}^{(+)}(E) - \hat{G}^{(-)}(E) = -2i\pi\delta(E - \hat{H}),
$$

und somit

$$
-\frac{1}{2\pi i} \int_{-\infty}^{\infty} \mathrm{e}^{-iEt/\hbar} \left[\hat{G}^{(+)}(E) - \hat{G}^{(-)}(E) \right] \mathrm{d}E = \int_{-\infty}^{\infty} \mathrm{e}^{-iEt/\hbar} \delta(E - \hat{H}) \mathrm{d}E = \mathrm{e}^{-i\hat{H}t/\hbar}. \quad ∎
$$

Eine weitere Möglichkeit, (24.26) zu zeigen, ist direkt über die Relation (24.22), da ja $\hat{U} = \hat{U}^{(+)} + \hat{U}^{(-)}$.

Führen wir in (24.23) beziehungsweise (24.24,24.25) die Variablensubstitution $z' = -iz$ durch, so sehen wir, dass die Resolvente (beziehungsweise der zeitunabhängige Propagator) bis auf einen Vorfaktor nichts anderes ist als die **Laplace-Transformierte** des Zeitentwicklungsoperators (beziehungsweise des Propagators):

$$\hat{G}(z') = -\frac{i}{\hbar} \int_0^\infty dt e^{-z't/\hbar} \hat{U}^{(+)}(t) \quad \text{für Re } z' > 0 \tag{24.27}$$

$$= +\frac{i}{\hbar} \int_{-\infty}^0 dt e^{-z't/\hbar} \hat{U}^{(-)}(t) \quad \text{für Re } z' < 0. \tag{24.28}$$

Auch beim zeitunabhängigen Propagator interessiert man sich bisweilen für dessen Impulsdarstellung:

$$\tilde{G}^{(\pm)}(\boldsymbol{q}, \boldsymbol{q}'; E) = \langle \boldsymbol{q} | \hat{G}^{(\pm)}(E) | \boldsymbol{q}' \rangle, \tag{24.29}$$

wir kommen im Abschnitt 25 darauf zurück und erklären dann ebenfalls, warum üblicherweise der Buchstabe $\boldsymbol{q}$ für den Impuls in den freien Argumenten verwendet wird.

Die Formeln (24.3) und (24.19) bringen zum Ausdruck, dass durch Kenntnis des Propagators zumindest implizit die Energie-Eigenwerte und -Eigenzustände eines Quantensystems bekannt sind. In diesem Sinne stellt der Propagator eine vollständige Lösung eines quantenmechanischen Systems mit einem zeitunabhängigen Hamilton-Operator dar. Es verwundert daher nicht, dass nur in den allerwenigsten Fällen eine geschlossene Lösung für den Propagator bekannt ist. Aufgrund der enormen Relevanz des Propagators vor allem in der Streutheorie (Kapitel III-3) – wo wir auch eine physikalische Interpretation von $\hat{G}^{(\pm)}$ erkennen werden – beziehungsweise in der Quantenfeldtheorie finden Näherungsverfahren zur Lösung von $\hat{G}^{(\pm)}$ wie die in Kapitel III-1 und III-2 betrachtete Störungstheorie ihre wichtigste Anwendung.

Mathematischer Einschub 7: Die Heaviside-Funktion

Bei der weiteren Untersuchung von Propagatoren und Greenschen Funktionen ist häufig Fingerübung im Umgang mit geschlossenen Wegintegralen in der komplexen Zahlenebene vonnöten – insbesondere, wenn der Integrand Pole besitzt. Aus diesem Grund wollen wir eine äußerst nützliche Integraldarstellung der Heaviside-Funktion (24.7) beweisen:

Satz. *Es gilt:*

$$\Theta(t) = -\frac{1}{2\pi i} \lim_{\epsilon \to 0^+} \int_{-\infty}^\infty \frac{1}{\xi + i\epsilon} e^{-it\xi} d\xi, \tag{24.30}$$

beziehungsweise

$$\Theta(t) = \frac{1}{2\pi i} \lim_{\epsilon \to 0^+} \int_{-\infty}^\infty \frac{1}{\xi - i\epsilon} e^{it\xi} d\xi. \tag{24.31}$$

Beweis. Wir wandeln (24.30) zunächst in ein allgemeines komplexes Kurvenintegral um:

$$\Theta(t) = -\frac{1}{2\pi i} \lim_{\epsilon \to 0^+} \oint_\Gamma \frac{1}{z + i\epsilon} e^{-itz} dz,$$

müssen aber noch herausfinden, ob wir die Kurven Γ jeweils in der oberen oder der unteren komplexen Halbebene schließen müssen. Der Integrand besitzt jedenfalls einen Pol bei $z = -i\epsilon$. Wir setzen $z = \xi + i\eta$ und erhalten so:

$$e^{-itz} = e^{t\eta - it\xi}.$$

Betrachte auch Abbildung 2.1 auf Seite 175: Für $t < 0$ geht der Integrand wegen des exponentiellen Dämpfungsfaktors $e^{t\eta}$ gegen Null, sofern $\eta \to +\infty$, also in der oberen Halbebene. Da dieser Weg keine Pole umläuft, verschwindet das Integral identisch.

Für $t > 0$ jedoch geht der Integrand wegen des exponentiellen Dämpfungsfaktors $e^{t\eta}$ gegen Null, sofern $\eta \to -\infty$, also in der unteren Halbebene. Dann umläuft Γ aber den Pol bei $z = -i\epsilon$ mit negativer Orientierung. Mit der Integralformel von Cauchy

$$f(z) = \frac{1}{2\pi i} \oint_\Gamma \frac{f(\zeta)}{\zeta - z} d\zeta \qquad (24.32)$$

(wobei die Kurve Γ positiv orientiert um den Pol geht) gilt dann

$$-\frac{1}{2\pi i} \oint_{-\Gamma} \frac{1}{z + i\epsilon} e^{-itz} dz = e^{-t\epsilon}$$

und damit

$$-\lim_{\epsilon \to 0^+} \frac{1}{2\pi i} \oint_{-\Gamma} \frac{1}{z + i\epsilon} e^{-itz} dz = 1.$$

Für $t = 0$ zuguterletzt ist $e^{t\eta}$ identisch Eins, und wir haben das Integral

$$-\frac{1}{2\pi i} \oint \frac{1}{z + i\epsilon} dz$$

vor uns, dass entweder identisch verschwindet, wenn wir die Kurve entlang der oberen Halbebene schließen, oder aber Eins ergibt, wenn wir die Kurve entlang der unteren Halbebene schließen. Entscheiden wir uns als dritte Möglichkeit für die Bildung des Hauptwerts, dann gilt:

$$-P\frac{1}{2\pi i} \oint \frac{1}{z + i\epsilon} dz = \frac{1}{2},$$

und in der Tat wird für $t = 0$ die Heaviside-Funktion häufig auch definiert als

$$\Theta(0) = \frac{1}{2}.$$

Relation (24.31) entsteht einfach aus (24.30) durch komplexe Konjugation der rechten Seite. ∎

Durch die Definition des Hauptwerts ist im übrigen implizit auch die sogenannte **Dispersionsformel** gezeigt, die wir öfters einmal gebrauchen werden:

$$\frac{1}{x - x_0 \pm i\epsilon} = P\frac{1}{x - x_0} \mp i\pi\delta(x - x_0),\qquad(24.33)$$

wobei diese Gleichung stets als Distributionsgleichung zu lesen ist:

$$\int_{-\infty}^{\infty} dx\,\frac{f(x)}{x - x_0 \pm i\epsilon} = P\int_{-\infty}^{\infty} dx\,\frac{f(x)}{x - x_0} \mp i\pi f(x_0).\qquad(24.34)$$

Mathematischer Einschub 8: Resolventen hermitescher Operatoren

Wir wollen hier einige funktionentheoretische und funktionalanalytische Begriffe und Zusammenhänge beschreiben, die wir in geringem Umfang bei der stationären Störungstheorie (Kapitel III-1), vor allem aber im Rahmen der Streutheorie (Kapitel III-3) wieder aufgreifen werden.

Die **Resolvente** $\hat{R}(z)$ eines hermiteschen Operators $\hat{A}$ ist definiert durch:

$$\hat{R}(z) = \frac{1}{z - \hat{A}} \quad (z \in \mathbb{C}).\qquad(24.35)$$

Strenggenommen ist für die Definition der Resolvente nebenbei erwähnt nicht notwendigerweise die Hermitizität von $\hat{A}$ gefordert, sondern lediglich Linearität.

Die komplexe Variable z wurde aus dem Grund in die Definition von $\hat{R}(z)$ eingeführt, um das Spektrum von $\hat{A}$ anhand des analytischen Verhalten von $\hat{R}(z)$ in der komplexen Zahlenebene studieren zu können. Die Resolvente wird so zu einer komplexwertigen Funktion mit singulären Stellen. Der diskrete Teil des Spektrums von $\hat{A}$ – sofern dieser existiert – stellt sich dann in Form einfacher Pole von $\hat{R}(z)$ auf der x-Achse dar, während ein potentieller kontinuierlicher Teil des Spektrums von $\hat{A}$ dann einen rechts des diskreten Teils liegenden, sich bis Unendliche erstreckenden Schnitt entlang der x-Achse darstellt, siehe Abbildung 2.2. Die Menge aller regulären Punkte z, für die also $\hat{R}(z)$ existiert, heißt **Resolventenmenge** $\rho(\hat{A})$. Die Komplementärmenge $\sigma(\hat{A}) = \mathbb{C} \setminus \rho(\hat{A})$ heißt **Spektrum** von $\hat{A}$. Die analytischen Eigenschaften der Resolvente $\hat{R}(z)$ spiegeln demnach das Spektrum des Operators $\hat{A}$ wider.

Für die Resolvente $\hat{R}(z)$ gelten zwei wichtige algebraische Relationen:

Satz (1. Resolventenidentität). *Für alle $z_1, z_2 \in \rho(\hat{A})$ gilt:*

$$\hat{R}(z_2) - \hat{R}(z_1) = (z_1 - z_2)\hat{R}(z_1)\hat{R}(z_2). \qquad (24.36)$$

Beweis. Es ist:

$$\hat{R}(z_1)\hat{R}(z_2) = \frac{1}{z_1 - \hat{A}} \frac{1}{z_2 - \hat{A}}$$

$$\implies (z_1 - \hat{A})\hat{R}(z_1)\hat{R}(z_2) = \hat{R}(z_2)$$

$$(z_2 - \hat{A})\hat{R}(z_1)\hat{R}(z_2) = \hat{R}(z_1),$$

und nach Subtraktion der beiden Zeilen voneinander folgt die Identität. ∎

Mit Hilfe der 1. Resolventenidentität kann man Produkte von Resolventen in Summen verwandeln und umgekehrt. Eine äquivalente Formulierung ist:

$$\hat{R}(z_2) = \hat{R}(z_1)\left[\mathbb{1} + (z_1 - z_2)\hat{R}(z_2)\right], \qquad (24.37)$$

aus der durch Iteration eine **Neumann-Reihe** für $\hat{R}(z)$ abgeleitet werden kann:

$$\hat{R}(z) = \sum_{n=0}^{\infty} (z_0 - z)^n \hat{R}(z_0)^{n+1} \quad (z, z_0 \in \rho(\hat{A})), \qquad (24.38)$$

benannt nach dem deutschen Mathematiker Carl Gottfried Neumann, dessen Name auch in den nach ihm benannten Randwertproblemen der Elektrodynamik bekannt ist. Hier haben wir Konvergenz dieser Reihe vorausgesetzt, siehe vertiefende Literatur.

Für die später zu diskutierende Streutheorie und auch in der Quantenfeldtheorie wichtig ist eine weitere Relation:

Satz (2. Resolventenidentität). *Es sei $\hat{A} = \hat{A}_0 + \hat{B}$, und entsprechend seien die Resolventen definiert durch:*

$$\hat{R}_0(z) = \frac{1}{z - \hat{A}_0}, \quad \hat{R}(z) = \frac{1}{z - \hat{A}}.$$

Dann gilt:

$$\hat{R}(z) = \hat{R}_0(z) + \hat{R}(z)\hat{B}\hat{R}_0(z) \qquad (24.39)$$

$$= \hat{R}_0(z) + \hat{R}_0(z)\hat{B}\hat{R}(z). \qquad (24.40)$$

Beweis. Es ist:

$$(z - \hat{A})\hat{R}_0 = (z - \hat{A})\frac{1}{z - \hat{A}_0}$$

$$= \mathbb{1} - \hat{B}\hat{R}_0$$

$$\Longrightarrow \hat{R}_0 = \hat{R} - \hat{R}\hat{B}\hat{R}_0,$$

und analog

$$\hat{R}_0(z - \hat{A}) = \frac{1}{z - \hat{A}_0}(z - \hat{A})$$

$$= \mathbb{1} - \hat{R}_0\hat{B}$$

$$\Longrightarrow \hat{R}_0 = \hat{R} - \hat{R}_0\hat{B}\hat{R}. \qquad \blacksquare$$

Aus der 2. Resolventenidentität lässt sich ebenfalls eine Neumann-Reihe ableiten:

$$\hat{R}(z) = \hat{R}_0(z) \sum_{n=0}^{\infty} \left(\hat{B}\hat{R}_0\right)^n \qquad (24.41)$$

$$= \sum_{n=0}^{\infty} \left(\hat{R}_0\hat{B}\right)^n \hat{R}_0, \qquad (24.42)$$

die die Grundlage für die in späteren Kapiteln zu diskutierende Störungstheorie ist.

Wir betrachten im Folgenden nur hermitesche Operatoren mit einem rein diskreten Spektrum. Es sei nun wieder $\hat{P}_n^A$ der Projektionsoperator auf den Eigenunterraum von $\hat{A}$ zum Eigenwert a_n. Der Entartungsgrad der Eigenwerte a_n spielt hierbei keine Rolle. Dann gilt

$$\hat{R}(z)\hat{P}_n^A = \frac{\hat{P}_n^A}{z - a_n}, \qquad (24.43)$$

und damit

$$\hat{R}(z) = \sum_n \frac{\hat{P}_n^A}{z - a_n}. \qquad (24.44)$$

Dann folgt aus der Integralformel von Cauchy:

$$\hat{P}_n^A = \frac{1}{2\pi i} \oint_{\Gamma_n} \hat{R}(z)\mathrm{d}z, \qquad (24.45)$$

wenn Γ_n ein geschlossener Weg in $\mathbb{C}$ ist, der den Pol a_n und sonst keinen weiteren Pol umläuft.

Für einen allgemeinen geschlossenen Weg Γ in $\mathbb{C}$, der die Pole $\{a_{n_1}, \ldots, a_{n_k}\}$ umläuft, aber entlang dessen selbst kein Pol von $\hat{R}(z)$ liegt, gilt dann:

$$\sum_i \hat{P}_{n_i}^A = \frac{1}{2\pi i} \oint_\Gamma \hat{R}(z) \mathrm{d}z. \tag{24.46}$$

Multipliziert man nun (24.46) linksseitig mit $\hat{A}$ und beachtet man nun, dass per Definition gilt:

$$(z - \hat{A})\hat{R}(z) = \hat{R}(z)(z - \hat{A}) = \mathbb{1},$$

so erhält man

$$\hat{A} \sum_i \hat{P}_{n_i}^A = \frac{1}{2\pi i} \oint_\Gamma z\hat{R}(z) \mathrm{d}z. \tag{24.47}$$

Insbesondere betrachten wir nun den Fall, dass $\hat{A} = \hat{H}$, und bemerken, dass in diesem Fall die Resolvente üblicherweise mit $\hat{G}(z)$ anstatt mit $\hat{R}(z)$ geschrieben wird. Wenn Γ nun alle Singularitäten (Pole und Schnitt) wie in Abbildung 2.2 einfach umläuft, gilt somit wegen $\sum_n \hat{P}_n^H = \mathbb{1}$:

$$\hat{H} = \frac{1}{2\pi i} \oint_\Gamma z\hat{G}(z) \mathrm{d}z \tag{24.48}$$

$$\text{mit} \quad \hat{G}(z) = \frac{1}{z - \hat{H}} = \sum_n \frac{\hat{P}_n^H}{z - E_n}. \tag{24.49}$$

Mathematischer Einschub 9: Die Laplace-Transformation

Die **Laplace-Transformation** ist neben der Fourier-Transformation (siehe Abschnitt 15) eine der wichtigsten Integraltransformationen in der Physik und mit dieser verwandt. Es sei

$$f: [0, \infty] \to \mathbb{C}$$
$$t \mapsto f(t)$$

eine komplexwertige Funktion auf der positiven reellen Halbachse. Dann ist die **Laplace-Transformierte** von f definiert durch:

$$[\mathcal{L}f](z) =: F(z) = \int_0^\infty e^{-zt} f(t) \mathrm{d}t \quad (z \in \mathbb{C}), \tag{24.50}$$

und die Integraltransformation $\mathcal{L}$ selbst heißt **Laplace-Transformation**.

Da das Integral (24.50) über die positive reelle Halbachse geht, wirkt die Exponentialfunktion e^{-zt} für $\mathrm{Re}\,z > 0$ wie ein Dämpfungsfaktor und stellt somit die Existenz der Laplace-Transformierten für eine große Klasse von Funktionen $f(t)$ sicher, auch wenn das uneigentliche Integral

$$\int_0^\infty f(t)\mathrm{d}t$$

selbst nicht existiert. Gibt es nämlich Konstanten $\mathrm{Re}\,z_0 =: s_0 > 0$, $M > 0$ und $t_0 \geq 0$ derart, dass für alle $t > t_0$ gilt:

$$|e^{-s_0 t} f(t)| \leq M,$$

dann existiert die Laplace-Transformierte $F(z)$ für alle z mit $\mathrm{Re}\,z > \mathrm{Re}\,z_0$, und $f(t)$ heißt **von exponentieller Ordnung**. Ein Gegenbeispiel ist die Funktion $f(t) = \exp(t^2)$, die nicht von exponentieller Ordnung ist und deren Laplace-Transformierte daher nicht existiert. Die Fourier-Transformation kann dann als zweiseitige Laplace-Transformation mit rein imaginärem Argument $z = ik$ und für beliebig viele Dimensionen verallgemeinert aufgefasst werden.

Es sei $F(z)$ die Laplace-Transfomierte von $f(t)$. Dann gilt:

$$f(at) \mapsto \frac{1}{a} F\left(\frac{z}{a}\right), \tag{24.51}$$

$$e^{at} f(t) \mapsto f(z - a), \tag{24.52}$$

$$f(t - a) \mapsto e^{-az} F(z). \tag{24.53}$$

Auch Distributionen besitzen Laplace-Transformierte. Es gilt:

$$\delta(t - t_0) \mapsto e^{-zt_0}, \tag{24.54}$$

$$\Theta(t - t_0) \mapsto \frac{1}{z} e^{-zt_0}. \tag{24.55}$$

Durch Ableiten von (24.50) nach z erhält man schnell

$$\frac{\mathrm{d}^n F(z)}{\mathrm{d}z^n} = \int_0^\infty \mathrm{d}t (-t)^n e^{-zt} f(t), \tag{24.56}$$

was für $f(t) \equiv 1$ zu

$$(-1)^n \frac{\mathrm{d}^n F(z)}{\mathrm{d}z^n} = \int_0^\infty \mathrm{d}t e^{-zt} t^n \tag{24.57}$$

führt. Da man aber die Laplace-Transformierte von $f(t) \equiv 1$ sehr schnell zu $F(z) = z^{-1}$ berechnen kann, erhält man so die Laplace-Transformierten von $f(t) = t^n$:

$$f(t) = t^n \mapsto F(z) = \frac{n!}{z^{n+1}}, \qquad (24.58)$$

für $n > -1$. Ferner kann man dann eine Differentialgleichung der Form

$$D\left(\frac{\mathrm{d}}{\mathrm{d}z}\right) F(z) = J(z) \qquad (24.59)$$

abbilden auf eine algebraische Gleichung der Art

$$D(-t)f(t) = j(t), \qquad (24.60)$$

wenn $J(z)$ die Laplace-Transformierte von $j(t)$ ist. Die Laplace-Transformation bietet sich daher zur Lösung gewöhnlicher Differentialgleichungen mit konstanten Koeffizienten an.

Die Rücktransformation der Laplace-Transformation ist dann gegeben durch das sogenannte **Bromwich-Integral** oder auch **Fourier–Mellin-Integral**:

$$\frac{1}{2\pi i} \int_{\gamma-i\infty}^{\gamma+i\infty} e^{zt} F(z)\mathrm{d}z = \begin{cases} f(t) & (t \geq 0) \\ 0 & (t < 0) \end{cases}, \qquad (24.61)$$

welches also ein Kurvenintegral in der komplexen Zahlenebene darstellt, so dass $\gamma > s_0$ ist, wobei s_0 der größte Realteil einer Singularität von $F(z)$ ist. Meist kann der Weg von $\gamma - i\infty$ nach $\gamma + i\infty$ im Unendlichen geschlossen werden, so dass vom Residuensatz Gebrauch gemacht werden kann.

Wie bei der Fourier-Transformation existiert ein **Faltungssatz**. Die Faltung $*$ zweier Funktionen f_1, f_2 ist dabei definiert durch

$$[f * g](t) = \int_0^t \mathrm{d}t\, f_1(t - t') f_2(t'). \qquad (24.62)$$

Dann gilt für die Laplace-Transformierten F_1, F_2:

$$[f_1 * f_2](t) \mapsto F_1(z)F_2(z). \qquad (24.63)$$

25 Propagatoren II: Der Propagator des freien Hamilton-Operators

Nachdem wir in Abschnitt 24 allgemeine Begrifflichkeiten und funktionentheoretische Zusammenhänge erläutert haben, wollen in diesem Abschnitt den Propagator des freien Hamilton-Operators $\hat{H}_0 = \hat{p}^2/2m$ ausrechnen, und zwar sowohl den zeitabhängigen Propagator (18.4), als auch den zeitunabhängigen Propagator (24.18). Zur Erinnerung: der Propagator $K_0(r, t; r', t')$ stellt die Wahrscheinlichkeitsamplitude dafür dar, dass das Teilchen zu einem Zeitpunkt t am Ort r ist, wenn es zum Zeitpunkt t' am Ort r' war.

Wir beginnen mit dem zeitabhängigen Propagator in Impulsdarstellung, denn diese ist trivial herzuleiten, da die Eigenvektorbasis $\{\,|\,q\rangle\,\}$ des Impulsoperators $\hat{p}$ den freien Hamilton-Operator diagonalisiert. Aus

$$\tilde{K}_0(q, t; q', t') = \langle q|\hat{U}_0(t, t')|q'\rangle$$
$$= \left\langle q\,\left|\,\mathrm{e}^{-\mathrm{i}(t-t')\hat{p}^2/(2m\hbar)}\,\right|\,q'\right\rangle$$

erhalten wir unmittelbar:

$$\tilde{K}_0(q, t; q', t') = \delta(q - q')\mathrm{e}^{-\mathrm{i}(t-t')q^2/(2m\hbar)}. \tag{25.1}$$

Man beachte, dass wir an dieser Stelle für die Eigenvektorbasis hier den Buchstaben q verwenden, um eine spätere Verwechslung mit p zu vermeiden, welcher sich aus der Relation $p^2 = 2mE$ ergibt. Der Impuls p spielt also die Rolle eines gegebenen Parameters, während q eine Variable darstellt. Diese Konvention werden wir weiter hinten im Rahmen der Streutheorie ebenfalls verwenden und ist ebenfalls in der störungstheoretischen Behandlung der Quantenfeldtheorie üblich.

Für die Berechnung des Propagators in Ortsdarstellung benötigt man – entgegen einer möglichen anfänglichen Befürchtung – übrigens gar keine Funktionentheorie, nur ein sicheres Beherrschen von Gauß-Integralen, beziehungsweise die komplexe Version hiervon, Fresnel-Integralen. Wir beginnen mit:

$$K_0(r, t; r', t') = \langle r|\hat{U}_0(t, t')|r'\rangle$$
$$= \left\langle r\,\left|\,\mathrm{e}^{-\mathrm{i}(t-t')\hat{p}^2/(2m\hbar)}\,\right|\,r'\right\rangle$$
$$= \int_{\mathbb{R}^3} \mathrm{d}^3 p\, \langle r|p\rangle\, \langle p|\mathrm{e}^{-\mathrm{i}(t-t')\hat{p}^2/(2m\hbar)}|r'\rangle$$
$$= \frac{1}{(2\pi\hbar)^3} \int_{\mathbb{R}^3} \mathrm{e}^{-\mathrm{i}(t-t')p^2/(2m\hbar)}\mathrm{e}^{\mathrm{i}p\cdot(r-r')/\hbar}\mathrm{d}^3 p. \tag{25.2}$$

Wir haben formal ein Gauß-Integral vor uns mit einem Exponenten der Form

$$-a\,p^2 + b\cdot p,$$

mit

$$a = \frac{i}{2m\hbar}(t - t'),\tag{25.3}$$

$$b = \frac{i}{\hbar}(r - r'),\tag{25.4}$$

den wir umwandeln in die Form

$$-\left(\sqrt{a}\,p - \frac{b}{2\sqrt{a}}\right)^2 + \frac{b^2}{4a}.$$

Dann ist

$$\int_{\mathbb{R}^3} e^{-ap^2 + b \cdot p} d^3 p = \int_{\mathbb{R}^3} e^{-\left(\sqrt{a}\,p - \frac{b}{2\sqrt{a}}\right)^2 + \frac{b^2}{4a}} d^3 p$$

$$= e^{\frac{b^2}{4a}} \int_{\mathbb{R}^3} e^{-\left(\sqrt{a}\,p - \frac{b}{2\sqrt{a}}\right)^2} d^3 p.$$

Mit der Substitution

$$q = \sqrt{a}\,p,$$
$$d^3 q = (\sqrt{a})^3 d^3 p,$$

erhält man so:

$$e^{\frac{b^2}{4a}} \int_{\mathbb{R}^3} e^{-\left(\sqrt{a}\,p - \frac{b}{2\sqrt{a}}\right)^2} d^3 p = \frac{1}{(\sqrt{a})^3} e^{\frac{b^2}{4a}} \int_{\mathbb{R}^3} e^{-\left(q - \frac{b}{2\sqrt{a}}\right)^2} d^3 q$$

$$= \frac{1}{(\sqrt{a})^3} e^{\frac{b^2}{4a}} \underbrace{\int_{\mathbb{R}^3} e^{-q^2} d^3 q}_{=(\sqrt{\pi})^3}.$$

Damit erhalten wir:

$$K_0(r, t; r', t') = \frac{1}{(2\pi\hbar)^3} \frac{1}{(\sqrt{a})^3} e^{\frac{b^2}{4a}} (\sqrt{\pi})^3,$$

und damit nach Einsetzen von (25.3) und (25.4):

$$K_0(r, t; r', t') = \left(\frac{m}{2\pi i\hbar(t - t')}\right)^{3/2} e^{\frac{i}{\hbar} \frac{m}{2} \frac{(r - r')^2}{t - t'}}.\tag{25.5}$$

Auf das gleiche Ergebnis kommen wir natürlich auch mit (24.3) als Ausgangspunkt, nur dass wir hier über ein Kontinuum an Eigenzuständen $|r\rangle$ integrieren müssen:

$$K(r, t; r', t') = \frac{1}{(2\pi)^3} \int_{\mathbb{R}^3} e^{-\frac{i}{\hbar} E(k)(t - t')} e^{ik \cdot (r - r')} d^3 k.\tag{25.6}$$

Mit $E(\boldsymbol{k}) = (\hbar \boldsymbol{k})^2/2m = \boldsymbol{p}^2/(2m)$ und $\mathrm{d}^3 \boldsymbol{k} = \mathrm{d}^3 p/(\hbar)^3$ erhalten wir:

$$K(\boldsymbol{r}, t; \boldsymbol{r}', t') = \frac{1}{(2\pi\hbar)^3} \int_{\mathbb{R}^3} \mathrm{e}^{-\mathrm{i}(t-t')\boldsymbol{p}^2/(2m)} \mathrm{e}^{\mathrm{i}\boldsymbol{p}\cdot(\boldsymbol{r}-\boldsymbol{r}')/\hbar} \mathrm{d}^3 \boldsymbol{p}, \qquad (25.7)$$

und man erkennt die Gleichheit dieses Ausdrucks mit (25.2).

Wir bemerken hier übrigens, dass der Ausdruck für den Propagator des freien Teilchens (25.5) von der Form ist:

$$K_0(\boldsymbol{r}, t; \boldsymbol{r}', t') = \left(\frac{m}{2\pi\mathrm{i}\hbar(t-t')}\right)^{3/2} \mathrm{e}^{\frac{\mathrm{i}}{\hbar} S_{\mathrm{cl}}[\boldsymbol{r}_{\mathrm{cl}}]} \qquad (25.8)$$

mit der klassischen Wirkung

$$S_{\mathrm{cl}}[\boldsymbol{r}] = \int_{t'}^{t} \frac{m}{2} \dot{\boldsymbol{r}}(t)^2 \mathrm{d}t, \qquad (25.9)$$

und der klassischen geradlinigen Bahn $\boldsymbol{r}_{\mathrm{cl}}(t)$ für das freie Teilchen, wobei wieder gilt: $\boldsymbol{v}(t) = \dot{\boldsymbol{r}}(t) = \mathrm{const} = (\boldsymbol{r} - \boldsymbol{r}')/(t-t')$. Und da für geschlossenen Wege ($\boldsymbol{r} = \boldsymbol{r}' = \boldsymbol{0}$) die klassische Wirkung verschwindet, also $S_{\mathrm{cl}}[\boldsymbol{r}] \equiv 0$ ist, gilt ferner:

$$K_0(\boldsymbol{r}, t; \boldsymbol{r}', t') = K_0(\boldsymbol{0}, t; \boldsymbol{0}, t') \mathrm{e}^{\frac{\mathrm{i}}{\hbar} S_{\mathrm{cl}}[\boldsymbol{r}_{\mathrm{cl}}]}. \qquad (25.10)$$

Wir kommen in Abschnitt 27 auf diesen Sachverhalt zurück.

Nun zum zeitunabhängigen Propagator. Wir fangen wieder mit der einfacheren Impulsdarstellung (24.29) an:

$$\tilde{G}_0^{(\pm)}(\boldsymbol{q}, \boldsymbol{q}'; E) = \langle \boldsymbol{q} | \hat{G}_0^{(\pm)} | \boldsymbol{q}' \rangle, \qquad (25.11)$$

wobei

$$\hat{G}_0(z) = \frac{1}{z - \hat{H}_0} = \frac{1}{z - \hat{\boldsymbol{p}}^2/2m} \qquad (25.12)$$

$$\implies \hat{G}_0^{(\pm)}(E) = \hat{G}_0(E \pm \mathrm{i}\epsilon) = \frac{1}{E \pm \mathrm{i}\epsilon - \hat{\boldsymbol{p}}^2/2m}. \qquad (25.13)$$

Dann ist:

$$\tilde{G}_0^{(\pm)}(\boldsymbol{q}, \boldsymbol{q}'; E) = \delta(\boldsymbol{q} - \boldsymbol{q}') \frac{2m}{p^2 - q^2 \pm \mathrm{i}\epsilon}, \qquad (25.14)$$

mit $p^2 = 2mE$.

Nun zur Ortsdarstellung. Diese können wir über eine Fourier-Transformation aus der Impulsdarstellung gewinnen:

$$\begin{aligned} G_0^{(\pm)}(\boldsymbol{r}, \boldsymbol{r}'; E) &= \langle \boldsymbol{r} | \hat{G}_0^{(\pm)} | \boldsymbol{r}' \rangle \\ &= \int_{\mathbb{R}^3} \mathrm{d}^3 \boldsymbol{q} \int_{\mathbb{R}^3} \mathrm{d}^3 \boldsymbol{q}' \, \langle \boldsymbol{r} | \boldsymbol{q} \rangle \, \langle \boldsymbol{q} | \hat{G}_0^{(\pm)} | \boldsymbol{q}' \rangle \, \langle \boldsymbol{q}' | \boldsymbol{r}' \rangle \\ &= \frac{2m}{(2\pi\hbar)^3} \int_{\mathbb{R}^3} \mathrm{d}^3 \boldsymbol{q} \, \frac{\mathrm{e}^{\mathrm{i}\boldsymbol{q}\cdot(\boldsymbol{r}-\boldsymbol{r}')/\hbar}}{p^2 - q^2 \pm \mathrm{i}\epsilon}, \end{aligned}$$

unter Verwendung von (25.14).

Für die weitere Berechnung des Integrals wechseln wir in Kugelkoordinaten und setzen der einfacheren Notation halber $R = r - r'$, sowie $R = |R|$:

$$q = |q|,$$
$$d^3q = dq\,d\theta\,d\phi\,q^2 \sin\theta,$$
$$d\theta \sin\theta = -d(\cos\theta).$$

Dann ist:

$$
\begin{aligned}
G_0^{(\pm)}(r, r'; E) &= \frac{2m}{(2\pi\hbar)^3} \int_0^\infty dq\,q^2 \int_{-1}^1 d(\cos\theta) \int_0^{2\pi} d\phi \frac{e^{iqR\cos\theta/\hbar}}{p^2 - q^2 \pm i\epsilon} \\
&= \frac{2m\,2\pi}{(2\pi\hbar)^3} \int_0^\infty dq^2 \frac{1}{(iqR/\hbar)} \frac{e^{iqR/\hbar} - e^{-iqR/\hbar}}{p^2 - q^2 \pm i\epsilon} \\
&= -\frac{2mi}{R} \frac{1}{(2\pi\hbar)^2} \int_{-\infty}^\infty dq \frac{q e^{iqR/\hbar}}{p^2 - q^2 \pm i\epsilon} \\
&= \frac{2mi}{R} \frac{1}{(2\pi\hbar)^2} \int_{-\infty}^\infty dq \frac{q e^{iqR/\hbar}}{q^2 - p^2 \mp i\epsilon} \\
&= \frac{2mi}{R} \frac{1}{(2\pi\hbar)^2} \int_{-\infty}^\infty dq \frac{q e^{iqR/\hbar}}{q^2 - p^2 \mp i\epsilon} \\
&= \frac{2mi}{R} \frac{1}{(2\pi\hbar)^2} \int_{-\infty}^\infty dq \frac{q e^{iqR/\hbar}}{(q - p \mp i\epsilon)(q + p \pm i\epsilon)} \\
&= \frac{2mi}{R} \frac{1}{(2\pi\hbar)^2} \oint_\Gamma dz \underbrace{\frac{z e^{izR/\hbar}}{(z - p \mp i\epsilon)(z + p \pm i\epsilon)}}_{=: f^{(\pm)}(z)}.
\end{aligned}
$$

In der vorletzten Zeile sind die (einfachen) Pole des Integranden sichtbar geworden, und in der letzten Zeile haben wir das Integral in ein Kurvenintegral in $\mathbb{C}$ umgewandelt. Dieses können wir nun mit Hilfe des Residuensatzes ausrechnen:

$$\oint_\Gamma dz\, f(z) = 2\pi i \sum_n \gamma_n \operatorname{Res}(f; z_n), \tag{25.15}$$

wobei auf der rechten Seite die Residuen derjenigen Pole beitragen, die von Γ umlaufen werden. γ_n ist hierbei die Windungszahl: $\gamma_n = \pm 1$ bei positivem beziehungsweise negativem Umlauf. Die Frage ist daher nur wieder: schließen wir die Kurve Γ in der oberen oder in der unteren Halbebene? Setzen wir also wieder wie in Abschnitt 24 bei der Betrachtung der Heaviside-Funktion $z = \xi + i\eta$ an und beachten, dass ja stets $R > 0$ ist, sehen wir, dass der Hilfsweg für $\eta \to +\infty$ keinen Beitrag liefert, wir also entlang der oberen Halbebene schließen müssen, siehe Abbildung 2.3.

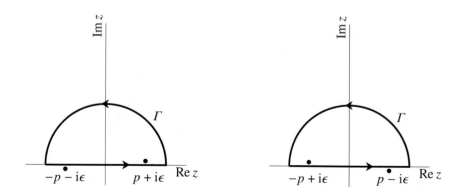

Abbildung 2.3: Zur Berechnung der zeitunabhängigen Propagatoren: links Integrationsweg und Pole
für $G_0^{(+)}$, rechts für $G_0^{(-)}$. Der Weg Γ muss in beiden Fällen in der oberen Halbebene
geschlossen werden.

Für $G_0^{(+)}$ besitzt $f^{(+)}$ die beiden Pole $z_1 = p + \mathrm{i}\epsilon$ und $z_2 = -p - \mathrm{i}\epsilon$, von denen nur z_1 von
Γ umlaufen wird. Dessen Residuum ist dann gegeben durch:

$$\mathrm{Res}(f; z_1) = \lim_{z \to z_1} (z - z_1) f^{(+)}(z)$$

$$= \frac{\mathrm{e}^{\mathrm{i}pR/\hbar}}{2},$$

so dass

$$G_0^{(+)}(\boldsymbol{r}, \boldsymbol{r}'; E) = \frac{2m\mathrm{i}}{R} \frac{1}{(2\pi\hbar)^2} \cdot 2\pi\mathrm{i} \frac{\mathrm{e}^{\mathrm{i}pR/\hbar}}{2}$$

$$= -\frac{2m}{\hbar^2} \frac{\mathrm{e}^{\mathrm{i}pR/\hbar}}{4\pi R},$$

und damit, wenn wir wieder $\boldsymbol{R} = \boldsymbol{r} - \boldsymbol{r}'$ beziehungsweise $R = |\boldsymbol{r} - \boldsymbol{r}'|$ einsetzen:

$$G_0^{(+)}(\boldsymbol{r}, \boldsymbol{r}'; E) = -\frac{2m}{\hbar^2} \frac{\mathrm{e}^{\mathrm{i}p|\boldsymbol{r}-\boldsymbol{r}'|/\hbar}}{4\pi|\boldsymbol{r} - \boldsymbol{r}'|}.$$

Für $G_0^{(-)}$ besitzt $f^{(-)}$ die Pole $z_1 = p - \mathrm{i}\epsilon$ und $z_2 = -p + \mathrm{i}\epsilon$, von denen nur z_2 von Γ
umlaufen wird. Eine analoge Rechnung wie für $G_0^{(+)}$ ergibt nun:

$$G_0^{(-)}(\boldsymbol{r}, \boldsymbol{r}'; E) = -\frac{2m}{\hbar^2} \frac{\mathrm{e}^{-\mathrm{i}p|\boldsymbol{r}-\boldsymbol{r}'|/\hbar}}{4\pi|\boldsymbol{r} - \boldsymbol{r}'|}.$$

Wir erhalten also schlussendlich:

$$G_0^{(\pm)}(\boldsymbol{r}, \boldsymbol{r}'; E) = -\frac{2m}{\hbar^2} \frac{e^{\pm ip|\boldsymbol{r}-\boldsymbol{r}'|/\hbar}}{4\pi|\boldsymbol{r} - \boldsymbol{r}'|},$$

(25.16)

mit $p^2 = 2mE$.

Mathematischer Einschub 10: Gauß- und Fresnel-Integrale

Der Weg zu (25.5) führt über die Lösung der dreidimensionalen Version eines sehr einfachen **Gauß-Integrals** der Form

$$\int_{-\infty}^{\infty} dx\, e^{-x^2} = \sqrt{\pi},$$

(25.17)

dessen Berechnung sich bekanntermaßen über den folgenden Trick ergibt:

$$\int_{-\infty}^{\infty} dx\, e^{-x^2} \int_{-\infty}^{\infty} dy\, e^{-y^2} = 2\pi \int_{0}^{\infty} dr\, r e^{-r^2}$$

$$= \pi \int_{0}^{\infty} dw\, e^{-w} = \pi.$$

Dann ist für $a > 0$ ebenfalls elementar herleitbar:

$$\int_{-\infty}^{\infty} dx\, e^{-ax^2} = \sqrt{\frac{\pi}{a}}.$$

(25.18)

Die höherdimensionale Version ($\boldsymbol{x} \in \mathbb{R}^N$) hiervon ist:

$$\int_{\mathbb{R}^N} d^N x\, e^{-\boldsymbol{x}^T A \boldsymbol{x}} = \sqrt{\frac{\pi^N}{\det A}},$$

(25.19)

mit einer positiven reellen ($N \times N$)-Matrix A.

Mittels quadratischer Ergänzung sind dann Integrale der Form:

$$\int_{-\infty}^{\infty} dx\, e^{-ax^2+bx} = \sqrt{\frac{\pi}{a}} e^{\frac{b^2}{4a}} \quad (a > 0),$$

(25.20)

$$\int_{\mathbb{R}^N} d^N x\, e^{-\boldsymbol{x}^T A \boldsymbol{x}+\boldsymbol{b}\cdot\boldsymbol{x}} = \sqrt{\frac{\pi^N}{\det A}} e^{\frac{1}{4}\boldsymbol{b}^T A^{-1} \boldsymbol{b}},$$

(25.21)

zu berechnen, mit $a > 0$ beziehungsweise einer positiven reellen (und daher invertierbaren) Matrix A. Tatsächlich können b beziehungsweise $\boldsymbol{b}$ sogar beliebige komplexe Werte annehmen: $b \in \mathbb{C}$, beziehungsweise $\boldsymbol{b} \in \mathbb{C}^N$.

Über den Trick der Parameterdifferentiation erhält man durch mehrfache Anwendung von $(-\mathrm{d}/\mathrm{d}a)$ aus (25.18):

$$\int_{-\infty}^{\infty} \mathrm{d}x\, x^{2n} \mathrm{e}^{-ax^2} = \frac{(2n-1)!!}{(2a)^n} \sqrt{\frac{\pi}{a}} \tag{25.22}$$

$$\Longrightarrow \langle x^{2n} \rangle := \frac{\int_{-\infty}^{\infty} \mathrm{d}x\, x^{2n} \mathrm{e}^{-ax^2}}{\int_{-\infty}^{\infty} \mathrm{d}x\, \mathrm{e}^{-ax^2}} = \frac{(2n-1)!!}{(2a)^n}, \tag{25.23}$$

und aus (25.19):

$$\langle x_i x_j \rangle := \frac{\int_{\mathbb{R}^N} \mathrm{d}^N x\, x_i x_j \mathrm{e}^{-x^{\mathsf{T}} A x}}{\int_{\mathbb{R}^N} \mathrm{d}^N x\, \mathrm{e}^{-x^{\mathsf{T}} A x}} = \frac{1}{2} (A^{-1})_{ij}. \tag{25.24}$$

Ausdrücke wie $\langle x_i x_j x_k \rangle$ verschwinden identisch aufgrund dessen, dass das zu betrachtende Integral über eine ungerade Funktion in den x_i berechnet wird. Interessant sind Ausdrücke mit einer geradzahligen Anzahl von Termen, als Verallgemeinerung von (25.23):

$$\underbrace{\langle x_i x_j \ldots x_l x_m \rangle}_{2n\ \text{Terme}} = \frac{1}{2^n} \underset{\substack{\text{alle}\\(2n-1)!!\\\text{Paarungen}}}{\sum} \underbrace{(A^{-1})_{ij} \ldots (A^{-1})_{lm}}_{n\ \text{Terme}}, \tag{25.25}$$

wobei die Summation über alle möglichen Paarungen von $[(ij)\ldots(lm)]$ geht. Beispiel:

$$\langle x_i x_j x_k x_l \rangle = \frac{1}{4} \left[(A^{-1})_{ij}(A^{-1})_{kl} + (A^{-1})_{il}(A^{-1})_{jk} + (A^{-1})_{ik}(A^{-1})_{jl} \right].$$

Die Anzahl der Summanden ist hierbei $(2n-1)!!$, was für $n=2$ gleich 3 ergibt.

Allerdings lassen sich bestimmte Integrale natürlich auch für Integranden mit ungerader Potenz in x berechnen. Mit Hilfe der Eulerschen Gamma-Funktion lässt sich (25.22) auch schreiben (siehe (14.35)):

$$\int_{0}^{\infty} \mathrm{d}x\, x^{2n} \mathrm{e}^{-ax^2} = \frac{\Gamma\left(\frac{2n+1}{2}\right)}{2a^{\frac{2n+1}{2}}}, \tag{25.26}$$

was sich auch für allgemeines positives $n \in \mathbb{Z}$ formulieren lässt:

$$\int_{0}^{\infty} \mathrm{d}x\, x^{n} \mathrm{e}^{-ax^2} = \frac{\Gamma\left(\frac{n+1}{2}\right)}{2a^{\frac{n+1}{2}}}. \tag{25.27}$$

All diese Gauß-Integrale sind formal auch für imaginäre Parameter definiert und stellen dann sogenannte **Fresnel-Integrale** dar:

$$\int_{-\infty}^{\infty} dx e^{+iax^2} = \sqrt{\frac{\pi i}{a}}, \tag{25.28}$$

$$\int_{\mathbb{R}^N} d^N x e^{+ix^T A x} = \sqrt{\frac{(\pi i)^N}{\det A}}, \tag{25.29}$$

$$\int_{-\infty}^{\infty} dx e^{+iax^2+ibx} = \sqrt{\frac{\pi i}{a}} e^{-i\frac{b^2}{4a}}, \tag{25.30}$$

$$\int_{\mathbb{R}^N} d^N x e^{+ix^T A x + ib \cdot x} = \sqrt{\frac{(\pi i)^N}{\det A}} e^{-\frac{1}{4} b^T A^{-1} b}. \tag{25.31}$$

Dabei kann $a \in \mathbb{R}$ beliebige positive und negative Werte annehmen, beziehungsweise A muss nicht mehr positiv, nur symmetrisch (und daher invertierbar) sein.

Zuletzt kann noch folgende Verallgemeinerung vorgenommen werden:

$$\int_{-\infty}^{\infty} dx e^{-z_1 x^2 + z_2 x} = \sqrt{\frac{\pi}{z_1}} e^{+\frac{z_2^2}{4z_1}}, \tag{25.32}$$

$$\int_{\mathbb{R}^N} d^N x e^{-x^T C x + c \cdot x} = \sqrt{\frac{(\pi)^N}{\det C}} e^{+\frac{1}{4} c^T C^{-1} c}, \tag{25.33}$$

wobei $z_1, z_2 \in \mathbb{C}$, $c \in \mathbb{C}^N$ und $\operatorname{Re} z_1 > 0$, beziehungsweise $C = A + iB$ mit einer positiv reellen Matrix A und einer symmetrischen Matrix B.

26 Das freie Teilchen in der Quantenmechanik II: Gaußsche Wellenpakete

Wir haben in Abschnitt 23 das allgemeine quantenmechanische Phänomen des Zerfließens von Wellenpaketen betrachtet. Mit dem rechnerischen Gerüst aus Abschnitt 25 können wir uns einem besonderen Beispiel für ein Wellenpaket eingehender widmen, nämlich dem sogenannten **Gaußschen Wellenpaket**, bei dem die Spektralfunktion $\phi(\boldsymbol{k})$ eine Gauß-Funktion ist, sprich von folgender Form ist:

$$\phi(\boldsymbol{k}) = \frac{A}{(2\pi)^{3/2}} e^{-\frac{b^2}{2}(\boldsymbol{k}-\boldsymbol{k}_0)^2}, \tag{26.1}$$

mit einem reellen Parameter b und einer noch zu bestimmenden Normierungskonstanten A.

Dabei stellen wir fest, dass dann auch die Wellenfunktion $\Psi(\boldsymbol{r}, 0)$ selbst für $\boldsymbol{k}_0 \neq \boldsymbol{0}$ zwar keine Gauß-Funktion, aber von der Fresnel-Form ist (siehe Abschnitt 25). Aus (23.8) erhalten wir zunächst:

$$\begin{aligned} \Psi(\boldsymbol{r}, 0) &= \frac{A}{(2\pi)^{3/2}} \int_{\mathbb{R}^3} \phi(\boldsymbol{k}) e^{i\boldsymbol{k}\cdot\boldsymbol{r}} d^3\boldsymbol{k} \\ &= \frac{A}{(2\pi)^3} \int_{\mathbb{R}^3} e^{-\frac{b^2}{2}(\boldsymbol{k}-\boldsymbol{k}_0)^2 + i\boldsymbol{k}\cdot\boldsymbol{r}} d^3\boldsymbol{k}. \end{aligned}$$

Dieses Integral ist wieder ein dreidimensionales Gauß-Integral mit einem imaginären Parameter $i\boldsymbol{r}$. Wir können die Lösung daher sofort hinschreiben:

$$\Psi(\boldsymbol{r}, 0) = \frac{A}{(2\pi)^{3/2} b^3} e^{-r^2/(2b^2)} e^{i\boldsymbol{r}\cdot\boldsymbol{k}_0}. \tag{26.2}$$

Die noch zu bestimmende Normierungskonstante A ergibt sich aus der Bedingung:

$$\int_{\mathbb{R}^3} d^3\boldsymbol{r} |\Psi(\boldsymbol{r}, t)|^2 \overset{!}{=} 1,$$

woraus sich wiederum schnell ergibt:

$$A = (2b\sqrt{\pi})^{3/2},$$

so dass wir für $\Psi(\boldsymbol{r}, 0)$ und $\phi(\boldsymbol{k})$ schlussendlich schreiben können:

$$\Psi(\boldsymbol{r}, 0) = \left(\frac{1}{b\sqrt{\pi}}\right)^{3/2} e^{-r^2/(2b^2)} e^{i\boldsymbol{r}\cdot\boldsymbol{k}_0}, \tag{26.3}$$

$$\phi(\boldsymbol{k}) = \left(\frac{b}{\sqrt{\pi}}\right)^{3/2} e^{-\frac{b^2}{2}(\boldsymbol{k}-\boldsymbol{k}_0)^2}. \tag{26.4}$$

Für ein Gaußsches Wellenpaket lässt sich die unitäre Zeitentwicklung mit Hilfe des Propagators (25.5) exakt berechnen, da wir stets Gauß- oder Fresnel-Integrale vor uns haben. Es ergibt sich so zunächst:

$$
\begin{aligned}
\Psi(\mathbf{r}, t) &= \int_{\mathbb{R}^3} \mathrm{d}^3 \mathbf{r}' K_0(\mathbf{r}, t; \mathbf{r}', 0) \Psi(\mathbf{r}', 0) \\
&= \frac{1}{\pi^{9/4}} \left(\frac{m}{2\mathrm{i}\hbar t b} \right)^{3/2} \int_{\mathbb{R}^3} \mathrm{d}^3 \mathbf{r}' \, \mathrm{e}^{\frac{\mathrm{i}}{\hbar} \frac{m}{2} \frac{(\mathbf{r}-\mathbf{r}')^2}{t}} \mathrm{e}^{-(\mathbf{r}')^2/(2b^2)} \mathrm{e}^{\mathrm{i}\mathbf{r}' \cdot \mathbf{k}_0} \\
&= \frac{1}{\pi^{9/4}} \left(\frac{m}{2\mathrm{i}\hbar t b} \right)^{3/2} \mathrm{e}^{\mathrm{i}\frac{m}{2\hbar t} r^2} \int_{\mathbb{R}^3} \mathrm{d}^3 \mathbf{r}' \exp\left[-\underbrace{\left(\frac{1}{2b^2} - \mathrm{i}\frac{m}{2\hbar t} \right)}_{=:z_1} (\mathbf{r}')^2 + \mathrm{i}\underbrace{\left(\mathbf{k}_0 - \frac{m}{\hbar t}\mathbf{r} \right)}_{=:\mathbf{c}} \cdot \mathbf{r}' \right]
\end{aligned}
$$

Auch dieses Integral ist ein Fresnel-Integral von der Form, wie wir sie in diesem Abschnitt bereits häufig kennengelernt haben, und wir können die Lösung nach kurzer Umformung schnell hinschreiben:

$$
\Psi(\mathbf{r}, t) = \left(\frac{1}{b(t)\sqrt{\pi}} \right)^{3/2} \exp\left[-\frac{\mathrm{i}m}{2\hbar t} \frac{b}{b(t)} \left(\mathbf{r} - \frac{\hbar \mathbf{k}_0}{m} t \right)^2 + \frac{\mathrm{i}m}{2\hbar t} r^2 \right], \tag{26.5}
$$

mit

$$
b(t) = b \left(1 + \mathrm{i}\frac{\hbar t}{mb^2} \right). \tag{26.6}
$$

Eine direktere Möglichkeit, die zeitabhängige Wellenfunktion $\Psi(\mathbf{r}, t)$ auszurechnen, besteht natürlich ausgehend von der Definition des Wellenpakets (23.8):

$$
\Psi(\mathbf{r}, t) = \frac{1}{(2\pi)^{3/2}} \int_{\mathbb{R}^3} \phi(\mathbf{k}) \mathrm{e}^{\mathrm{i}(\mathbf{k} \cdot \mathbf{r} - \omega(\mathbf{k})t)} \mathrm{d}^3 \mathbf{k}.
$$

Verwenden wir hier (26.4), haben wir wieder ein Fresnel-Integral vor uns:

$$
\begin{aligned}
\Psi(\mathbf{r}, t) &= \frac{1}{(2\pi)^{3/2}} \left(\frac{b}{\sqrt{\pi}} \right)^{3/2} \int_{\mathbb{R}^3} \mathrm{e}^{-\frac{b^2}{2}(\mathbf{k}-\mathbf{k}_0)^2} \mathrm{e}^{\mathrm{i}(\mathbf{k} \cdot \mathbf{r} - \omega(\mathbf{k})t)} \mathrm{d}^3 \mathbf{k} \\
&= \frac{1}{\pi^{9/4}} \left(\frac{b}{2} \right)^{3/2} \mathrm{e}^{-\frac{b^2}{2}k_0^2} \int_{\mathbb{R}^3} \exp\left[-\underbrace{\left(\frac{b^2}{2} + \mathrm{i}\frac{\hbar t}{2m} \right)}_{=:z_1} k^2 + \underbrace{\left(b^2 \mathbf{k}_0 + \mathrm{i}\mathbf{r} \right)}_{=:\mathbf{c}} \cdot \mathbf{k} \right],
\end{aligned}
$$

aus welchem wir $\Psi(\mathbf{r}, t)$ in folgender Form erhalten:

$$
\Psi(\mathbf{r}, t) = \left(\frac{1}{b(t)\sqrt{\pi}} \right)^{3/2} \exp\left[-\frac{1}{2b} \frac{(\mathbf{r} - \mathrm{i}b^2 \mathbf{k}_0)^2}{b(t)} - \frac{b^2}{2}k_0^2 \right]. \tag{26.7}
$$

Die Rechenschritte, die von (26.7) zu (26.5) führen, sind zwar elementar, aber durchaus fehleranfällig.

Eine wiederum andere Form für $\Psi(\mathbf{r}, t)$ ergibt sich durch elementare Umformungen zu:

$$
\Psi(\mathbf{r}, t) = \left(\frac{1}{b(t)\sqrt{\pi}}\right)^{3/2} \exp\left[-\frac{\left(\mathbf{r} - \frac{\hbar \mathbf{k}_0}{m}t\right)^2}{2|b(t)|^2} - i\frac{b^2}{|b(t)|^2}\mathbf{k}_0 \cdot \left(\mathbf{r} - \frac{\hbar \mathbf{k}_0}{2m}t\right)\right]. \tag{26.8}
$$

Das ist die Form, die am ehesten Ähnlichkeit mit $\Psi(\mathbf{r}, 0)$ in (26.3) besitzt.

Die Wahrscheinlichkeitsdichte $|\Psi(\mathbf{r}, t)|^2$ ist schnell berechnet:

$$
|\Psi(\mathbf{r}, t)|^2 = \frac{1}{\pi^{3/2}|b(t)|^3} \exp\left[-\frac{\left(\mathbf{r} - \frac{\hbar \mathbf{k}_0}{m}t\right)^2}{|b(t)|^2}\right]. \tag{26.9}
$$

Damit können wir Erwartungswerte auf elementare Weise ausrechnen:

$$
\langle \mathbf{r} \rangle (t) = \frac{\hbar \mathbf{k}_0}{m}t, \tag{26.10}
$$

$$
\langle \mathbf{p} \rangle (t) = \hbar \mathbf{k}_0, \tag{26.11}
$$

$$
\langle \mathbf{r}^2 \rangle (t) = \frac{|b(t)|^2}{2} + \left(\frac{\hbar \mathbf{k}_0}{m}\right)^2 t^2, \tag{26.12}
$$

$$
\langle \mathbf{p}^2 \rangle (t) = (\hbar \mathbf{k}_0)^2 + \frac{\hbar^2}{2b^2}, \tag{26.13}
$$

und folgende Unbestimmtheiten nach (13.30) berechnen:

$$
\Delta r(t) = \frac{|b(t)|}{\sqrt{2}}, \tag{26.14}
$$

$$
\Delta p = \frac{\hbar}{\sqrt{2}b}, \tag{26.15}
$$

und damit:

$$
\Delta r(t)\Delta p = \frac{\hbar}{2}\sqrt{1 + \frac{(\hbar t)^2}{m^2 b^4}}. \tag{26.16}
$$

Die Erwartungswerte $\langle \mathbf{p} \rangle$, $\langle \mathbf{p}^2 \rangle$ und damit auch Δp besitzen also keine Zeitabhängigkeit. Man beachte, dass das Gaußsche Wellenpaket zum Zeitpunkt $t = 0$ eine (rein reelle) Gaußsche Spektralfunktion $\phi(\mathbf{k})$ und daher eine minimale Unbestimmtheit besitzt. Für $t > 0$ allerdings ist die Spektralfunktion $\phi(\mathbf{k}, t)$ nicht mehr reellwertig, sondern besitzt einen imaginären Anteil. Das ist recht einfach anhand von (23.8) zu sehen, was wir auch schreiben können als:

$$\Psi(r,t) = \frac{1}{(2\pi)^{3/2}} \int_{\mathbb{R}^3} \phi(k,t) e^{ik \cdot r} d^3 k, \qquad (26.17)$$

mit

$$\phi(k,t) = \left(\frac{b}{\sqrt{\pi}}\right)^{3/2} e^{-\frac{b^2}{2}(k-k_0)^2 - i\omega(k)t}. \qquad (26.18)$$

Die Komplexwertigkeit von $\phi(k,t)$ führt zu einem für fortschreitende Zeit t ständig größer werdenden $\Delta r(t)$. Das Wellenpaket zerfließt im Ortsraum. Das Gaußsche Wellenpaket zerfließt jedoch *nicht* im Impulsraum! Denn es ist:

$$|\phi(k,t)|^2 = |\phi(k,0)|^2 = \text{const.} \qquad (26.19)$$

Daher bleibt Δp ebenfalls konstant. Man beachte aber, dass dies eine Besonderheit des Gaußschen Wellenpakets ist. Im Allgemeinen findet ein Zerfließen für komplexwertige Spektralfunktionen $\phi(k,t)$ auch im Impulsraum statt.

Wir wollen dieses Zerfließen im Ortsraum quantitativ abschätzen. Aus (26.14):

$$\Delta r(t) = \frac{b}{\sqrt{2}} \sqrt{1 + \frac{(\hbar t)^2}{m^2 b^4}}$$

$$=: \frac{b}{\sqrt{2}} \sqrt{1 + \left(\frac{t}{\tau}\right)^2}$$

können wir eine Zeitskala τ ableiten:

$$\tau := \frac{mb^2}{\hbar}. \qquad (26.20)$$

die ein Maß dafür ist, nach welchem Zeitraum der Wurzelterm signifikant von Eins abweicht und somit die Ortsunschärfe ebenfalls signifikant zunimmt.

Dazu betrachten wir zwei Fälle: einmal ein Elektron der Masse $m \approx 9{,}1 \cdot 10^{-31}$ kg, dessen anfängliche Lokalisierung $\Delta r(0) = b/\sqrt{2}$ zum Zeitpunkt $t = 0$ wir mit etwa 10^{-10} m ansetzen. Dann ist die charakteristische Zeit $\tau \approx 1{,}4 \cdot 10^{-16}$ s. Für ein makroskopisches Objekt der Masse $m \approx 1$ g und mit $b \approx 10^{-3}$ m ergibt sich hingegen $\tau \approx 1{,}5 \cdot 10^{24}$ s, eine absurd große Zeitspanne. Selbst für ein Staubpartikel mit $m \approx 1 \cdot 10^{-6}$ kg und $b \approx 1 \cdot 10^{-6}$ m ergibt sich eine charakteristische Zeit von $\tau \approx 1{,}5 \cdot 10^{15}$ s, was immerhin einem Zeitraum von etwa 47 Millionen Jahren entspricht.

27 Propagatoren III: Der Schrödinger-Propagator als Pfadintegral

Die Formulierung der Quantenmechanik mit Hilfe sogenannter Pfadintegrale nimmt als Ausgangspunkt das Wirkungsprinzip der klassischen Mechanik und damit den Lagrange-Formalismus, während der bislang betrachtete kanonische Zugang auf dem Hamilton- oder kanonischen Formalismus beruht. Der spätere Nobelpreisträger Richard Phillips Feynman hat in seiner Dissertation 1942 diesen Formalismus eingeführt [Fey48] und baute damit auf erste Ideen Paul Diracs [Dir33] auf. Sein 1965 zusammen mit Albert Hibbs verfasstes Buch *"Quantum Mechanics and Path Integrals"* (2005 in einer stark fehlerbereinigten *"Emended Edition"* erschienen) gilt noch heute als Standardeinführung in diesen Formalismus und seine gedanklichen Ursprünge.

Erst kürzlich wurde allerdings eine alte Arbeit von Gregor Wentzel wiederentdeckt [Wen24], die bereits vor dem Geburtsjahr der Quantenmechanik wesentliche Ideen des Pfadintegralformalismus beinhaltete. Wentzels Ideen wurden allerdings nicht einmal von ihm selbst signifikant weiterentwickelt, und seine Arbeit geriet – auch wegen ihres missverständlichen Titels – schlicht in Vergessenheit. Für eine historische Betrachtung siehe [AL98].

Vorweg eine vielleicht etwas irritierende Nachricht: der Pfadintegralformalismus spielt in der nichtrelativistischen wie auch der relativistischen Quantenmechanik eine eher untergeordnete Rolle. Er zeigt erst in der Quantenstatistik und der Quantenfeldtheorie seine wahre Leistungsfähigkeit, insbesondere bei der besonders wichtigen Klasse der sogenannten Eichtheorien – dort aber mit voller Wucht! Er ist allerdings im Rahmen der nichtrelativistischen Quantenmechanik am einfachsten und verständlichsten einzuführen, da er eine bildhafte Deutung mit Hilfe von unendlich vielen quantenmechanischen Teilchentrajektorien erlaubt.

Im Prinzip kann man verkürzt sagen: der Pfadintegralformalismus ist eine effektive Methode zur Berechnung von Propagatoren beziehungsweise – in der Sprache partieller Differentialgleichungen – von Greenschen Funktionen. Das klingt zunächst nach nicht viel, allerdings ist es schon jetzt wichtig zu verstehen, dass diese scheinbare Nebensächlichkeit *die* zentrale Aufgabenstellung im Rahmen der Quantenfeldtheorie darstellt und von der Bedeutung vergleichbar ist mit der Berechnung von Spektren und Eigenfunktionen von hermiteschen Operatoren innerhalb der Quantenmechanik. Diese zentrale Aussage soll uns als roter Faden dienen und ist insbesondere dann wichtig, wenn das anschauliche Bild potentieller Teilchentrajektorien zusammenbricht, wie es im Rahmen der Quantenfeldtheorie ab einer gewissen Stelle der Fall ist.

Wir wollen in diesem Abschnitt zeigen, wie sich die Pfadintegraldarstellung von Propagatoren im Rahmen des in diesem Buch durchweg verwendeten kanonischen Formalismus ableiten lässt. Den Pfadintegralformalismus als eingangs erwähnte *alternative Quantisierungsmethode* werden wir nicht betrachten, gehen aber weiter unten wenigstens ansatzweise auf die Frage ein, ob und inwiefern beide Zugänge zur Quantenmechanik äquivalent sind.

Wir betrachten daher als Ausgangspunkt den Schrödinger-Propagator (18.4):

$$K(\boldsymbol{r}, t; \boldsymbol{r}_0, t_0) = \langle \boldsymbol{r} | \hat{U}(t, t_0) | \boldsymbol{r}_0 \rangle \,,$$

der nichts anderes ist als die Ortsdarstellung des Zeitentwicklungsoperators $\hat{U}(t, t_0)$ und die Wahrscheinlichkeitsamplitude dafür darstellt, dass ein Punktteilchen der Masse m zum Zeitpunkt t am Ort r ist (korrekter: „gemessen wird"), wenn es zum Zeitpunkt t_0 am Ort r_0 war (korrekter: „gemessen wurde").

Der Hamilton-Operator $\hat{H}$ des betrachteten Systems sei nicht explizit zeitabhängig, sondern von der Form

$$\hat{H} = \frac{\hat{p}^2}{2m} + \hat{V}(\hat{r}), \tag{27.1}$$

es gilt also (17.8):

$$\hat{U}(t, t_0) = \exp\left(-\frac{i}{\hbar}(t - t_0)\hat{H}\right). \tag{27.2}$$

Der zentrale Ansatz ist nun, den Ausdruck (27.2) so zu separieren, dass der $\hat{p}$-abhängige kinetische Teil und der $\hat{r}$-abhängige Potentialteil in getrennten Exponentialfunktionen steht, so dass wir über hinreichend häufiges „Einschieben von Einsen" die Operatorausdrücke in Ausdrücke normaler Funktionen umformen können, allerdings unter Inkaufnahme der Einführung einer neuartigen mathematischen Entität.

Wir wenden hierzu die **Trotter-Produktformel** (14.73) auf den Zeitentwicklungsoperator (27.2) an:

$$\hat{U}(t, t_0) = \lim_{N \to \infty} \left(e^{-\frac{i}{\hbar}\frac{\hat{p}^2}{2m}(t-t_0)/N} e^{-\frac{i}{\hbar}\hat{V}(\hat{r})(t-t_0)/N}\right)^N \tag{27.3}$$

und betrachten nun das N-te Glied dieser Folge in Ortsdarstellung:

$$K^{(N)}(r, t; r_0, t_0) := \left\langle r \left| \left(e^{-\frac{i}{\hbar}\frac{\hat{p}^2}{2m}(t-t_0)/N} e^{-\frac{i}{\hbar}\hat{V}(\hat{r})(t-t_0)/N}\right)^N \right| r_0 \right\rangle. \tag{27.4}$$

Nach „Einschieben" von $N - 1$ „Einsen" in (27.4) ergibt sich:

$$K^{(N)}(r, t; r_0, t_0) = \int d^3 r_{N-1} \cdots \int d^3 r_1 \, \langle r | e^{-\frac{i}{\hbar}\frac{\hat{p}^2}{2m}(t-t_0)/N} e^{-\frac{i}{\hbar}\hat{V}(\hat{r})(t-t_0)/N} | r_{N-1} \rangle$$

$$\times \langle r_{N-1} | e^{-\frac{i}{\hbar}\frac{\hat{p}^2}{2m}(t-t_0)/N} e^{-\frac{i}{\hbar}\hat{V}(\hat{r})(t-t_0)/N} | r_{N-2} \rangle$$

$$\vdots$$

$$\times \langle r_1 | e^{-\frac{i}{\hbar}\frac{\hat{p}^2}{2m}(t-t_0)/N} e^{-\frac{i}{\hbar}\hat{V}(\hat{r})(t-t_0)/N} | r_0 \rangle$$

$$= \int d^3 r_{N-1} \cdots \int d^3 r_1 \, \langle r | e^{-\frac{i}{\hbar}\frac{\hat{p}^2}{2m}(t-t_0)/N} | r_{N-1} \rangle \, e^{-\frac{i}{\hbar}V(r_{N-1})(t-t_0)/N}$$

$$\times \langle r_{N-1} | e^{-\frac{i}{\hbar}\frac{\hat{p}^2}{2m}(t-t_0)/N} | r_{N-2} \rangle \, e^{-\frac{i}{\hbar}V(r_{N-2})(t-t_0)/N}$$

$$\vdots$$

$$\times \langle r_1 | e^{-\frac{i}{\hbar}\frac{\hat{p}^2}{2m}(t-t_0)/N} | r_0 \rangle \, e^{-\frac{i}{\hbar}V(r_0)(t-t_0)/N}.$$

Die einzelnen Matrixelemente des kinetischen Anteils stellen jeweils den Propagator des freien Teilchens (25.5) dar, wie wir ihn bereits aus Abschnitt II-24 kennen:

$$\langle r_{N-1}|e^{-\frac{i}{\hbar}\frac{\hat{p}^2}{2m}(t-t_0)/N}|r_{N-2}\rangle = \left(\frac{m}{2\pi i\hbar(t-t_0)/N}\right)^{3/2} \exp\left(\frac{i}{\hbar}\frac{m}{2}\frac{(r_{N-1}-r_{N-2})^2}{(t-t_0)/N}\right), \quad (27.5)$$

und somit erhalten wir:

$$K^{(N)}(r,t;r_0,t_0) = \left(\frac{m}{2\pi i\hbar(t-t_0)/N}\right)^{3N/2}\int d^3r_{N-1}\cdots\int d^3r_1 \times$$

$$\times \exp\left(\frac{i}{\hbar}\sum_{k=1}^{N}\left(\frac{m}{2}\left(\frac{r_k-r_{k-1}}{(t-t_0)/N}\right)^2 - V(r_{k-1})\right)(t-t_0)/N\right), \quad (27.6)$$

wobei wir der Notation halber vorübergehend $r = r_N$ setzen.

Nun führen wir die Grenzwertbetrachtung (27.3) durch:

$$K(r,t;r_0,t_0) = \lim_{N\to\infty} K^{(N)}(r,t;r_0,t_0).$$

Im Grenzfall $N \to \infty$ erhalten wir in (27.6) die Übergänge:

$$(t-t_0)/N \to dt$$

$$r_k - r_{k-1} \to dr(t)$$

$$\sum_{k=1}^{N}\left(\frac{m}{2}\left(\frac{r_k-r_{k-1}}{(t-t_0)/N}\right)^2 - V(r_{k-1})\right)(t-t_0)/N \to \int_{t_0}^{t}\left(\frac{m\dot{r}(t)^2}{2} - V(r(t))\right)dt,$$

sowie den formalen Ausdruck für das Integrationsmaß

$$\lim_{N\to\infty}\left(\frac{m}{2\pi i\hbar(t-t_0)/N}\right)^{3N/2}\int d^3r_{N-1}\cdots\int d^3r_1 =: \int_{r(t_0)=r_0}^{r(t)=r}\mathcal{D}[r],$$

und damit:

$$K(r,t;r_0,t_0) = \int_{r(t_0)=r_0}^{r(t)=r}\mathcal{D}[r]\exp\left(\frac{i}{\hbar}\int_{t_0}^{t}\underbrace{\left(\frac{m\dot{r}(t)^2}{2} - V(r(t))\right)}_{L(r,\dot{r})}dt\right). \quad (27.7)$$

Der Integrand im Exponenten von (27.7) ist die klassische Lagrange-Funktion $L(r(t),\dot{r}(t))$. Das Integral selbst ist dann nichts anderes als die klassische **Wirkung** $S_{cl}[r]$, so dass wir letztendlich einen formal einfachen Ausdruck finden:

$$K(r,t;r_0,t_0) = \int_{r(t_0)=r_0}^{r(t)=r}\mathcal{D}[r]e^{\frac{i}{\hbar}S_{cl}[r]}, \quad (27.8)$$

mit dem **Wirkungsfunktional**

$$S_{\text{cl}}[r] = \int_{t_0}^{t} \left(\frac{m\dot{r}(t)^2}{2} - V(r(t)) \right) dt. \tag{27.9}$$

Der Ausdruck (27.8) wird in der Physik als ein **Pfadintegral** bezeichnet, genauer als das **Konfigurationsraum-Pfadintegral**, und ist zunächst nur eine rein formale, mnemonische Schreibweise. Der mathematisch bessere Begriff an Stelle von Pfadintegral ist **Funktional-integral**, denn er spiegelt wider, dass dieses in gewisser Weise die Umkehrung der Funktionalableitung darstellt. Es handelt sich um einen überabzählbar-unendlichdimensionalen Integralausdruck, der sich nicht ohne weiteres der Berechnung zugänglich zeigt und mathematisch im Allgemeinen alles andere als präzise definiert ist – möchte man diesen Ausdruck in ein konkretes Rechenergebnis umformen, ist der Weg zu diesem genau umgekehrt zu dem, der zu (27.8) geführt hat, nämlich über den Weg der Diskretisierung, sprich der Transformation in eine abzählbare Menge von herkömmlichen Integralen. Bei der Berechnung des Propagators des harmonischen Oszillators in Abschnitt 37 werden wir das exemplarisch durchführen.

Der klassische Grenzfall
Der Pfadintegralformalismus bietet eine recht illustrative Möglichkeit, den klassischen Grenzfall zu betrachten. Diesen erhält man durch den Übergang von $\hbar \to 0$, was zur Folge hat, dass der Exponent in (27.8) zu einer zunehmend stark oszillierenden Exponentialfunktion führt. Zum Pfadintegral tragen dann überhaupt nur noch diejenigen Trajektorien $r(t)$ mit zunehmend kleiner werdenden Wirkung $S_{\text{cl}}[r]$ bei, bis im Grenzfall $\hbar = 0$ nur noch diejenige Bahn beiträgt, die die Wirkung minimiert. So erhalten wir das aus der klassischen Mechanik bekannte **Prinzip der kleinsten Wirkung**: die klassische Bahn $r(t)$ ist dadurch ausgezeichnet, dass sie das Wirkungsfunktional minimiert, und die notwendige Bedingung hierfür lautet, dass die Funktionalableitung der Wirkung nach der Ortsfunktion verschwindet:

$$\frac{\delta S[r]}{\delta r(t)} \overset{!}{=} 0, \tag{27.10}$$

woraus sich direkt die Lagrange-Gleichungen ergeben:

$$\frac{\partial L}{\partial r_i(t)} - \frac{\mathrm{d}}{\mathrm{d}t} \frac{\partial L}{\partial \dot{r}_i(t)} \overset{!}{=} 0. \tag{27.11}$$

Spezialfall: Wirkung quadratisch in r
Für den wichtigen Fall, dass die Wirkung $S_{\text{cl}}[r]$ höchstens qudratisch in r ist, können wir eine äußerst nützliche Relation ableiten. Wir betrachten im Folgenden der Einfachheit halber den eindimensionalen Fall.

Wir gehen hierzu vom klassischen Pfad $x_{\text{cl}}(t)$ aus, der ja per Definition die klassischen Bewegungsgleichungen erfüllt, also die Wirkung $S_{\text{cl}}[x]$ minimiert, und führen eine Entwicklung von $S_{\text{cl}}[x]$ um $x_{\text{cl}}(t)$ durch. Setzen wir daher

$$y(t) := x(t) - x_{\text{cl}}(t), \tag{27.12}$$

so können wir schreiben:

$$S_{\mathrm{cl}}[x] = S_{\mathrm{cl}}[x_{\mathrm{cl}} + y]$$

$$= S_{\mathrm{cl}}[x_{\mathrm{cl}}] + \underbrace{\int_{t_0}^{t_1} \mathrm{d}t \left.\frac{\delta S_{\mathrm{cl}}[x]}{\delta x(t)}\right|_{x=x_{\mathrm{cl}}} y(t)}_{=0} + \frac{1}{2}\int_{t_0}^{t_1} \mathrm{d}t \int_{t_0}^{t_1} \mathrm{d}t' \left.\frac{\delta^2 S_{\mathrm{cl}}[x]}{\delta x(t)\delta x(t')}\right|_{x=x_{\mathrm{cl}}} y(t)y(t'),$$

wobei wir die aus der klassischen Mechanik bereits bekannte **Funktionalableitung** verwendet haben, die implizit definiert ist als:

$$\int \mathrm{d}t \frac{\delta F[x]}{\delta x(t)} \eta(t) = \lim_{\epsilon \to 0} \frac{F[x + \epsilon \eta] - F[x]}{\epsilon}, \tag{27.13}$$

mit einer beliebigen Testfunktion $\eta(t)$. Die Reihe bricht nach der zweiten Ableitung wegen der Eingangsvoraussetzung nach höchstens quadratischen Termen in x ab, und die erste Ableitung verschwindet, da wir um die klassische Bahn $x_{\mathrm{cl}}(t)$ entwickeln.

Damit gilt aber für den eindimensionalen Fall von (27.8):

$$K(x_1, t_1; x_0, t_0) = \mathrm{e}^{\frac{\mathrm{i}}{\hbar}S_{\mathrm{cl}}[x_{\mathrm{cl}}]} K(0, t_1; 0, t_0) \tag{27.14}$$

mit

$$K(0, t_1; 0, t_0) = \int_{y(t_0)=0}^{y(t_1)=0} \mathcal{D}[y] \exp\left(\frac{\mathrm{i}}{2\hbar}\int_{t_0}^{t_1} \mathrm{d}t \int_{t_0}^{t_1} \mathrm{d}t' \left.\frac{\delta^2 S_{\mathrm{cl}}[x]}{\delta x(t)\delta x(t')}\right|_{x=x_{\mathrm{cl}}} y(t)y(t')\right).$$

$$\tag{27.15}$$

Der Vorteil von (27.15) ist, dass er in denjenigen Fällen, in denen $S_{\mathrm{cl}}[x]$ höchstens quadratisch in $x(t)$ ist, zu äußerst einfachen Ausdrücken führt. In Abschnitt 37 werden wir dies für den harmonischen Oszillator sehen. Für den Fall des freien Teilchens haben wir in (25.8,25.10) diesen Zusammenhang bereits kennengelernt.

Pfadintegral im Phasenraum

Wir gehen nochmals aus von (27.4):

$$K^{(N)}(\boldsymbol{r}, t; \boldsymbol{r}_0, t_0) := \left\langle \boldsymbol{r} \left| \left(\mathrm{e}^{-\frac{\mathrm{i}}{\hbar}\frac{\hat{\boldsymbol{p}}^2}{2m}(t-t_0)/N} \mathrm{e}^{-\frac{\mathrm{i}}{\hbar}\hat{V}(\hat{\boldsymbol{r}})(t-t_0)/N}\right)^N \right| \boldsymbol{r}_0 \right\rangle,$$

schieben aber diesmal zwei verschiedene Arten von „Einsen" dazwischen:

$$K^{(N)}(r,t;r_0,t_0) = \int d^3 r_{N-1} \cdots \int d^3 r_1 \int d^3 p_N \cdots \int d^3 p_1$$

$$\times \langle r|e^{-\frac{i}{\hbar}\frac{\hat{p}^2}{2m}(t-t_0)/N}|p_N\rangle \langle p_N|e^{-\frac{i}{\hbar}\hat{V}(\hat{r})(t-t_0)/N}|r_{N-1}\rangle$$

$$\times \langle r_{N-1}|e^{-\frac{i}{\hbar}\frac{\hat{p}^2}{2m}(t-t_0)/N}|p_{N-1}\rangle \langle p_{N-1}|e^{-\frac{i}{\hbar}\hat{V}(\hat{r})(t-t_0)/N}|r_{N-2}\rangle$$

$$\vdots$$

$$\times \langle r_1|e^{-\frac{i}{\hbar}\frac{\hat{p}^2}{2m}(t-t_0)/N}|p_1\rangle \langle p_1|e^{-\frac{i}{\hbar}\hat{V}(\hat{r})(t-t_0)/N}|r_0\rangle$$

$$= \int d^3 r_{N-1} \cdots \int d^3 r_1 \int d^3 p_N \cdots \int d^3 p_1$$

$$\times \langle r|p_N\rangle \, e^{-\frac{i}{\hbar}\frac{(p_N)^2}{2m}(t-t_0)/N} \langle p_N|r_{N-1}\rangle \, e^{-\frac{i}{\hbar}V(r_{N-1})(t-t_0)/N}$$

$$\times \langle r_{N-1}|p_{N-1}\rangle \, e^{-\frac{i}{\hbar}\frac{(p_{N-1})^2}{2m}(t-t_0)/N} \langle p_{N-1}|r_{N-2}\rangle \, e^{-\frac{i}{\hbar}V(r_{N-2})(t-t_0)/N}$$

$$\vdots$$

$$\times \langle r_1|p_1\rangle \, e^{-\frac{i}{\hbar}\frac{(p_1)^2}{2m}(t-t_0)/N} \langle p_1|r_0\rangle \, e^{-\frac{i}{\hbar}V(r_0)(t-t_0)/N}.$$

Mit

$$\langle r_{N-1}|p_{N-1}\rangle \langle p_{N-1}|r_{N-2}\rangle = \frac{1}{(2\pi\hbar)^3} \exp\left(\frac{i}{\hbar}(r_{N-1}-r_{N-2})\cdot p_{N-1}\right)$$

und $r = r_N$ erhalten wir nun:

$$K^{(N)}(r,t;r_0,t_0) = \frac{1}{(2\pi\hbar)^{3N}} \int d^3 r_{N-1} \cdots \int d^3 r_1 \int d^3 p_N \cdots \int d^3 p_1 \times$$

$$\times \exp\left(\frac{i}{\hbar}\sum_{k=1}^{N}\left(\frac{r_k-r_{k-1}}{(t-t_0)/N}\cdot p_k - \frac{(p_k)^2}{2m} - V(r_{k-1})\right)(t-t_0)/N\right). \quad (27.16)$$

Lassen wir nun wieder $N \to \infty$ gehen und beachten die Übergänge:

$$(t_1-t_0)/N \to dt$$

$$r_k - r_{k-1} \to dr(t)$$

$$\left(\sum_{k=1}^{N}\frac{r_k-r_{k-1}}{(t-t_0)/N}\cdot p_k\right)(t-t_0)/N \to \int_{t_0}^{t}\dot{r}(t)\cdot p(t)dt,$$

sowie den formalen Ausdruck für das Integrationsmaß:

$$\lim_{N\to\infty}\frac{1}{(2\pi\hbar)^{3N}}\int d^3 r_{N-1}\cdots\int d^3 r_1 \int d^3 p_N \cdots \int d^3 p_1 =: \int_{r(t_0)=r_0}^{r(t)=r}\mathcal{D}[r]\mathcal{D}[p],$$

so wird aus (27.16):

$$K(r,t;r_0,t_0) = \int_{r(t_0)=r_0}^{r(t)=r} \mathcal{D}[r]\mathcal{D}[p] \exp\left(\frac{i}{\hbar}\int_{t_0}^{t}\underbrace{\left(\dot{r}(t)\cdot p(t) - \frac{p(t)^2}{2m} - V(r(t))\right)}_{\dot{r}\cdot p - H(p,r)}dt\right). \quad (27.17)$$

Der Integrand im Exponenten von (27.17) ist wieder die klassische Lagrange-Funktion, diesmal aber als Legendre-Transformierte der Hamilton-Funktion in den kanonischen Variablen r, p geschrieben. Das Integral selbst ist dann wiederum die klassische **Wirkung** $S_{cl}[r,p]$, so dass wir wieder einen formal einfachen Ausdruck finden:

$$K(r,t;r_0,t_0) = \int_{r(t_0)=r_0}^{r(t)=r} \mathcal{D}[r]\mathcal{D}[p]e^{\frac{i}{\hbar}S_{cl}[r,p]}, \quad (27.18)$$

mit dem **Wirkungsfunktional**

$$S_{cl}[r,p] = \int_{t_0}^{t_1}(\dot{r}(t)\cdot p(t) - H(p(t),r(t)))\,dt. \quad (27.19)$$

Der Ausdruck (27.18) ist wieder ein Pfadintegral, diesmal jedoch das **Phasenraum-Pfadintegral**, das für den hier betrachteten speziellen Fall, dass $\hat{H}$ von der Form $\hat{H} = \frac{\hat{p}^2}{2m} + \hat{V}(\hat{r})$ ist, äquivalent zum Konfigurationsraum-Pfadintegral (27.8) ist. Für den allgemeinen Fall

$$\hat{H} = \frac{\hat{p}^2}{2m} + \hat{V}(\hat{r},\hat{p}) \quad (27.20)$$

gilt diese Äquivalenz jedoch nicht mehr. Für eine tiefergehende Diskussion der (Nicht-)Äquivalenz von Pfadintegralquantisierung im Konfigurations- und im Phasenraum, sowie der (Nicht-)Äquivalenz zur kanonischen Quantisierung siehe die weiterführende Literatur.

Man beachte folgendes, welches bei der Berechnung von (27.18) mittels Diskretisierung wichtig ist: Es gibt in (27.16) *eine* zusätzliche Integration über d^3p_N, aber keine Randbedingungen für die Impulse – aus dem Grunde, dass es im Konfigurationsraum-Pfadintegral (27.8) auch keine Randbedingungen für die Geschwindigkeiten $\dot{r}(t)$ gibt. Daher sind die „Pfade" im Phasenraum im Allgemeinen auch diskontinuerlich. Eine anschauliche Interpretation des Pfadintegrals im Phasenraum ist daher deutlich schwieriger als im Konfigurationsraum, und es zeichnet hier bereits die eingangs erwähnte Schwierigkeit ab, das Pfadintegral im allgemeineren Sinne als „Summe über Trajektorien" zu deuten.

In der Mathematik sind Funktionalintegrale Teil der Funktionalanalysis, allerdings existiert Stand heute noch keine zufriedenstellend abgeschlossene mathematische Theorie hierfür. So sind das Konvergenzverhalten und die Wohldefiniertheit des Funktionalintegrals mathematisch nicht vollständig erforscht, nur diejenigen mit reellem (negativen) Exponenten im Integranden (sogenannte **euklidische Pfadintegrale** nach analytischer Fortsetzung zu imaginärem Zeitparameter t, die in der Physik als **Wick-Rotation** bezeichnet wird) können mit dem **Wiener-Maß** in vielen Fällen exakt begründet werden. Der Leser sei hierzu aber auf die entsprechende weiterführende Literatur verwiesen.

Mathematischer Einschub 11: Die Funktionalableitung

Funktionalableitungen sind für Funktionale – also stetige Abbildungen eines Vektorraums in den zugrundeliegenden Körper – dies, was „normale" Ableitungen für Funktionen sind.

Wir haben oben die Funktionalableitung implizit in der Form geschrieben:

$$\int dx \frac{\delta F[f]}{\delta f(x)} \eta(x) = \lim_{\epsilon \to 0} \frac{F[f + \epsilon\eta] - F[f]}{\epsilon},$$

mit einer beliebigen Testfunktion $\eta(x)$. Gleichwertig ist die folgende explizite Definition:

$$\frac{\delta F[f]}{\delta f(x_0)} = \lim_{\epsilon \to 0} \frac{F[f(x) + \epsilon\delta(x - x_0)] - F[f(x)]}{\epsilon}, \qquad (27.21)$$

mit expliziter Angabe des Funktionsarguments. Einige Beispiele:

- Das sehr einfache Funktional

$$F[f] = \int_{-1}^{1} f(x)dx$$

besitzt die Funktionalableitung:

$$\frac{\delta F[f]}{\delta f(x_0)} = \lim_{\epsilon \to 0} \frac{1}{\epsilon} \left[\int_{-1}^{1} [f(x) + \epsilon\delta(x - x_0)] \, dx - \int_{-1}^{1} f(x)dx \right]$$

$$= \int_{-1}^{1} \delta(x - x_0)dx$$

$$= \begin{cases} 1 & (-1 \leq x_0 \leq 1) \\ 0 & \text{sonst} \end{cases}. \qquad (27.22)$$

- Das Funktional

$$F[f] = \int_{a}^{b} f(x)^p g(x)dx$$

besitzt die Funktionalableitung:

$$\frac{\delta F[f]}{\delta f(x_0)} = pf(x_0)^{p-1}g(x_0), \qquad (27.23)$$

sofern $x_0 \in [a, b]$, ansonsten 0. Insbesondere ist für ein lineares Funktional:

$$F[f] = \int_a^b f(x)g(x)\mathrm{d}x$$

die Funktionalableitung für $x_0 \in [a, b]$ gegeben durch:

$$\frac{\delta F[f]}{\delta f(x_0)} = g(x_0). \tag{27.24}$$

Aus

$$f(x) = \int_{-\infty}^{\infty} f(y)\delta(x - y)\mathrm{d}y$$

folgt daher trivialerweise:

$$\frac{\delta f(x)}{\delta f(y)} = \delta(x - y). \tag{27.25}$$

Aus (27.24) folgt: wenn $F[f]$ linear ist, gilt:

$$F[f] = \int f(x)\frac{\delta F[f]}{\delta f(x)}\mathrm{d}x, \tag{27.26}$$

was auch direkt aus dem Darstellungssatz von Riesz folgt.

- Das Funktional

$$F[f] = \exp\left(\int_a^b f(x)g(x)\mathrm{d}x\right)$$

besitzt die Funktionalableitung:

$$\frac{\delta F[f]}{\delta f(x_0)} = g(x_0)F[f], \tag{27.27}$$

sofern $x_0 \in [a, b]$, ansonsten 0.

Die Funktionalableitung besitzt die gleichen Eigenschaften wie die „normale" Ableitung:

- Sie ist eine lineare Abbildung:

$$\frac{\delta}{\delta f(x_0)}(aF[f] + bG[f]) = a\frac{\delta F[f]}{\delta f(x_0)} + b\frac{\delta G[f]}{\delta f(x_0)}. \tag{27.28}$$

- Es gilt die Produktregel:

$$\frac{\delta}{\delta f(x_0)}(F[f] \cdot G[f]) = \frac{\delta F[f]}{\delta f(x_0)}G[f] + F[f]\frac{\delta G[f]}{\delta f(x_0)}. \qquad (27.29)$$

Für lokale Funktionale

$$F[g] = \int_a^b f(g(x))\mathrm{d}x$$

gilt für $x_0 \in [a, b]$ die Kettenregel:

$$\frac{\delta F[g]}{\delta g(x_0)} = \frac{\mathrm{d}f(g)}{\mathrm{d}g}(x_0), \qquad (27.30)$$

und für Funktionale der Form

$$F[g] = \int_a^b f(g'(x))\mathrm{d}x$$

gilt für $x_0 \in [a, b]$:

$$\frac{\delta F[g]}{\delta g(x_0)} = -\frac{\mathrm{d}}{\mathrm{d}x}\frac{\mathrm{d}f(g')}{\mathrm{d}g'}(x_0). \qquad (27.31)$$

Beides zusammen führt zu den Lagrange-Gleichungen in der klassischen Mechanik.

28 Reine und gemischte Zustände

In einem reellen Experiment ist es nur bedingt möglich, ein System exakt so zu präparieren, dass es sich in dem gewünschten Ausgangszustand befindet. Oft führt man eine große Anzahl von Wiederholungen des gleichen Experiments durch, entweder um die Wahrscheinlichkeitsaussagen des Quantenmechanik zu bestätigen, oder weil es praktische Hindernisse gibt, den Versuch auf eine einzige Wiederholung eines Experiments zu beschränken. Das ist beispielsweise bei Streuexperimenten der Fall, wenn die Trajektorien der Partikel vor dem eigentlichen Streuprozess bereits eine gewisse Verteilung besitzen, oder wenn ein Vielteilchensystem betrachtet wird wie beispielsweise bei der Untersuchung der Spektrallinien eines erhitzten Gases, bei dem die einzelnen Atome eine gewisse Energieverteilung besitzen.

In diesen Fällen ist der Ausgangszustand $|\Psi_a\rangle$ des betrachteten Systems Σ nur mit einer gewissen Wahrscheinlichkeit bekannt, wobei der Index a alle möglichen Ausgangszustände durchläuft. Es ist also eine **Wahrscheinlichkeitsverteilung** P_a gegeben, mit der sich das System im Ausgangszustand $|\Psi_a\rangle$ befindet. Man beachte hierbei, dass die Zustände $|\Psi_a\rangle$ nicht unbedingt eine Basis im Hilbert-Raum $\mathcal{H}_\Sigma$ darstellen. Die $|\Psi_a\rangle$ müssen auch nicht orthogonal zueinander sein. Die Wahrscheinlichkeitsverteilung definiert einen sogenannten **gemischten Zustand**, besser eigentlich **Zustandsgemisch**. Der im Folgenden vorgestellte Formalismus wurde 1927 von John von Neumann eingeführt [Neu27b], der ihn auch gleich auf die Thermodynamik quantenmechanischer Gesamtheiten anwendete [Neu27a], und stellt die begriffliche Grundlage der sogenannten **Quantenstatistik** dar. Ein äußerst lesbares Review zur früheren Geschichte des Dichtematrixformalismus und seiner Anwendung auf die Quantenstatistik ist [Haa61], und ein immer noch sehr gut lesbares sehr frühes Review zum Formalismus selbst ist [Fan57], das gewissermaßen die Vorlage für spätere Einführungsdarstellungen lieferte.

Das Experiment bestehe nun aus dem Messen der Observable $\hat{A}$, und wir sind an dem durchschnittlichen Messwert $\langle \hat{A} \rangle_\rho$ (das Subskript wird gleich klar werden) interessiert, der sich bei gegebener Wahrscheinlichkeitsverteilung P_a ergibt. Außerdem sei $\{\,|A_i\rangle\,\}$ die Eigenwertbasis von $\hat{A}$ in $\mathcal{H}_\Sigma$. Dann ist:

$$
\begin{aligned}
\langle \hat{A} \rangle_\rho &= \sum_a P_a \langle \Psi_a | \hat{A} | \Psi_a \rangle \\
&= \sum_i \langle A_i | \hat{\rho} \hat{A} | A_i \rangle \\
&= \mathrm{Tr}(\hat{\rho}\hat{A}),
\end{aligned}
\tag{28.1}
$$

mit dem sogenannten **Dichteoperator** oder auch **statistischen Operator**

$$
\hat{\rho} := \sum_a P_a \, |\Psi_a\rangle \langle \Psi_a| \,.
\tag{28.2}
$$

Außerdem ist die Wahrscheinlichkeit, dass bei einer Messung von $\hat{A}$ der Eigenwert a_i – der k-fach entartet sein kann – erhalten wird, gegeben durch:

$$
P(a_i) = \mathrm{Tr}\,\hat{\rho}\hat{P}_i^A,
\tag{28.3}
$$

mit $\hat{P}_i^A$ wie in (13.24). Der Nachweis ist einfach:

$$
\begin{aligned}
P(a_i) &= \sum_{a,k} P_a |\langle \Psi_a | A_i^{(k)} \rangle|^2 \\
&= \sum_k \langle A_i^{(k)} | \hat{\rho} | A_i^{(k)} \rangle \\
&= \sum_{j,k} \langle A_i^{(k)} | A_j \rangle \langle A_j | \hat{\rho} | A_i^{(k)} \rangle \\
&= \operatorname{Tr} \hat{\rho} \hat{P}_i^A .
\end{aligned}
$$

Der Dichteoperator $\hat{\rho}$ ist hermitesch, wie anhand der Definition (28.2) unmittelbar erkannt werden kann, und es ist:

$$
\boxed{\operatorname{Tr} \hat{\rho} = 1,} \tag{28.4}
$$

wie man an (28.3) sieht, wenn man über alle Indizes i summiert.

Für den Fall

$$
\hat{\rho} = |\Psi\rangle \langle \Psi| , \tag{28.5}
$$

wenn also $P_a = 1$ für nur ein einziges a und $P_{a' \neq a} = 0$, so stellt $\hat{\rho}$ einen **reinen Zustand** dar, und es ist:

$$
\hat{\rho}^2 = \hat{\rho}, \tag{28.6}
$$

und damit auch

$$
\operatorname{Tr} \hat{\rho}^2 = \operatorname{Tr} \hat{\rho} = 1. \tag{28.7}
$$

Ansonsten ist für den allgemeinen gemischten Zustand:

$$
\operatorname{Tr} \hat{\rho}^2 < 1, \tag{28.8}
$$

denn seien λ_i die Eigenwerte von $\hat{\rho}$, die wegen der Hermitezität von $\hat{\rho}$ alle reell sind, und $|\phi_i\rangle$ der Eigenzustand zum Eigenwert λ_i. Dann gilt:

$$
\operatorname{Tr} \hat{\rho}^2 = \sum_i \lambda_i^2 \leq \left(\sum_i \lambda_i \right)^2 = (\operatorname{Tr} \hat{\rho})^2,
$$

wobei die Gleichheit $\operatorname{Tr} \hat{\rho}^2 = (\operatorname{Tr} \hat{\rho})^2$ nur gilt, wenn es einen einzigen Eigenwert $\lambda = 1$ gibt, was wiederum nur für den reinen Zustand (28.5) gilt.

Der Dichteoperator besitzt aufgrund der unitären Zeitentwicklung der einzelnen Zustände $\{ \, |\Psi_a\rangle \, \}$ eine zeitliche Abhängigkeit:

$$
\begin{aligned}
i\hbar \frac{d\hat{\rho}(t)}{dt} &= i\hbar \sum_a P_a \left(\frac{d\,|\Psi_a(t)\rangle}{dt} \langle \Psi_a(t)| + |\Psi_a(t)\rangle \frac{d\,\langle \Psi_a(t)|}{dt} \right) \\
&= \sum_a P_a \left(\hat{H} |\Psi_a(t)\rangle \langle \Psi_a(t)| - |\Psi_a(t)\rangle \langle \Psi_a(t)| \hat{H} \right) \\
&= [\hat{H}, \hat{\rho}(t)],
\end{aligned}
$$

oder:

$$\frac{\mathrm{d}\hat{\rho}(t)}{\mathrm{d}t} = \frac{\mathrm{i}}{\hbar}[\hat{\rho}(t), \hat{H}].$$ (28.9)

Gleichung (28.9) heißt **von Neumann-Gleichung**, und sie ähnelt der Heisenberg-Gleichung (20.5) für hermitesche Operatoren im Heisenberg-Bild, besitzt aber ein entgegengesetztes Vorzeichen! Sie ist das quantenmechanische Pendant zur Liouville-Gleichung in der klassischen Statistischen Mechanik in der Hamilton-Formulierung:

$$\frac{\partial \rho(\boldsymbol{p}, \boldsymbol{r}, t)}{\partial t} = -\{\rho(\boldsymbol{p}, \boldsymbol{r}, t), H(\boldsymbol{p}, \boldsymbol{r}, t)\},$$

mit der Phasenraumdichte $\rho(\boldsymbol{p}, \boldsymbol{q})$, was letzten Endes die Herkunft der Bezeichnung „Dichteoperator" beziehungsweise „Dichtematrix" begründet.

Die von Neumann-Entropie

In der statistischen Physik des Gleichgewichts ist man daran interessiert – wie der Name schon sagt – Gleichgewichtskonfigurationen zu finden, was aber zunächst begrifflich präzise gefasst werden muss. Ein Dichteoperator $\hat{\rho}(t)$ heißt **Ensemble** oder **Gesamtheit**, wenn gilt:

$$\frac{\mathrm{d}\hat{\rho}(t)}{\mathrm{d}t} = 0,$$ (28.10)

so dass aus (28.9) folgt, dass

$$[\hat{\rho}, \hat{H}] = 0.$$ (28.11)

Das heißt: der Hamilton-Operator $\hat{H}$ und der Dichteoperator $\hat{\rho}$ können gemeinsam diagonalisiert werden, und wir können für die $\{\,|\,\Psi_a\rangle\,\}$ in (28.2) Energie-Eigenzustände wählen. Die Wahrscheinlichkeiten P_a sind dann die Eigenwerte von $\hat{\rho}$ zum Eigenzustand $|\Psi_a\rangle$. Die Zustände $|\Psi_a\rangle$ werden als **Mikrozustände** bezeichnet. Anhang II-A.1 behandelt in Kürze die großkanonische Gesamtheit bei idealen Quantengasen.

Wir definieren nun die **von Neumann-Entropie**

$$\sigma := -\operatorname{Tr}(\hat{\rho}\log\hat{\rho})$$ (28.12)

$$= -\langle\hat{\rho}\rangle.$$ (28.13)

Die von Neumann-Entropie ist ein quantitatives Maß für das Unwissen über den Mikrozustand, in dem sich ein System befindet.

Da für die Eigenwerte λ_i von $\hat{\rho}$ stets gilt: $0 < \lambda_i \le 1$, ist dieser Ausdruck wohldefiniert und positiv-semidefinit. Für einen reinen Zustand gibt es einen einzigen Eigenwert $\lambda = 1$, und es ist:

$$\sigma = 0,$$ (28.14)

während ansonsten gilt:

$$\sigma > 0.$$ (28.15)

Die von Neumann-Entropie $\hat{\rho}$ nimmt für einen **maximal gemischten Zustand** in einem Hilbert-Raum der Dimension N ein Maximum an, und in diesem Fall ist:

$$\sigma = \log N. \tag{28.16}$$

Man mag sich nun die Frage stellen, warum wir denn die von Neumann-Entropie nur für zeitunabhängige Dichteoperatoren $\hat{\rho}$ definiert haben und nicht für allgemeine zeitabhängige Dichteoperatoren $\hat{\rho}(t)$? Schauen wir doch einmal, was dann passieren würde. Wir rechnen also eine „zeitabhängige" von Neumann-Entropie $\sigma(t)$ aus. Es sei $\hat{\rho}_0 = \hat{\rho}(t = 0)$ und $\sigma_0 = \sigma(t = 0)$.

$$
\begin{aligned}
\sigma(t) &= -\operatorname{Tr}(\hat{\rho}(t) \log \hat{\rho}(t)) \\
&= -\operatorname{Tr}\left(\hat{U}(t)\hat{\rho}_0\hat{U}^\dagger(t) \log\left[\hat{U}(t)\hat{\rho}_0\hat{U}^\dagger(t)\right]\right).
\end{aligned}
$$

Wir berechnen als erstes den Ausdruck $\log\left[\hat{U}(t)\hat{\rho}_0\hat{U}^\dagger(t)\right]$. In der Reihenentwicklung des Logarithmus:

$$\log \hat{\rho}(t) = \sum_{k=1}^\infty (-1)^{k+1} \frac{(\hat{\rho}(t) - 1)^k}{k}$$

können wir die k-te Potenz mit Hilfe der binomischen Formel umformen:

$$
\begin{aligned}
(\hat{\rho}(t) - 1)^k &= \sum_{l=0}^k \binom{k}{l}\hat{\rho}(t)^k(-1)^{l-k} \\
&= \sum_{l=0}^k \binom{k}{l}\left[\hat{U}(t)\hat{\rho}_0^k\hat{U}^\dagger(t)\right](-1)^{l-k} \\
&= \hat{U}(t)(\hat{\rho}_0 - 1)^k\hat{U}^\dagger(t).
\end{aligned}
$$

Also ist:

$$\log \rho(t) = \hat{U}(t) \log\left[\hat{\rho}_0\right]\hat{U}^\dagger(t).$$

Dann ist aber:

$$
\begin{aligned}
\sigma(t) &= -\operatorname{Tr}\left(\hat{U}(t)\hat{\rho}_0\hat{U}^\dagger(t) \log\left[\hat{U}(t)\hat{\rho}_0\hat{U}^\dagger(t)\right]\right) \\
&= -\operatorname{Tr}\left(\hat{U}(t)\hat{\rho}_0\hat{U}^\dagger(t)\hat{U}(t)\left[\log \hat{\rho}_0\right]\hat{U}^\dagger(t)\right) \\
&= -\operatorname{Tr}(\hat{\rho}_0 \log \hat{\rho}_0) \\
&= \sigma_0,
\end{aligned}
$$

aufgrund der zyklischen Invarianz der Spur. Das heißt: *Die von Neumann-Entropie ist eine Konstante der unitären Zeitentwicklung!* Falls wir jemals gehofft haben, auf schnellem Wege so fundamentale Dinge wie das Maximumprinzip für die Entropie oder den zweiten Hauptsatz der Thermodynamik zu erhalten: weit gefehlt! So einfach ist das nicht einmal ansatzweise, und der Entropiebegriff, so wie wir ihn formal eingeführt haben, ist überhaupt nur für Ensembles, also zeitunabhängigen Dichteoperatoren, sinnvoll mit einer Bedeutung versehen, also eine Größe des thermischen Gleichgewichts. Dieses ist aber ein ein sehr großes Thema für sich und würde den Rahmen dieser Betrachtung sprengen.

Untersysteme und reduzierte Dichteoperatoren

Wir betrachten nun ein **zusammengesetztes Quantensystem** $\Sigma = \Sigma_1 + \Sigma_2$, bestehend aus zwei quantenmechanischen Systemen Σ_1, Σ_2, und $\mathcal{H}_1, \mathcal{H}_2$ seien ihre jeweiligen Hilbert-Räume (siehe Abschnitt 12). Σ_1, Σ_2 seien zunächst **entkoppelte** Untersysteme, das heißt: der Zustandsraum $\mathcal{H}$ des Gesamtsystems $\Sigma_1 + \Sigma_2$ besteht nur aus Produktzuständen $|\Psi\rangle = |\Psi_{(1)}\rangle \otimes |\Psi_{(2)}\rangle$, wobei $|\Psi_{(1)}\rangle \in \mathcal{H}_1$, $|\Psi_{(2)}\rangle \in \mathcal{H}_2$, und es gibt keine verschränkten Zustände. Dann ist der Dichteoperator $\hat{\rho}$ für das Gesamtsystem $\Sigma = \Sigma_1 + \Sigma_2$:

$$\hat{\rho} = \hat{\rho}_1 \otimes \hat{\rho}_2. \tag{28.17}$$

Satz. *Es seien Σ_1, Σ_2 entkoppelte Quantensysteme. Dann gilt für die von Neumann-Entropie σ des Gesamtsystems $\Sigma = \Sigma_1 + \Sigma_2$:*

$$\sigma = \sigma_1 + \sigma_2, \tag{28.18}$$

*die von Neumann-Entropie ist also **additiv**.*

Beweis. Es ist:

$$
\begin{aligned}
\sigma &= -\operatorname{Tr}\left[(\hat{\rho}_1 \otimes \hat{\rho}_2) \log(\hat{\rho}_1 \otimes \hat{\rho}_2)\right] \\
&= -\operatorname{Tr}\left[(\hat{\rho}_1 \otimes \hat{\rho}_2)\left[\log \hat{\rho}_1 \otimes \mathbb{1}_2 + \mathbb{1}_1 \otimes \log \hat{\rho}_2\right]\right] \\
&= -\operatorname{Tr}\left[\hat{\rho}_1 \log \hat{\rho}_1 \otimes \hat{\rho}_2 + \hat{\rho}_1 \otimes \hat{\rho}_2 \log \hat{\rho}_2\right] \\
&= -\operatorname{Tr}_1[\hat{\rho}_1 \log \hat{\rho}_1] \operatorname{Tr}_2 \hat{\rho}_2 - \operatorname{Tr}_1 \hat{\rho}_1 \operatorname{Tr}_2[\hat{\rho}_2 \log \hat{\rho}_2] \\
&= \sigma_1 + \sigma_2.
\end{aligned}
$$

Den Schritt von der ersten zur zweiten Zeile sieht man am besten, wenn man den Logarithmus explizit in der Spektraldarstellung von $\hat{\rho}_1 \otimes \hat{\rho}_2$ anwendet. Von der zweiten zur dritten Zeile kommt man durch Anwendung der Relation $(\hat{A} \otimes \hat{B})(\hat{C} \otimes \hat{D}) = (\hat{A}\hat{C}) \otimes (\hat{B}\hat{D})$, und zuletzt wird (28.4) ausgenutzt. ∎

Im allgemeinen Fall eines zusammengesetzten Quantensystems $\Sigma = \Sigma_1 + \Sigma_2$ gibt es jedoch verschränkte Zustände, und der Dichteoperator kann nicht mehr in der Form (28.17) geschrieben werden. Es sei also Σ ein zusammengesetztes Quantensystem, und Σ_1, Σ_2 seien zwei im Allgemeinen gekoppelte Untersysteme, so dass $\Sigma = \Sigma_1 + \Sigma_2$. Jeweils für sich stellen die Untersysteme Σ_1, Σ_2 dann **offene Quantensysteme** dar. Dann gilt für den Zustands-Hilbert-Raum $\mathcal{H}$ des Gesamtsystems Σ (vergleiche Abschnitt 12):

$$\mathcal{H} = \mathcal{H}_1 \otimes \mathcal{H}_2, \tag{28.19}$$

und ein allgemeiner Zustand $|\Psi\rangle \in \mathcal{H}$ ist von der Form:

$$|\Psi\rangle = \sum_{i,j} c_{ij} |\Psi_{(1),i}, \Psi_{(2),j}\rangle\,, \tag{28.20}$$

wobei $\{\ |\ \Psi_{(1),i}\rangle\ \}$ und $\{\ |\ \Psi_{(2),j}\rangle\ \}$ jeweils Orthonormalsysteme von $\mathcal{H}_1$ und $\mathcal{H}_2$ darstellen. Der Dichteoperator $\hat\rho$ des Gesamtsystems Σ ist dann von der allgemeinen Form:

$$\hat\rho = \sum_a P_a |\Psi_a\rangle \langle\Psi_a|\,. \tag{28.21}$$

Allgemeine offene Quantensysteme können nicht mehr im Hilbert-Raum-Formalismus beschrieben werden, sondern man muss den Dichteoperator-Formalismus verwenden.

Es sei nun $\hat A$ eine Observable, die sich nur auf Messungen in Σ_1 bezieht, also einen hermiteschen Operator in $\mathcal{H}_1$ darstellt. Dann ist $\hat A$ von der Form:

$$\hat A = \hat A_{(1)} \otimes \mathbb{1}_{(2)}\,, \tag{28.22}$$

und wir fragen uns nach einem Ausdruck für den Erwartungswert $\langle\hat A\rangle_\rho$. Ohne Beschränkung der Allgemeinheit sei $\{\ |\ \Psi_i\rangle\ \}$ bereits die Eigenvektorbasis von $\hat A_{(1)}$ in $\mathcal{H}_1$. Es ist dann:

$$
\begin{aligned}
\langle\hat A\rangle_\rho &= \mathrm{Tr}(\hat\rho\hat A) \\
&= \mathrm{Tr}\left(\hat\rho\left[\hat A_{(1)} \otimes \mathbb{1}_{(2)}\right]\right) \\
&= \sum_{ij,i'j'} \langle\Psi_{(1),i'}, \Psi_{(2),j'}|\hat\rho|\Psi_{(1),i}, \Psi_{(2),j}\rangle \langle\Psi_{(1),i}, \Psi_{(2),j}|\hat A_{(1)} \otimes \mathbb{1}_{(2)}|\Psi_{(1),i'}, \Psi_{(2),j'}\rangle \\
&= \sum_{ij,i'j'} \langle\Psi_{(1),i'}, \Psi_{(2),j'}|\hat\rho|\Psi_{(1),i}, \Psi_{(2),j}\rangle \underbrace{\langle\Psi_{(1),i}|\hat A_{(1)}|\Psi_{(1),i'}\rangle}_{a_i\delta_{i,i'}} \underbrace{\langle\Psi_{(2),j}|\mathbb{1}_{(2)}|\Psi_{(2),j'}\rangle}_{\delta_{j,j'}} \\
&= \sum_{ij,i'} \langle\Psi_{(1),i'}, \Psi_{(2),j}|\hat\rho|\Psi_{(1),i}, \Psi_{(2),j}\rangle \underbrace{\langle\Psi_{(1),i}|\hat A_{(1)}|\Psi_{(1),i'}\rangle}_{a_i\delta_{i,i'}}\,.
\end{aligned}
$$

Der erste Faktor in der letzten Zeile ist aber nichts anderes als das (i, i')-Element des Operators, der aus der partiellen Spurbildung in $\mathcal{H}_2$, also über den Index j, hervorgeht. Wir nennen diesen Operator den **reduzierten Dichteoperator** $\hat\rho_1$ und schreiben:

$$\hat\rho_1 := \mathrm{Tr}_2\,\hat\rho\,, \tag{28.23}$$

$$(\hat\rho_1)_{i,i'} = \sum_j \langle\Psi_{(1),i'}, \Psi_{(2),j}|\hat\rho|\Psi_{(1),i}, \Psi_{(2),j}\rangle\,, \tag{28.24}$$

so dass sich $\langle\hat A\rangle_\rho$ ergibt zu:

$$\langle\hat A\rangle_\rho = \mathrm{Tr}_1\,\hat\rho_1\hat A_{(1)}\,. \tag{28.25}$$

Der reduzierte Dichteoperator $\hat\rho_1$ wirkt nur noch in $\mathcal{H}_1$ und beinhaltet gewissermaßen sämtliche Einflüsse von Σ_2 auf Σ_1 und dessen Observable.

Satz. *Es seien $\Sigma = \Sigma_1 + \Sigma_2$ ein zusammengesetztes Quantensystem. Dann gilt für die von Neumann-Entropie σ von Σ:*

$$\sigma \leq \sigma_1 + \sigma_2, \tag{28.26}$$

die von Neumann-Entropie ist also **subadditiv***. Gleichheit gilt nur für entkoppelte Systeme, für gekoppelte Systeme gilt die echte Ungleichung.*

Beweis. Es ist:

$$
\begin{aligned}
\sigma - \sigma_1 - \sigma_2 &= -\operatorname{Tr}(\hat{\rho} \log \hat{\rho}) + \operatorname{Tr}_1(\hat{\rho}_1 \log \hat{\rho}_1) + \operatorname{Tr}_2(\hat{\rho}_2 \log \hat{\rho}_2) \\
&= -\operatorname{Tr}(\hat{\rho} \log \hat{\rho}) + \operatorname{Tr}(\hat{\rho} \log \hat{\rho}_1) + \operatorname{Tr}(\hat{\rho} \log \hat{\rho}_2) \\
&= -\operatorname{Tr}\left[\hat{\rho}(\log \hat{\rho} - \log \hat{\rho}_1 - \log \hat{\rho}_2)\right] \\
&= -\operatorname{Tr}\left[\hat{\rho}(\log \hat{\rho} - \log(\hat{\rho}_1 \otimes \hat{\rho}_2))\right] \\
&\leq -\operatorname{Tr}(\hat{\rho} - \hat{\rho}_1 \otimes \hat{\rho}_2) = 0.
\end{aligned}
$$

Der Schritt von der ersten zur zweiten Zeile versteht man am einfachsten durch explizites Ausschreiben der Matrixelememente wie in (28.24). Die Gleichheit für entkoppelte Systeme haben wir bereits weiter oben gezeigt. ∎

Für weitergehende Betrachtungen zur Entropie zusammengesetzter Quantensysteme siehe zum Beispiel [AL70; Rus02].

Weiterführende Literatur

Mathematik der Quantenmechanik
Neben den zahlreichen sehr guten Lehrbüchern zur Funktionalanalysis im Allgemeinen (siehe das Literaturverzeichnis am Ende des Bandes) existiert eine Vielzahl spezialisierter Darstellungen zur Mathematik der Quantenmechanik:

Thomas F. Jordan: *Linear Operators for Quantum Mechanics*, Dover Publications, 2006. Unveränderte Dover-Ausgabe des Texts von John Wiley & Sons, 1969.

Brian C. Hall: *Quantum Theory for Mathematicians*, Springer-Verlag, 2013.
Ein hervorragendes modernes Lehrbuch über die Mathematik der Quantenmechanik. Dort finden sich auch ausführliche Behandlungen fortgeschrittener Themen wie der Phasenraum-Quantisierung.

Michael Reed, Barry Simon: *Methods of Modern Mathematical Physics I: Functional Analysis*, Academic Press, Revised & Enlarged ed. 1980; *Methods of Modern Mathematical Physics II: Fourier Analysis, Self-Adjointness*, Academic Press, 1975; *Methods of Modern Mathematical Physics III: Scattering Theory*, Academic Press, 1979; *Methods of Modern Mathematical Physics IV: Analysis of Operators*, Academic Press, 1978.

Gerald Teschl: *Mathematical Methods in Quantum Mechanics: With Applications to Schrödinger Operators*, AMS, 2nd ed. 2014.
Eine sehr gute Einführung in der Theorie der Hilbert-Raum-Operatoren, insbesondere der Sturm–Liouville-Theorie der Schrödinger-Gleichung.

Philippe Blanchard, Erwin Brüning: *Mathematical Methods in Physics – Distributions, Hilbert Space Operators, Variational Methods, and Applications in Quantum Physics*, Birkhäuser-Verlag, 2nd ed. 2015.
Eine recht anspruchsvolle Einstiegslektüre und eine stark erweiterte englische Übersetzung des ursprünglich 1993 auf deutsch erschienenen Lehrbuchs zur Mathematischen Physik der Quantenmechanik.

Werner O. Amrein: *Hilbert Space Methods in Quantum Mechanics*, EPFL Press / CRC Press, 2009.

Eduard Prugovečki: *Quantum Mechanics in Hilbert Space*, Dover Publications, 2006.
Eine mathematisch fortgeschrittene Darstellung der Grundlagen der Quantenmechanik. Der unveränderte Text von Academic Press, 2nd ed. 1981.

Shlomo Sternberg: *A Mathematical Compendium to Quantum Mechanics*, Dover Publications, 2019.

Robert Denk: *Mathematische Grundlagen der Quantenmechanik*, Springer-Verlag, 2022.

Josef M. Rauch: *Foundations of Quantum Mechanics*, Addison-Wesley, 1968.
Nicht nur, was die mathematischen Grundlagen der Quantenmechanik angeht, sondern auch mit Bezug auf die physikalischen und konzeptionellen Grundlagen ein hervorragendes Werk, das trotz seines Alters von der Darstellung her noch immer topmodern ist. Das Gleiche gilt für die beiden folgenden Werke:

N. I. Akhiezer, I. M. Glazman: *Theory of Linear Operators in Hilbert Space (Two Volumes*

Bound as One), Dover Publications, 1993.

Die zweibändige Ausgabe aus den Jahren 1961 und 1963 als unveränderte Neuauflage.

John David Jackson: *Mathematics for Quantum Mechanics: An Introductory Survey of Operators, Eigenvalues, and Linear Vector Spaces*, Dover Publications, 2006.

Eigentlich aus dem Jahre 1962, eine leicht lesbare Einführung zum Thema, vom Autor der „Bibel" zur klassischen Elektrodynamik. Leider in unzeitgemäßer Schreibmaschinenschrift.

Valter Moretti: *Spectral Theory and Quantum Mechanics – Mathematical Foundations of Quantum Theories, Symmetries and Introduction to the Algebraic Formulation*, Springer-Verlag, 2nd ed. 2017.

Ein äußerst voluminöses Werk, von dem auch eine deutlich gestraffte, aber teilweise ergänzende Darstellung existiert:

Valter Moretti: *Fundamental Mathematical Structures of Quantum Theory – Spectral Theory, Foundational Issues, Symmetries, Algebraic Formulation*, Springer-Verlag, 2019.

Gianfausto Dell'Antonio: *Lectures on the Mathematics of Quantum Mechanics I*, Atlantis Press, 2015; *Lectures on the Mathematics of Quantum Mechanics II: Selected Topics*, Atlantis Press, 2016.

Klaas Landsman: *Foundations of Quantum Theory – From Classical Concepts to Operator Algebras*, Springer-Verlag, 2017.

Eine äußerst interessante und unorthodox geschriebene Monographie zur konzeptionellen und mathematischen Fundierung der Quantenmechanik. Das Besondere: das Werk ist eine *Open Access Publication* und ist frei auf der Webseite des Springer-Verlags zum Download verfügbar.

Pfadintegrale

Richard P. Feynman, Albert R. Hibbs, Daniel F. Steyer: *Quantum Mechanics and Path Integrals – Emended Edition*, Dover Publications, 2005.

Der Klassiker zum Thema. Mathematisch zwar nicht besonders streng, aber sehr motivierend und einleitend in dieses doch recht abstrakte Gebiet.

L. S. Schulman: *Techniques and Applications of Path Integration*, Dover Publications, 2005.

Eine didaktisch hervorragende Einführung in das Gebiet. Der unveränderte Text aus dem Jahre 1996 von John Wiley & Sons.

Gert Roepstorff: *Pfadintegrale in der Quantenphysik*, Vieweg-Verlag, 2. Aufl. 1992.

Eine ebenfalls sehr gute deutschsprachige Einführung in das Gebiet, mit einer wenigstens minimalen mathematischen Stringenz. Die englische Übersetzung ist etwas erweitert und aktueller:

Gert Roepstorff: *Path Integral Approach to Quantum Mechanics – An Introduction*, Springer-Verlag, 1993.

Hagen Kleinert: *Path Integrals in Quantum Mechanics, Statistics, Polymer Physics, and Financial Markets*, World Scientific, 5th ed. 2009.

Ein umfassendes Opus mit einer großen Anzahl von Anwendungsbeispielen.

Lukong Cornelius Fai: *Feynman Path Integrals in Quantum Mechanics and Statistical Physics*, CRC Press, 2021.

Ein ebenfalls sehr anwendungsorientiertes Werk.

Barry Simon: *Functional Integration and Quantum Physics*, AMS Chelsea Publishing, 2nd ed. 2005.

Wie man es vom Autor erwartet, eine mathematisch stringente Monographie zur Pfadintegration.

Pierre Cartier, Cécile DeWitt-Morette: *Functional Integration: Action and Symmetries*, Cambridge University Press, 2006.

Eine trotz der grundsätzlich sehr mathematischen Orientierung der beiden namhaften Autoren eine äußerst lesbare und klare Einführung in die Materie.

Sergio A. Albeverio, Raphael J. Høegh-Krohn, Sonia Mazzucchi: *Mathematical Theory of Feynman Path Integrals*, Springer-Verlag, 2nd ed. 2008.

Eine ebenfalls sehr zu empfehlende Einstiegslektüre.

John R. Klauder: *A Modern Approach to Functional Integration*, Birkhäuser-Verlag, 2011.

J. Zinn-Justin: *Path Integrals in Quantum Mechanics*, Oxford University Press, 2005.

Auch dieses Werk ist sehr zu empfehlen. Es entstand neben mehreren weiteren Büchern durch die Ausknospung aus dem mit zunehmender Auflage immer größer gewordenen Opus des Autors *"Quantum Field Theory and Critical Phenomena"* zu einzelnen Teilthemen.

Bohmsche Mechanik

Oliver Passon: *Bohmsche Mechanik – eine elementare Einführung in die deterministische Interpretation der Quantenmechanik*, Verlag Harri Deutsch, 2. Aufl. 2010.

Der Titel entspricht voll dem Inhalt: ein elementarer Einstieg in die Bohmsche Interpretation der Quantenmechanik.

Detlef Dürr: *Bohmsche Mechanik als Grundlage der Quantenmechanik*, Springer-Verlag, 2001.

Eine ebenfalls sehr gut lesbare Darstellung der Bohmschen Mechanik.

Detlef Dürr, Stefan Teufel: *Bohmian Mechanics: The Physics and Mathematics of Quantum Theory*, Springer-Verlag, 2009.

Eine überarbeitete und englische Übersetzung des gerade erwähnten Buchs.

Roderich Tumulka: *Foundations of Quantum Mechanics*, Springer-Verlag, 2022.

Verschränkung, Quanteninformation, Lokalität, Paradoxa

Jürgen Audretsch: *Verschränkte Systeme – Die Quantenphysik auf neuen Wegen*, Wiley-VCH, 2005.

Ein sehr gelungenes Werk, das weiterführende Themen wie Verschränkung, Bellsche Ungleichungen, Quanteninformationstheorie bis hin zu Quantum Computing systematisch aus den Grundlagen der Quantenmechanik entwickelt, wobei sich die Darstellung in erster Linie an theoretische Physiker richtet und weniger an beispielsweise Informatiker. Etwas störend sind doch einige Sach- und Schreibfehler, die oft irreführend sind. In der englischen Übersetzung sind sehr viele davon eliminiert:

Jürgen Audretsch: *Entangled Systems – New Directions in Quantum Physics*, Wiley-VCH, 2007.

Yakir Aharonov, Daniel Rohrlich: *Quantum Paradoxes – Quantum Theory for the Perplexed*, Wiley-VCH, 2005.
Ein thematisch schwer einzuordnendes, aber überaus lesbares Buch, das eine Reihe vermeintlich paradoxer, aber in jedem Falle subtiler Themen wie Verschränkung, Eichsymmetrie, Schrödingers Katze, Superauswahlregeln und Messbarkeit gründlich diskutiert.

Teil 3

Eindimensionale Probleme

Nachdem wir im vorherigen Kapitel den allgemeinen Formalismus der Quantenmechanik entwickelt haben, können wir uns nun der einfachsten Klasse physikalischer Probleme zuwenden, den eindimensionalen Problemen, speziell mit statischem Potential $V(x)$. Die Betrachtung dieser Probleme ist äußerst wichtig, da sich viele dreidimensionale Probleme aufgrund von Symmetrieeigenschaften auf eindimensionale Probleme reduzieren lassen.

Die Anwendung der Schrödinger-Gleichung auf eindimensionale Probleme erlaubt uns außerdem, die Vorhersagen von klassischer Mechanik und Quantenmechanik an einfachen Systemen zu vergleichen. Dabei stellen stückweise konstante Potentiale hochgradig stilisierte Modelle von realistischen Szenarien dar und illustrieren hervorragend typische Quantenphänomene wie gebundene Zustände, Streuung und Tunneleffekt.

Die S-Matrix und ihre Eigenschaften werden in diesem einfachen Kontext frühzeitig eingeführt. Gerade aufgrund dessen besitzt das ganze Kapitel einen gewissen propädeutischen Charakter. Wir werden ausschließlich in der Ortsdarstellung rechnen.

O. Tennert, *Quantenmechanik I*, https://doi.org/10.1007/978-3-662-68585-3_3

29 Allgemeine Betrachtungen zum eindimensionalen Problem

Wir haben in Abschnitt 18 gesehen, dass für statische Potentiale $V(r)$ die zeitabhängige Schrödinger-Gleichung (18.9) durch den Separationsansatz

$$\Psi(r, t) = \psi(r)e^{-iEt/\hbar}$$

in die stationäre oder zeitunabhängige Schrödinger-Gleichung (18.12) übergeht, eine gewöhnliche Differentialgleichung zweiter Ordnung, die wir bereits als (16.3) kennengelernt hatten.

Ausgangspunkt ist daher die zeitunabhängige Schrödinger-Gleichung in Ortsdarstellung für ein Punktteilchen der Masse m in einem eindimensionalen statischen Potential $V(x)$:

$$-\frac{\hbar^2}{2m} \frac{d^2\psi(x)}{dx^2} + V(x)\psi(x) = E\psi(x),$$

was wir umschreiben in:

$$\psi''(x) - [\epsilon - v(x)]\,\psi(x) = 0, \tag{29.1}$$

mit

$$v(x) = \frac{2mV(x)}{\hbar^2}, \tag{29.2}$$

$$\epsilon = \frac{2mE}{\hbar^2}. \tag{29.3}$$

Die reduzierten Funktionen $v(x)$ und ϵ werden wir im Folgenden weiterhin Potentialfunktion und Energie nennen.

Wir wollen einige allgemeine Eigenschaften der Eigenwertgleichung (29.1) aufzeigen. Die einzigen Einschränkungen an die Potentialfunktion $v(x)$ seien:

- Beschränktheit nach unten: es existiert ein v_{min}.
- Im gesamten Definitionsbereich $\mathbb{R}$ nur Unstetigkeitsstellen erster Art, um die Existenz von $\psi''(x)$ zu gewährleisten.

Aus mathematischer Sicht ist das Auffinden der Eigenwerte der stationären Schrödinger-Gleichung (18.12) ein klassisches **Sturm–Liouville-Problem**, benannt nach dem schweizerisch-französischen Mathematiker und Physiker Jacques Charles François Sturm und dem außerordentlich berühmten französischen Mathematiker Joseph Liouville. Das allgemeine reguläre Sturm–Liouville-Problem besteht im Auffinden der Eigenwerte λ der gewöhnlichen Differentialgleichung

$$-[p(x)\psi'(x)]' + q(x)\psi(x) = \lambda w(x)\psi(x),$$

mit integrierbaren Koeffizientenfunktionen $p(x)^{-1}, w(x) > 0$ und $q(x)$ auf einem kompakten Intervall.

Eigenschaften der Wronski-Determinante

In der Theorie der gewöhnlichen Differentialgleichungen spielt die sogenannte **Wronski-Determinante** $W[\psi_1, \psi_2]$ eine wichtige Rolle, um die lineare Unabhängigkeit von zwei Lösungsfunktionen ψ_1, ψ_2 einer Differentialgleichung zu testen. Sie ist für unseren Fall einer Differentialgleichung zweiter Ordnung definiert durch:

$$W[\psi_1, \psi_2] := \begin{vmatrix} \psi_1(x) & \psi_2(x) \\ \psi_1'(x) & \psi_2'(x) \end{vmatrix}$$
$$= \psi_1(x)\psi_2'(x) - \psi_2(x)\psi_1'(x). \tag{29.4}$$

Wir behaupten nun:

Satz (Keine Entartung gebundener Zustände im Eindimensionalen). *Die Schrödinger-Gleichung besitzt im Eindimensionalen keine entarteten Eigenwerte im diskreten Spektrum.*

Beweis. Es seien ψ_1, ψ_2 jeweils Lösungen der Differentialgleichungen:

$$\psi_1''(x) + F_1(x)\psi_1(x) = 0,$$
$$\psi_2''(x) + F_2(x)\psi_2(x) = 0,$$

in $\mathbb{R}$, wobei die Funktionen $F_{1,2}(x)$ stetig sind oder höchstens Unstetigkeiten erster Art aufweisen. Durch Multiplikation mit ψ_1 beziehungsweise ψ_2 und anschließender Subtraktion der beiden Gleichungen erhält man schnell:

$$\underbrace{\psi_2(x)\psi_1''(x) - \psi_1(x)\psi_2''(x)}_{=-W'[\psi_1,\psi_2]} + [F_1(x) - F_2(x)]\,\psi_1(x)\psi_2(x) = 0,$$

woraus nach Integration folgt:

$$W[\psi_1, \psi_2]\big|_a^b = \int_a^b [F_1(x) - F_2(x)]\,\psi_1(x)\psi_2(x)\mathrm{d}x.$$

Ist nun $F_{1,2}(x) = \epsilon_{1,2} - v(x)$, so folgt daraus:

$$W(\psi_1(b), \psi_2(b)) - W(\psi_1(a), \psi_2(a)) = (\epsilon_1 - \epsilon_2) \int_a^b \psi_1(x)\psi_2(x)\mathrm{d}x.$$

Ist nun $\epsilon_1 = \epsilon_2$, sofolgt daraus:

$$W(\psi_1(b), \psi_2(b)) = W(\psi_1(a), \psi_2(a)) = \text{const.}$$

Die Wronski-Determinante ist also unabhängig von x, da a, b beliebig gewählt sind. Das wiederum heißt aber, dass:

$$\psi_1(x)\psi_2'(x) - \psi_2(x)\psi_1'(x) = c,$$

oder:

$$[\log \psi_1(x)]' - [\log \psi_2(x)]' = \frac{c}{\psi_1(x)\psi_2(x)}.$$

Sind nun aber ψ_1, ψ_2 Lösungen zum diskreten Spektrum, so müssen sie quadratintegrabel sein. Lassen wir nun $a \to -\infty$ und $b \to \infty$ gehen, so geht die rechte Seite gegen Null, und es gilt:

$$[\log \psi_1(x)]' = [\log \psi_2(x)]'$$
$$\implies \psi_2(x) \sim \psi_1(x),$$

es sind also ψ_1 und ψ_2 proportional zueinander, also linear abhängig. ∎

Aus der Nichtentartung gebundener Zustände folgt unmittelbar:

Satz. *Im Eindimensionalen ist die Wellenfunktion $\psi(x)$ bis auf eine Phasenkonstante $e^{i\alpha}$ stets reell.*

Daraus folgt wiederum unmittelbar die Orthogonalitätsrelation auf anderem Wege: seien nämlich ψ_1, ψ_2 zwei Lösungen der stationären Schrödinger-Gleichung zu unterschiedlichen Eigenwerten $\epsilon_{1,2}$ im diskreten Spektrum. Dem soeben geführten Beweis des Satzes über die Nichtentartung gebundener Zustände im Eindimensionalen können wir die als Zwischenergebnis erhaltene Beziehung

$$W(\psi_1(b), \psi_2(b)) - W(\psi_1(a), \psi_2(a)) = (\epsilon_1 - \epsilon_2) \int_a^b \psi_1(x)\psi_2(x)\mathrm{d}x$$

entnehmen. Lassen wir nun $a \to -\infty$ und $b \to \infty$ gehen, verschwindet die linke Seite, da $\psi_{1,2}$ dann gegen Null streben müssen. Also verschwindet auch die Wronski-Determinante, und es bleibt:

$$(\epsilon_1 - \epsilon_2) \int_{-\infty}^{\infty} \psi_1(x)\psi_2(x)\mathrm{d}x = 0,$$

was wegen $\epsilon_1 \neq \epsilon_2$ nur dann möglich ist, wenn:

$$\int_{-\infty}^{\infty} \psi_1(x)\psi_2(x)\mathrm{d}x = 0.$$

Ein weiterer Satz über die Knotenzahl der Wellenfunktion gebundener Zustände lässt sich ebenfalls schnell ableiten. Ein Knoten ist hierbei nichts anderes als eine Nullstelle der Wellenfunktion.

Satz. *Ordnet man die Eigenwerte ϵ_n mit $n = 0, 1, 2, \ldots$ nach wachsender Energie, so sind die Eigenfunktionen ψ_n nach wachsender Knotenzahl geordnet, und es gilt: ψ_{n+1} besitzt mindestens einen Knoten mehr als ψ_n.*

Beweis. Es gilt wieder:

$$W(\psi_1(b), \psi_2(b)) - W(\psi_1(a), \psi_2(a)) = (\epsilon_1 - \epsilon_2) \int_a^b \psi_1(x)\psi_2(x)\mathrm{d}x.$$

Es sei nun $\epsilon_2 > \epsilon_1$, und a und b seien nun so gewählt, dass sie aufeinanderfolgende Nullstellen von ψ_1 sind: $\psi_1(a) = \psi_1(b) = 0$. Wir erhalten dann:

$$\psi_2(b)\psi_1'(b) - \psi_2(a)\psi_1'(a) = (\epsilon_2 - \epsilon_1) \int_a^b \psi_1(x)\psi_2(x)\mathrm{d}x.$$

Dann behält $\psi_1(x)$ innerhalb von (a, b) dasselbe Vorzeichen, also beispielsweise $\psi_1(x) > 0$. Dann ist $\psi_1'(a) > 0$ und $\psi_1'(b) < 0$. Also muss ψ_2 in (a, b) sein Vorzeichen wechseln, denn ansonsten hätte die rechte Seite das Vorzeichen von ψ_2 und die linke das entgegengesetzte. Also hat ψ_2 in (a, b) mindestens eine Nullstelle. Zwischen zwei Knoten von ψ_1 gibt es also immer mindestens einen Knoten von ψ_2.

Die Funktion ψ_1 habe nun n_1 Knoten, die die x-Achse in $n + 1$ Teilintervalle zerlegen. Folglich hat ψ_2 dann mindestens $n_1 + 1$ Knoten. ∎

Ohne Beweis geben wir noch den **Knotensatz** an:

Satz (Knotensatz). *Ordnet man die Eigenwerte ϵ_n mit $n = 0, 1, 2, \ldots$ nach wachsender Energie, so gilt: ψ_n besitzt n Knoten.*

Allgemeine Eigenschaften der Wellenfunktion

Gehen wir nun wiederum von (29.1) aus:

$$\psi''(x) - [\epsilon - v(x)]\, \psi(x) = 0,$$

so bemerken wir sofort, dass die Wellenfunktion $\psi(x)$ aufgrund des Vorzeichens der zweiten Ableitung:

- **konvex** ist zur x-Achse, also von der x-Achse weggekrümmt, wenn $\epsilon < v(x)$,

- **konkav** ist zur x-Achse, also zur x-Achse hingekrümmt, wenn $\epsilon > v(x)$.

Die Wellenfunktion $\psi(x)$ setzt sich also über die gesamte Länge hinweg aus einzelnen Elementen zusammen, die diese obengenannten Eigenschaften besitzen. Soviel können wir also schon einmal zum Kurvenverlauf sagen, ohne $\psi(x)$ genau zu kennen. Außerdem muss $\psi(x)$ für alle x stetig und zweifach differenzierbar sein, ansonsten wäre die Schrödinger-Gleichung nicht definiert.

Wir betrachten nun Werte für die Energie ϵ des Punktteilchens in vier möglichen Intervallen (siehe Abbildung 3.1):

1. $\epsilon < v_{\min}$: Aufgrund der notwendigen Konvexität von $\psi(x)$ würde $\psi(x)$ notwendigerweise divergieren: $\psi(x) \to \infty$ für $x \to \mp\infty$. Das heißt, es gibt keine normierbare Lösung. Dieser Fall ist nicht realisiert.

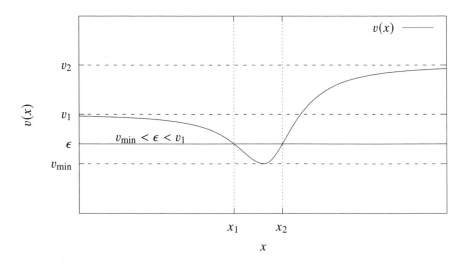

Abbildung 3.1: Eine relativ allgemeine, nach unten beschränkte Potentialfunktion $v(x)$. Liegt die Energie ϵ des Punktteilchens zwischen $v_{\min}$ und v_1, gibt es gebundene Zustände.

2. $v_{\min} < \epsilon < v_1$: Hier müssen wir drei Regionen betrachten, die durch die Punkte $x_{1,2}$ getrennt werden, in denen $\epsilon = v(x)$ ist: in den Regionen I und III gilt $\epsilon < v(x)$, hier haben wir also konvexe Abschnitte von $\psi(x)$. In Region II ist aber $E > V(x)$, dort ist $\psi(x)$ also konkav. Wir haben hier **gebundene Zustände** vor uns, und die Wellenfunktion hat eine typische oszillatorische Form in den Bereichen, in denen $\epsilon > v(x)$ ist und eine asymptotisch gegen null abklingende Wellenform in den „klassisch verbotenen Bereichen", in denen also $\epsilon < v(x)$. $x_{1,2}$ sind Wendepunkte von $\psi(x)$. Bei zunehmend größer werdendem Wert von ϵ verschieben sich diese Wendepunkte nach außen. Die Anschlussbedingungen für $\psi(x)$, die sich aus der Forderung nach Stetigkeit und Differenzierbarkeit ergeben, bewirken, dass das Spektrum von $\hat{H}$ hier **diskret** ist, das heißt, es gibt nur abzählbar viele Energieeigenwerte E_n in diesem Intervall. Im nächsten Abschnitt werden wir ein stark vereinfachtes Potential betrachten, das Modellcharakter hat, exakt lösbar ist und gebundene Zustände aufweist, den **endlichen Potentialtopf**.

3. $v_1 < \epsilon < v_2$: Für diesen Energiebereich müssen wir zwei Regionen IV und V betrachten, die durch den Punkt x_3 getrennt werden, in dem $\epsilon = v(x)$ gilt. In Region IV ist $\psi(x)$ oszillatorisch, in Region V asymptotisch gegen null abklingend. Das Energiespektrum ist **kontinuierlich** und jeweils weifach entartet, denn mit $\psi(x)$ ist auch $\psi(-x)$ Lösung der Schrödinger-Gleichung. Konkret werden wir ein stark vereinfachtes Potential im nächsten Abschnitt rechnen, das dasselbe qualitative Verhalten aufweist, die **Potentialschwelle**. Dort werden wir sehen, dass der Verlauf der Wellenfunktion gedeutet werden kann als ein einlaufendes Punktteilchen, dass in einer endlichen Zeit

an der Potentialschwelle reflektiert wird und dann wieder in die entgegengesetzte Richtung zurückläuft.

4. $\epsilon > v_2$: In diesem Bereich ist $\psi(x)$ über alle Werte von x oszillatorisch, das Spektrum von $\hat{H}$ ist kontinuierlich. Wir werden aber im nächsten Abschnitt bei der vereinfachten Potentialform der Potentialschwelle sehen, dass die Potentialänderung dazu führt, dass es **Streuung** gibt, was im Eindimensionalen gleichbedeutend mit Änderung der kinetischen Energie und/oder Teilchenreflektion ist. Ein einlaufendes Teilchen wird also mit einer gewissen Wahrscheinlichkeit zurückgestreut, $\psi(x)$ hat einen **Reflektions-** und einen **Transmissionsanteil**.

Symmetrische Potentiale und Parität

Symmetriebetrachtungen im Eindimensionalen sind relativ einfach gehalten, denn anders als im Dreidimensionalen gibt es keine Entartung gebundener Zustände.

Ein wichtiger Fall liegt vor, wenn das Potential $V(x)$ symmetrisch in x ist:

$$V(x) = V(-x),$$

das heißt also, wenn $V(x)$ invariant bei einer Raumspiegelung $x \longrightarrow -x$ ist oder in anderen Worten: von gerader Parität ist. Diese Symmetrie führt dann zu erheblichen Vereinfachungen in den Berechnungen, wie wir gleich sehen werden.

Wenn $V(x)$ von gerader Parität ist, ist auch

$$H(x) = -\frac{\hbar^2}{2m}\frac{\mathrm{d}^2}{\mathrm{d}x^2} + V(x)$$

von gerader Parität. Wir werden allgemein in Abschnitt II-20 sehen, dass Operatoren mit gerader Parität mit dem Paritätsoperator $\hat{P}$ kommutieren und es daher eine gemeinsame Eigenbasis gibt. In der vereinfachten Darstellung dieses Kapitels bedeutet dies nun, dass mit $\psi(x)$ und $\psi(-x)$ aus $\psi(x) \pm \psi(-x)$ Eigenfunktionen des Hamilton-Operators zum selben Eigenwert E sind. Mindestens eine der beiden Linearkombinationen ist daher nicht identisch Null.

Betrachten wir nun die folgenden zwei Fälle, in denen das Spektrum des Hamilton-Operators entweder entartet ist oder nicht-entartet:

- **Nicht-entarteter Fall, also im diskreten Spektrum:** Dann sind die vier Funktionen $\psi(x), \psi(-x), \psi(x) \pm \psi(-x)$ Vielfaches voneinander, beziehungsweise $\psi(x)$ ist Vielfaches derjeniger Komibnation, die nicht verschwindet, und die andere Kombination verschwindet dann notwendigerweise. Es ist also:

$$\psi(x) = \pm\psi(-x). \tag{29.5}$$

Die Eigenfunktionen zu nicht-entarteten Eigenwerten haben eine wohldefinierte Parität. Zusammen mit dem Knotensatz bedeutet dies: nach zunehmender Anzahl Knoten geordnet – was das gleiche ist zur Ordnung nach aufsteigendem Eigenwert E – wechseln sich Eigenfunktionen gerader und ungerader Parität ab.

- **Entarteter Fall, also im kontinuierlichen Spektrum:** In diesem Fall besitezn die Eigenfunktionen von $H(x)$ im Allgemeinen keine wohldefinierte Parität, sind aber stets Linearkombinationen von Funktionen gerader und ungerader Parität.

30 Stückweise konstante Potentiale I: die Potentialschwelle

Wir betrachten eine sogenannte **Potentialschwelle** oder **Potentialstufe**. Das Potential sei also von der Form (siehe Abbildung 3.2):

$$V(x) = \begin{cases} 0 & (\text{für } x < 0) \\ V_0 & (\text{für } x \geq 0) \end{cases}, \tag{30.1}$$

so dass es entlang der x-Achse zwei Regionen I und II gibt, in denen die Schrödinger-Gleichung jeweils wieder die Form einer einfachen Wellengleichung annimmt:

$$\left(\frac{d^2}{dx^2} + k_1^2 \right) \psi(x) = 0 \quad (\text{Region I}), \tag{30.2}$$

$$\left(\frac{d^2}{dx^2} + k_2^2 \right) \psi(x) = 0 \quad (\text{Region II}), \tag{30.3}$$

mit

$$k_1^2 = \frac{2mE}{\hbar^2}, \tag{30.4}$$

$$k_2^2 = \frac{2m(E - V_0)}{\hbar^2}. \tag{30.5}$$

Der allgemeinste Ansatz für die stationäre Lösung der Schrödinger-Gleichung in Region I ist daher – wie beim freien Teilchen – der einer ebenen Welle:

$$\psi_1(x) = A e^{ik_1 x} + B e^{-ik_1 x} \quad (\text{Region I}), \tag{30.6}$$

und für die Lösung in Region II betrachten wir nun zwei Fälle: $E > V_0$ und $E < V_0$.

Der Fall $E > V_0$: Transmission und Reflektion
In diesem Fall können wir auch in Region II den Ansatz einer ebenen Welle machen:

$$\psi_2(x) = C e^{ik_2 x} + D e^{-ik_2 x} \quad (\text{Region II}). \tag{30.7}$$

Die volle zeitabhängige Wellenfunktion $\Psi_k(x, t)$ sind dann gegeben durch:

$$\Psi_k(x, t) = \begin{cases} A e^{i(k_1 x - \omega t)} + B e^{-i(k_1 x + \omega t)} & (\text{Region I}) \\ C e^{i(k_2 x - \omega t)} + D e^{-i(k_2 x + \omega t)} & (\text{Region II}) \end{cases}. \tag{30.8}$$

Wir legen nun als Anfangsbedingung eine von links einlaufende Welle fest, das heißt: $D = 0$. Wir interpretieren die einzelnen ebenen Wellen dann als:

- die einlaufende Welle $\Psi_{\text{incid}}(x, t) = A e^{i(k_1 x - \omega t)}$

- die reflektierte Welle $\Psi_{\text{refl}}(x, t) = B e^{-i(k_1 x + \omega t)}$

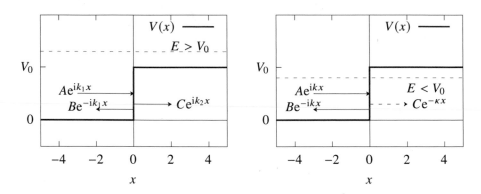

Abbildung 3.2: Die Potentialschwelle. Eine von links einlaufende Welle führt im Fall $E > V_0$ zu einem transmittierten und einen reflektierten Anteil. Im Fall $E < V_0$ gibt es keine Transmission, sondern vielmehr Totalreflektion.

- die transmittierte Welle $\Psi_{\text{trans}}(x, t) = C e^{\mathrm{i}(k_2 x - \omega t)}$

(siehe Abbildung 3.2). Mit diesen einzelnen Wellenanteilen sind jeweils Wahrscheinlichkeitsströme assoziiert:

$$J_{\text{incid}} = \mathrm{i}\frac{\hbar}{2m}\left(\Psi_{\text{incid}}(x, t)\frac{\partial \Psi_{\text{incid}}^*(x, t)}{\partial x} - \Psi_{\text{incid}}^*(x, t)\frac{\partial \Psi_{\text{incid}}(x, t)}{\partial x}\right)$$

$$= \frac{\hbar k_1}{m}|A|^2 \tag{30.9}$$

und entsprechend

$$J_{\text{refl}} = -\frac{\hbar k_1}{m}|B|^2 \tag{30.10}$$

$$J_{\text{trans}} = \frac{\hbar k_2}{m}|C|^2. \tag{30.11}$$

Aus Gründen der Stromerhaltung muss gelten:

$$J_{\text{incid}} + J_{\text{refl}} = J_{\text{trans}}, \tag{30.12}$$

oder:

$$k_1\left(|A|^2 - |B|^2\right) = k_2|C|^2. \tag{30.13}$$

Wir berechnen nun die **Reflektions-** und **Transmissionskoeffizienten** R und T, die definiert sind als

$$R := \left|\frac{J_{\text{refl}}}{J_{\text{incid}}}\right| = \frac{|B|^2}{|A|^2}, \tag{30.14}$$

$$T := \left|\frac{J_{\text{trans}}}{J_{\text{incid}}}\right| = \frac{k_2}{k_1}\frac{|C|^2}{|A|^2}. \tag{30.15}$$

Das heißt, sowohl der Reflektionskoeffizient R als auch der Transmissionskoeffizient T hängen lediglich von den Koeffizienten A, B, C ab. Diese sind nun aber nicht frei wählbar, denn es müssen die Anschlussbedingungen der Wellenfunktion an $x = 0$ gelten, die sich aus der Forderung nach Stetigkeit und Differenzierbarkeit ergeben:

$$\psi_1(0) \overset{!}{=} \psi_2(0), \tag{30.16}$$

$$\left. \frac{d\psi_1(x)}{dx} \right|_{x=0} \overset{!}{=} \left. \frac{d\psi_2(x)}{dx} \right|_{x=0}. \tag{30.17}$$

Setzt man diese Bedingungen in (30.6) und (30.7) ein, ergibt sich schnell:

$$A + B = C,$$

$$k_1(A - B) = k_2 C,$$

wodurch wir nun B und C eliminieren können:

$$B = \frac{k_1 - k_2}{k_1 + k_2} A, \tag{30.18}$$

$$C = \frac{2k_1}{k_1 + k_2} A. \tag{30.19}$$

Setzt man nun (30.18) und (30.19) in (30.14) und (30.15) ein, erhält man nun für die Koeffizienten R und T:

$$R = \frac{(k_1 - k_2)^2}{(k_1 + k_2)^2} = \frac{(1 - \mathcal{K})^2}{(1 + \mathcal{K})^2}. \tag{30.20}$$

$$T = \frac{4k_1 k_2}{(k_1 + k_2)^2} = \frac{4\mathcal{K}}{(1 + \mathcal{K})^2}, \tag{30.21}$$

mit

$$\mathcal{K} := \frac{k_2}{k_1} = \sqrt{1 - V_0/E}. \tag{30.22}$$

Wir stellen fest, dass gilt:

$$R + T = 1,$$

was nichts anderes ist als die Kontinuitätsgleichung für den Wahrscheinlichkeitsstrom.

Wir können nun den Koeffizienten $A = 1$ setzen, da er bei der eigentlich notwendigen Konstruktion von Wellenpaketen lediglich einen globalen Normierungsfaktor darstellt (wir kommen gleich dazu). Die zeitabhängige Lösung (30.8) kann bei gegebener Anfangsbedingung $D = 0$ nun wie folgt geschrieben werden:

$$\Psi_k(x,t) = \begin{cases} e^{i(k_1 x - \omega t)} + \sqrt{R}\, e^{-i(k_1 x + \omega t)} & \text{(Region I)} \\ \sqrt{\dfrac{T}{\mathcal{K}}}\, e^{i(k_2 x - \omega t)} & \text{(Region II)} \end{cases} . \tag{30.23}$$

Es sei an dieser Stelle nochmals daran erinnert, dass k_1 und k_2 nicht unabhängig voneinander sind, sondern über (30.4) und (30.5) miteinander in Relation stehen:

$$k_1^2 - k_2^2 = \frac{2mV_0}{\hbar^2},$$

und wir haben für den Index der Wellenfunktion einfach nur k geschrieben, der sich aber entweder auf k_1 oder auf k_2 bezieht.

Da die Lösungen $\Psi_k(x,t)$ mit jeweils scharfem Impuls k_1, k_2 nicht normierbar sind, müssen wir wie im Fall des freien Teilchens Wellenpakete der Form

$$\Psi(x,t) = \frac{1}{\sqrt{2\pi}} \int_{-\infty}^{\infty} \phi(k)\Psi_k(x,t)\mathrm{d}k, \qquad (30.24)$$

mit einer quadrat-integrablen Spektralfunktion $\phi(k)$ konstruieren. $\phi(k)$ kann beliebig scharf um einen mittleren Wert k_0 gepeakt sein, so dass die Wellenpakete den stationären Lösungen quasi „sehr ähnlich" sind, genauer:

$$\int_{-\infty}^{\infty} \Psi_k^*(x,t)\Psi(x,t)\mathrm{d}x \approx 1, \qquad (30.25)$$

und die Betrachtung der stationären Lösungen für das Streuverhalten grundsätzlich von Interesse ist. Man beachte, dass R, T und auch $\mathcal{K}$ Funktionen von k sind. In der Region I besteht das Wellenpaket wieder aus zwei Teilen, einem einfallenden Wellenpaket mit Gruppengeschwindigkeit $v_{\text{group,incid}} = p_1/m$ und einem reflektierten Wellenpaket mit Gruppengeschwindigkeit $v_{\text{group,refl}} = -p_1/m$. In Region II besitzt das transmittierte Wellenpaket die Gruppengeschwindigkeit $v_{\text{group,trans}} = p_2/m$, wobei wieder $p_{1,2} = \hbar k_{1,2}$ ist.

Die physikalische Interpretation von $\Psi(x,t)$ als Einteilchenwellenfunktion ist nun einfach: Ein von links mit der Geschwindigkeit $v_{\text{group,incid}}$ einfallendes Teilchen erreicht zum Zeitpunkt $t = 0$ die Potentialschwelle bei $x = 0$. Dann findet ein Streuprozess statt, nachdem sich das Teilchen mit einer gewissen Wahrscheinlichkeit in Region I befinden kann (Reflektion) oder in Region II (Transmission). Für Wellenpakete ergeben sich die jeweiligen Wahrscheinlichkeiten durch Berechnung der jeweiligen Wahrscheinlichkeitsströme. Für die einzelnen ebenen Wellen sind die Wahrscheinlichkeiten durch R und T gegeben. Für scharf „gepeakte" Wellenpakete sind R und T gute Näherungen der exakten Wahrscheinlichkeiten, und eine genauere Rechnung zeigt, dass es bei Transmission oder Reflektion zu keiner zeitlichen Verzögerung kommt. Mit wachsender Energie E des Teilchens geht $\mathcal{K} \to 1$ und $R \to 0$, wir erhalten also das klassische Verhalten im Grenzfall.

Der Fall $0 < E < V_0$: Totalreflektion

An der stationären Lösung in Region I ändert sich nichts. In Region II allerdings ist der Ausdruck $2m(E - V_0)/\hbar^2$ nun negativ. Die Schrödinger-Gleichung wird zu:

$$\left(\frac{\mathrm{d}^2}{\mathrm{d}x^2} - \kappa^2\right)\psi(x) = 0, \qquad (30.26)$$

mit

$$\kappa^2 = \frac{2m(V_0 - E)}{\hbar^2}, \tag{30.27}$$

was rein formal einem Übergang $k_2 =: \mathrm{i}\kappa$ entspricht. Wir wählen daher den Ansatz:

$$\psi_2(x) = Ce^{-\kappa x} + De^{\kappa x} \quad \text{(Region II)}, \tag{30.28}$$

und bemerken an dieser Stelle aber sogleich, dass $D = 0$ sein muss, da der zweite Term für $x \to \infty$ divergiert. Die vollen, zeitabhängigen Wellenfunktionen $\Psi_k(x, t)$ sind dann gegeben durch:

$$\Psi_k(x, t) = \begin{cases} Ae^{\mathrm{i}(kx - \omega t)} + Be^{-\mathrm{i}(kx + \omega t)} & \text{(Region I)} \\ Ce^{-\kappa x}e^{-\mathrm{i}\omega t} & \text{(Region II)} \end{cases}. \tag{30.29}$$

Wie im vorherigen Fall schauen wir uns als nächstes die Wahrscheinlichkeitsströme an. Die einzelnen Wellenanteile sind:

- die einlaufende Welle $\Psi_{\text{incid}}(x, t) = Ae^{\mathrm{i}(kx - \omega t)}$

- die reflektierte Welle $\Psi_{\text{refl}}(x, t) = Be^{-\mathrm{i}(kx + \omega t)}$

- den transmittierten Anteil $\Psi_{\text{trans}}(x, t) = Ce^{-\kappa x}e^{-\mathrm{i}\omega t}$

mit den entsprechenden Wahrscheinlichkeitsströmen:

$$J_{\text{incid}} = \frac{\hbar k_1}{m}|A|^2 \quad \text{(wie gehabt)}, \tag{30.30}$$

$$J_{\text{refl}} = -\frac{\hbar k_1}{m}|B|^2 \quad \text{(wie gehabt)}, \tag{30.31}$$

$$J_{\text{trans}} = 0 \quad \text{(das ist anders!)}. \tag{30.32}$$

Der Wahrscheinlichkeitsstrom des transmittierten Anteils der Wellenfunktion ist also Null. Das bedeutet: es gibt keine Transmission, sondern **Totalreflektion**.

Bestätigt wird dies durch die Untersuchung der Anschlussbedingungen der Wellenfunktion an $x = 0$, die sich aus der Forderung nach Stetigkeit und Differenzierbarkeit ergeben, wie im vorhergehenden Fall. Aus:

$$\psi_1(0) \overset{!}{=} \psi_2(0), \tag{30.33}$$

$$\frac{\mathrm{d}\psi_1(x)}{\mathrm{d}x}\bigg|_{x=0} \overset{!}{=} \frac{\mathrm{d}\psi_2(x)}{\mathrm{d}x}\bigg|_{x=0} \tag{30.34}$$

ergibt sich nach kurzer Rechnung:

$$A + B = C,$$

$$\mathrm{i}k(A - B) = -\kappa C,$$

und damit:

$$B = \frac{k - i\kappa}{k + i\kappa} A,$$

$$C = \frac{2k}{k + i\kappa} A,$$

und damit für den Reflektionskoeffizienten

$$R = \frac{|B|^2}{|A|^2} = 1.$$

Wir setzen aus Gründen der vereinfachten Notation den Ausdruck

$$\frac{k - i\kappa}{k + i\kappa} := e^{i\xi}, \tag{30.35}$$

mit reellwertigem ξ und damit

$$\frac{2k}{k + i\kappa} = 1 + e^{i\xi}. \tag{30.36}$$

Damit kann die volle, zeitabhängige Lösung nun wie folgt geschrieben werden (wir setzen wieder $A = 1$):

$$\Psi_k(x,t) = \begin{cases} \left(e^{i(kx-\omega t)} + e^{i\xi}e^{-i(kx+\omega t)}\right) & \text{(Region I)} \\ (1 + e^{i\xi})e^{-\kappa x}e^{-i\omega t} & \text{(Region II)} \end{cases}, \tag{30.37}$$

mit

$$\xi = -i \log \frac{k - i\kappa}{k + i\kappa}. \tag{30.38}$$

Auch hier bemerken wir wieder, dass k und κ nicht unabhängig voneinander sind, sondern es gilt:

$$k^2 + \kappa^2 = \frac{2mV_0}{\hbar^2},$$

und dass der Phasensprung ξ eine Funktion von k ist.

Wie im vorherigen Fall gilt die Feststellung, dass die Lösungen mit scharfem Impuls k keine erlaubten Wellenfunktionen darstellen, wir müssen also wieder Wellenpakete betrachten:

$$\Psi(x,t) = \frac{1}{\sqrt{2}} \int_{-\infty}^{\infty} \phi(k)\Psi_k(x,t)dk, \tag{30.39}$$

die aber beliebig scharf um einen Wert k „gepeakt" sein können. Und auch in diesem Fall ist die physikalische Interpretation einfach: ein von links kommendes Teilchen wird an der Potentialschwelle totalreflektiert. Ein wichtiger Unterschied zur klassischen Mechanik ist aber: da in dem „klassisch verbotenen Bereich" die Wellenfunktion $\Psi_k(x,t)$ nicht verschwindet, sondern exponentiell abfällt, gibt es eine von Null verschwindende Wahrscheinlichkeit, dass sich das Teilchen dort aufhält. Die Wahrscheinlichkeitsdichte $P_\kappa(x)$ für eine stationäre Wellenfunktion $\psi_\kappa(x)$ mit scharfem Impuls k fällt ebenfalls exponentiell mit zunehmendem x ab:

$$P_\kappa(x) = |\psi_\kappa(x)|^2 \tag{30.40}$$

$$= \frac{4k^2}{k^2 + \kappa^2} e^{-2\kappa x} \tag{30.41}$$

$$= \frac{4E}{V_0} e^{-2x\sqrt{2m/\hbar^2(V_0 - E)}} \tag{30.42}$$

$$= 4\epsilon e^{-2\sqrt{2m\hbar^2(1-\epsilon)}}, \tag{30.43}$$

mit $\epsilon := E/V_0$. Damit einher geht der Phasensprung ξ als Funktion von k, der dazu führt, dass es bei der Totalreflektion des Wellenpakets zu einer zeitlichen Verzögerung kommt. Das Teilchen verweilt also gewissermaßen eine Zeitlang im klassisch verbotenen Bereich, bevor es reflektiert wird.

Besonders interessant wird dieser quantenmechanische Effekt dann, wenn das Potential nach rechts hin wieder abnimmt und sich eine Region anschließt, in der wieder $E > V(x)$ ist. Das führt dann zum sogenannten Tunneleffekt, wie wir im nun folgenden Abschnitt sehen werden.

31 Stückweise konstante Potentiale II: der Potentialwall

Das Potential habe die Form eines **Potentialwalls** oder rechteckigen **Potentialbarriere** (siehe Abbildung 3.3):

$$V(x) = \begin{cases} 0 & (\text{für } x < 0) \\ V_0 & (\text{für } 0 \le x \le a) \,, \\ 0 & (\text{für } x > a) \end{cases} \qquad (31.1)$$

so dass es insgesamt 3 Regionen gibt: Regionen I und III jeweils links und rechts außerhalb des Potentialwalls, und Region II innerhalb.

Die Lösung der Schrödinger-Gleichung in den Regionen I, II und III erfolgt analog zu den Betrachtungen der Potentialstufe. Wir können daher einige textliche Erläuterungen deutlich abkürzen.

Der Fall $E > V_0$: Streuung und Resonanzen
Wir wählen als Anfangsbedingung wieder eine von links einlaufende Welle und machen den Ansatz:

$$\psi(x) = \begin{cases} A e^{ik_1 x} + B e^{-ik_1 x} & (\text{Region I}) \\ C e^{ik_2 x} + D e^{-ik_2 x} & (\text{Region II}) \,, \\ F e^{ik_1 x} + G e^{-ik_1 x} & (\text{Region III}) \end{cases} \qquad (31.2)$$

mit

$$k_1^2 = \frac{2mE}{\hbar^2},$$
$$k_2^2 = \frac{2m(E - V_0)}{\hbar^2},$$

und setzen unmittelbar $G = 0$.

Aus den Anschlussbedingungen für die Wellenfunktion an den Punkten $x = 0$ und $x = a$ ergeben sich die Relationen:

$$A + B = C + D, \qquad (31.3)$$

$$ik_1(A - B) = ik_2(C - D), \qquad (31.4)$$

$$C e^{ik_2 a} + D e^{-ik_2 a} = F e^{ik_1 a}, \qquad (31.5)$$

$$ik_2(C e^{ik_2 a} - D e^{-ik_2 a}) = ik_1 F e^{ik_1 a}, \qquad (31.6)$$

woraus sich unter anderem F ableiten lässt:

$$F = 4k_1 k_2 A e^{-ik_1 a} \left[(k_1 + k_2)^2 e^{-ik_2 a} - (k_1 - k_2)^2 e^{ik_2 a} \right]^{-1}, \qquad (31.7)$$

$$= 4k_1 k_2 A e^{-ik_1 a} \left[4k_1 k_2 \cos(k_2 a) - 2i(k_1^2 + k_2^2) \sin(k_2 a) \right]^{-1}. \qquad (31.8)$$

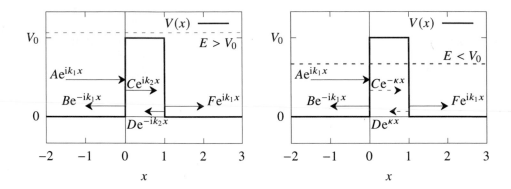

Abbildung 3.3: Der Potentialwall. Eine von links einlaufende Welle führt im Fall $E > V_0$ zu einem transmittierten und einen reflektierten Anteil. Im Fall $E < V_0$ führt der Tunneleffekt zu einem ebenfalls nichtverschwindenden Transmissionskoeffizienten.

Damit ergibt sich der Transmissionskoeffizient T:

$$T = \frac{k_1|F|^2}{k_1|A|^2} = \left[1 + \frac{1}{4}\left(\frac{k_1^2 - k_2^2}{k_1 k_2}\right)^2 \sin^2(k_2 a)\right]^{-1}$$

$$= \left[1 + \frac{V_0^2}{4E(E - V_0)} \sin^2\left(a\sqrt{2m/\hbar^2(E - V_0)}\right)\right]^{-1}, \qquad (31.9)$$

wobei wir in der letzten Zeile

$$\left(\frac{k_1^2 - k_2^2}{k_1 k_2}\right)^2 = \frac{V_0^2}{E(E - V_0)}$$

verwendet haben. Über eine analoge Berechnung können wir den Reflektionskoeffizienten

$$R = \frac{|B|^2}{|A|^2} = \frac{1}{4}\left(\frac{k_1^2 - k_2^2}{k_1 k_2}\right)^2 \sin^2(k_2 a)\left[1 + \frac{1}{4}\left(\frac{k_1^2 - k_2^2}{k_1 k_2}\right)^2 \sin^2(k_2 a)\right]^{-1}$$

$$= \frac{V_0^2}{4E(E - V_0)} \sin^2\left(a\sqrt{2m/\hbar^2(E - V_0)}\right)$$

$$\times \left[1 + \frac{V_0^2}{4E(E - V_0)} \sin^2\left(a\sqrt{2m/\hbar^2(E - V_0)}\right)\right]^{-1} \qquad (31.10)$$

berechnen.

Setzen wir nun

$$\lambda := a\sqrt{2mV_0/\hbar^2},$$

$$\epsilon := \frac{E}{V_0},$$

so erhalten wir für T und R kompakte Ausdrücke:

$$T = \left[1 + \frac{\sin^2(\lambda\sqrt{\epsilon-1})}{4\epsilon(\epsilon-1)}\right]^{-1}, \tag{31.11}$$

$$R = \left[1 + \frac{4\epsilon(\epsilon-1)}{\sin^2(\lambda\sqrt{\epsilon-1})}\right]^{-1}, \tag{31.12}$$

und es gilt wieder $T + R = 1$, wie man leicht nachrechnen kann.

Betrachten wir das Verhalten des Transmissionskoeffizienten T als Funktion von ϵ etwas genauer (Abbildung 3.4): Als erstes verifizieren wir, dass für $E \gg V_0$ der Transmissionskoeffizient $T \to 1$ geht, ganz wie im klassischen Fall zu erwarten ist. Allerdings sehen wir auch, dass $T(\epsilon)$ eine oszillierende Funktion ist und für gewisse Werte für ϵ den Wert 1 annimmt, nämlich dann wenn gilt:

$$\sin^2(\lambda\sqrt{\epsilon-1}) = 0$$

$$\implies \lambda\sqrt{\epsilon-1} = n\pi$$

$$\implies E_n = V_0 + \frac{n^2\pi^2\hbar^2}{2ma^2} \quad n \in \{1, 2, \dots\}. \tag{31.13}$$

Diese Maxima des Transmissionskoeffizienten fallen exakt mit den Energieeigenwerten des unendlich tiefen Potentialtopfs zusammen, wie wir weiter unten sehen werden und werden **Resonanzen** genannt. Dieses Phänomen der **Resonanzstreuung**, das es in der klassischen Physik nicht gibt, hängt mit der konstruktiven Interferenz der einfallenden mit der reflektierten Welle zusammen und kann experimentell beispielsweise bei der Streuung niedrigenergetischer Elektronen ($E \approx 0{,}1\,\text{eV}$) an Edelgasatomen (dort bekannt als **Ramsauer–Townsend-Effekt**) oder von Neutronen an Atomkernen beobachtet werden.

Im Falle $E \to V_0$ ($\epsilon \to 1$) ist $\sin(\lambda\sqrt{\epsilon-1}) \approx \lambda\sqrt{\epsilon-1}$. Dann nehmen T und R die einfache Form einer Konstanten an:

$$T = \left(1 + \frac{ma^2V_0}{2\hbar^2}\right)^{-1}, \tag{31.14}$$

$$R = \left(1 + \frac{2\hbar^2}{ma^2V_0}\right)^{-1}. \tag{31.15}$$

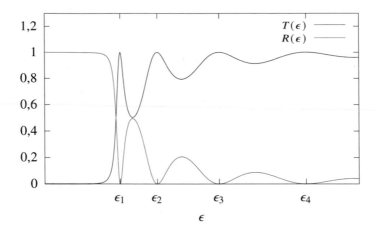

Abbildung 3.4: Transmissionskoeffizient $T(\epsilon)$ und Reflektionskoeffizient $R(\epsilon)$ für eine Potentialbarriere. Es gilt $T(\epsilon_n) = 1$ und $R(\epsilon_n) = 0$ für $\epsilon_n = \frac{n^2\pi^2}{\lambda^2} + 1$, und man sieht
Resonanzstreuung.

Der Fall $0 < E < V_0$: Tunneleffekt

Dieser Fall unterscheidet sich vom vorherigen Fall in Region II. In diesem „klassisch verbotenen" Bereich ist die Wellenfunktion nicht oszillatorisch, sondern exponentiell abfallend
mit zunehmendem x (unter der gegebenen Anfangsbedingung einer von links einlaufenden
Welle). Daher setzen wir an:

$$\psi(x) = \begin{cases} Ae^{ikx} + Be^{-ikx} & \text{(Region I)} \\ Ce^{-\kappa x} + De^{\kappa x} & \text{(Region II)} \ , \\ Fe^{ikx} + Ge^{-ikx} & \text{(Region III)} \end{cases} \qquad (31.16)$$

mit

$$k^2 = \frac{2mE}{\hbar^2},$$
$$\kappa^2 = \frac{2m(V_0 - E)}{\hbar^2},$$

und setzen sogleich wieder $G = 0$. Da Region II ein endliches Intervall in x darstellt, gibt es
aber keinen Grund, auch $D = 0$ zu fordern.

Aus den Anschlussbedingungen an die Wellenfunktion leiten wir wieder Relationen zwischen den Koeffizienten ab:

$$A + B = C + D, \tag{31.17}$$

$$ik(A - B) = \kappa(D - C), \tag{31.18}$$

$$Ce^{-\kappa a} + De^{\kappa a} = Fe^{ika}, \tag{31.19}$$

$$\kappa(Ce^{-\kappa a} - De^{\kappa a}) = -ikFe^{ika}. \tag{31.20}$$

Daraus können dann Ausdrücke für C und D gewonnen werden:

$$C = \frac{F}{2}\left(1 - \frac{ik}{\kappa}\right)e^{(ik+\kappa)a},$$

$$D = \frac{F}{2}\left(1 + \frac{ik}{\kappa}\right)e^{(ik-\kappa)a}.$$

Setzen wir diese in (31.17) und (31.18) ein und teilen durch A, erhalten wir zunächst

$$1 + \frac{B}{A} = \frac{F}{A}e^{ika}\left[\cosh(\kappa a) - \frac{ik}{\kappa}\sinh(\kappa a)\right],$$

$$1 - \frac{B}{A} = \frac{F}{A}e^{ika}\left[\cosh(\kappa a) + \frac{ik}{\kappa}\sinh(\kappa a)\right],$$

woraus sich letztlich Ausdrücke für den Reflektions- und den Transmissionskoeffizient berechnen lassen:

$$R = \frac{|B|^2}{|A|^2} = \left(\frac{k^2 + \kappa^2}{k\kappa}\right)^2 \sinh^2(\kappa a)\left[4\cosh^2(\kappa a) + \left(\frac{k^2 - \kappa^2}{k\kappa}\right)^2 \sinh^2(\kappa a)\right]^{-1},$$

$$T = \frac{|F|^2}{|A|^2} = 4\left[4\cosh^2(\kappa a) + \left(\frac{k^2 - \kappa^2}{k\kappa}\right)^2 \sinh^2(\kappa a)\right]^{-1}.$$

Wir sehen sofort, dass wir innerhalb R den Ausdruck für T wiederfinden:

$$R = \frac{1}{4}T\left(\frac{k^2 + \kappa^2}{k\kappa}\right)^2 \sinh^2(\kappa a), \tag{31.21}$$

und wegen

$$\cosh^2(\kappa a) = 1 + \sinh^2(\kappa a)$$

können wir auch den Ausdruck für T vereinfachen:

$$T = \left[1 + \frac{1}{4}\left(\frac{k^2 + \kappa^2}{k\kappa}\right)^2 \sinh^2(\kappa a)\right]^{-1}. \tag{31.22}$$

Da nun wieder

$$\left(\frac{k^2 + \kappa^2}{k\kappa}\right)^2 = \frac{V_0^2}{E(V_0 - E)},$$

kann man R und T mit der bekannten Ersetzung

$$\lambda = a\sqrt{2mV_0/\hbar^2},$$

$$\epsilon = \frac{E}{V_0},$$

letztendlich schreiben als:

$$R = T\frac{\sinh^2(\lambda\sqrt{1 - \epsilon})}{4\epsilon(1 - \epsilon)}, \tag{31.23}$$

$$T = \left[1 + \frac{\sinh^2(\lambda\sqrt{1 - \epsilon})}{4\epsilon(1 - \epsilon)}\right]^{-1}. \tag{31.24}$$

Und wieder kann man leicht nachrechnen, dass wieder gilt: $R + T = 1$.

Der Transmissionskoeffizient T ist also von Null verschieden, das heißt: anders als in der klassischen Mechanik können Teilchen mit einer Energie $E < V_0$ den Potentialwall „durchtunneln" und in die klassisch unerreichbare Region III „entweichen". Dieser Effekt wird **Tunneleffekt** genannt. Konstruiert man Wellenpakete, führt die von Null verschiedene Wahrscheinlichkeit, innerhalb des klassisch verbotenen Bereichs das Teilchen zu messen, im Zusammenspiel mit dem k-abhängigen Phasensprung ξ (vergleiche die Diskussion zur Totalreflektion in Abschnitt 30), effektiv zu einer endlichen Dauer für das Durchtunneln durch die Barriere.

Dieser Tunneleffekt ist die Ursache bedeutender physikalischer Phänomene aus dem Bereich der Kern- und Teilchenphysik, sowie der Halbleiterphysik. Als Beispiele seien genannt: Alpha-Zerfall und Ladungstransport in Transistoren. Wenn wir in Kapitel 5 die sogenannte WKB-Näherung betrachten, werden wir eine Näherungsformel für den Transmissionskoeffizienten T für allgemeine Potentiale $V(x)$ ableiten, für den Fall, dass die sogenannte semi-klassische Näherung anwendbar ist.

Im Falle $E \ll V_0(\epsilon \to 0)$ gilt: $\sinh(\lambda\sqrt{1 - \epsilon}) \approx \frac{1}{2}\exp(\lambda\sqrt{1 - \epsilon})$. Dann nimmt T die asymptotische Form:

$$T = \frac{16E}{V_0}\left(1 - \frac{E}{V_0}\right)e^{-\frac{2a}{\hbar}\sqrt{2m(V_0 - E)}} \tag{31.25}$$

an.

Für $\epsilon \to 1$ hingegen gehen die Ausdrücke für R und T wieder in die Form (31.14) und (31.15) über, wie zu erwarten ist. Und im klassischen Limit $\hbar \to 0$ gilt: $T \to 0$ und $R \to 1$.

Algebraische Abstraktion – Streuung und die S-Matrix

Wir können die bisherigen Ausführungen ein wenig abstrakter formulieren und betrachten zunächst den Fall $E > V_0$, wobei wir der Allgemeinheit halber ein nichtverschwindendes G zulassen.

In allen drei Bereichen der Potentialbarriere ist die Lösung der Schrödinger-Gleichung eine Linearkombination der beiden Basislösungen $\pm \exp(\mathrm{i}k_{1,2}x)$. Die Anschlussbedingungen am Übergang von Region I zu Region II ergeben dann einen linearen Zusammenhang der Komponenten:

$$\begin{pmatrix} A \\ B \end{pmatrix} = R \begin{pmatrix} C \\ D \end{pmatrix}, \tag{31.26}$$

mit einer (2×2)-Matrix R, einige derer Eigenschaften sich auch ohne Betrachtung der Anschlussbedingungen erschließen. Eine erste Beobachtung ist, dass wegen der Reellwertigkeit von $V(x)$ neben $\psi(x)$ auch $\psi^*(x)$ eine Lösung ist. Nach Koeffizientenvergleich ergibt sich so:

$$\begin{pmatrix} B^* \\ A^* \end{pmatrix} = R \begin{pmatrix} D^* \\ C^* \end{pmatrix}. \tag{31.27}$$

Daraus folgt:

$$R_{11}^* = R_{22},$$
$$R_{12}^* = R_{21},$$

und somit:

$$R = \sqrt{\frac{k_2}{k_1}} \begin{pmatrix} \alpha & \beta \\ \beta^* & \alpha^* \end{pmatrix}, \tag{31.28}$$

mit einem Vorfaktor, dessen Sinnhaftigkeit sich im Folgenden erschließt. Aus der Erhaltung des Wahrscheinlichkeitsstroms (siehe (30.13) in Abschnitt 30) folgt:

$$k_1 \left(|A|^2 - |B|^2 \right) = k_2 \left(|C|^2 - |D|^2 \right). \tag{31.29}$$

Verwendet man (31.26) beziehungsweise (31.28), so kann die linke Seite aber auch geschrieben werden als:

$$k_1 \left(|A|^2 - |B|^2 \right) = k_1 \frac{k_2}{k_1} \left(|\alpha C + \beta D|^2 - |\beta^* C + \alpha^* D|^2 \right)$$

$$= k_2 \left(|\alpha|^2 - |\beta|^2 \right) \left(|C|^2 - |D|^2 \right). \tag{31.30}$$

Gleichheit von (31.29) und (31.30) erfordert nun:

$$|\alpha|^2 - |\beta|^2 = \det \left[\sqrt{\frac{k_1}{k_2}} R \right] \overset{!}{=} 1. \tag{31.31}$$

Explizit kennen wir R natürlich bereits aus unseren bisherigen Rechnungen. Es ist:

$$\alpha = \frac{k_1 + k_2}{2\sqrt{k_1 k_2}}, \tag{31.32}$$

$$\beta = \frac{k_1 - k_2}{2\sqrt{k_1 k_2}}, \tag{31.33}$$

womit der oben eingeführte Vorfaktor auch motiviert wäre.

Auf demselben Wege erhält man am Übergang von Region II zu Region III:

$$\begin{pmatrix} C \\ D \end{pmatrix} = R' \begin{pmatrix} F \\ G \end{pmatrix},$$ (31.34)

mit

$$R' = \sqrt{\frac{k_1}{k_2}} \begin{pmatrix} \alpha' & \beta' \\ (\beta')^* & (\alpha')^* \end{pmatrix}$$ (31.35)

und

$$\alpha' = \frac{k_2 + k_1}{2\sqrt{k_1 k_2}} e^{i(k_1 - k_2)a},$$ (31.36)

$$\beta' = \frac{k_2 - k_1}{2\sqrt{k_1 k_2}} e^{-i(k_1 + k_2)a},$$ (31.37)

und es ist:

$$|\alpha'|^2 - |\beta'|^2 = \det \left[\sqrt{\frac{k_2}{k_1}} R' \right] \overset{!}{=} 1.$$ (31.38)

Dabei muss wieder aus Gründen der Erhaltung des Wahrscheinlichkeitsstroms gelten:

$$k_2 \left(|C|^2 - |D|^2 \right) = k_1 \left(|F|^2 - |G|^2 \right).$$ (31.39)

Dann können wir aber auch eine Matrix M konstruieren, die die Koeffizienten A, B mit F, G verknüpft:

$$\begin{pmatrix} A \\ B \end{pmatrix} = M \begin{pmatrix} F \\ G \end{pmatrix},$$ (31.40)

mit

$$M = RR'.$$ (31.41)

Explizit ergibt sich nach kurzer Rechnung, dass M von der Form ist:

$$M = \begin{pmatrix} \gamma & \delta \\ \delta^* & \gamma^* \end{pmatrix},$$ (31.42)

mit

$$\begin{aligned} \gamma &= \frac{(k_1 + k_2)^2}{4k_1 k_2} e^{i(k_1 - k_2)a} - \frac{(k_1 - k_2)^2}{4k_1 k_2} e^{i(k_1 + k_2)a} \\ &= e^{ik_1 a} \left[\cos k_2 a - i \frac{k_1^2 + k_2^2}{2k_1 k_2} \sin k_2 a \right], \end{aligned}$$ (31.43)

$$\begin{aligned} \delta &= \frac{k_2^2 - k_1^2}{4k_1 k_2} e^{-i(k_1 + k_2)a} + \frac{k_1^2 - k_2^2}{4k_1 k_2} e^{-i(k_1 - k_2)a} \\ &= i e^{-ik_1 a} \frac{k_1^2 - k_2^2}{2k_1 k_2} \sin k_2 a. \end{aligned}$$ (31.44)

Es ist schnell verifiziert, dass natürlich gilt:

$$\det M = |\gamma|^2 - |\delta|^2 = 1. \tag{31.45}$$

Außerdem muss wegen (31.29) und (31.39) sein:

$$|A|^2 - |B|^2 = |F|^2 - |G|^2. \tag{31.46}$$

Das Matrixelement δ ist offensichtlich rein imaginär. Es stellt sich heraus, dass dies eine allgemeine Eigenschaft von Potentialen $V(x)$ ist, für die gilt:

$$V(x) = V(-x),$$

die also **paritätsinvariant** sind. Das scheint vordergründig bei unserem Potentialwall nicht der Fall zu sein, da er einen um $a/2$ verschobenen Mittelpunkt besitzt. Allerdings gilt dann:

$$V(x') = V(-x'),$$

mit $x' = x - a/2$. Wir haben also effektiv sehr wohl ein paritätsinvariantes Potential vor uns. Warum ist dann also δ stets rein imaginär? Hier die Antwort:

Beweis. Beim Übergang $x \mapsto -x$ geht $\exp(ikx)$ nach $\exp(-ikx)$ über, und die Koeffizienten A, B, F, G ändern ihren Zusammenhang. Es ist dann:

$$\begin{pmatrix} G \\ F \end{pmatrix} = M \begin{pmatrix} B \\ A \end{pmatrix}$$

$$\Longleftrightarrow \begin{pmatrix} B \\ A \end{pmatrix} = M^{-1} \begin{pmatrix} G \\ F \end{pmatrix}$$

wobei ja allgemein

$$M^{-1} = \begin{pmatrix} M_{22} & -M_{12} \\ -M_{21} & M_{11} \end{pmatrix}$$

gilt, unter Berücksichtigung von $\det M = 1$. Also muss sein:

$$M^{-1} = \begin{pmatrix} \gamma^* & -\delta \\ -\delta^* & \gamma \end{pmatrix},$$

das heißt: M^{-1} ist eine schiefsymmetrische Matrix. Da nun aber gleichzeitig auch die allgemeine Form (31.42) für die Transformationsmatrix gelten muss, muss also sein: $\delta^* = -\delta$, und damit ist δ rein imaginär. ∎

Wir wollen nun noch eine weitere Matrix konstruieren, die eine etwas andere Sortierung der einzelnen Koeffizienten voraussetzt und einen entsprechenden Zuammenhang zwischen ihnen herstellt. Wir betrachten hierbei nicht mehr linkslaufend und rechtslaufend als maßgebliche Richtungen, sondern vielmehr, ob eine Welle in den Bereichen I und III auf das Potential zuläuft oder sich von ihm wegbewegt.

Die zulaufenden Wellen werden durch die Koeffizienten A, G beschrieben und die auslaufenden durch B, F. Durch

$$\begin{pmatrix} B \\ F \end{pmatrix} = S \begin{pmatrix} A \\ G \end{pmatrix} \tag{31.47}$$

wird eine Matrix S definiert, die **S-Matrix**, die einlaufende auf auslaufende Wellenfunktionen abbildet. Wegen (31.46) gilt:

$$|A|^2 + |G|^2 = |B|^2 + |F|^2, \tag{31.48}$$

die S-Matrix ist also unitär:

$$S^\dagger = S^{-1}. \tag{31.49}$$

Aus:

$$\begin{pmatrix} A^* \\ G^* \end{pmatrix} = S \begin{pmatrix} B^* \\ F^* \end{pmatrix}$$

$$\implies \begin{pmatrix} B \\ F \end{pmatrix} = (S^*)^{-1} \begin{pmatrix} A \\ G \end{pmatrix}$$

erhält man außerdem:

$$S = (S^*)^{-1}$$
$$= (S^{-1})^*$$
$$= (S^\dagger)^* = S^\mathrm{T}.$$

Das heißt: S ist symmetrisch: $S_{12} = S_{21}$. Der Vorgang der komplexen Konjugation entspricht einer **Zeitumkehr**. Die Symmetrieeigenschaft bedeutet also Invarianz unter der Zeitumkehr.

Wie konstruieren wir nun S explizit? Antwort: über M beziehungsweise γ, δ. Es ist nämlich:

$$B = S_{11}A + S_{12}G$$
$$= S_{11}(\gamma F + \delta G) + S_{12}G$$
$$= \underbrace{S_{11}\gamma}_{\delta^*} F + \underbrace{(S_{11}\delta + S_{12})}_{\gamma^*} G.$$

Wir erhalten:

$$S = \frac{1}{\gamma} \begin{pmatrix} \delta^* & 1 \\ 1 & -\delta \end{pmatrix}. \tag{31.50}$$

Für ein paritätsinvariantes Potential $V(x) = V(-x)$ ist $\delta = i\eta$ rein imaginär, wie wir wissen, und wir können schreiben:

$$S = \frac{1}{\gamma} \begin{pmatrix} -i\eta & 1 \\ 1 & -i\eta \end{pmatrix}. \tag{31.51}$$

Setzen wir nun

$$\gamma =: |\gamma| e^{-i\phi},$$

$$\frac{\eta}{|\gamma|} =: \cos\theta,$$

$$\frac{1}{|\gamma|} =: \sin\theta,$$

erhält die S-Matrix die einfache Form:

$$S = -ie^{i\phi} \begin{pmatrix} \cos\theta & i\sin\theta \\ i\sin\theta & \cos\theta \end{pmatrix}. \tag{31.52}$$

Die beiden weiter vorne berechneten Transmissions- und Reflektionskoeffizienten T und R erhalten wir in diesem Formalismus unter Gebrauch der S-Matrix recht einfach. Machen wir von unserer verbleibenden Normierungsfreiheit Gebrauch und setzen $A = 1$, so ist ja gemäß (31.9) und (31.10):

$$T = |F|^2,$$

$$R = |B|^2.$$

Für $G = 0$ wird dann aus (31.47):

$$\begin{pmatrix} B \\ F \end{pmatrix} = S \begin{pmatrix} 1 \\ 0 \end{pmatrix}, \tag{31.53}$$

daher:

$$B = \frac{\delta^*}{\gamma}, \quad F = \frac{1}{\gamma},$$

und somit:

$$T = \frac{1}{|\gamma|^2} = \frac{1}{1 + \left(\frac{k_1^2 - k_2^2}{2k_1 k_2}\right)^2 \sin^2 k_2 a} \tag{31.54}$$

$$R = \frac{|\delta|^2}{|\gamma|^2} = \frac{\left(\frac{k_1^2 - k_2^2}{2k_1 k_2}\right)^2 \sin^2 k_2 a}{1 + \left(\frac{k_1^2 - k_2^2}{2k_1 k_2}\right)^2 \sin^2 k_2 a}, \tag{31.55}$$

in völligem Einklang mit den Berechnungen am Anfang des Abschnitts.

Betrachten wir nun zuletzt noch die abstraktere Formulierung des Tunneleffekts, also den Fall $E < V_0$. Die algebraischen Zusammenhängen sind identisch, wir müssen lediglich $k = k_1$ und $\kappa = -ik_2$ setzen und erhalten:

$$\gamma = e^{ika}\left(\cosh\kappa a + i\frac{\kappa^2 - k^2}{2k\kappa}\sinh\kappa a\right), \tag{31.56}$$

$$\delta = ie^{-ika}\frac{k^2 + \kappa^2}{2k\kappa}\sinh\kappa a, \tag{31.57}$$

und damit:

$$T = \frac{1}{1 + \left(\frac{k^2+\kappa^2}{2k\kappa}\right)^2 \sinh^2 \kappa a}, \tag{31.58}$$

$$R = \frac{\left(\frac{k^2+\kappa^2}{2k\kappa}\right)^2 \sinh^2 \kappa a}{1 + \left(\frac{k^2+\kappa^2}{2k\kappa}\right)^2 \sinh^2 \kappa a}, \tag{31.59}$$

ebenfalls in völligem Einklang mit den Berechnungen am Anfang dieses Abschnitts.

32 Stückweise konstante Potentiale III: der Potentialtopf

Als abschließendes Beispiel für ein stückweise konstantes Potential betrachten wir nun den **Potentialtopf**. Das Potential sei also (siehe Abbildung 3.5):

$$V(x) = \begin{cases} 0 & \text{(für } x < 0) \\ -|V_0| & \text{(für } 0 \leq x \leq a) \text{ ,} \\ 0 & \text{(für } x > a) \end{cases} \qquad (32.1)$$

so dass sich insgesamt wieder 3 Regionen ergeben. Auch hier gibt es wieder zwei Fälle zu unterscheiden: $E > 0$ und $-|V_0| < E < 0$.

Der Fall $E > 0$: Streuung und Resonanzen

Wir wählen wieder als Anfangsbedingung eine von links einlaufende Welle und daher den Ansatz:

$$\psi(x) = \begin{cases} Ae^{ik_1x} + Be^{-ik_1x} & \text{(Region I)} \\ Ce^{ik_2x} + De^{-ik_2x} & \text{(Region II)} \text{ ,} \\ Fe^{ik_1x} + Ge^{-ik_1x} & \text{(Region III)} \end{cases} \qquad (32.2)$$

mit

$$k_1^2 = \frac{2mE}{\hbar^2},$$
$$k_2^2 = \frac{2m(E + |V_0|)}{\hbar^2}.$$

Der einzige Unterschied zum Fall der Potentialbarriere ist nun die Ersetzung $V_0 \to -|V_0|$. Die weitere Rechnung ist aber vollkommen identisch, somit ergeben sich schnell analoge Ausdrücke für Transmissions- und Reflektionskoeffizient:

$$T = \left[1 + \frac{\sin^2(\lambda\sqrt{\epsilon + 1})}{4\epsilon(\epsilon + 1)}\right]^{-1}, \qquad (32.3)$$

$$R = \left[1 + \frac{4\epsilon(\epsilon + 1)}{\sin^2(\lambda\sqrt{\epsilon + 1})}\right]^{-1}, \qquad (32.4)$$

mit

$$\lambda := a\sqrt{2m|V_0|/\hbar^2},$$
$$\epsilon := \frac{E}{|V_0|}.$$

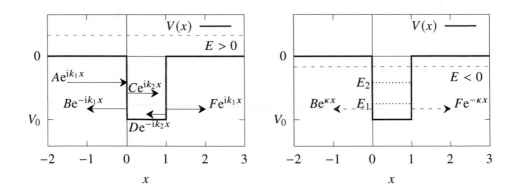

Abbildung 3.5: Der Potentialtopf. Im Fall $E > 0$ besitzt er ein ähnliches Streuverhalten wie der Potentialwall. Für $E < 0$ existiert mindestens ein gebundener Zustand.

Für diskrete Werte von ϵ tritt wie beim Potentialwall Resonanzstreuung auf (siehe Abbildung 3.6). Dazu muss gelten:

$$\sin^2(\lambda\sqrt{\epsilon + 1}) = 0$$
$$\Longrightarrow \lambda\sqrt{\epsilon + 1} = n\pi$$
$$\Longrightarrow E_n = -|V_0| + \frac{n^2\pi^2\hbar^2}{2ma^2} \quad n \in \{1, 2, \dots\}. \tag{32.5}$$

Der Fall $-|V_0| < E < 0$: Gebundene Zustände

In diesem Fall erwarten wir exponentiell abfallendes Verhalten der Wellenfunktion für $x \to \pm\infty$ und ein oszillatorisches Verhalten innerhalb des Potentialtopfs, also $0 < x < a$. Nach unseren Betrachtungen im Abschnitt 29 müssen die Eigenzustände zu festem k **gebundene Zustände** sein.

Wir setzen an:

$$\psi(x) = \begin{cases} Be^{\kappa x} & \text{(Region I)} \\ Ce^{ikx} + De^{-ikx} & \text{(Region II)} \\ Fe^{-\kappa x} & \text{(Region III)} \end{cases}, \tag{32.6}$$

mit

$$k^2 = \frac{2m(E + |V_0|)}{\hbar^2}, \tag{32.7}$$

$$\kappa^2 = \frac{2m|E|}{\hbar^2}. \tag{32.8}$$

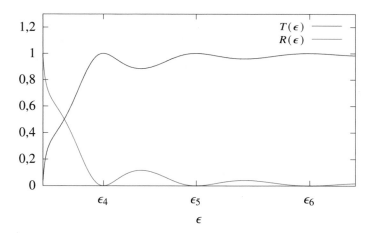

Abbildung 3.6: Transmissionskoeffizient $T(\epsilon)$ und Reflektionskoeffizient $R(\epsilon)$ für eine Potentialtopf. Es gilt $T(\epsilon_n) = 1$ und $R(\epsilon_n) = 0$ für $\epsilon_n = \frac{n^2\pi^2}{\lambda^2} - 1$ (sofern $E > 0$), und man sieht Resonanzstreuung.

Die Anschlussbedingungen an $x = 0$ und $x = a$ liefern wieder Relationen zwischen den Koeffizienten:

$$B = C + D,$$
$$\kappa B = ik(C - D),$$
$$Ce^{ika} + De^{-ika} = Fe^{-\kappa a},$$
$$ik(Ce^{ika} - De^{-ika}) = -F\kappa e^{-\kappa a}.$$

Aus den ersten zwei Relationen erhalten wir:

$$C = \frac{1}{2}B(1 - \frac{i\kappa}{k}),$$
$$D = \frac{1}{2}B(1 + \frac{i\kappa}{k}),$$

sowie nach Umformung eine Relation zwischen C und D:

$$D = C\frac{ik - \kappa}{ik + \kappa}. \tag{32.9}$$

Aus den letzten zwei Relationen lassen sich D und F eliminieren:

$$D = C\frac{ik + \kappa}{ik - \kappa}e^{2ika}, \tag{32.10}$$
$$F = 2C\frac{ik}{ik - \kappa}e^{(ik+\kappa)a}. \tag{32.11}$$

Die Ausdrücke (32.9) und (32.10) führen auf eine Relation in Form einer transzendenten Gleichung:

$$\left(\frac{\kappa - ik}{\kappa + ik}\right)^2 = e^{2ika} \implies \frac{\kappa - ik}{\kappa + ik} = \pm e^{ika}. \tag{32.12}$$

Ihre Lösungen führen zu diskreten Werten für k und κ. Mit dem Ansatz

$$\frac{\kappa - ik}{\kappa + ik} := e^{-2i\eta}, \tag{32.13}$$

$$\eta = \arctan\frac{k}{\kappa}, \tag{32.14}$$

mit reellwertigem η, erhalten wir die Relationen:

$$\frac{\kappa}{k} = -\cot\left(\frac{ka}{2}\right) \quad \text{(für positive Wurzel)}, \tag{32.15}$$

$$\frac{\kappa}{k} = \tan\left(\frac{ka}{2}\right) \quad \text{(für negative Wurzel)}. \tag{32.16}$$

Beachte, dass $k, \kappa > 0$ und daher der Kotangens-Ausdruck im ersten Fall negativ sein muss und der Tangens-Ausdruck im zweiten Fall positiv.

Für die Lösungen dieser transzendenten Gleichungen gibt es keine geschlossenen Ausdrücke. Vielmehr müssen sie entweder grafisch oder numerisch gelöst werden. Setzen wir wieder

$$\lambda = a\sqrt{2m|V_0|/\hbar^2}$$

und beachten wieder, dass

$$k^2 + \kappa^2 = \frac{2m|V_0|}{\hbar^2} = \frac{\lambda^2}{a^2},$$

so folgt:

$$\frac{1}{\cos^2\left(\frac{ka}{2}\right)} = 1 + \tan^2\left(\frac{ka}{2}\right) = \frac{k^2 + \kappa^2}{k^2} = \frac{\lambda^2}{k^2 a^2}$$

$$\implies \left|\cos\left(\frac{ka}{2}\right)\right| = \frac{ka}{\lambda}, \tag{32.17}$$

mit

$$\tan\left(\frac{ka}{2}\right) > 0,$$

beziehungsweise:

$$\frac{1}{\sin^2\left(\frac{ka}{2}\right)} = 1 + \cot^2\left(\frac{ka}{2}\right)$$

$$\implies \left|\sin\left(\frac{ka}{2}\right)\right| = \frac{ka}{\lambda}, \tag{32.18}$$

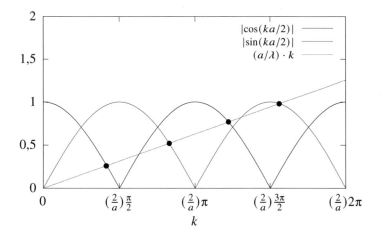

Abbildung 3.7: Graphische Konstruktion zur Lösung der transzendenten Gleichung. Die schwarz markierten Schnittpunkte definieren Lösungswerte für k.

mit

$$\cot\left(\frac{ka}{2}\right) < 0.$$

Die grafische Lösung ist in Abbildung 3.7 zu sehen, sämtliche Ausdrücke sind als Funktionen von k angezeigt. Die Steigung der Gerade ist $a/\lambda \sim |V_0|^{-1/2}$. Wir sehen, dass selbst bei größter Steigung der Geraden, sprich bei $V_0 \to 0$ stets mindestens ein gebundener Zustand existiert. Interessant wird es, wenn die Gerade eine Steigung a/λ aufweist, so dass sie den Scheitelpunkt der ersten Sinuskurve berührt. Ist die Steigung größer, gilt also:

$$\lambda \leq \pi \implies |V_0| \leq \frac{\pi^2 \hbar^2}{2ma^2},$$

dann sehen wir anhand Abbildung 3.7, dass es nur einen einzigen gebundenen Zustand gibt, und dieser Zustand ist von gerader Parität. Nimmt die Steigung nun ab, das heißt, wenn

$$\frac{\pi^2 \hbar^2}{2ma^2} \leq |V_0| \leq \frac{2\pi^2 \hbar^2}{ma^2},$$

ergibt sich ein weiterer gebundener Zustand, diesmal mit ungerader Parität, und so weiter. Mit zunehmender Tiefe des Potentialtopfs, also mit

$$|V_0| \gg \frac{\pi^2 \hbar^2}{2ma^2},$$

wird die Steigung der Gerade in Abbildung 3.7 sehr klein, und es kommen immer weitere Schnittpunkte, und damit gebundene Zustände hinzu.

Algebraische Abstraktion – gebundene Zustände und Pole der S-Matrix

Am Ende des Abschnitts 31 haben wir die Streuung am Potentialwall algebraisch betrachtet und die S-Matrix als Operator eingeführt, der einlaufende Wellenfunktionen auf auslaufende Wellenfunktionen abbildet. Eingangs dieses Abschnitts haben wir bereits festgestellt, dass das Streuverhalten des Potentialtopfs formal identisch zu dem der Potentialbarriere ist.

Wie stellt sich aber das Phänomen gebundener Zustände im algebraischen S-Matrix-Formalismus dar? Betrachten wir hierzu zunächst die Definition der S-Matrix (31.47) für den Streufall:

$$\begin{pmatrix} B \\ F \end{pmatrix} = S \begin{pmatrix} A \\ G \end{pmatrix}, \tag{32.19}$$

die Koeffizienten A, G stehen hierbei für die einlaufenden Wellen, B, F für die auslaufenden Wellen. Die explizite Form von S ist (siehe (31.51)):

$$S = \frac{1}{\gamma} \begin{pmatrix} \delta^* & 1 \\ 1 & -\delta \end{pmatrix}, \tag{32.20}$$

mit

$$\gamma = e^{ik_1 a} \left[\cos k_2 a - i \frac{k_1^2 + k_2^2}{2k_1 k_2} \sin k_2 a \right],$$

$$\delta = i e^{-ik_1 a} \frac{k_1^2 - k_2^2}{2k_1 k_2} \sin k_2 a.$$

Um mit der Notation weiter vorne in diesem Abschnitts konsistent zu bleiben, müssen wir nun für die Betrachtung gebundener Zustände die Ersetzung machen:

$$k_2 \to k$$
$$k_1 \to i\kappa.$$

Insbesondere ist dann:

$$\gamma = e^{-\kappa a} \left[\cos ka - \frac{k^2 - \kappa^2}{2k\kappa} \sin ka \right]. \tag{32.21}$$

Aus Gründen der Normierbarkeit müssen die Koeffizienten A und G verschwinden. Wenn dann in (32.19) die Koeffizienten B, F einen nichtverschwindenden Wert erhalten sollen, muss S einen oder mehrere Pole besitzen. Das ist genau dann Fall, wenn das Matrixelement γ verschwindet: $\gamma \overset{!}{=} 0$, also:

$$\cos ka \overset{!}{=} \frac{k^2 - \kappa^2}{2k\kappa} \sin ka.$$

Mit der Ersetzung:

$$v := \tan \frac{ka}{2}$$

führt dies zur quadratischen Bedingungsgleichung:

$$v^2 \kappa k + v(k^2 - \kappa^2) - \kappa k = 0,$$

mit den beiden Lösungen:

$$v_1 = \frac{\kappa}{k}, \quad v_2 = \frac{k}{\kappa},$$

in völligem Einklang mit dem Ergebnis weiter oben in diesem Abschnitt. Wir halten fest: gebundene Zustände bei einem gegebenen Potential stellen sich als Pole der S-Matrix dar.

Der unendlich tiefe Potentialtopf

Der **unendlich tiefe Potentialtopf** ist nichts anderes als der Fall eines endlichen Volumens – wenn man nämlich nicht den Topf selbst als unendlich tief, sondern vielmehr die Wände des Topfs als unendlich hoch ansieht. Dazu ersetzen wir:

$$V_0 = -|V_0| \to 0,$$
$$0 \to V_0 > 0$$
$$\implies E - V_0 = E + |V_0| \to E,$$

und betrachten dann $V_0 = |V_0| \to \infty$ (siehe Abbildung 3.8). Nach dieser Ersetzung ist dann:

$$k^2 = \frac{2mE}{\hbar^2}, \tag{32.22}$$

$$\kappa^2 = \frac{2mV_0}{\hbar^2}. \tag{32.23}$$

Wenn $V_0 \to -\infty$ geht, sind die Lösungen für k als auch die Eigenwerte E exakt berechenbar. Denn in diesem Fall fallen diese genau mit den Nullstellen der Sinus- beziehungsweise Kosinus-Funktion in (32.17) beziehungsweise (32.18) zusammen, und wir sehen, dass sie wie bei der Besprechung der Resonanzstreuung an der Potentialbarriere erklärt exakt mit den Resonanzenergien (31.13) dort zusammenfallen. Es ist dann:

$$k = n\frac{\pi}{a} \quad (n \in \{1, 2, 3, \dots\}) \tag{32.24}$$

$$\implies E_n = \frac{\hbar^2 k^2}{2m} = n^2 \frac{\pi^2 \hbar^2}{2ma^2}. \tag{32.25}$$

Wir haben also für den Modellfall des unendlich tiefen Potentialtopfs geschlossene Ausdrücke für die Energieeigenwerte gefunden. Außerdem können wir feststellen, dass ja in diesem Fall für κ gilt (siehe (32.23)):

$$\kappa \to \infty,$$

das heißt, in den Regionen I und III ist die Wellenfunktion identisch Null:

$$\psi_1(x) = \psi_3(x) \equiv 0,$$

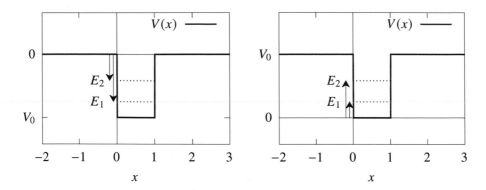

Abbildung 3.8: Der Potentialtopf: links in bisheriger Notation, rechts nach Umbezeichnung der Energien, so dass $V_0 > 0$. Den Grenzfall des unendlich tiefen Potentialtopfs betrachten wir so als ein endliches Volumen, dessen Begrenzungen unendlich hohe Wände darstellen, so dass $V_0 \to +\infty$ geht.

sie muss an den Wänden also Knotenpunkte besitzen und damit eine Sinusfunktion sein, und aus $k = n\pi/a$ folgt, dass die Breite des Topfes ein Vielfaches der Wellenlänge der Eigenfunktion $\psi(x)$ ist:

$$\psi_2(x) = C(e^{ikx} - e^{-ikx})$$

$$= \psi_n(x) = \sqrt{\frac{2}{a}} \sin\left(\frac{n\pi}{a}x\right), \qquad (32.26)$$

wobei wir aus (32.9) verwendet haben, dass für $\kappa \to \infty$ gilt: $C \to -D$, und sich die Konstante $C = \sqrt{2/a}$ aus der Normierungsforderung

$$\int_0^a |\psi_n(x)|^2 \mathrm{d}x \stackrel{!}{=} 1$$

ergibt. Betrachtet man nun wieder die volle Zeitabhängigkeit der stationären Zustände $\Psi_n(x,t)$, so erhält man als Ausdruck:

$$\Psi_n(x,t) = \sqrt{\frac{2}{a}} \sin\left(\frac{n\pi}{a}x\right) e^{-iE_n t/\hbar} \qquad (32.27)$$

$$= \sqrt{\frac{2}{a}} \sin\left(\frac{n\pi}{a}x\right) e^{-in^2 E_1 t/\hbar}. \qquad (32.28)$$

Das Problem des unendlich tiefen Potentialtopfs ist also exakt lösbar: Wir finden eine abzählbar unendliche Abfolge diskreter Energieeigenwerte E_n, wobei die **Quantenzahl**

n die Anzahl der Knoten der Wellenfunktion $\psi_n(x)$ bestimmt: sie besitzt nämlich $n-1$ Knoten. Der **Grundzustand** zu $n=1$ besitzt eine **Grundzustandsenergie**

$$E_1 = \frac{\pi^2 \hbar^2}{2ma^2}, \tag{32.29}$$

es gibt keinen Zustand mit $E=0$. Die Zustände zu $n>1$ werden als **angeregte Zustände** bezeichnet, und es ist

$$E_n = n^2 E_1. \tag{32.30}$$

Ebenfalls ist leicht auszurechnen, die Eigenzustände zu verschiedenen Quantenzahlen m, n orthogonal zueinander sind:

$$\int_0^a \psi_m(x)\psi_n(x)\mathrm{d}x = \delta_{mn}.$$

Ohne Rechnung – da wir lediglich elementare Integrale vor uns haben – geben wir zum Schluss noch einige Erwartungswerte an und vergleichen diese mit ihren klassischen Pendants:

$$\langle \psi_n | \hat{x} | \psi_n \rangle = \frac{a}{2}, \tag{32.31}$$

$$\langle \psi_n | \hat{x}^2 | \psi_n \rangle = \frac{a^2}{3} - \frac{a^2}{2n^2\pi^2}, \tag{32.32}$$

$$\langle \psi_n | \hat{p} | \psi_n \rangle = 0, \tag{32.33}$$

$$\langle \psi_n | \hat{p}^2 | \psi_n \rangle = \frac{n^2\pi^2\hbar^2}{a^2} = 2mE_n. \tag{32.34}$$

Im klassischen Fall wäre $\overline{p^2}_{\mathrm{cl}} = 2mE$, da sich ein Punktteilchen mit konstantem Impuls zuerst nach links bewegen würde, an der Wand reflektiert werden würde und dann mit dem gleichen konstanten Impulsbetrag, aber in entgegengesetzte Richtung weiterbewegen würde. Ferner erhalten wir aus $x(t) = pt/m$:

$$\bar{x}_{\mathrm{cl}} = \frac{1}{T}\int_0^T x(t)\mathrm{d}t = \frac{a}{2},$$

$$\overline{x^2}_{\mathrm{cl}} = \frac{1}{T}\int_0^T x^2(t)\mathrm{d}t = \frac{a^2}{3},$$

wobei T die halbe Periode der Bewegung ist und weiter $a = vT$ gilt. Also stimmen die klassischen und die quantenmechanischen Erwartungswerte für x, p, p^2 überein und im Falle von $n \to \infty$ geht der quantenmechanische Erwartungswert von $\hat{x}^2$ über in den klassischen Wert $\overline{x^2}_{\mathrm{cl}}$.

Die Unschärferelation für die Energieeigenzustände des unendlich tiefen Potentialtopfs ist nun ebenfalls leicht auszurechnen: aus

$$\Delta x = \sqrt{\langle \hat{x}^2 \rangle - \langle \hat{x} \rangle^2} = a\sqrt{\frac{1}{12} - \frac{1}{2n^2\pi^2}},$$

$$\Delta p = \sqrt{\langle \hat{p}^2 \rangle - \langle \hat{p} \rangle^2} = \frac{n\pi\hbar}{a},$$

erhalten wir:

$$\Delta x \Delta p = n\pi\hbar\sqrt{\frac{1}{12} - \frac{1}{2n^2\pi^2}}. \tag{32.35}$$

Für den Grundzustand mit $n = 1$ ist $\Delta p = \frac{\pi\hbar}{a}$, was zu einer nichtverschwindenden kinetischen Energie der Größenordnung

$$E_{min} \sim \frac{(\Delta p_1)^2}{2m}$$

$$= \frac{\pi^2\hbar^2}{2ma^2} = E_1.$$

Diese Grundzustandsenergie, auch **Nullpunktsenergie** genannt, spiegelt die Notwendigkeit einer minimalen Grundzustandsbewegung wider und existiert bei allen Potentialen mit gebundenen Zuständen.

Das Delta-Potential als Grenzfall

Einen weiteren sehr interessanten Grenzfall des Potentialtopfs stellt das sogenannte **Delta-Potential** dar, in dem der Potentialtopf eine räumliche Entartung dahingehend besitzt, dass das Potential V_0 gleichzeitig zwar gewissermaßen „unendlich tief", aber vor allem „unendlich scharf" um eine Stelle $x = 0$ gepeakt ist und daher folgende uneigentliche Form annimmt:

$$V(x) = -V_0\delta(x) \quad \text{(mit } V_0 > 0\text{)}. \tag{32.36}$$

Wir schleppen den Ausdruck $\delta(x)$ jetzt einfach mal vorübergehend mit, wohlwissend, dass das mathematisch nicht sauber ist, und hoffen, dass irgendein sinnvolles physikalisches Ergebnis die Vorgehensweise im Nachhinein rechtfertigt. Interessanterweise werden wir sehen, dass dieses Modell gebundene Zustände besitzt, auch wenn $V(x)$ fast überall verschwindet.

Um die gebundenen Zustände auszurechnen, betrachten wir, dass für $x \neq 0$ das Potential $V(x) \equiv 0$ ist und daher die Schrödinger-Gleichung für das freie Teilchen gilt und dass für $x \to \pm\infty$ für gebundene Zustände $(E < 0)$ $\psi(x) \to 0$ sein muss. Wir können daher den Ansatz machen:

$$\psi(x) = \begin{cases} \psi_-(x) = Ae^{\kappa x} & (x < 0) \\ \psi_-(x) = Be^{-\kappa x} & (x > 0) \end{cases}, \tag{32.37}$$

mit

$$\kappa^2 = \frac{-2mE}{\hbar^2}. \tag{32.38}$$

Da die Wellenfunktion $\psi(x)$ bei $x = 0$ stetig sein muss: $\psi_-(x) = \psi_+(x) = 0$, gilt: $A = B$. Allerdings ist $\psi(x)$ bei $x = 0$ nicht mehr differenzierbar, vielmehr macht die erste Ableitung dort einen Sprung. Es gilt nämlich für $x = 0$ die Schrödinger-Gleichung nicht mehr, und wir werden uns an dieser Stelle bewusst, dass genau hier das Delta-Funktional $\delta(x)$ zuschlägt, dass eigentlich nur innerhalb von Integralen wohldefiniert ist. Das in Abschnitt 29 Gesagte mit Bezug auf Konkavheit der Lösungsfunktionen gilt daher nicht mehr.

Schreiben wir die „Schrödinger-Gleichung" also einmal naiv hin:

$$\frac{\hbar^2}{2m}\frac{\mathrm{d}^2\psi(x)}{\mathrm{d}x^2} + V_0\delta(x)\psi(x) + E\psi(x) = 0 \tag{32.39}$$

und integrieren (32.39) über ein kleines Intervall $[-\epsilon, \epsilon]$:

$$\frac{\hbar^2}{2m}\int_{-\epsilon}^{\epsilon}\frac{\mathrm{d}^2\psi(x)}{\mathrm{d}x^2}\mathrm{d}x + V_0\int_{-\epsilon}^{\epsilon}\delta(x)\psi(x)\mathrm{d}x + E\int_{-\epsilon}^{\epsilon}\psi(x)\mathrm{d}x = 0.$$

Beachten wir nun, dass

$$\int_{-\epsilon}^{\epsilon}\frac{\mathrm{d}^2\psi(x)}{\mathrm{d}x^2}\mathrm{d}x = \frac{\mathrm{d}\psi(x)}{\mathrm{d}x}\bigg|_{x=\epsilon} - \frac{\mathrm{d}\psi(x)}{\mathrm{d}x}\bigg|_{x=-\epsilon}$$

$$= \frac{\mathrm{d}\psi_+(x)}{\mathrm{d}x}\bigg|_{x=\epsilon} - \frac{\mathrm{d}\psi_-(x)}{\mathrm{d}x}\bigg|_{x=-\epsilon} = A\kappa e^{\kappa\epsilon},$$

und außerdem per Definition

$$\int_{-\epsilon}^{\epsilon}\delta(x)\psi(x)\mathrm{d}x = \psi(0),$$

und ferner

$$\int_{-\epsilon}^{\epsilon}\psi(x)\mathrm{d}x \sim \epsilon\psi(0)$$

ist, so gilt für den Grenzfall $\epsilon \to 0$:

$$\kappa = \frac{2mV_0}{\hbar^2}. \tag{32.40}$$

Ein Vergleich mit (32.38) ergibt:

$$E = -\frac{mV_0^2}{2\hbar^2}. \tag{32.41}$$

Es gibt also genau einen gebundenen Zustand. Den globalen Koeffizienten A bestimmen wir aus der Normierungsbedingung

$$1 \overset{!}{=} \int_{-\infty}^{\infty} \psi^*(x)\psi(x)\mathrm{d}x$$

$$= A^2 \int_{-\infty}^{0} \mathrm{e}^{2\kappa x}\mathrm{d}x + A^2 \int_{0}^{\infty} \mathrm{e}^{-2\kappa x}\mathrm{d}x$$

$$= 2A^2 \int_{0}^{\infty} \mathrm{e}^{-2\kappa x}\mathrm{d}x = \frac{A^2}{\kappa},$$

also ist $A = \sqrt{\kappa}$ und damit:

$$\psi(x) = \frac{1}{\sqrt{\kappa}}\exp(-\kappa|x|),$$

(32.42)

mit

$$\kappa = \frac{2mV_0}{\hbar^2}.$$

(32.43)

Interessant ist noch, die Wahrscheinlichkeit zu berechnen, dass sich das Teilchen im Intervall $[-a, a]$ aufhält. Eine kurze Rechnung ergibt:

$$P = \int_{-a}^{a} |\psi(x)|^2\mathrm{d}x$$

$$= 1 - \mathrm{e}^{-2\kappa a}.$$

(32.44)

Das Delta-Potential ist der Grenzfall eines immer schmaler, aber gleichzeitig stärker werdenden attraktiven Potentialtopfs, in dem die Anzahl der gebundenen Zustände immer weiter zurückgeht, bis ein einziger gebundener Zustand übrig bleibt, den es aber stets geben muss, wie wir bereits in diesem Abschnitt für den nicht-entarteten Potentialtopf gezeigt haben.

33 Periodische Potentiale und das Kronig–Penney-Modell

Als letztes Beispiel für ein einfaches eindimensionales Potential betrachten wir nun ein periodisches Potential der Länge l, soll heißen:

$$V(x) = V(x + l). \tag{33.1}$$

Dieses Modell stilisiert auf höchst effektive Weise das Verhalten eines Elektrons in Wechselwirkung mit den Ionen eines Kristallgitters. Wir werden weiter unten sehen, dass sich das Auftreten von Energiebändern auf diese Weise recht einfach erklären lässt, ebenso wie das Phänomen elektrischer Leitungsfähigkeit.

  Die diskrete Translationssymmetrie dieses Modells können wir etwas formaler fassen mit Hilfe eines unitären Operators, des **Translationsoperators** $\hat{T}_l$, der definiert ist durch:

$$\hat{T}_l \, |x\rangle = |x + l\rangle , \tag{33.2}$$

wobei

$$\hat{T}_l^\dagger = \hat{T}_l^{-1}.$$

Dann ist:

$$\begin{aligned}
\langle \psi | \hat{T}_l | x \rangle &= \langle \psi | x + l \rangle \\
&= \langle x + l | \psi \rangle^* \\
&= \psi^*(x + l).
\end{aligned} \tag{33.3}$$

Da nun nämlich wegen ebendieser diskreten Translationssymmetrie der Translationsoperator $\hat{T}_l$ mit dem Hamilton-Operator $\hat{H}$ vertauscht:

$$[\hat{T}_l, \hat{H}] = 0,$$

lassen sich beide Operatoren gleichzeitig diagonalisieren, das heißt, es gibt eine gemeinsame Eigenvektorbasis $\{ \, | \psi_q \rangle \, \}$ von $\hat{T}_l$ und $\hat{H}$:

$$\hat{H} \, |\psi_q\rangle = E_q \, |\psi_q\rangle , \tag{33.4}$$

$$\hat{T}_l \, |\psi_q\rangle = \mathrm{e}^{iql} \, |\psi_q\rangle , \tag{33.5}$$

wobei der Parameter q bis auf ein ganzzahliges Vielfaches von $2\pi/l$ bestimmt ist: ein Übergang

$$q \mapsto q' = q + \frac{2\pi p}{l} \quad (p = 0, \pm 1, \pm 2) \tag{33.6}$$

lässt $\hat{T}_l \, |\psi_q\rangle$ invariant. Durch (33.6) lässt sich q aber stets auf die sogenannte **erste Brillouin-Zone** einschränken:

$$q \in \left[-\frac{\pi}{l}, \frac{\pi}{l} \right]. \tag{33.7}$$

Die Größe $\hbar q$ hat die Dimension eines Impulses und wird **Quasi-Impuls** genannt.

Zusammen mit (33.3) erhalten wir so für die stationären Zustände $\psi_q(x)$:

$$\psi_q(x - l) = e^{-iql}\psi_q(x). \tag{33.8}$$

Das wiederum bedeutet, dass $\psi_q(x)$ von der Form

$$\psi_q(x) = e^{iqx}u_{sq}(x) \tag{33.9}$$

sein muss, wobei

$$u_{sq}(x) = u_{sq}(x + l)$$

eine gitterperiodische Funktion ist – ein Sachverhalt, der auch als **Bloch-Theorem** bezeichnet wird, nach dem schweizerisch-amerikanischen Physiker Felix Bloch. Die Wellenfunktion $\psi_q(x)$ wird auch als **Bloch-Funktion** bezeichnet. Sie ist eine durch die gitterperiodische Funktion $u_{sq}(x)$ gewissermaßen modulierte ebene Welle e^{iqx}. Beachte hierbei, dass die ebene Welle e^{iqx} und damit auch die Bloch-Funktion $\psi_q(x)$ *nicht* gitterperidosch sind! Den Index s haben wir bereits eingeführt, da für gegebenes q die Funktion $u_q(x)$ nicht eindeutig bestimmt ist. Dessen Bedeutung wird weiter unten klar werden.

Stellen wir nun die zeitunabhängige Schrödinger-Gleichung auf:

$$-\frac{\hbar^2}{2m}\frac{d^2\psi(x)}{dx^2} + V(x)\psi(x) = E\psi(x).$$

Mit dem Ansatz (33.9) wird daraus:

$$\left[-\frac{\hbar^2}{2m}\frac{d^2}{dx^2} - i\frac{\hbar^2 q}{m}\frac{d}{dx} + \frac{\hbar^2 q^2}{2m} + V(x)\right]u_{sq}(x) = E_{sq}u_{sq}(x), \tag{33.10}$$

beziehungsweise

$$\left[\frac{d^2}{dx^2} + 2iq\frac{d}{dx} - q^2 + \frac{2m(E_{sq} - V(x))}{\hbar^2}\right]u_{sq}(x) = 0. \tag{33.11}$$

Um $u_{sq}(x)$ zu erhalten, muss diese Differentialgleichung 2. Ordnung nun für gegebenes Potential $V(x)$ im Intervall $x \in [0, l]$ gelöst werden, mit der Randbedingung $u_{sq}(0) = u_{sq}(l)$. Für die weiteren Ausführungen ist die exakte Lösung $u_{sq}(x)$ allerdings nicht von großem Belang. Das eigentlich interessante ist die Bestimmung der möglichen Quasi-Impulse $\hbar q$, was wir für ein hochgradig stiliertes Modell gleich machen werden.

Wir bemerken, dass für ein gerades Potential $V(x) = V(-x)$ die Schrödinger-Gleichung (33.11) invariant ist unter einer Transformation:

$$x \mapsto -x,$$

$$q \mapsto -q,$$

das heißt: $u_{sq}(x)$ und $u_{s,-q}(x)$ besitzen denselben Energieeigenwert E_{sq}. In anderen Worten: alle Energieniveaus sind mindestens zweifach entartet.

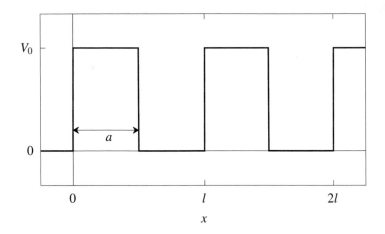

Abbildung 3.9: Das Kronig–Penney-Modell.

Energiebänder und das Kronig–Penney-Modell

Eine starke Vereinfachung, die aber dennoch die wichtigsten charakteristischen Eigenschaften eines periodischen Potentials aufweist, stellt das sogenannte **Kronig–Penney-Modell** dar, benannt nach dem deutsch-amerikanischen Physiker Ralph Kronig und dem Engländer William Penney, die es 1931 aufstellten und lösten [LP31]. Es stellt das prototypische Modell eines kristallinen Festkörpers dar, das das Auftreten und Verhalten sogenannter **Valenzelektronen** erklärt. Aus ihm ergibt sich die typische Bandstruktur von Metallen und Halbleitern.

Im Kronig–Penney-Modell ist $V(x)$ eine räumliche Abfolge von Potentialbarrieren der Breite a, die im periodischen Abstand von jeweils l angereiht sind und zwischen denen $V(x) = 0$ gilt (siehe Abbildung 3.9). In den Regionen mit $V(x) = 0$ gilt dann jeweils die freie Schrödinger-Gleichung. Im freien Bereich links und rechts der n-ten Barriere können wir daher ansetzen:

$$\psi(x) = \begin{cases} A_n e^{ikx} + B_n e^{-ikx} & \text{(links)} \\ A_{n+1} e^{ikx} + B_{n+1} e^{-ikx} & \text{(rechts)} \end{cases}, \qquad (33.12)$$

mit

$$k^2 = \frac{2mE}{\hbar^2}, \qquad (33.13)$$

und wir können wieder algebraisch schreiben (vergleiche Abschnitt 31):

$$\begin{pmatrix} A_n \\ B_n \end{pmatrix} = M \begin{pmatrix} A_{n+1} \\ B_{n+1} \end{pmatrix},$$

mit

$$M = \begin{pmatrix} \gamma & \delta \\ \delta^* & \gamma^* \end{pmatrix}.$$

Aufgrund des Bloch-Theorems (33.8) muss aber auch sein:

$$\psi_q(x + l) = e^{iql}\psi_q(x),$$

so dass gelten muss:

$$A_{n+1}e^{ikl}e^{ikx} + B_{n+1}e^{-ikl}e^{-ikx} \stackrel{!}{=} e^{iql}\left(A_n e^{ikx} + B_n e^{-ikx}\right), \tag{33.14}$$

oder einfacher geschrieben:

$$e^{iql}\begin{pmatrix} A_n \\ B_n \end{pmatrix} = \begin{pmatrix} e^{ikl} & 0 \\ 0 & e^{-ikl} \end{pmatrix}\begin{pmatrix} A_{n+1} \\ B_{n+1} \end{pmatrix}$$

$$= \begin{pmatrix} e^{ikl} & 0 \\ 0 & e^{-ikl} \end{pmatrix}\underbrace{\begin{pmatrix} \gamma^* & -\delta \\ -\delta^* & \gamma \end{pmatrix}}_{M^{-1}}\begin{pmatrix} A_n \\ B_n \end{pmatrix}. \tag{33.15}$$

Gleichung (33.15) besagt, dass $\begin{pmatrix} A_n \\ B_n \end{pmatrix}$ ein Eigenvektor der Matrix

$$\tilde{M} := \begin{pmatrix} e^{ikl} & 0 \\ 0 & e^{-ikl} \end{pmatrix} M^{-1}$$

$$= \begin{pmatrix} \gamma^* e^{ikl} & -\delta e^{ikl} \\ -\delta^* e^{-ikl} & \gamma e^{-ikl} \end{pmatrix}$$

zum Eigenwert e^{iql} ist. Es gilt nun, diesen Eigenwert in Zusammenhang mit der Periode l und der Breite a der Potentialbarriere zu bringen. Um die Eigenwerte von $\tilde{M}$ zu erhalten, müssen wir die charakteristische Gleichung

$$\det(\tilde{M} - \lambda\mathbb{1}) = \lambda^2 - 2\lambda\underbrace{\mathrm{Re}(\gamma^* e^{ikl})}_{=:\chi} + 1 \stackrel{!}{=} 0$$

lösen. Die zwei Eigenwerte $\lambda_\pm$ ergeben sich dann schnell zu:

$$\lambda_\pm = \begin{cases} \chi \pm \sqrt{\chi^2 - 1} & |\chi| > 1 \\ \chi \pm i\sqrt{1 - \chi^2} & |\chi| \le 1 \end{cases}, \tag{33.16}$$

wobei der Fall $|\chi| > 1$ ausgeschlossen werden muss, da sich dabei nur reelle Eigenwerte mit $|\lambda_\pm| \ne 1$ ergeben. Somit ist nur der Fall $|\chi| \le 1$ möglich.

Um die weitere Rechnung nun weiter zu vereinfachen, betrachten wir den idealisierten Grenzfall entarteter Potentialbarrieren mit $a \to 0$, also einzelner Delta-Potentiale, die sich von dem Delta-Potential in Abschnitt 32 nur durch das Vorzeichen unterscheiden:

$$V(x) = \underbrace{\frac{\hbar^2 g}{2m}}_{+V_0} \sum_{p=-\infty}^{\infty} \delta(x - lp). \tag{33.17}$$

Dieses periodische Delta-Potential wird auch **Dirac-Kamm** genannt. Die Vorfaktoren $\frac{\hbar^2 g}{2m}$ sind bewusst gewählt, um die Notation weiter unten zu vereinfachen. Um γ für den Fall $E < V_0$ wie in (31.56) zu berechnen, benötigen wir (beachte, dass $V_0 \gg E$!):

$$\kappa^2 = \frac{g}{a},$$

$$k^2 = \frac{2mE}{\hbar^2},$$

so dass für $a \to 0$ aus (31.56) wird:

$$\gamma = \underbrace{e^{ika}}_{\to 1} \left(\underbrace{\cosh \kappa a}_{\to 1} + i \underbrace{\frac{\kappa^2 - k^2}{2k\kappa}}_{\to \frac{\sqrt{g/a}}{2k}} \underbrace{\sinh \kappa a}_{\to \kappa a = \sqrt{ga}} \right) = 1 + i \frac{g}{2k}. \tag{33.18}$$

Daraus folgt dann:

$$\chi = \mathrm{Re}(\gamma^* e^{ikl}),$$

$$= \cos kl + \frac{g}{2k} \sin kl.$$

Der Ausdruck für die beiden Eigenwerte $\lambda_\pm$ interessiert uns nur insofern, als wir ja wissen, dass für ihn gilt (vergleiche (33.15)):

$$\lambda_\pm \overset{!}{=} e^{iql},$$

woraus sich durch Vergleich der Realteile ergibt:

$$\cos ql \overset{!}{=} \cos kl + \frac{g}{2k} \sin kl. \tag{33.19}$$

Ein Vergleich der Imaginärteile würde natürlich zum selben Ergebnis führen. Wir erinnern uns außerdem daran, dass q nur bis auf ein ganzzahliges Vielfaches von $2\pi/l$ bestimmt ist, siehe (33.6).

Gleichung (33.19) ist eine Bedingungsgleichung für erlaubte Werte von k und damit Energieeigenwerten E im Kronig–Penney-Potential. Da für die linke Seite gilt: $|\cos ql| \leq 1$, muss das auch für die rechte Seite gelten. Betrachtet man jedoch den Verlauf der Kurve $f(k) = \cos kl + \frac{g}{2k} \sin kl$, so erkennt man, dass $f(k) \leq 1$ nur innerhalb sogenannter **erlaubter Bänder** gegeben ist.

Betrachten wir hierzu Abbildung 3.10: es ist grafisch zu sehen, dass $|f(k)|$ in einem geschlossenen Intervall $[k_i - \epsilon_i, k_i + \epsilon_i]$ um das i-te lokale Extremum k_i größer als Eins ist. Dies sind die **Bandlücken**, die mit zunehmendem k immer schmaler werden.

Es gilt nun, Bedingungsgleichung (33.19) nach der eigentlich interessanten Größe, nämlich q, aufzulösen. Das ist exakt nicht möglich, aber wir können den Fall $f(k) = 1$ betrachten, da dies den Beginn des ersten erlaubten Bandes darstellt. Entwickelt man Gleichung (33.19)

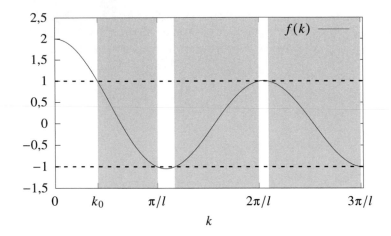

Abbildung 3.10: Erlaubte Energiebänder treten nur in den Bereichen auf, in denen $|f(k)| \leq 1$ (graue Streifen). Dazwischen befinden sich unerlaubte Bereiche, die sogenannten Bandlücken.

nun um die Stellen q beziehungsweise k_0, für die $\cos ql = 1$ beziehungsweise $f(k_0) = 1$ gilt, erhalten wir:

$$1 - \frac{1}{2}(ql)^2 \approx f(k_0) + (k - k_0)l f'(k_0)$$

$$\implies \frac{1}{2}q^2 l \approx (k - k_0)|f'(k_0)|,$$

da $f'(k_0) < 0$. Betrachten wir nun die Größe:

$$E - E_0 := \frac{\hbar^2}{2m}(k^2 - k_0^2)$$

$$\approx \frac{\hbar^2 k_0 (k - k_0)}{m}$$

$$= \frac{\hbar^2 k_0 l}{2m|f'(k_0)|}q^2 = \frac{\hbar^2}{2m_e}q^2,$$

mit einer **effektiven Masse**

$$m_e := m\frac{|f'(k_0)|}{k_0 l}. \tag{33.20}$$

Das Ergebnis ist daher, dass in der Nähe von k_0, also am unteren Ende des ersten erlaubten Bands, die Bloch-Funktion $\psi_q(x)$ als (uneigentliche) Eigenfunktion des Quasi-Impulses $\hbar q$ eines Teilchens der effektiven Masse m_e interpretiert werden kann.

Weiterführende Literatur

Als weitergehende Lektüre seien die Darstellungen in den Lehrbüchern von Messiah, Puri und Müller-Kirsten empfohlen, siehe die Literatur zur Quantenmechanik am Ende des Bandes.

Teil 4

Der harmonische Oszillator in der Quantenmechanik

Die Bedeutung des harmonischen Oszillators in der theoretischen Physik im Allgemeinen und in der Quantentheorie im Speziellen kann nicht überschätzt werden. Nichtlineare Dynamik kann häufig in erster Näherung durch einen harmonischen Oszillator approximiert werden. Der harmonische Oszillator besitzt einen sehr wichtigen Modellcharakter bei Schwingungsphänomenen in der klassischen Mechanik, der Elektrodynamik, der Statistischen Physik, der Festkörper-, Atom- und Kernphysik, sowie in der Quantenfeldtheorie und der Elementarteilchenphysik. Ein Verständnis des quantenmechanischen harmonischen Oszillators ist absolut notwendig, um die dort auftretenden Phänomene zu verstehen.

© Der/die Autor(en), exklusiv lizenziert an
Springer-Verlag GmbH, DE, ein Teil von Springer Nature 2024
O. Tennert, *Quantenmechanik I*, https://doi.org/10.1007/978-3-662-68585-3_4

34 Spektrum und Eigenzustände des harmonischen Oszillators I: algebraische Methode

Der Hamilton-Operator eines Punktteilchens der Masse m unter dem Einfluss eines harmonischen Potentials ist:

$$\hat{H} = \frac{\hat{p}^2}{2m} + \frac{1}{2}m\omega^2\hat{x}^2, \tag{34.1}$$

wobei ω die aus der klassischen Mechanik bekannte Eigenfrequenz des harmonischen Oszillators ist.

Wir werden im Folgenden die Eigenwerte und die Eigenzustände von $\hat{H}$ exakt lösen und dies auf zwei Weisen machen, die beide wichtige Ansätze sind für eine Reihe quantenmechanischer Probleme darstellen: zuerst auf dem algebraischen Weg in diesem Abschnitt und dann auf dem analytischen Weg in Abschnitt 35, und wir werden sehen, wie diese beiden Methoden mtieinander zusammenhängen.

Wir führen zunächst zwei neue dimensionslose hermitesche Operatoren $\hat{Q}$ und $\hat{P}$ ein:

$$\hat{Q} = \hat{x}\sqrt{\frac{m\omega}{\hbar}}, \tag{34.2}$$

$$\hat{P} = \frac{\hat{p}}{\sqrt{m\hbar\omega}}, \tag{34.3}$$

in denen der Hamilton-Operator die Form annimmt:

$$\hat{H} = \frac{\hbar\omega}{2}\left(\hat{Q}^2 + \hat{P}^2\right). \tag{34.4}$$

Eine kurze Zwischenrechnung ergibt:

$$[\hat{Q}, \hat{P}] = \left[\hat{x}\sqrt{\frac{m\omega}{\hbar}}, \frac{\hat{p}}{\sqrt{m\hbar\omega}}\right] = \frac{1}{\hbar}[\hat{x}, \hat{p}],$$

und damit:

$$[\hat{Q}, \hat{P}] = i. \tag{34.5}$$

Aus diesen konstruieren wir zwei weitere dimensionslose, aber nicht-hermitesche Operatoren:

$$\hat{a} := \frac{1}{\sqrt{2}}(\hat{Q} + i\hat{P}), \tag{34.6}$$

$$\hat{a}^\dagger := \frac{1}{\sqrt{2}}(\hat{Q} - i\hat{P}). \tag{34.7}$$

$\hat{a}$ und $\hat{a}^\dagger$ sind zueinander hermitesch konjugiert und werden **Leiteroperatoren** genannt, und ihre physikalische Bedeutung wird weiter unten klar werden. Wir rechnen schnell nach, dass

$$\hat{a}^\dagger \hat{a} = \frac{1}{2}(\hat{Q}^2 + \hat{P}^2) + \frac{i}{2}\underbrace{[\hat{Q}, \hat{P}]}_{i}$$

$$\implies \frac{1}{2}(\hat{Q}^2 + \hat{P}^2) = \hat{a}^\dagger \hat{a} + \frac{1}{2}.$$

Der Hamilton-Operator $\hat{H}$ nimmt in diesen Operatoren nun die sehr einfache Form

$$\hat{H} = \hbar\omega \left(\hat{N} + \frac{1}{2}\right) \tag{34.8}$$

mit

$$\hat{N} := \hat{a}^\dagger \hat{a} \tag{34.9}$$

an. Der Operator $\hat{N}$ wird **Besetzungszahloperator** genannt, und auch diese Bezeichung wird unten weiter klar werden. Wir rechnen ebenfalls leicht nach, dass

$$[\hat{a}, \hat{a}^\dagger] = 1. \tag{34.10}$$

Anhand der Form des Hamilton-Operators (34.8) sehen wir schnell, dass $[\hat{N}, \hat{H}] = 0$, das heißt, $\hat{H}$ und $\hat{N}$ besitzen gemeinsame Eigenzustände. Die Eigenwertgleichungen für $\hat{N}$ und $\hat{H}$ lauten:

$$\hat{N}|n\rangle = n|n\rangle, \tag{34.11}$$

$$\hat{H}|n\rangle = E_n|n\rangle. \tag{34.12}$$

Kombinieren wir dies mit (34.8), erhalten wir sofort die Energieeigenwerte:

$$E_n = \left(n + \frac{1}{2}\right)\hbar\omega, \tag{34.13}$$

und wir zeigen nun im Folgenden, welche Werte n annehmen kann. Dabei klärt sich auch die physikalische Bedeutung von Leiter- und Besetzungszahloperatoren.

Zunächst rechnen wir mit Hilfe von (34.8) und (34.10) zwei einfache, aber wichtige Kommutatorrelationen aus:

$$[\hat{a}, \hat{H}] = \hbar\omega\hat{a}, \tag{34.14}$$

$$[\hat{a}^\dagger, \hat{H}] = -\hbar\omega\hat{a}^\dagger. \tag{34.15}$$

Mit deren Hilfe können wir dann rechnen:

$$\hat{H}(\hat{a}|n\rangle) = (\hat{a}\hat{H} - \hbar\omega\hat{a})|n\rangle$$

$$= (E_n - \hbar\omega)(\hat{a}|n\rangle),$$

$$\hat{H}(\hat{a}^\dagger|n\rangle) = (\hat{a}^\dagger\hat{H} + \hbar\omega\hat{a}^\dagger)|n\rangle$$

$$= (E_n + \hbar\omega)(\hat{a}^\dagger|n\rangle).$$

Das bedeutet: $\hat{a}\,|n\rangle$ und $\hat{a}^\dagger\,|n\rangle$ sind Eigenzustände zu $\hat{H}$ mit den Eigenwerten $(E_n - \hbar\omega)$ beziehungsweise $(E_n + \hbar\omega)$. Die Wirkung von $\hat{a}$ und $\hat{a}^\dagger$ auf $|n\rangle$ ist also derart, dass $|n\rangle$ auf einen neuen Energieeigenzustand abgebildet wird mit einer um $\hbar\omega$ niedrigeren beziehungsweise höheren Energie.

Eine weitere einfache, aber ebenso wichtige Kommutatorrelation ist:

$$[\hat{N}, \hat{a}] = -\hat{a}, \tag{34.16}$$

$$[\hat{N}, \hat{a}^\dagger] = \hat{a}^\dagger, \tag{34.17}$$

mit der wir wie folgt weiterrechnen können:

$$\hat{N}(\hat{a}\,|n\rangle) = \hat{a}(\hat{N} - 1)\,|n\rangle$$
$$= (n - 1)(\hat{a}\,|n\rangle),$$
$$\hat{N}(\hat{a}^\dagger\,|n\rangle) = \hat{a}^\dagger(\hat{N} + 1)\,|n\rangle$$
$$= (n + 1)(\hat{a}^\dagger\,|n\rangle).$$

Das bedeutet: $\hat{a}\,|n\rangle$ und $\hat{a}^\dagger\,|n\rangle$ sind Eigenzustände zu $\hat{N}$ mit den Eigenwerten $(n - 1)$ beziehungsweise $(n + 1)$. Die Wirkung von $\hat{a}$ und $\hat{a}^\dagger$ auf $|n\rangle$ ist also derart, dass $|n\rangle$ auf $|n - 1\rangle$ beziehungsweise $|n + 1\rangle$ abgebildet wird. Dies wollen wir genauer untersuchen. Wir betrachten

$$\hat{a}\,|n\rangle = c_n\,|n - 1\rangle, \tag{34.18}$$

wo c_n eine Konstante ist, die sich aus den Normierungsbedingungen an $|n\rangle$, $|n - 1\rangle$ ergibt. Aus (34.18) folgt einerseits, dass

$$|\hat{a}\,|n\rangle|^2 = \langle n|\hat{a}^\dagger\hat{a}|n\rangle$$
$$= |c_n|^2 \langle n - 1|n - 1\rangle = |c_n|^2.$$

Andererseits folgt aus (34.11), dass

$$|\hat{a}\,|n\rangle|^2 = \langle n|\hat{a}^\dagger\hat{a}|n\rangle$$
$$= n \langle n|n\rangle = n,$$

woraus nun einfach folgt ist, dass $|c_n|^2 = n$. Daraus schließen wir zwei Dinge: zum einen haben wir den Koeffizienten c_n bestimmt, zum anderen ist ersichtlich, dass n nur positive Werte annehmen kann: $n \geq 0$. Die analoge Rechnung ergibt die Konstante bei Anwendung von $\hat{a}^\dagger$ auf $|n\rangle$, so dass wir zusammenfassen können:

$$\hat{a}\,|n\rangle = \sqrt{n}\,|n - 1\rangle, \tag{34.19}$$

$$\hat{a}^\dagger\,|n\rangle = \sqrt{n + 1}\,|n + 1\rangle. \tag{34.20}$$

Dies zeigt, dass die wiederholte Anwendung von $\hat{a}$ beziehungsweise $\hat{a}^\dagger$ auf $|n\rangle$ eine Abfolge von Eigenzuständen $|n - 1\rangle$, $|n - 2\rangle$, ... beziehungsweise $|n + 1\rangle$, $|n + 2\rangle$, ...

erzeugt. Die Leiteroperatoren $\hat{a}^\dagger$ und $\hat{a}$ werden aus diesem Grund auch **Aufsteige-** oder **Erzeugungsoperator** beziehungsweise **Absteige-** oder **Vernichtungsoperator** genannt.

Da $n \geq 0$ und wegen $\hat{a}\,|0\rangle = 0$, hört die absteigende Reihe bei $n = 0$ auf. Dies gilt aber nur, wenn wir mit einem ganzzahligen Wert für n starten. Starten wir mit einem nicht-ganzzahligen Wert, würde die absteigende Reihe nicht abbrechen, sondern zu Eigenzuständen mit negativem n führen. Da aber, wie oben gezeigt, $n \geq 0$ sein muss, muss n also ganzzahlig sein.

Das Eigenwertspektrum des Hamilton-Operators ist also diskret und äquidistant:

$$E_n = \left(n + \frac{1}{2}\right)\hbar\omega \quad (n \in \{0, 1, 2, \dots\}).$$
(34.21)

Wie für gebundene Zustände in einer Dimension zu erwarten war und in Abschnitt 29 allgemein abgeleitet wurde, ist das Spektrum von $\hat{H}$ diskret und nicht-entartet. Und wie im Falle des Potentialtopfs (Abschnitt 32) treffen wir auf das Phänomen der **Nullpunktsenergie**: der niedrigste Energieeigenwert ist nicht Null, sondern $E_0 = \hbar\omega/2$. Der Eigenzustand $|0\rangle$ zu diesem Energieeigenwert E_0 wird auch als **Vakuumzustand** bezeichnet.

Die Bezeichung „Besetzungszahloperator" für $\hat{N}$ ist dann ebenfalls klar, denn die Eigenwerte n von $\hat{N}$ geben gewissermaßen an, wieviele Einheiten des Energiequantums $\hbar\omega$ in einem Eigenzustand $|n\rangle$ enthalten sind (zusätzlich zur Nullpunktsenergie).

Die explizite Konstruktion der Eigenzustände $|n\rangle$ erfolgt durch mehrfache Anwendung von $\hat{a}^\dagger$ auf $|0\rangle$, und man erhält aus (34.20):

$$|n\rangle = \frac{1}{\sqrt{n!}}\left(\hat{a}^\dagger\right)^n |0\rangle.$$
(34.22)

Die Eigenzustände $\{\,|n\rangle\,\}$ sind gemeinsame Eigenzustände von $\hat{H}$ und $\hat{N}$ und bilden wieder eine vollständige Orthonormalbasis im Hilbertraum $\mathcal{H}$:

$$\langle n'|n\rangle = \delta_{n'n},$$

$$\sum_{n=0}^{\infty} |n\rangle\langle n| = \mathbb{1}.$$

Matrixdarstellung der Operatoren

Wir betrachten nun die Matrixdarstellungen diverser Operatoren in der Besetzungszahlbasis $\{\,|n\rangle\,\}$, die daher **Besetzungszahldarstellung** oder auch **Fock-Darstellung** genannt wird. Besonders einfach ist dies natürlich bei den Operatoren $\hat{H}$ und $\hat{N}$, da diese in $\{\,|n\rangle\,\}$ diagonal sind:

$$\langle n'|\hat{N}|n\rangle = n\delta_{n'n}$$
(34.23)

und

$$\langle n'|\hat{H}|n\rangle = \hbar\omega\left(n + \frac{1}{2}\right)\delta_{n'n}.$$
(34.24)

Aus (34.19,34.20) kann man die Matrixdarstellungen für $\hat{a}, \hat{a}^\dagger$ ableiten:

$$\langle n'|\hat{a}|n\rangle = \sqrt{n}\delta_{n',n-1},$$ (34.25a)

$$\langle n'|\hat{a}^\dagger|n\rangle = \sqrt{n+1}\delta_{n',n+1}.$$ (34.25b)

Schließlich leiten wir noch die Matrixdarstellung für $\hat{x}$ und $\hat{p}$ ab. Aus dem Zusammenhang

$$\hat{x} = \sqrt{\frac{\hbar}{2m\omega}}\left(\hat{a}^\dagger + \hat{a}\right),$$ (34.26)

$$\hat{p} = \mathrm{i}\sqrt{\frac{m\hbar\omega}{2}}\left(\hat{a}^\dagger - \hat{a}\right)$$ (34.27)

leiten wir ab:

$$\langle n'|\hat{x}|n\rangle = \sqrt{\frac{\hbar}{2m\omega}}\left(\sqrt{n+1}\delta_{n',n+1} + \sqrt{n}\delta_{n',n-1}\right)$$ (34.28)

und

$$\langle n'|\hat{p}|n\rangle = \mathrm{i}\sqrt{\frac{m\hbar\omega}{2}}\left(\sqrt{n+1}\delta_{n',n+1} - \sqrt{n}\delta_{n',n-1}\right).$$ (34.29)

Erwartungswerte und Virialsatz

Zunächst wollen wir die Erwartungswerte von $\hat{x}^2$ und $\hat{p}^2$ berechnen. Mit Hilfe von (34.26) und (34.27) erhalten wir in einem Zwischenschritt

$$\langle n|\hat{x}^2|n\rangle = \frac{\hbar}{2m\omega}\langle n|\hat{a}\hat{a}^\dagger + \hat{a}^\dagger\hat{a}|n\rangle,$$

$$\langle n|\hat{p}^2|n\rangle = \frac{m\hbar\omega}{2}\langle n|\hat{a}\hat{a}^\dagger + \hat{a}^\dagger\hat{a}|n\rangle,$$

wobei wir ausgenutzt haben, dass trivialerweise:

$$\langle n|\hat{a}|n\rangle = \langle n|\hat{a}^\dagger|n\rangle = \langle n|\hat{a}^2|n\rangle = \langle n|(\hat{a}^\dagger)^2|n\rangle = 0,$$ (34.30)

woraus sich nebenbei ebenso trivial ergibt:

$$\langle n|\hat{x}|n\rangle = \langle n|\hat{p}|n\rangle = 0.$$ (34.31)

Wir erhalten so:

$$\langle n|\hat{x}^2|n\rangle = \frac{\hbar}{2m\omega}(2n+1)$$ (34.32)

und

$$\langle n|\hat{p}^2|n\rangle = \frac{m\hbar\omega}{2}(2n+1).$$ (34.33)

Aus (34.32) und (34.33) kann man noch eine wichtige Relation ableiten:

$$\langle \hat{V}(\hat{x}) \rangle = \frac{\langle \hat{p}^2 \rangle}{2m} = \frac{1}{2} \langle \hat{H} \rangle .$$
(34.34)

Diese Relation ist in der Form $\langle E_{\text{pot}} \rangle = \langle E_{\text{kin}} \rangle = \frac{1}{2} \langle E_{\text{total}} \rangle$ in der klassischen und der statistischen Mechanik als **Virialsatz** bekannt.

Wir überprüfen mit diesen Ergebnissen nun noch die Unbestimmtheitsrelation. Mit

$$\Delta x = \sqrt{\langle \hat{x}^2 \rangle - \langle \hat{x} \rangle^2} = \sqrt{\frac{\hbar}{2m\omega}(2n+1)},$$

$$\Delta p = \sqrt{\langle \hat{p}^2 \rangle - \langle \hat{p} \rangle^2} = \sqrt{\frac{m\hbar\omega}{2}(2n+1)}$$

erhalten wir so:

$$\Delta x \Delta p = \left(n + \frac{1}{2}\right)\hbar \geq \frac{\hbar}{2},$$

die Unschärferelation ist also erfüllt.

Algebraische Methode in Ortsdarstellung

Wir leiten nun die Wellenfunktion für die stationären Zustände des harmonischen Oszillators in Ortsdarstellung ab. (34.22) zeigt die Konstruktion aller stationären Zustände durch mehrfache Anwendung des Aufsteigeoperators $\hat{a}^\dagger$ auf den Vakuumzustand $|0\rangle$. Wir fangen daher mit der Bestimmung der Grundzustandswellenfunktion in Ortsdarstellung an.

Wir setzen

$$a := \sqrt{\frac{\hbar}{m\omega}},$$
(34.35)

wodurch eine Längenskala definiert wird, und beachten, dass für den Impulsoperator $\hat{p}$ in Ortsdarstellung gilt:

$$\hat{p} \mapsto -i\hbar \frac{\mathrm{d}}{\mathrm{d}x}.$$

Dann können (34.6) und (34.7) geschrieben werden:

$$\hat{a} \mapsto \frac{1}{\sqrt{2}}\left(\frac{x}{a} + a\frac{\mathrm{d}}{\mathrm{d}x}\right),$$

$$\hat{a}^\dagger \mapsto \frac{1}{\sqrt{2}}\left(\frac{x}{a} - a\frac{\mathrm{d}}{\mathrm{d}x}\right),$$

und damit

$$\hat{a} \mapsto \frac{1}{\sqrt{2}a}\left(x + a^2\frac{\mathrm{d}}{\mathrm{d}x}\right),$$
(34.36)

$$\hat{a}^\dagger \mapsto \frac{1}{\sqrt{2}a}\left(x - a^2\frac{\mathrm{d}}{\mathrm{d}x}\right).$$
(34.37)

Die Gleichung

$$\hat{a}\,|0\rangle = 0$$

stellt sich in Ortsdarstellung damit als Differentialgleichung dar:

$$\langle x|\hat{a}|0\rangle = 0$$

$$\implies \frac{1}{\sqrt{2}a}\left(x\psi_0(x) + a^2\frac{\mathrm{d}\psi_0(x)}{\mathrm{d}x}\right) = 0$$

$$\implies \frac{\mathrm{d}\psi_0(x)}{\mathrm{d}x} = -\frac{x}{a^2}\psi_0(x),$$

mit $\psi_0(x) = \langle x|0\rangle$.

Die Lösung zu dieser wohlbekannten Differentialgleichung ist eine Gaußsche Funktion:

$$\psi_0(x) = A\exp\left(-\frac{x^2}{2a^2}\right), \tag{34.38}$$

wobei sich die Konstante A aus der Normierungsbedingung

$$\int_{\infty}^{\infty}|\psi_0(x)|^2\,\mathrm{d}x = A^2\int_{\infty}^{\infty}\exp\left(-\frac{x^2}{a^2}\right)\mathrm{d}x$$

$$= A^2\sqrt{\pi}a \overset{!}{=} 1$$

ergibt. Damit ist

$$\psi_0(x) = \frac{1}{\sqrt{\sqrt{\pi}a}}\exp\left(-\frac{x^2}{2a^2}\right). \tag{34.39}$$

Nun können wir die Wellenfunktionen weiterer stationärer Zustände in Ortsdarstellung konstruieren. Wir beginnen mit dem ersten angeregten Zustand $|1\rangle$:

$$\langle x|1\rangle = \langle x|\hat{a}^\dagger|0\rangle$$

$$= \frac{1}{\sqrt{2}x_0}\left(x - a^2\frac{\mathrm{d}}{\mathrm{d}x}\right)\langle x|0\rangle$$

$$= \frac{1}{\sqrt{2}x_0}\left(x - a^2\left(-\frac{x}{a^2}\right)\right)\psi_0(x)$$

$$= \frac{\sqrt{2}}{a}x\psi_0(x),$$

oder

$$\psi_1(x) = \sqrt{\frac{2}{\sqrt{\pi}a^3}}\,x\exp\left(-\frac{x^2}{2a^2}\right). \tag{34.40}$$

Es ist nun klar, wie es weitergeht: alle weiteren Wellenfunktionen erhält man durch mehrfaches Anwenden des Differentialoperators, der sich aus $\hat{a}^\dagger$ in Ortsdarstellung ergibt:

$$\langle x|2\rangle = \frac{1}{\sqrt{2!}}\,\langle x\,|\,(\hat{a}^\dagger)^2\,|\,0\rangle = \frac{1}{\sqrt{2!}}\left(\frac{1}{\sqrt{2}a}\right)^2\left(x - a^2\frac{\mathrm{d}}{\mathrm{d}x}\right)^2\psi_0(x),$$

$$\langle x|3\rangle = \frac{1}{\sqrt{3!}}\,\langle x\,|\,(\hat{a}^\dagger)^3\,|\,0\rangle = \frac{1}{\sqrt{3!}}\left(\frac{1}{\sqrt{2}a}\right)^3\left(x - a^2\frac{\mathrm{d}}{\mathrm{d}x}\right)^3\psi_0(x),$$

$$\vdots$$

$$\langle x|n\rangle = \frac{1}{\sqrt{n!}}\,\langle x\,|\,(\hat{a}^\dagger)^n\,|\,0\rangle = \frac{1}{\sqrt{n!}}\left(\frac{1}{\sqrt{2}a}\right)^n\left(x - a^2\frac{\mathrm{d}}{\mathrm{d}x}\right)^n\psi_0(x).$$

Die letzte Zeile können wir auch schreiben:

$$\psi_n(x) = \frac{1}{\sqrt{\sqrt{\pi}2^n n!}}\,\frac{1}{a^{n+1/2}}\left(x - a^2\frac{\mathrm{d}}{\mathrm{d}x}\right)^n \exp\left(-\frac{x^2}{2a^2}\right). \tag{34.41}$$

Im Folgenden geben wir ohne Rechnung die geschlossenen Ausdrücke für $\psi_2(x)$ und $\psi_3(x)$ an:

$$\psi_2(x) = \frac{1}{\sqrt{2\sqrt{\pi}a}}\left(\frac{2x^2}{a^2} - 1\right)\exp\left(-\frac{x^2}{2a^2}\right), \tag{34.42}$$

$$\psi_3(x) = \frac{1}{\sqrt{3\sqrt{\pi}a}}\left(\frac{2x^3}{a^3} - \frac{3x}{a}\right)\exp\left(-\frac{x^2}{2a^2}\right). \tag{34.43}$$

35 Spektrum und Eigenzustände des harmonischen Oszillators II: analytische Methode

Wir kehren zurück zum Hamilton-Operator (34.1). In Ortsdarstellung lautet die stationäre Schrödinger-Gleichung für den harmonischen Oszillator dann:

$$-\frac{\hbar^2}{2m}\frac{d^2\psi(x)}{dx^2} + \frac{1}{2}m\omega^2 x^2\psi(x) = E\psi(x), \tag{35.1}$$

oder anders geschrieben:

$$\frac{d^2\psi(x)}{dx^2} + \left(\frac{2mE}{\hbar^2} - \frac{x^2}{a^4}\right)\psi(x) = 0, \tag{35.2}$$

wobei wieder $a = \sqrt{\hbar/(m\omega)}$. Unser Ansatz führt im Folgenden das Konzept der **erzeugenden Funktionen** ein, das sich in vielen Eigenwertproblemen von Differentialoperatoren als äußerst mächtiges Instrument erweist. Zuerst werden wir allerdings eine Variablensubstitution durchführen.

Wir führen die neue dimensionslose Variable $q = x/a$ ein, die wir eingangs bereits bei der algebraischen Betrachtung in Form des Operators $\hat{Q}$ eingeführt haben. Dann ist:

$$dq = \frac{dx}{a}$$
$$\Longrightarrow \frac{d\psi}{dx} = \frac{d\psi(x(q))}{dq}\frac{dq}{dx}$$
$$= \frac{1}{a}\frac{d\psi(x(q))}{dq},$$
$$\frac{d^2\psi}{dx^2} = \frac{1}{a^2}\frac{d^2\psi(x(q))}{dq^2}.$$

Verwenden wir dies in (35.2), so können wir die Differentialgleichung wie folgt schreiben:

$$\frac{d^2\bar{\psi}(q)}{dq^2} + (2\epsilon - q^2)\bar{\psi}(q) = 0, \tag{35.3}$$

mit der dimensionslosen Variablen

$$\epsilon = \frac{E}{\hbar\omega}, \tag{35.4}$$

und mit $\bar{\psi}(q) := \psi(x(q))$.

Die Methode, die wir im Folgenden zum Lösen von (35.3) wählen, ist eine, der wir in späteren Abschnitten beim Lösen anderer Differentialgleichungen ständig begegnen werden und aus vier wesentlichen Schritten besteht:

1. Zunächst betrachten wir das asymptotische Verhalten von (35.3) in den Fällen $q \to \infty$ und $q \to 0$:

Für $q \to \infty$ können wir den ϵ-Term in (35.3) vernachlässigen, wir erhalten die Gleichung:

$$\frac{d^2\bar{\psi}(q)}{dq^2} - q^2\bar{\psi}(q) = 0,$$

die in genau dem gleichen Limes $q \to \infty$ gelöst wird durch den Ansatz:

$$\bar{\psi}(q) = Aq^n e^{\pm q^2/2} \quad (n \in \{0, 1, 2, \dots\}),$$

denn es ist:

$$\frac{d^2\bar{\psi}(q)}{dq^2} = Aq^{n+2}e^{\pm q^2/2}\left[1 \pm \frac{2n+1}{q^2} + \frac{n(n-1)}{q^4}\right]$$

$$\xrightarrow{q\to\infty} Aq^{n+2}e^{\pm q^2/2} = q^2\bar{\psi}(q).$$

Da die Basislösung mit dem Term $e^{+q^2/2}$ für $q \to \infty$ allerdings divergiert und somit zu nicht normierbaren Wellenfunktionen führt, verwerfen wir diese und wählen nur die Basislösung, die $e^{-q^2/2}$ enthält.

Nun betrachten wir den Limes $q \to 0$. In diesem Fall lautet die asymptotische Form von (35.3):

$$\frac{d^2\bar{\psi}(q)}{dq^2} + 2\epsilon\bar{\psi}(q) = 0,$$

die klassische Wellengleichung. Ihre Lösung ist:

$$\bar{\psi}(q) = c_1 \cos\left(\sqrt{2\epsilon}q\right) + c_2 \sin\left(\sqrt{2\epsilon}q\right).$$

Da wir den Grenzfall $q \to 0$ betrachten, nehmen wir von der Sinus- beziehungsweise Cosinus-Funktion nur den jeweils führenden Term mit:

$$\sin\left(\sqrt{2\epsilon}q\right) \xrightarrow{q\to 0} \sqrt{2\epsilon}q,$$

$$\cos\left(\sqrt{2\epsilon}q\right) \xrightarrow{q\to 0} 1,$$

so dass

$$\bar{\psi}(q) \xrightarrow{q\to 0} c_1 + c_2\sqrt{2\epsilon}.$$

Insgesamt wählen wir also als Lösungsansatz für $\bar{\psi}(q)$:

$$\bar{\psi}(q) = h(q)\exp\left(-\frac{q^2}{2}\right), \tag{35.5}$$

wobei $h(q)$ das asymptotische Verhalten:

$$h(q) \begin{cases} \xrightarrow{q \to 0} c_1 + c_2 \sqrt{2\epsilon} q \\ \xrightarrow{q \to \infty} q^n \end{cases}$$

besitzt. Damit werden wir auf eine Differentialgleichung für $h(q)$ geführt:

$$\frac{d^2 h(q)}{dq^2} - 2q \frac{dh(q)}{dq} + (2\epsilon - 1)h(q) = 0. \tag{35.6}$$

2. Um (35.6) zu lösen, verwenden wir im nächsten Schritt nun für die unbekannte Funktion $h(q)$ einen Potenzreihenansatz der Form (sogenannte **Frobenius-Methode**):

$$h(q) = \sum_{k=0}^{\infty} a_k q^k, \tag{35.7}$$

welcher, in (35.6) eingesetzt, eine Polynomialgleichung ergibt:

$$\sum_{k=0}^{\infty} a_k \left[k(k-1)q^{k-2} + (2\epsilon - 1 - 2k)q^k \right] = 0. \tag{35.8}$$

Wir wollen die Koeffizienten nun zu gleichen Potenzen von q zusammengruppieren. Dazu stellen wir fest, dass aufgrund des Faktors $k(k-1)$ für den ersten Teil der Summe gilt:

$$\sum_{k=0}^{\infty} a_k k(k-1)q^{k-2} = \sum_{k=2}^{\infty} a_k k(k-1)q^{k-2},$$

da für $k = 0, 1$ der einzelne Summand jeweils identisch verschwindet. Da k nun aber ein Dummy-Index ist, kann genauso gut $k \mapsto k + 2$ gesetzt werden, so dass die Teilsumme auch geschrieben werden kann als:

$$\sum_{k=0}^{\infty} a_k k(k-1)q^{k-2} = \sum_{k=0}^{\infty} a_{k+2}(k+2)(k+1)q^k,$$

und für die Polynomialgleichung (35.8) ergibt sich somit:

$$\sum_{k=0}^{\infty} q^k \left[c_{k+2}(k+2)(k+1) + c_k(2\epsilon - 1 - 2k) \right] = 0. \tag{35.9}$$

Da die einzelnen Potenzen q^k voneinander linear unabhängig sind, müssen nun in (35.9) die einzelnen Koeffizienten verschwinden, wir erhalten so eine Rekursionsrelation:

$$c_{k+2}(k+2)(k+1) + c_k(2\epsilon - 1 - 2k) = 0, \tag{35.10}$$

beziehungsweise

$$c_{k+2} = c_k \frac{(2k - 2\epsilon + 1)}{(k+2)(k+1)}. \tag{35.11}$$

3. Es stellt sich nun die Frage, ob (35.7) eine unendliche Reihe oder ein Polynom darstellt. Für den Fall, dass (35.7) eine unendliche Reihe darstellen sollte, betrachten wir für immer größere Werte von k das Verhältnis benachbarter Koeffizienten c_k zueinander:

$$\frac{c_{k+2}}{c_k} = \frac{(2k - 2\epsilon + 1)}{(k + 2)(k + 1)} \overset{k \to \infty}{\sim} \frac{2}{k}.$$

Das ist aber das gleiche asymptotische Verhalten wie das der Funktion

$$q^n e^{q^2} = \sum_{k'=0}^{\infty} \frac{q^{2k'+n}}{k'!}$$

$$= \sum_{k=n}^{\infty} \frac{q^k}{((k - n)/2)!},$$

mit $k = 2k' + n$. Die Summe über k geht also in Zweierschritten. Betrachten wir nun die Koeffizienten der einzelnen Potenzen, die wir nun einfach ebenfalls mit c_k bezeichnen, finden wir:

$$\frac{c_{k+2}}{c_k} = \frac{((k - n)/2)!}{((k + 2 - n)/2)!}$$

$$\overset{k \to \infty}{\sim} \frac{1}{(k + 2 - n)/2} = \frac{2}{k}.$$

Dieses asymptotische Verhalten für $h(q)$ haben wir aber von vornherein als unphysikalisch ausgeschlossen, denn damit würde folgen:

$$\bar{\psi}(q) \xrightarrow{q \to \infty} q^n e^{+q^2/2},$$

im Widerspruch zur Eingangsvoraussetzung. Also kann (35.7) nur ein endliches Polynom sein, das heißt: für ein bestimmtes $n \in \{0, 1, 2, \dots\}$ müssen alle Koeffizienten c_k mit $k > n$ identisch verschwinden. Wir haben also eine Abbruchbedingung, die sich aus (35.11) ergibt:

$$c_{n+2} \overset{!}{=} 0$$

$$\implies \epsilon = n + \frac{1}{2}. \tag{35.12}$$

Hieraus ergibt sich eine **Quantisierungsbedingung** für die Energie-Eigenwerte, denn mit (35.4) ergibt sich somit:

$$E_n = \left(n + \frac{1}{2}\right) \hbar\omega. \tag{35.13}$$

4. Als letzten Schritt betrachten wir mögliche Entartungen, stellen aber in diesem Falle fest, dass die einzelnen Energie-Eigenwerte E_n nicht entartet sind, da die Beziehung zwischen n und ϵ eineindeutig ist.

Somit haben wir analytisch-konstruktiv die Basislösungen $\bar{\psi}_n(q)$ für (35.3) beziehungsweise gefunden:

$$\bar{\psi}_n(q) = a_n \cdot h_n(q) e^{-q^2/2}, \tag{35.14}$$

wobei $h_n(q)$ ein Polynom n-ter Ordnung ist, dessen Koeffizienten sich aus der Rekursionsrelation (35.11) ergeben. Im Prinzip lassen sich so alle Wellenfunktionen konstruieren. Die Konstanten a_n sind über die üblichen Normierungsbedingungen an $\psi_n(x)$ zu bestimmen, was in dieser Methode allerdings etwas umständlich ist. Da war die algebraische Methode, die wir eingangs dieses Abschnittes betrachtet haben, deutlich einfacher.

Methode der speziellen Funktionen

Die Differentialgleichung (35.6) ist in der Mathematik wohlbekannt, es ist die **Hermitesche Differentialgleichung**, die üblicherweise bereits in der Form

$$\frac{d^2 h(q)}{dq^2} - 2q \frac{dh(q)}{dq} + 2n h(q) = 0 \tag{35.15}$$

geschrieben wird, wobei $n \in \{0, 1, 2, \dots\}$ ist. Die Lösungen der Hermiteschen Differentialgleichung sind ebenfalls bekannt: die sogenannten **Hermite-Polynome** $H_n(q)$ mit $n \in \{0, 1, 2, \dots\}$ bilden ein vollständiges Orthogonalsystem von Basislösungen für $h(q)$ und sind Polynome n-ter Ordnung in q. Sie sind definiert durch:

$$H_n(q) = (-1)^n \exp(q^2) \frac{d^n}{dq^n} \exp(-q^2). \tag{35.16}$$

Um den Zusammenhang zum algebraischen Zugang zum harmonischen Oszillator herzustellen, benutzen wir, dass es eine zu (35.16) äquivalente Definition der Hermite-Polynome gibt:

$$H_n(q) = \exp\left(\frac{q^2}{2}\right) \left(q - \frac{d}{dq}\right)^n \exp\left(-\frac{q^2}{2}\right). \tag{35.17}$$

Damit können wir nun (34.41) auch schreiben:

$$\psi_n(x) = \frac{1}{\sqrt{\sqrt{\pi} 2^n n! a}} \exp\left(-\frac{x^2}{2a^2}\right) H_n\left(\frac{x}{a}\right). \tag{35.18}$$

Mathematischer Einschub 12: Hermite-Polynome

Die **Hermite-Polynome** $H_n(x)$ mit $n = 0, 1, 2, \dots$ bilden ein fundamentales Lösungssystem der **Hermiteschen Differentialgleichung**:

$$\left[\frac{d^2}{dx^2} - 2x \frac{d}{dx} + 2n\right] H_n(x) = 0, \tag{35.19}$$

und sie erfüllen die folgenden Rekursionsrelationen:

$$H'_n(x) = 2nH_{n-1}(x), \tag{35.20}$$

$$H_{n+1}(x) = 2xH_n(x) - 2nH_{n-1}(x). \tag{35.21}$$

Der allgemeine Ausdruck für $H_n(x)$ ist:

$$H_n(x) = \sum_{r=0}^{[n/2]} (-1)^r \frac{n!}{r!(n-2r)!} (2x)^{n-2r}, \tag{35.22}$$

wobei die sogenannte Gauß-Klammer $[n/2]$ die größte ganze Zahl kleiner oder gleich $n/2$ ist, und man erkennt, dass die Hermite-Polynome abwechselnd von gerader (wenn n gerade ist) und von ungerader (wenn n ungerade ist) Parität sind. Sie bilden ein vollständiges Orthogonalsystem im Raum der quadratintegrablen Funktionen über $[-\infty, \infty]$, also über $L^2(\mathbb{R})$, mit Gewichtsfunktion e^{-x^2}. Das heißt, es gilt die folgende Orthonormierung:

$$\int_{-\infty}^{\infty} e^{-x^2} H_m(x) H_n(x) dx = \sqrt{\pi} 2^n n! \delta_{mn}. \tag{35.23}$$

Die Hermite-Polynome können aus einer sogenannten **erzeugenden Funktion**

$$e^{2xz-z^2} = \sum_{n=0}^{\infty} \frac{1}{n!} H_n(x) z^n \tag{35.24}$$

über ein Wegintegral in $\mathbb{C}$ abgeleitet werden:

$$H_n(x) = \frac{n!}{2\pi i} \oint_C \frac{e^{2xz-z^2}}{z^{n+1}} dz, \tag{35.25}$$

wobei der Weg C den Ursprung mit positiver Windungszahl, also entgegen dem Uhrzeigersinn, umläuft. Ein derartiges Wegintegral zur Darstellung von orthonormierten Polynomen wird auch **Schläfli-Integral** genannt, nach dem Schweizer Mathematiker Ludwig Schläfli, der einen derartigen Zusammenhang zunächst für Legendre-Polynome fand.

Ferner nimmt die **Rodrigues-Formel** – ein allgemeiner Formeltyp zur Darstellung orthogonaler Polynomsysteme mittels Differentialoperatoren – für die $H_n(x)$ folgende Form an:

$$H_n(x) = (-1)^n \exp(x^2) \frac{d^n}{dx^n} \exp(-x^2). \tag{35.26}$$

Es ist leicht zu zeigen, dass es eine äquivalente Darstellung gibt:

$$H_n(x) = \exp\left(\frac{x^2}{2}\right)\left(x - \frac{d}{dx}\right)^n \exp\left(-\frac{x^2}{2}\right), \tag{35.27}$$

was sich durch die Gleichwertigkeit der beiden Differentialoperatoren:

$$D_1 := -\exp(x^2)\frac{d}{dx}\exp(-x^2)$$

und

$$D_2 := \exp\left(\frac{x^2}{2}\right)\left(x - \frac{d}{dx}\right)\exp\left(-\frac{x^2}{2}\right)$$

ergibt. Zum Nachweis wendet man einfach D_1 beziehungsweise D_2 auf eine Testfunktion $f(x)$ an. Die Hermite-Polynome $H_n(x)$ ergeben sich dann einfach durch n-fache Anwendung von D_1 beziehungsweise D_2 auf eine konstante Funktion $f(x) = $ const. Für $n = 0 \dots 5$ lauten die ersten $H_n(x)$ explizit:

$$H_0(x) = 1 \qquad\qquad H_3(x) = 8x^3 - 12x$$
$$H_1(x) = 2x \qquad\qquad H_4(x) = 16x^4 - 48x^2 + 12$$
$$H_2(x) = 4x^2 - 2 \qquad\qquad H_5(x) = 32x^5 - 160x^3 + 120x.$$

36 Der harmonische Oszillator im Heisenberg-Bild

Es ist sehr illustrativ, den harmonischen Oszillator einmal im Heisenberg-Bild zu betrachten, da die in Abschnitt 20 abgeleiteten Heisenberg-Gleichungen (20.5) in diesem Fall einfach und exakt lösbar sind. Wir beginnen mit der Berechnung der Orts- und Impulsoperatoren $\hat{x}_H(t)$ und $\hat{p}_H(t)$. Zuvor stellen wir fest, dass folgende Kommutatorrelationen gelten:

$$[\hat{H}, \hat{x}] = -\frac{i\hbar}{m}\hat{p}, \tag{36.1}$$

$$[\hat{H}, \hat{p}] = i\hbar m\omega^2 \hat{x}, \tag{36.2}$$

wie leicht nachgerechnet werden kann.

Aus (20.3) mit $t_0 = 0$ und dem Hadamard-Lemma (14.53) folgt:

$$\hat{x}_H(t) = e^{it\hat{H}/\hbar}\hat{x}e^{-it\hat{H}/\hbar}$$

$$= \hat{x} + \frac{it}{\hbar}[\hat{H}, \hat{x}] + \frac{1}{2!}\left(\frac{it}{\hbar}\right)^2 [\hat{H}, [\hat{H}, \hat{x}]] + \dots$$

$$= \hat{x} + \frac{t}{m}\hat{p} - \frac{(\omega t)^2}{2!}\hat{x} - \frac{(\omega t)^3}{3!}\frac{1}{m\omega}\hat{p} + \frac{(\omega t)^4}{4!}\hat{x} + \frac{(\omega t)^5}{5!}\frac{1}{m\omega}\hat{p} - \dots$$

$$= \hat{x}\left[1 - \frac{(\omega t)^2}{2!} + \frac{(\omega t)^4}{4!} - \dots\right] + \frac{1}{m\omega}\hat{p}\left[\omega t - \frac{(\omega t)^3}{3!} + \frac{(\omega t)^5}{5!} - \dots\right],$$

und damit:

$$\hat{x}_H(t) = \hat{x}\cos(\omega t) + \frac{1}{m\omega}\hat{p}\sin(\omega t). \tag{36.3}$$

Eine analoge Rechnung ergibt:

$$\hat{p}_H(t) = e^{it\hat{H}/\hbar}\hat{p}e^{-it\hat{H}/\hbar}$$

$$= \hat{p} + \frac{it}{\hbar}[\hat{H}, \hat{p}] + \frac{1}{2!}\left(\frac{it}{\hbar}\right)^2 [\hat{H}, [\hat{H}, \hat{p}]] + \dots$$

$$= \hat{p}\left[1 - \frac{(\omega t)^2}{2!} + \frac{(\omega t)^4}{4!} - \dots\right] - m\omega\hat{x}\left[\omega t - \frac{(\omega t)^3}{3!} + \frac{(\omega t)^5}{5!} - \dots\right],$$

und damit:

$$\hat{p}_H(t) = \hat{p}\cos(\omega t) - m\omega\hat{x}\sin(\omega t). \tag{36.4}$$

Die Ausdrücke (36.3) und (36.4) lassen sich natürlich auch direkt über die Lösung der

Heisenberg-Gleichungen (20.5) erhalten: Diese lauten für den harmonischen Oszillator:

$$\frac{d\hat{x}_H(t)}{dt} = -\frac{i}{\hbar}[\hat{x}_H(t), \hat{H}]$$

$$= -\frac{i}{\hbar}e^{it\hat{H}/\hbar}[\hat{x}, \hat{H}]e^{-it\hat{H}/\hbar}$$

$$= -\frac{i}{\hbar}\frac{i\hbar}{m}e^{it\hat{H}/\hbar}\hat{p}e^{-it\hat{H}/\hbar},$$

$$\frac{d\hat{p}_H(t)}{dt} = -\frac{i}{\hbar}[\hat{p}_H(t), \hat{H}]$$

$$= -\frac{i}{\hbar}e^{it\hat{H}/\hbar}[\hat{p}, \hat{H}]e^{-it\hat{H}/\hbar}$$

$$= -\frac{i\hbar m\omega^2}{i\hbar}e^{it\hat{H}/\hbar}\hat{x}e^{-it\hat{H}/\hbar},$$

und damit:

$$\frac{d\hat{x}_H(t)}{dt} = \frac{1}{m}\frac{d\hat{p}_H(t)}{dt}, \tag{36.5}$$

$$\frac{d\hat{p}_H(t)}{dt} = -m\omega^2\frac{d\hat{x}_H(t)}{dt}, \tag{36.6}$$

und sie werden durch (36.3,36.4) gelöst. Darüber hinaus sieht man: die Heisenberg-Gleichungen für den harmonischen Oszillator entsprechen also exakt den kanonischen Gleichungen der klassischen Mechanik.

Wie wir in Abschnitt 20 bereits angesprochen haben (siehe (20.7)), vertauschen Observable im Heisenberg-Bild zu unterschiedlichen Zeitpunkten t_1, t_2 im Allgemeinen nicht mehr. Wir wollen diese Kommutatoren für den harmonischen Oszillator explizit für den Orts- und den Impulsoperator berechnen:

$$[\hat{x}_H(t_1), \hat{p}_H(t_2)] = [\hat{x}\cos(\omega t_1) + \frac{1}{m\omega}\hat{p}\sin(\omega t_1), \hat{p}\cos(\omega t_2) - m\omega\hat{x}\sin(\omega t_2)]$$

$$= [\hat{x}, \hat{p}]\cos(\omega t_1)\cos(\omega t_2) - [\hat{p}, \hat{x}]\sin(\omega t_1)\sin(\omega t_2)$$

$$= i\hbar[\cos(\omega t_1)\cos(\omega t_2) + \sin(\omega t_1)\sin(\omega t_2)],$$

und analoge Rechnungen ergeben sich für $[\hat{x}_H(t_1), \hat{x}_H(t_2)]$ und $[\hat{p}_H(t_1), \hat{p}_H(t_2)]$, so dass wir schlussendlich erhalten:

$$[\hat{x}_H(t_1), \hat{p}_H(t_2)] = i\hbar\cos[\omega(t_1 - t_2)], \tag{36.7}$$

$$[\hat{x}_H(t_1), \hat{x}_H(t_2)] = -\frac{i\hbar}{m\omega}\sin[\omega(t_1 - t_2)], \tag{36.8}$$

$$[\hat{p}_H(t_1), \hat{p}_H(t_2)] = -i\hbar m\omega\sin[\omega(t_1 - t_2)], \tag{36.9}$$

woraus insbesondere die kanonischen Vertauschungsrelationen für $t_1 = t_2 = t$ folgen:

$$[\hat{x}_H(t), \hat{p}_H(t)] = i\hbar,$$
$$[\hat{x}_H(t), \hat{x}_H(t)] = 0,$$
$$[\hat{p}_H(t), \hat{p}_H(t)] = 0.$$

Für die Erzeugungs- und Vernichtungsoperatoren ergibt sich im Heisenberg-Bild recht einfach:

$$\frac{d\hat{a}_H(t)}{dt} = -\frac{i}{\hbar}[\hat{a}_H(t), \hat{H}]$$
$$= -\frac{i}{\hbar}e^{it\hat{H}/\hbar}[\hat{a}, \hat{H}]e^{-it\hat{H}/\hbar}$$
$$= -i\omega e^{it\hat{H}/\hbar}\hat{a}e^{-it\hat{H}/\hbar},$$

$$\frac{d\hat{a}_H^\dagger(t)}{dt} = -\frac{i}{\hbar}[\hat{a}_H^\dagger(t), \hat{H}]$$
$$= -\frac{i}{\hbar}e^{it\hat{H}/\hbar}[\hat{a}^\dagger, \hat{H}]e^{-it\hat{H}/\hbar}$$
$$= i\omega e^{it\hat{H}/\hbar}\hat{a}^\dagger e^{-it\hat{H}/\hbar},$$

so dass die Heisenberg-Gleichungen lauten:

$$\frac{d\hat{a}_H(t)}{dt} = -i\omega\hat{a}_H(t), \qquad (36.10)$$

$$\frac{d\hat{a}_H^\dagger(t)}{dt} = i\omega\hat{a}_H^\dagger(t), \qquad (36.11)$$

mit den Lösungen:

$$\hat{a}_H(t) = \hat{a}e^{-i\omega t}, \qquad (36.12)$$

$$\hat{a}_H^\dagger(t) = \hat{a}^\dagger e^{i\omega t}. \qquad (36.13)$$

37 Propagatoren IV: Der Schrödinger-Propagator des harmonischen Oszillators

Wir greifen den Pfadintegralformalismus von Abschnitt 27 auf und betrachten als wichtige Anwendung von (27.15) die Berechnung des Schrödinger-Propagators für den harmonischen Oszillator.

Die klassische Wirkung $S_{cl}[x]$ des harmonischen Oszillators ist:

$$S_{cl}[x] = \int_{t_0}^{t_1} L(x, \dot{x}) dt, \tag{37.1}$$

mit der klassischen Lagrange-Funktion:

$$L(x, \dot{x}) = \frac{1}{2} m \dot{x}^2 - \frac{1}{2} m \omega^2 x^2. \tag{37.2}$$

Der Schrödinger-Propagator des harmonischen Oszillators ist dann gegeben durch:

$$K(x_1, t_1; x_0, t_0) = e^{\frac{i}{\hbar} S_{cl}[x_{cl}]} K(0, t_1; 0, t_0) \tag{37.3}$$

mit:

$$K(0, t_1; 0, t_0) = \int_{y(t_0)=0}^{y(t_1)=0} \mathcal{D}[y] \exp \underbrace{\left(\frac{i}{\hbar} \frac{1}{2} \int_{t_0}^{t_1} dt \int_{t_0}^{t_1} dt' \left. \frac{\delta^2 S_{cl}[x]}{\delta x(t) \delta x(t')} \right|_{x=x_{cl}} y(t) y(t') \right)}_{=:S[y]}, \tag{37.4}$$

siehe (27.15).

Als erstes berechnen wir $S_{cl}[x_{cl}]$. Wir setzen ohne Beschränkung der Allgemeinheit $t_0 = 0, t_1 = T$. Mit dem Ansatz

$$x_{cl}(t) = A \sin(\omega t + \phi),$$
$$x_0 = x_{cl}(0) = A \sin \phi,$$
$$x_1 = x_{cl}(T) = A \sin(\omega T + \phi)$$

erhalten wir nach elementarer Rechnung zunächst:

$$S_{cl}[x_{cl}] = \int_0^T L(x_{cl}, \dot{x}_{cl}) dt$$
$$= \frac{m}{2} A\omega \left(x_1 \cos(\omega T + \phi) - x_0 \cos \phi \right).$$

Mit Hilfe der Additionstheoreme

$$\sin(\omega T + \phi) = \sin(\omega T) \cos \phi + \cos(\omega T) \sin \phi,$$
$$\cos(\omega T + \phi) = \cos(\omega T) \cos \phi - \sin(\omega T) \sin \phi$$

lässt sich dieser Ausdruck jedoch vereinfachen zu:

$$S_{\mathrm{cl}}[x_{\mathrm{cl}}] = \frac{m\omega}{2\sin(\omega T)} \left[(x_0^2 + x_1^2)\cos(\omega T) - 2x_0 x_1 \right] . \tag{37.5}$$

Um $S[y]$ zu berechnen, beachten wir, dass ja gilt:

$$\frac{\delta S_{\mathrm{cl}}[x]}{\delta x(t)} = \frac{\partial L(x,\dot{x})}{\partial x} - \frac{\mathrm{d}}{\mathrm{d}t}\frac{\partial L(x,\dot{x})}{\partial \dot{x}}$$

$$= -(m\omega^2 x(t) + m\ddot{x}(t)).$$

Dann ist aber:

$$\frac{\delta^2 S_{\mathrm{cl}}[x]}{\delta x(t)\delta x(t')} = -\frac{\delta}{\delta x(t')}\left(m\omega^2 x(t) + m\ddot{x}(t) \right)$$

$$= -\left(m\omega^2 \frac{\delta}{\delta x(t')}x(t) + \frac{\delta}{\delta x(t')}\frac{\mathrm{d}^2}{\mathrm{d}t^2}x(t) \right).$$

Es heißt nun etwas vorsichtig sein bei der weiteren Rechnung, da wir hier im Distributionensinne ableiten müssen. Es ist zwar etwas langwierig, aber äußerst instruktiv. Wir rechnen daher weiter:

$$\int_0^T \mathrm{d}t\,\frac{\delta^2 S_{\mathrm{cl}}[x]}{\delta x(t)\delta x(t')}y(t) = -\int_0^T \mathrm{d}t\,m\left(\omega^2\frac{\delta}{\delta x(t')}x(t) + \frac{\delta}{\delta x(t')}\frac{\mathrm{d}^2}{\mathrm{d}t^2}x(t) \right)y(t)$$

$$= -\int_0^T \mathrm{d}t\,m\left(\omega^2\delta(t-t') + \frac{\delta}{\delta x(t')}\frac{\mathrm{d}^2}{\mathrm{d}t^2}x(t) \right)y(t)$$

$$= -m\omega^2 y(t') - m\int_0^T \mathrm{d}t\,\frac{\delta}{\delta x(t')}\left[\frac{\mathrm{d}^2}{\mathrm{d}t^2}x(t) \right]y(t)$$

$$= -m\omega^2 y(t') - m\int_0^T \mathrm{d}t\,\frac{\delta}{\delta x(t')}\left[\frac{\mathrm{d}}{\mathrm{d}t}\left(\frac{\mathrm{d}x(t)}{\mathrm{d}t}y(t) \right) \right.$$

$$\left. - \left(\frac{\mathrm{d}}{\mathrm{d}t}x(t) \right)\left(\frac{\mathrm{d}}{\mathrm{d}t}y(t) \right) \right]$$

$$= -m\omega^2 y(t') + m\int_0^T \mathrm{d}t\,\frac{\delta}{\delta x(t')}\left(\frac{\mathrm{d}}{\mathrm{d}t}x(t) \right)\dot{y}(t)$$

$$= -m\omega^2 y(t') + m\int_0^T \mathrm{d}t\,\left(\frac{\mathrm{d}}{\mathrm{d}t}\frac{\delta}{\delta x(t')}x(t) \right)\dot{y}(t)$$

$$= -m\omega^2 y(t') + m\int_0^T \mathrm{d}t\,\left(\frac{\mathrm{d}}{\mathrm{d}t}\delta(t-t') \right)\dot{y}(t)$$

$$= -m\omega^2 y(t') - m\int_0^T \mathrm{d}t\,\delta(t-t')\ddot{y}(t)$$

$$= -m\omega^2 y(t') - m\ddot{y}(t').$$

Man beachte die partiellen Integrationen. Dann ist weiter, einschließlich einer weiteren partiellen Integration und abschließende Umbenennung der Variablen:

$$S[y] = \frac{1}{2} \int_0^T dt' \int_0^T dt \frac{\delta^2 S_{cl}[x]}{\delta x(t) \delta x(t')} y(t) y(t')$$

$$= \frac{1}{2} \int_0^T dt' \left(-m\omega^2 y(t')^2 - m\ddot{y}(t') y(t') \right)$$

$$= \int_0^T dt \left(-\frac{m}{2}\omega^2 y(t)^2 + \frac{m}{2}\dot{y}(t)^2 \right).$$

Eine alternative, eher „konventionelle" und kurze Herleitung für $S[y]$ ist:

$$S_{cl}[x_{cl} + y] = \int_0^T L(x_{cl} + y, \dot{x}_{cl} + \dot{y}) dt$$

$$= S_{cl}[x_{cl}] + \frac{1}{2} \int_0^T \left(\frac{\partial^2 L}{\partial x^2}\bigg|_{x=x_{cl}} y(t)^2 + \frac{\partial^2 L}{\partial \dot{x}^2}\bigg|_{x=x_{cl}} \dot{y}(t)^2 \right) dt$$

$$= S_{cl}[x_{cl}] + \underbrace{\int_0^T \left(-\frac{m}{2}\omega^2 y(t)^2 + \frac{m}{2}\dot{y}(t)^2 \right) dt}_{=S[y]}.$$

Wir fassen also unser Zwischenergebnis zusammen:

$$K(x_1, T; x_0, 0) = e^{\frac{i}{\hbar} \frac{m\omega}{2\sin(\omega T)} \left[(x_0^2 + x_1^2)\cos(\omega T) - 2x_0 x_1 \right]} \int_{y(0)=0}^{y(T)=0} \mathcal{D}[y] \exp\left(\frac{i}{\hbar} S[y] \right), \qquad (37.6)$$

und unsere Aufgabe ist es nun, das Pfadintegral über $\mathcal{D}[y]$ zu berechnen.

Hierzu gehen wir einen Schritt rückwärts, den wir bei der Berechnung von $S[y]$ getan haben: wir schreiben:

$$S[y] = -\frac{m}{2} \int_0^T dt \left(\omega^2 y(t)^2 + y(t)\ddot{y}(t) \right)$$

$$= -\frac{m}{2} \int_0^T dt\, y(t) \left(\omega^2 + \frac{d^2}{dt^2} \right) y(t) \qquad (37.7)$$

$$= \frac{m}{2} \int_0^T dt\, y(t) M y(t), \qquad (37.8)$$

mit dem Differentialoperator

$$M := -\left(\omega^2 + \frac{d^2}{dt^2} \right). \qquad (37.9)$$

Nun folgt der eigentliche Schritt zur Berechnung von Funktionalintegralen: die Diskretisierung in N herkömmliche Riemann-Integrale und die abschließende Grenzwertbetrachtung $N \to \infty$.

Zunächst sind Eigenwerte und -funktionen des Operators M zu berechnen. Letztere sind bekanntlich von der Form:

$$y_n(t) = \sqrt{\frac{2}{T}} \sin \frac{n\pi t}{T} \quad (n = 1, 2, \ldots), \tag{37.10}$$

wobei die Randbedingung $y(0) = y(T) = 0$ bereits berücksichtigt wurde. Aus der Eigenwertgleichung

$$-\left(\omega^2 + \frac{d^2}{dt^2}\right) y_n(t) = \lambda_n y_n(t)$$

$$= \left(\frac{n^2\pi^2}{T^2} - \omega^2\right) y_n(t) \tag{37.11}$$

können die Eigenwerte λ_n abgelesen werden. Und da die Funktionen $y_n(t)$ im Intervall $[0, T]$ ein Orthonormalsystem bilden, lässt sich jede Funktion $y(t)$ unter den vorgegebenen Randbedingungen darstellen als:

$$y(t) = \sum_{n=1}^{\infty} a_n y_n(t). \tag{37.12}$$

Das ist nun die eigentliche Vereinfachung: denn das Integral (37.7) für $S[y]$ lässt sich nun umwandeln zu:

$$S[y] = \frac{m}{2} \int_0^T dt\, y(t) M y(t)$$

$$= \frac{m}{2} \sum_{m,n} \int_0^T dt\, a_m a_n \lambda_n y_m(t) y_n(t)$$

$$= \frac{m}{2} \sum_n a_n^2 \lambda_n. \tag{37.13}$$

Wie groß diese Vereinfachung weiter ist, sieht man daran, dass sich nun das Integrationsmaß

$$\int_{y(0)=0}^{y(T)=0} \mathcal{D}[y] = \lim_{N \to \infty} \left(\frac{m}{2\pi i \hbar T/N}\right)^{N/2} \int dy^{(N-1)} \cdots \int dy^{(1)}$$

$$= \int J \prod_{n=1}^{\infty} da_n$$

in ein einfaches abzählbar-unendliches Produkt verwandelt. J ist hierbei die Jacobi-Determinante, die sich durch die Variablentransformation von $y^{(k)}$ nach a_n ergibt, aber gleich 1 ist. Damit ergibt sich:

$$K(0, T; 0, 0) = \int\limits_{y(0)=0}^{y(T)=0} \mathcal{D}[y] e^{\frac{i}{\hbar} S[y]}$$

$$= \int J \prod_{n=1}^{\infty} \mathrm{d}a_n e^{\frac{i}{\hbar} \frac{m}{2} \sum_n a_n^2 \lambda_n}$$

$$= \prod_{n=1}^{\infty} \int \mathrm{d}a_n e^{\frac{i}{\hbar} \frac{m}{2} a_n^2 \lambda_n}$$

$$= \prod_{n=1}^{\infty} \sqrt{\frac{2\pi i\hbar}{m\lambda_n}} = N_{\infty} (\det M)^{-1/2}, \tag{37.14}$$

mit

$$\det M = \prod_{n=1}^{\infty} \lambda_n$$

$$= \prod_{n=1}^{\infty} \left(\frac{n^2 \pi^2}{T^2} - \omega^2 \right)$$

$$= \prod_{n=1}^{\infty} \underbrace{\frac{n^2 \pi^2}{T^2}}_{\to C_{\infty}} \underbrace{\left(1 - \frac{\omega^2 T^2}{n^2 \pi^2} \right)}_{\to \frac{\sin(\omega T)}{\omega T}} = C_{\infty} \frac{\sin(\omega T)}{\omega T},$$

wobei das Euler-Produkt der Sinus-Funktion

$$\sin x = x \prod_{n=1}^{\infty} \left(1 - \frac{x^2}{n^2 \pi^2} \right)$$

verwendet wurde. Damit ist:

$$K(0, T; 0, 0) = N_{\infty} C_{\infty}^{-1/2} \sqrt{\frac{\omega T}{\sin(\omega T)}}, \tag{37.15}$$

und es stellt sich die Frage nach dem Wert der beiden bislang unbestimmten und jeweils für sich unendlichen Normierungsfaktoren.

Für den Fall $\omega = 0$ müssen wir das bekannte Ergebnis für das freie Teilchen in einer Dimension erhalten. Aus (25.5) folgt:

$$K_0(0, T; 0, 0) = \left(\frac{m}{2\pi i\hbar T} \right)^{1/2}, \tag{37.16}$$

und da N_∞, C_∞ beide keine Abhängigkeit von ω besitzen, folgt aus (37.15):

$$N_\infty C_\infty^{-1/2} = K_0(0, T; 0, 0) = \left(\frac{m}{2\pi i\hbar T} \right)^{1/2}, \tag{37.17}$$

und damit:

$$K(0, T; 0, 0) = \sqrt{\frac{m\omega}{2\pi i\hbar \sin(\omega T)}}. \tag{37.18}$$

Somit erhalten wir als Endergebnis für den Propagator des eindimensionalen harmonischen Oszillators:

$$K(x_1, T; x_0, 0) = \sqrt{\frac{m\omega}{2\pi i\hbar \sin(\omega T)}} e^{\frac{i}{\hbar} \frac{m\omega}{2\sin(\omega T)} \left[(x_0^2 + x_1^2) \cos(\omega T) - 2x_0 x_1 \right]}. \tag{37.19}$$

Der Ausdruck (37.19) für den Propagator des eindimensionalen harmonischen Oszillators wird auch als **Mehler-Kern** bezeichnet, benannt nach dem deutschen Mathematiker Gustav Ferdinand Mehler, der 1866 einen Zusammenhang zwischen ebendiesem Ausdruck und einer, die Hermite-Polynome enthaltenden unendlichen Reihe fand, die sogenannte **Mehler-Formel**:

$$\sum_{n=0}^{\infty} \frac{(\rho/2)^n}{n!} H_n(x) H_n(y) = \frac{1}{\sqrt{1 - \rho^2}} \exp\left(-\frac{\rho^2(x^2 + y^2) - 2\rho xy}{1 - \rho^2} \right). \tag{37.20}$$

38 Kohärente Zustände

Wie im historischen Abschnitt 9 bereits erzählt, fand bereits Erwin Schrödinger 1926 die Wellenfunktionen sogenannter kohärenter Zustände als quasiklassische Lösungen seiner stationären Wellengleichung. Der US-amerikanische Physiker John River Klauder betrachtete 1960 kohärente Zustände als Eigenzustände des Absteigeoperators [Kla60]. Im Kontext der Quantenoptik und der Quantenfeldtheorie wurden kohärente Zustände von Roy Glauber und George Sudarshan ab 1963 näher studiert [Gla63; Sud63].

Wir haben in Abschnitt 34 die beiden Leiteroperatoren $\hat{a}, \hat{a}^{\dagger}$ kennengelernt. Sie sind zwar keine hermiteschen Operatoren, wohl aber zueinander hermitesch konjugiert, und es zeigt sich, dass der Vernichtungsoperator $\hat{a}$ diagonalisiert werden kann, sprich: die Eigenwertgleichung

$$\hat{a}\,|z\rangle \overset{!}{=} z\,|z\rangle \tag{38.1}$$

besitzt Lösungen.

Da $\hat{a}$ nicht hermitesch ist, kann z eine beliebige komplexe Zahl sein. Offensichtlich ist der Grundzustand $|0\rangle$ ein Eigenvektor von $\hat{a}$ zum Eigenwert 0. Um die Eigenwertgleichung (38.1) zu lösen, setzen wir für $|z\rangle$ eine Entwicklung nach den stationären Zuständen $|n\rangle$ des harmonischen Oszillators an:

$$|z\rangle = \sum_{n} c_n(z)\,|n\rangle\,, \tag{38.2}$$

so dass sich aus (38.1) ergibt:

$$\sum_{n} c_n(z)\left(z\,|n\rangle - \sqrt{n}\,|n-1\rangle\right) = 0.$$

Wegen der linearen Unabhängigkeit der $|n\rangle$ ergibt sich somit:

$$z c_{n-1} = \sqrt{n}\,c_n$$
$$\implies c_n = \frac{z}{\sqrt{n}} c_{n-1},$$

und damit nach Iteration:

$$c_n = \frac{z^n}{\sqrt{n!}} c_0. \tag{38.3}$$

Man beachte, dass das Eigenwertproblem des Erzeugungsoperators $\hat{a}^{\dagger}$ keine Lösung besitzt, denn der entsprechende Ansatz würde zu $c_n \equiv 0$ führen.

Für eine korrekte Normierung verwendet man (38.3) in (38.2), um

$$|c_0|^2 e^{|z|^2} = 1$$

zu erhalten. Am Ende ergibt sich:

$$|z\rangle = e^{-|z|^2/2} \sum_{n=0}^{\infty} \frac{z^n}{\sqrt{n!}}\,|n\rangle\,. \tag{38.4}$$

Die Eigenzustände $|z\rangle$ von $\hat{a}$ heißen **kohärente Zustände**. Sie stellen zwar aufgrund der Nicht-Hermitezität von $\hat{a}$ kein vollständiges Orthonormalsystem dar, wohl aber eine nicht-orthogonale Basis des Hilbert-Raums. Für das Skalarprodukt von zwei kohärenten Zuständen $|z\rangle$ und $|w\rangle$ erhalten wir:

$$\langle w|z\rangle = \mathrm{e}^{-|z|^2/2-|w|^2/2+w^*z} \tag{38.5}$$

$$\implies |\langle w|z\rangle|^2 = \mathrm{e}^{-|w-z|^2}. \tag{38.6}$$

Man sieht, dass $|w\rangle$ und $|z\rangle$ nicht orthogonal zueinander sind.

Die Basis $\{\,|z\rangle\,\}$ ist übervollständig, und es gilt:

$$\int \mathrm{d}^2z\,|z\rangle\,\langle z| = \pi\mathbb{1}. \tag{38.7}$$

Beweis. Wir rechnen:

$$\int \mathrm{d}^2z\,|z\rangle\,\langle z| = \sum_{m,n}\int r\mathrm{d}r\mathrm{d}\phi\,\mathrm{e}^{-|z|^2}\frac{z^n(z^*)^m}{\sqrt{n!m!}}\,|n\rangle\,\langle m|$$

$$= \sum_{m,n}\int r\mathrm{d}r\mathrm{d}\phi\,\mathrm{e}^{-r^2}r^{n+m}\frac{\mathrm{e}^{\mathrm{i}(n-m)\phi}}{\sqrt{n!m!}}\,|n\rangle\,\langle m|$$

$$= 2\pi\sum_n\int \mathrm{d}r\mathrm{e}^{-r^2}r^{2n+1}\frac{1}{n!}\,|n\rangle\,\langle n| = \pi\mathbb{1}.$$

Hierbei haben wir die Vollständigkeit von $\{\,|n\rangle\,\}$ verwendet, sowie

$$\frac{1}{2\pi}\int_0^{2\pi}\mathrm{d}\phi\,\mathrm{e}^{\mathrm{i}(n-m)\phi} = \delta_{nm}$$

und

$$\int \mathrm{d}r\mathrm{e}^{-r^2}r^{2n+1} = \frac{n!}{2}.$$

Letzteres Integral löst man durch eine Substitution $u = r^2$ und eine anschließende iterative partielle Integration:

$$\int_0^\infty \mathrm{d}u\mathrm{e}^{-u}u^n = n\int_0^\infty \mathrm{d}u\mathrm{e}^{-u}u^{n-1}$$

$$= n!\int_0^\infty \mathrm{d}u\mathrm{e}^{-u} = n!. \qquad\blacksquare$$

Die kohärenten Zustände lassen sich in einen einfachen algebraischen Zusammenhang mit dem Grundzustand $|0\rangle$ bringen. Mit (34.22) ist nämlich:

$$
\begin{aligned}
|z\rangle &= e^{-|z|^2/2} \sum_{n=0}^{\infty} \frac{z^n}{\sqrt{n!}} \frac{(\hat{a}^\dagger)^n}{\sqrt{n!}} |0\rangle \\
&= e^{-|z|^2/2} \sum_{n=0}^{\infty} \frac{(z\hat{a}^\dagger)^n}{n!} |0\rangle,
\end{aligned}
$$

und damit:

$$
|z\rangle = e^{-|z|^2/2} e^{z\hat{a}^\dagger} |0\rangle. \tag{38.8}
$$

Definiert man nun den **Verschiebungsoperator**

$$
\hat{D}(z) := e^{z\hat{a}^\dagger - z^*\hat{a}}, \tag{38.9}
$$

so kann (38.8) auch geschrieben werden als

$$
|z\rangle = \hat{D}(z) |0\rangle. \tag{38.10}
$$

Beweis. Mit der Baker–Campbell–Hausdorff-Formel (14.71) gilt:

$$
\begin{aligned}
e^{z\hat{a}^\dagger - z^*\hat{a}} |0\rangle &= e^{-|z|^2/2} e^{z\hat{a}^\dagger} e^{-z^*\hat{a}} |0\rangle \\
&= e^{-|z|^2/2} e^{z\hat{a}^\dagger} |0\rangle,
\end{aligned}
$$

denn durch die Wirkung von $e^{-z^*\hat{a}}$ trägt in der Potenzreihe der Exponentialfunktion nur der Summand zur Potenz Null bei. ∎

Der Verschiebungsoperator $\hat{D}(z)$ besitzt folgende Eigenschaften:

$$
\hat{D}^\dagger(z) = e^{z^*\hat{a} - z\hat{a}^\dagger}, \tag{38.11}
$$

$$
\hat{D}(z_1)\hat{D}(z_2) = \hat{D}(z_1 + z_2) e^{(z_1 z_2^* - z_1^* z_2)/2}. \tag{38.12}
$$

Beides ergibt sich nach elementarer Rechnung aus der Baker–Campbell–Hausdorff-Formel (14.71).

Ebenfalls elementar ist die Berechnung der Erwartungswerte:

$$
\langle z|\hat{a}|z\rangle = z, \tag{38.13}
$$

$$
\langle z|\hat{a}^\dagger|z\rangle = z^*, \tag{38.14}
$$

$$
\langle z|\hat{N}|z\rangle = |z|^2. \tag{38.15}
$$

Kohärente Zustände als Grundzustände des konstant getriebenen Oszillators

Es existiert folgender interessanter Zusammenhang:

Satz. *Der Grundzustand des durch eine konstante Kraft F getriebenen harmonischen Oszillators, beschrieben durch den Hamilton-Operator*

$$\hat{H} = \frac{\hat{p}^2}{2m} + \frac{1}{2}m\omega^2\hat{x}^2 - \hat{x}\cdot F, \tag{38.16}$$

ist ein kohärenter Zustand.

Beweis. Wir können den Hamilton-Operator (38.16) umschreiben in:

$$\begin{aligned}
\hat{H} &= \frac{\hat{p}^2}{2m} + \frac{1}{2}m\omega^2\hat{x}^2 - \hat{x}\cdot F \\
&= \hbar\omega\left(\hat{a}^\dagger\hat{a} + \frac{1}{2}\right) - \sqrt{\frac{\hbar}{2m\omega}}\left(\hat{a}^\dagger + \hat{a}\right)\cdot F \\
&= \hbar\omega\left(\hat{a}^\dagger - \frac{F}{\sqrt{2m\hbar\omega^3}}\right)\left(\hat{a} - \frac{F}{\sqrt{2m\hbar\omega^3}}\right) + \frac{1}{2}\hbar\omega - \frac{F^2}{2m\omega^2} \\
&= \hbar\omega\left(\hat{b}^\dagger\hat{b} + \frac{1}{2}\right) - \frac{F^2}{2m\omega^2},
\end{aligned}$$

wobei wir die verschobenen Erzeugungs- und Vernichtungsoperatoren:

$$\hat{b} := \hat{a} - \frac{F}{\sqrt{2m\hbar\omega^3}}, \tag{38.17a}$$

$$\hat{b}^\dagger := \hat{a}^\dagger - \frac{F}{\sqrt{2m\hbar\omega^3}} \tag{38.17b}$$

definiert haben. Wir sehen nun, dass $\hat{H}$ im Unterschied zum harmonischen Oszillator um einen konstanten Wert verschobene Eigenwerte

$$E_n = \left(n + \frac{1}{2}\right)\hbar\omega - \frac{F^2}{2m\omega^2} \tag{38.18}$$

besitzt. Für den Grundzustand $|\Psi_0\rangle$ des getriebenen harmonischen Oszillators gilt dann:

$$\hat{b}\,|\Psi_0\rangle = 0$$

$$\implies \hat{a}\,|\Psi_0\rangle = \frac{F}{\sqrt{2m\hbar\omega^3}}\,|\Psi_0\rangle.$$

Das heißt: $|\Psi_0\rangle$ ist nichts anderes als der kohärente Zustand $|z\rangle$ des harmonischen Oszillators mit:

$$z = \frac{F}{\sqrt{2m\hbar\omega^3}}. \qquad\blacksquare$$

Der klassische, durch eine konstante Kraft F angetriebene harmonische Oszillator zeigt ein periodisches Schwingungsverhalten, nur mit einem gemäß

$$x \mapsto x - \frac{F}{m\omega^2}$$

räumlich versetzten Schwingungsmittelpunkt. Der quantenmechanischen Fall ist ähnlich: die kohärenten Zustände sind einfach verschobene Grundzustände des freien harmonischen Oszillators. Das ist recht einfach zu sehen, wenn man sich (34.6) beziehungsweise (34.2,34.3) in Erinnerung ruft. In Ortsdarstellung ist:

$$\hat{a} \mapsto \frac{1}{\sqrt{2}} \left(\frac{x}{a} + a\frac{\mathrm{d}}{\mathrm{d}x} \right),$$

so dass sich die Eigenwertgleichung (38.1) darstellt als:

$$\left(\frac{x}{a} - \sqrt{2}z + a\frac{\mathrm{d}}{\mathrm{d}x} \right) \psi_z(x) = 0$$

$$\implies \frac{\mathrm{d}\psi_z(x)}{\mathrm{d}x} = \left(-\frac{x}{a^2} + \frac{\sqrt{2}z}{a} \right) \psi_z(x)$$

unter Verwendung von (34.35). Setzt man nun

$$x' = x - \sqrt{2}az, \tag{38.19}$$

so wird daraus:

$$\frac{\mathrm{d}\psi_z(x' + \sqrt{2}az)}{\mathrm{d}x'} = -\frac{x'}{a^2}\psi_z(x' + \sqrt{2}az), \tag{38.20}$$

und man sieht nach Weglassen des Strichs nun, dass sich die gleiche Wellenfunktion wie für den Grundzustand $|0\rangle$ des freien harmonischen Oszillators ergibt, nur mit einem durch

$$x \mapsto x - \frac{F}{m\omega^2}$$

verschobenen Mittelpunkt, genau wie im klassischen Fall, man vergleiche (34.39). Das bedeutet also konkret für die Wellenfunktion eines kohärenten Zustands in Ortsdarstellung:

$$\langle x|z \rangle = \psi_z(x) = \frac{1}{\sqrt{\sqrt{\pi}a}} \exp\left(-\left(\frac{x}{\sqrt{2}a} - z \right)^2 \right), \tag{38.21}$$

und es wird explizit deutlich, dass für den Grundzustand $|0\rangle$ des harmonischen Oszillators gilt:

$$|0\rangle = |z = 0\rangle, \tag{38.22}$$

was zumindest für den Grundzustand zu einer einheitlichen Notation führt.

Unitäre Zeitentwicklung: Kohärente Zustände als quasiklassische Zustände
Mit Hilfe der Relationen

$$\hat{x} = \sqrt{\frac{\hbar}{2m\omega}}\left(\hat{a} + \hat{a}^\dagger\right),$$

$$\hat{p} = -\mathrm{i}\sqrt{\frac{\hbar m\omega}{2}}\left(\hat{a} - \hat{a}^\dagger\right)$$

berechnen wir zunächst schnell die Erwartungswerte:

$$\langle z|\hat{x}|z\rangle = \sqrt{\frac{2\hbar}{m\omega}}\,\mathrm{Re}\,z, \tag{38.23a}$$

$$\langle z|\hat{p}|z\rangle = \sqrt{2\hbar m\omega}\,\mathrm{Im}\,z, \tag{38.23b}$$

$$\langle z|\hat{x}^2|z\rangle = \frac{\hbar}{2m\omega}\left(1 + 4(\mathrm{Re}\,z)^2\right), \tag{38.23c}$$

$$\langle z|\hat{p}^2|z\rangle = \frac{\hbar m\omega}{2}\left(1 + 4(\mathrm{Im}\,z)^2\right), \tag{38.23d}$$

$$\langle z|\hat{H}|z\rangle = \left(|z|^2 + \frac{1}{2}\right)\hbar\omega. \tag{38.23e}$$

Damit kann man die Unbestimmtheit (13.30) von $\hat{x}$ und $\hat{p}$ für kohärente Zustände schnell ausrechnen:

$$\Delta x = \sqrt{\frac{\hbar}{2m\omega}},$$

$$\Delta p = \sqrt{\frac{\hbar m\omega}{2}},$$

und es gilt:

$$\Delta x \Delta p = \frac{\hbar}{2}. \tag{38.24}$$

Kohärente Zustände sind also Zustände minimaler Unbestimmtheit!

Untersuchen wir nun die Zeitabhängigkeit kohärenter Zustände. Hierzu verwenden wir die Form (34.8) des Hamilton-Operators:

$$\hat{H} = \hbar\omega\left(\hat{N} + \frac{1}{2}\right),$$

so dass der Zeitentwicklungsoperator $\hat{U}(t)$ die Form annimmt:

$$\hat{U}(t) = \mathrm{e}^{-\mathrm{i}\omega t/2}\mathrm{e}^{-\mathrm{i}\omega\hat{N}t}, \tag{38.25}$$

und wir rechnen zunächst aus:

$$e^{-i\omega\hat{N}t}\,|z_0\rangle = e^{-|z_0|^2/2}\sum_{n=0}^{\infty}\frac{z_0^n}{\sqrt{n!}}e^{-i\omega\hat{N}t}\,|n\rangle$$

$$= e^{-|z_0|^2/2}\sum_{n=0}^{\infty}\frac{z_0^n}{\sqrt{n!}}e^{-i\omega nt}\,|n\rangle$$

$$= e^{-|z_0|^2/2}\sum_{n=0}^{\infty}\frac{(e^{i\omega t}z_0)^n}{\sqrt{n!}}\,|n\rangle = |e^{i\omega t}z_0\rangle\,.$$

Somit gilt für die unitäre Zeitentwicklung eines kohärenten Zustands:

$$\hat{U}(t)\,|z_0\rangle = e^{-i\omega t/2}\,|e^{i\omega t}z_0\rangle\,. \tag{38.26}$$

Abgesehen von dem Phasenfaktor $\exp(-i\omega t/2)$ liefert die unitäre Zeitentwicklung also die periodische Abbildung eines kohärenten Zustands auf einen anderen kohärenten Zustand. Für die Erwartungswerte (38.23) folgt daraus:

$$\langle\hat{x}\rangle_z(t) = x_0\cos\omega t, \tag{38.27a}$$

$$\langle\hat{p}\rangle_z(t) = p_0\sin\omega t, \tag{38.27b}$$

wobei wir

$$x_0 := \sqrt{\frac{2\hbar}{m\omega}}\,|z_0|, \tag{38.28}$$

$$p_0 := \sqrt{2\hbar m\omega}|z_0| \tag{38.29}$$

gesetzt haben. Im Gegensatz zu den Grundzuständen des harmonischen Oszillators (vergleiche (34.31)) zeigen die kohärenten Zustände also quasiklassische Eigenschaften: die Erwartungswerte $\langle\hat{x}\rangle$, $\langle\hat{p}\rangle$ weisen ein harmonisch oszillierendes zeitliches Verhalten auf. Außerdem behalten sie auch während der unitären Zeitentwicklung ihre kohärente Form bei und sind also stets Zustände minimaler Unschärfe.

Eine besonders einfache Darstellung der Zusammenhänge ergibt sich unter der Verwendung der dimensionslosen Operatoren $\hat{Q}$, $\hat{P}$ aus (34.2,34.3). Für die Erwartungswerte (38.23) ergeben sich die Ausdrücke:

$$\langle\hat{Q}\rangle_z = \sqrt{2}\,\mathrm{Re}\,z, \tag{38.30a}$$

$$\langle\hat{P}\rangle_z = \sqrt{2}\,\mathrm{Im}\,z, \tag{38.30b}$$

$$\langle\hat{Q}^2\rangle_z = \frac{1}{2}\left(1 + 4(\mathrm{Re}\,z)^2\right), \tag{38.30c}$$

$$\langle\hat{P}^2\rangle_z = \frac{1}{2}\left(1 + 4(\mathrm{Im}\,z)^2\right). \tag{38.30d}$$

Damit ist:

$$z = \frac{1}{\sqrt{2}} \left(\langle \hat{Q} \rangle_z + \mathrm{i} \langle \hat{P} \rangle_z \right). \tag{38.31}$$

Der Verschiebungsoperator (38.9) schreibt sich dann als:

$$\hat{D}(z) := \mathrm{e}^{\mathrm{i}(\langle \hat{P} \rangle_z \hat{Q} - \langle \hat{Q} \rangle_z \hat{P})}. \tag{38.32}$$

Ausblick: Gequetschte Zustände

Kohärente Zustände erfahren eine gewisse Verallgemeinerung dahingehend, dass man die Eigenschaft der minimalen Unschärfe als definierend ansieht. Während kohärente Zustände sich als Grundzustände des konstant getriebenen Oszillators interpretieren lassen mit

$$\hat{b} |z\rangle = 0,$$

wobei die verschobenen Erzeugungs- und Vernichtungsoperatoren (38.17):

$$\hat{b} := \hat{a} - z,$$
$$\hat{b}^\dagger := \hat{a}^\dagger - z^*$$

mit $z \in \mathbb{C}$ die Kommutatorrelationen

$$[\hat{b}, \hat{b}^\dagger] = 1 \tag{38.33}$$

erfüllen, kann man auch allgemeinere Erzeugungs- und Vernichtungsoperatoren $\hat{b}, \hat{b}^\dagger$ betrachten, die über eine sogenannte **Bogoliubov-Transformation** aus $\hat{a}, \hat{a}^\dagger$ hervorgehen. Eine allgemeine Bogoliubov-Transformation ist eine lineare Transformation der Art:

$$\hat{b} = u\hat{a} + v\hat{a}^\dagger, \tag{38.34}$$
$$\hat{b}^\dagger = u^*\hat{a}^\dagger + v^*\hat{a}, \tag{38.35}$$

mit $u, v \in \mathbb{C}$ und der Randbedingung, dass für die transformierten Erzeugungs- und Vernichtungsoperatoren $\hat{b}, \hat{b}^\dagger$ die Kommutatorrelation (38.33) gilt. Dadurch ergeben sich Randbedingungen an u, v dahingehend, dass:

$$|u|^2 - |v|^2 \overset{!}{=} 1. \tag{38.36}$$

Wir betrachten eine spezielle Bogoliubov-Transformation der Art:

$$\hat{b} = \frac{\hat{a} - z\hat{a}^\dagger}{\sqrt{1 - |z|^2}}, \tag{38.37}$$

$$\hat{b}^\dagger = \frac{\hat{a}^\dagger - z^*\hat{a}}{\sqrt{1 - |z|^2}}, \tag{38.38}$$

und man kann schnell verifizieren, dass weiterhin gilt:

$$[\hat{b}, \hat{b}^\dagger] = 1. \tag{38.39}$$

Wir wollen nun den Zustand $|z\rangle$ untersuchen, der sich aus der Relation

$$\hat{b}\,|z\rangle \stackrel{!}{=} 0 \tag{38.40}$$

ergibt. Hierzu machen wir den Ansatz:

$$|z\rangle = \sum_{n=0}^{\infty} c_n(z)\,|n\rangle, \tag{38.41}$$

der, in (38.40) verwendet, zur Relation

$$\sum_{n=0}^{\infty} c_n \left(\hat{a} - z\hat{a}^\dagger\right) |n\rangle = 0$$

$$\implies \sum_{n=0}^{\infty} c_n \left(\sqrt{n}\,|n-1\rangle - z\sqrt{n+1}\,|n+1\rangle\right) = 0$$

führt, aus der sich schnell $c_1 = 0$ ergibt und die Summe weiter umgeschrieben werden kann als:

$$\sum_{n=0}^{\infty} \left(c_{n+1}\sqrt{n+1} - c_{n-1}z\sqrt{n}\right) |n\rangle = 0$$

$$\implies c_{n+1}\sqrt{n+1} - c_{n-1}z\sqrt{n} = 0.$$

Da $c_1 = 0$ ist, werden wir so auf die Rekursionsrelation

$$c_{n+1} = z\sqrt{\frac{n}{n+1}}\,c_{n-1}$$

geführt, wobei also n ungerade Werte annehmen kann: $n = 1, 3, 5, \ldots$. Wir schreiben daher einfacher:

$$c_{2k} = z\sqrt{\frac{2k-1}{2k}}\,c_{2k-2},$$

mit $k = 2, 4, 6, \ldots$. Daraus ergibt sich dann explizit:

$$c_{2k} = z^k\sqrt{\frac{(2k-1)!!}{(2k)!!}}\,c_0. \tag{38.42}$$

Um die Normierung von $|z\rangle$ erhalten, gehen wir wie folgt vor: aus (38.40) folgt:

$$\hat{a}\,|z\rangle = z\hat{a}^\dagger\,|z\rangle$$

und damit:

$$\langle z|\hat{a}^\dagger \hat{a}|z\rangle = |z|^2 \langle z|\hat{a}\hat{a}^\dagger|z\rangle$$
$$= |z|^2 \langle z|\hat{a}^\dagger \hat{a} + 1|z\rangle,$$

so dass also:

$$\langle z|z\rangle = \frac{1 - |z|^2}{|z|^2} \langle z|\hat{a}^\dagger \hat{a}|z\rangle. \tag{38.43}$$

Verwenden wir nun auf beiden Seiten (38.41) und (38.42), so ergibt sich zunächst:

$$\underbrace{|c_0|^2 \sum_k |z|^{2k} \frac{(2k-1)!!}{(2k)!!}}_{=:F(|z|)} = \frac{1 - |z|^2}{|z|^2} |c_0|^2 \sum_k |z|^{2k} \frac{(2k-1)!!}{(2k-2)!!},$$

was sich unter Verwendung der implizit eingeführten Funktion $F(|z|)$ schreiben lässt als:

$$F(|z|) = \frac{1 - |z|^2}{|z|^2} |z| \frac{\mathrm{d}F(|z|)}{\mathrm{d}|z|}. \tag{38.44}$$

Mit der Anfangsbedingung $F(0) = 1$ ergibt sich hierfür als Lösung:

$$F(|z|) = \left(1 - |z|^2\right)^{-1/2}. \tag{38.45}$$

Damit haben wir als Ergebnis:

$$|z\rangle = \left(1 - |z|^2\right)^{1/4} \sum_k z^k \sqrt{\frac{(2k-1)!!}{(2k)!!}} |2k\rangle, \tag{38.46}$$

was wir nach einfacher Rechnung umschreiben können als:

$$|z\rangle = \left(1 - |z|^2\right)^{1/4} e^{\frac{z}{2}(\hat{a}^\dagger)^2} |0\rangle. \tag{38.47}$$

Die Zustände $|z\rangle$ heißen **gequetschte Zustände**, aus einem Grund, der weiter unten deutlich werden wird.

Wir führen wir nun den unitären **Quetschoperator**

$$\hat{S}(u) := e^{(u(\hat{a}^\dagger)^2 - u^*\hat{a}^2)/2} \tag{38.48}$$

ein, mit einem Parameter $u \in \mathbb{C}$, den wir mit dem bislang verwendeten Parameter z in Verbindung bringen müssen.

Wir zeigen zunächst, dass gilt:

$$\hat{S}(u)\hat{a}\hat{S}^\dagger(u) = \hat{a}\cosh(|u|) - \hat{a}^\dagger \frac{u}{|u|} \sinh(|u|). \tag{38.49}$$

Beweis. Wir beweisen (38.49) mit Hilfe des Hadamard-Lemmas (14.53):

$$e^{t\hat{B}} \hat{A} e^{-t\hat{B}} = \hat{A} + t[\hat{B}, \hat{A}] + \frac{t^2}{2}[\hat{B}, [\hat{B}, \hat{A}]] + \ldots$$

$$+ \frac{t^n}{n!} \underbrace{[\hat{B}, [\hat{B}, \ldots, [\hat{B}, \hat{A}] \ldots]]}_{n \text{ Klammern}} + \ldots.$$

Wir setzen $\hat{A} = \hat{a}$ und $\hat{B} = \frac{1}{2}\left((\hat{a}^\dagger)^2 - u^*\hat{a}^2\right)$ und berechnen die notwendigen Kommutatoren:

$$[\hat{B}, \hat{a}] = -u\hat{a}^\dagger,$$
$$[\hat{B}, \hat{a}^\dagger] = -u^*\hat{a},$$

und so schnell:

$$\underbrace{[\hat{B}, [\hat{B}, \ldots, [\hat{B}, \hat{A}] \ldots]]}_{n \text{ Klammern}} = \begin{cases} |u|^n \hat{a} & n \text{ ungerade} \\ -u|u|^{n-1}\hat{a}^\dagger & n \text{ gerade} \end{cases},$$

so dass wir am Ende erhalten:

$$\hat{S}(u)\hat{a}\hat{S}^\dagger(u) = \hat{a} \sum_{k=0}^{\infty} \frac{|u|^k}{(2k)!} - \hat{a}^\dagger \frac{u}{|u|} \sum_{k=0}^{\infty} \frac{|u|^{2k+1}}{(2k+1)!}$$

$$= \hat{a} \cosh(|u|) - \hat{a}^\dagger \frac{u}{|u|} \sinh(|u|). \qquad \blacksquare$$

Nun ist ja qua Bedingung (38.40):

$$\hat{b} |z\rangle \overset{!}{=} 0,$$

wobei $\hat{b}$ über die Bogoliubov-Transformation (38.37) aus $\hat{a}$ hervorgeht. Diese ist genau dann identisch mit der Ähnlichkeitstransformation (38.49), wenn gilt:

$$\tanh|u| = |z|, \tag{38.50}$$

und (38.47) kann dann auch geschrieben werden als:

$$|z\rangle = \hat{S}(u) |0\rangle . \tag{38.51}$$

In dem Falle, dass u, z reelle Größen sind:

$$r := u = |u|,$$
$$z = \tanh r,$$

gilt:

$$\hat{S}^\dagger(r)\hat{x}\hat{S}(r) = \sqrt{\frac{\hbar}{2m\omega}} \hat{S}^\dagger(r)\hat{a}^\dagger\hat{S}(r) = e^r \hat{x},$$

das heißt: der Ortsoperator wird um den Skalenfaktor e^r „gequetscht" (man könnte natürlich auch etwas formaler „skaliert" sagen, aber der Begriff *"squeezed state"* hat sich nun einmal eingebürgert), so dass:

$$\langle z|\hat{x}^2|z\rangle = e^{2r}\,\langle 0|\hat{x}^2|0\rangle .$$
(38.52)

Außerdem gilt:

$$\langle z|\hat{p}^2|z\rangle = e^{-2r}\,\langle 0|\hat{p}^2|0\rangle .$$
(38.53)

Ein gequetschter Zustand ist damit ebenfalls ein Zustand minimaler Unbestimmtheit, nur dass man sich zusätzlich aussuchen kann, ob man Δx oder Δp so klein wie gewünscht machen will. Ein kompaktes Review gequetschter Zustände findet sich in [Tap93].

Mathematischer Einschub 13: Fock–Bargmann-Darstellung

Es sei $|\psi\rangle \in \mathcal{H}_{\text{HO}} = \sum_n c_n\,|n\rangle$ ein beliebiger Zustand des harmonischen Oszillators. Dann wissen wir aus (38.7), dass:

$$
\begin{aligned}
|\psi\rangle &= \frac{1}{\pi}\int \mathrm{d}^2 z\,|z\rangle\,\langle z|\psi\rangle \\
&= \frac{1}{\pi}\sum_{n=0}^{\infty} c_n \int \mathrm{d}^2 z\,|z\rangle\,\langle z|n\rangle \\
&= \frac{1}{\pi}\sum_{n=0}^{\infty} c_n \int \mathrm{d}^2 z\, e^{-|z|^2/2}\frac{(z^*)^n}{\sqrt{n!}}\,|z\rangle ,
\end{aligned}
$$

wobei wir mittels (38.4) verwendet haben, dass

$$\langle n|z\rangle = e^{-|z|^2/2}\frac{z^n}{\sqrt{n!}}e^{-|z|^2/2} =: e^{-|z|^2/2} f_n(z).$$
(38.54)

Damit ist dann zu sehen, dass:

$$\langle z|\psi\rangle = e^{-|z|^2/2}\sum_{n=0}^{\infty}\frac{c_n}{\sqrt{n!}}(z^*)^n =: e^{-|z|^2/2} f(z^*).$$
(38.55)

Auf diese Weise wird eine bijektive Abbildung induziert vom Hilbert-Raum der Zustände des harmonischen Oszillators auf den Raum der **ganzen Funktionen** $f(z)$ der Art:

$$f(z) = \sum_{n=0}^{\infty} f_n(z) = \sum_{n=0}^{\infty}\frac{c_n}{\sqrt{n!}}z^n.$$
(38.56)

Zur Erinnerung: eine ganze Funktion $f(z)$ ist per Definition auf ganz $\mathbb{C}$ holomorph und kann daher stets in der Form einer Potenzreihe (38.56) geschrieben werden.

Da außerdem aufgrund der Normiertheit der Zustände gelten muss:

$$\sum_{n=0}^{\infty} |c_n|^2 < \infty, \tag{38.57}$$

können wir im entsprechenden Funktionenraum ein Skalarprodukt definieren der Art:

$$\langle f_1 | f_2 \rangle = \frac{1}{\pi} \int d^2 z \, e^{-|z|^2} f_1^*(z) f_2(z), \tag{38.58}$$

und der entstehende Funktionenraum heißt **Segal–Bargmann-Raum**, bezeichnet mit $\mathcal{H}L^2(\mathbb{C})$. Die Abbildung

$$\mathcal{H}_{HO} \to \mathcal{H}L^2(\mathbb{C}) \tag{38.59}$$

$$|\psi\rangle = \sum_{n=0}^{\infty} c_n |n\rangle \mapsto f(z) = \sum_{n=0}^{\infty} f_n(z) \tag{38.60}$$

wird als **Fock–Bargmann-Darstellung** oder **holomorphe Darstellung** bezeichnet. Insbesondere ist

$$|n\rangle \mapsto f_n(z), \tag{38.61}$$

so dass die Funktionen $\{ f_n(z) \}$ also ein Orthonormalsystem in $\mathcal{H}L^2(\mathbb{C})$ bilden. Es ist dann:

$$|\psi\rangle = \frac{1}{\pi} \int d^2 z \, e^{-|z|^2/2} f(z^*) |z\rangle, \tag{38.62}$$

Aus (38.60) folgt wegen (34.22) dann:

$$|n\rangle = f_n(\hat{a}^\dagger) |0\rangle, \tag{38.63}$$

$$|\psi\rangle = f(\hat{a}^\dagger) |0\rangle. \tag{38.64}$$

Wir können das Ganze im folgenden Satz verallgemeinern:

Satz. *Die Operatoren $\hat{a}, \hat{a}^\dagger$ besitzen in der Fock–Bargmann-Darstellung die Form:*

$$\hat{a} \mapsto \frac{d}{dz}, \tag{38.65}$$

$$\hat{a}^\dagger \mapsto z. \tag{38.66}$$

Beweis. Mit $|\psi\rangle = \sum_n c_n |n\rangle$ erhalten wir mit (34.19,34.20):

$$|\psi\rangle = \sum_{n=0}^{\infty} \frac{c_n}{\sqrt{n!}} \left(\hat{a}^{\dagger}\right)^n |0\rangle$$

$$\Longrightarrow \hat{a}|\psi\rangle = \sum_{n=0}^{\infty} \frac{\sqrt{n}\,c_n}{\sqrt{(n-1)!}} \left(\hat{a}^{\dagger}\right)^{n-1} |0\rangle,$$

$$\hat{a}^{\dagger}|\psi\rangle = \sum_{n=0}^{\infty} \frac{\sqrt{n+1}\,c_n}{\sqrt{(n+1)!}} \left(\hat{a}^{\dagger}\right)^{n+1} |0\rangle,$$

so dass sich für $f(z)$ die Wirkung unter $\hat{a}, \hat{a}^{\dagger}$ ergibt:

$$\hat{a}: f(z) = \sum_{n=0}^{\infty} \frac{c_n}{\sqrt{n!}} z^n \mapsto \sum_{n=0}^{\infty} \frac{n c_n}{\sqrt{n!}} z^{n-1} = \frac{\mathrm{d}}{\mathrm{d}z} f(z),$$

$$\hat{a}^{\dagger}: f(z) = \sum_{n=0}^{\infty} \frac{c_n}{\sqrt{n!}} z^n \mapsto \sum_{n=0}^{\infty} \frac{c_n}{\sqrt{n!}} z^{n+1} = z f(z). \qquad \blacksquare$$

Weiterführende Literatur

Kohärente Zustände

John R. Klauder, Bo-Sture Skagerstam: *Coherent States – Applications in Physics and Mathematical Physics*, World Scientific, 1985.
Enthält neben einer Sammlung wichtiger Arbeiten zu kohärenten Zuständen einen didaktisch hervorragenden Primer zum Thema.

Jean-Pierre Gazeau: *Coherent States in Quantum Physics*, Wiley-VCH, 2009.
Eine weitere sehr gute Einführung.

Jean-Pierre Antoine, Fabio Bagarello, Jean-Pierre Gazeau (Eds.): *Coherent States and Their Applications – A Contemporary Panorama*, Springer-Verlag, 2018.

Didier Robert, Monique Combescure: *Coherent States and Applications in Mathematical Physics*, Springer-Verlag, 2nd ed. 2021.

A. Perelomov: *Generalized Coherent States and Their Applications*, Springer-Verlag, 1986.
Enthält sehr viel Material über verallgemeinerte kohärente Zustände wie beispielsweise kohärente Drehimpulszustände.

Teil 5

Die WKB-Näherung und der klassische Grenzfall

Die sogenannte WKB-Näherung wird auch semiklassische Näherung genannt und ist nützlich, um Systeme mit räumlich schwach veränderlichen, zeitunabhängigen Potentialen näherungsweise zu behandeln. Die WKB-Näherung besitzt aber daneben auch eine grundlegende theoretische Bedeutung, da sie gewissermaßen den strukturellen Übergang zwischen klassischer und Quantenmechanik im Falle großer Quantenzahlen beziehungsweise im Falle $\hbar \to 0$ beschreibt und eine nachträgliche Fundierung heuristischer Quantisierungsbedingungen der „alten Quantentheorie" liefert.

315

39 Der allgemeine Formalismus der WKB-Näherung

Die Näherung wurde 1926 fast gleichzeitig und unabhängig voneinander von den Physikern Gregor Wentzel [Wen26], Hendrik Anthony Kramers [Kra26] und Léon Brillouin [Bri26] im Rahmen der Quantenmechanik publiziert, deren Initialen ihr den Namen **WKB-Näherung** gaben. Das mathematische Verfahren selbst findet sich allerdings auch schon in deutlich älteren Arbeiten, mindestens der Name des englischen Mathematikers und Astronomen Harold Jeffreys darf in diesem Zusammenhang eigentlich nicht fehlen, der sich zwar auch als Mitbegründer der modernen Geophysik hervortat, sich aber in diesem Rahmen schwertat mit der Akzeptanz der Kontinentalverschiebungshypothese von Alfred Wegener.

Ausgangspunkt ist zunächst die stationäre Schrödinger-Gleichung in Ortsdarstellung (18.12) für ein Teilchen der Masse m in einem zeitunabhängigen Potential $V(r)$:

$$\left[-\frac{\hbar^2}{2m} \nabla^2 + V(r) \right] \psi(r) = E\psi(r). \tag{39.1}$$

Für stückweise konstante Potentiale, wie wir sie im vorherigen Kapitel im eindimensionalen Fall betrachtet haben, besitzt $\psi(r)$ in den einzelnen Regionen konstanten Potentials V die Form

$$\psi(r) = Ae^{\pm i p \cdot r / \hbar}$$

mit

$$p = \sqrt{p^2} = \sqrt{2m(E - V)}.$$

Verwendet man nun den Ansatz einer ortsabhängigen Impulsgröße $p_0(r)$, die aber im Allgemeinen nicht den Impuls des Systems darstellt, sondern schlicht definiert ist durch

$$p_0(r) = \sqrt{2m(E - V(r))}, \tag{39.2}$$

so kann (39.1) umgeschrieben werden zu:

$$\nabla^2 \psi(r) + \frac{1}{\hbar^2} p_0(r)^2 \psi(r) = 0. \tag{39.3}$$

Als Lösungsansatz in (39.3) für $\psi(r)$ verwenden wir die allgemeine Form

$$\psi(r) = R(r)e^{\frac{i}{\hbar}S(r)}, \tag{39.4}$$

mit der **effektiven Wirkung** $S(r)$, wie wir ihn für den zeitabhängigen Fall bereits in Abschnitt 22 vorgestellt haben (siehe (22.2)). Der vorliegende Abschnitt knüpft ohnehin sehr stark an die Abschnitte 21 und 22 an, da wir dort den formalen Übergang zur klassischen Mechanik betrachtet haben und für eine weitere quantitative Betrachtung des klassischen Grenzfalls genau auf die nun zu diskutierende WKB-Näherung verwiesen haben. In diesem Zusammenhang ist auch klar, warum der Ausdruck (39.2) nicht den Impulsbetrag $p(r)$

des Systems darstellt, denn der Impuls des Systems ist in diesem Formalismus durch die Relation $\nabla S(\boldsymbol{r}) = \boldsymbol{p}(\boldsymbol{r})$ und damit

$$p(\boldsymbol{r}) = |\nabla S(\boldsymbol{r})|$$

gegeben, siehe (22.12).

Setzt man nun (39.4) in (39.3) ein, so erhält man nichts anderes als die stationäre Version von (22.3, 22.4):

$$2\nabla R(\boldsymbol{r})\nabla S(\boldsymbol{r}) + R(\boldsymbol{r})\nabla^2 S(\boldsymbol{r}) = 0, \tag{39.5}$$

$$(\nabla S(\boldsymbol{r}))^2 - p_0(\boldsymbol{r})^2 - \hbar^2 \frac{\nabla^2 R(\boldsymbol{r})}{R(\boldsymbol{r})} = 0. \tag{39.6}$$

Der Term

$$-\hbar^2 \frac{\nabla^2 R(\boldsymbol{r})}{R(\boldsymbol{r})} \tag{39.7}$$

in der letzten Zeile stellt wieder nichts anderes dar als das in Abschnitt 22 eingeführte, hier zeitunabhängige, **Quantenpotential** $U_{\text{quant}}(\boldsymbol{r})$.

Die eigentliche **WKB-Näherung** besteht nun darin, dieses in $\hbar$ quadratische Quantenpotential im Weiteren als vernachlässigbar anzusehen:

$$\left| \hbar^2 \frac{\nabla^2 R(\boldsymbol{r})}{R(\boldsymbol{r})} \right| \ll \left| (\nabla S(\boldsymbol{r}))^2 - p_0(\boldsymbol{r})^2 \right|, \tag{39.8}$$

und identisch Null zu setzen. Auf den Gültigkeitsbereich dieser Näherung werden wir weiter unten zurückkommen. Damit lauten die zu lösenden Gleichungen:

$$2\nabla R(\boldsymbol{r})\nabla S(\boldsymbol{r}) + R(\boldsymbol{r})\nabla^2 S(\boldsymbol{r}) = 0, \tag{39.9}$$

$$(\nabla S(\boldsymbol{r}))^2 = p_0(\boldsymbol{r})^2, \tag{39.10}$$

und somit stellt $p_0(\boldsymbol{r})$ in dieser Näherung tatsächlich den Impuls des Systems dar, weswegen wir im Folgenden das Subskript „0" weglassen und einfach $p(\boldsymbol{r})$ schreiben wollen.

Die WKB-Näherung in einer Dimension

Im Folgenden werden wir die WKB-Näherung nur im Eindimensionalen weiter betrachten und in den nachfolgenden Abschnitten einige wichtige Beispiele durchrechnen. Die eindimensionale Form von (39.9, 39.10) lautet:

$$2\frac{\mathrm{d}R(x)}{\mathrm{d}x} \frac{\mathrm{d}S(x)}{\mathrm{d}x} + R(x)\frac{\mathrm{d}^2 S(x)}{\mathrm{d}x^2} = 0, \tag{39.11}$$

$$\left(\frac{\mathrm{d}S(x)}{\mathrm{d}x} \right)^2 = p(x)^2. \tag{39.12}$$

Gleichung (39.12) ist schnell gelöst: wir finden

$$\frac{dS(x)}{dx} = \pm p(x)$$

$$\implies S(x) = S(x_0) \pm \int_{x_0}^{x} dx' \, p(x'), \tag{39.13}$$

mit einer zunächst unbestimmten unteren Integrationsgrenze x_0. Gleichung (39.11) können wir umformen zu:

$$2\frac{dR(x)}{dx} p(x) + R(x)\frac{dp(x)}{dx} = 0$$

$$\implies 2\frac{d(\log R(x))}{dx} p(x) + \frac{dp(x)}{dx} = 0$$

$$\implies \frac{d}{dx} [2 \log R(x) + \log p(x)] = 0,$$

so dass wir für $R(x)$ erhalten:

$$R(x) = \frac{C}{\sqrt{p(x)}}. \tag{39.14}$$

Wir haben also als Lösung von (39.11,39.12) gefunden:

$$\psi(x)_\pm = \frac{C_\pm}{\sqrt{p(x)}} \exp\left(\pm\frac{i}{\hbar} \int_{x_0}^{x} dx' \, p(x')\right). \tag{39.15}$$

Die zunächst unbestimmten Koeffizienten $C_\pm$ sind implizit abhängig von der in (39.13) enthaltenen ebenfalls zunächst unbestimmten unteren Integrationsgrenze x_0. Wir kommen gleich nochmals darauf zurück.

Wir haben bislang stillschweigend vorausgesetzt, dass $E > V(x)$ gilt, so dass $p(x)$ in (39.2) reellwertig ist und zur Voraussetzung, dass $S(x), R(x)$ reellwertig sein sollen, kompatibel ist. Was aber, wenn $E < V(x)$? Dann werden $p(x)$ in (39.2) und $S(x)$ in (39.13) rein imaginär:

$$p(x) = i|p(x)|,$$
$$S(x) = i|S(x)|.$$

Die Gleichungen (39.9) und (39.10) gelten aber unverändert: es ist nämlich schnell zu erkennen, dass (39.10) weiterhin eine reelle Gleichung bleibt:

$$\left(\frac{dS(x)}{dx}\right)^2 = p(x)^2 = -|p(x)|^2, \tag{39.16}$$

das heißt:

$$\frac{dS(x)}{dx} = \pm i|p(x)|$$

$$\implies S(x) = S(x_0) \pm i \int_{x_0}^{x} dx' \, |p(x')|. \tag{39.17}$$

Gleichung (39.9) führt dann zu:

$$2\frac{\mathrm{d}R(x)}{\mathrm{d}x}|p(x)| + R(x)\frac{\mathrm{d}|p(x)|}{\mathrm{d}x} = 0,$$

was wiederum

$$R(x) = \frac{C}{\sqrt{|p(x)|}} \tag{39.18}$$

ergibt. $R(x)$ bleibt also weiterhin reell. Somit haben wir letztendlich folgende allgemeine Lösungen für $\psi(x)$ gefunden:

$$\psi_>(x) = \frac{1}{\sqrt{p(x)}}\left(C_+ \exp\left(\frac{i}{\hbar}\int_{x_0}^{x}\mathrm{d}x'\,p(x')\right) + C_- \exp\left(-\frac{i}{\hbar}\int_{x_0}^{x}\mathrm{d}x'\,p(x')\right)\right), \tag{39.19}$$

$$\psi_<(x) = \frac{1}{\sqrt{|p(x)|}}\left(C_+' \exp\left(\frac{1}{\hbar}\int_{x_0}^{x}\mathrm{d}x'\,|p(x')|\right) + C_-' \exp\left(-\frac{1}{\hbar}\int_{x_0}^{x}\mathrm{d}x'\,|p(x')|\right)\right), \tag{39.20}$$

jeweils für den Fall $E \gtrless V(x)$, mit $p(x) = \sqrt{2m(E - V(x))}$.

Eine Bemerkung an dieser Stelle zu den Integrationsgrenzen: diese sind ja uneindeutig, da sich jede additive Konstante zur Stammfunktion des Integranden sich als untere Integrationsgrenze des Integrals darstellt. Am Ende geht diese untere Integrationsgrenze dann aber aufgrund der Exponentialfunktion in die multiplikative Konstante $C_\pm$ ein. Wir werden weiter unten eine Wahl der Integrationsgrenzen treffen, die uns eine einfache Form der sogenannten Anschlussformeln erlaubt, die die Wellenfunktion in der WKB-Näherung mit den Wellenfunktion in den Bereichen der klassischen Wendepunkte verknüpft, in denen die WKB-Näherung nicht mehr gilt.

Gültigkeitsbereich der WKB-Näherung

Es ist Zeit für eine kurze Zwischenbetrachtung über den Gültigkeitsbereich der WKB-Näherung. Wir beschränken uns hierbei auf den eindimensionalen Fall und vereinfachen die Notation. Aus der Gleichung (39.6) erhält man zunächst exakt:

$$\hbar^2 \frac{R''(x)}{R(x)} = (S'(x))^2 - p_0(x)^2$$

und damit

$$\frac{\hbar^2}{p_0(x)^2}\frac{R''(x)}{R(x)} = \frac{(S'(x))^2}{p_0(x)^2} - 1,$$

und es ist schnell zu sehen, dass die WKB-Näherung (39.8) genau dann gilt, wenn

$$\left|\frac{\hbar^2}{p_0(x)^2}\frac{R''(x)}{R(x)}\right| \ll 1. \tag{39.21}$$

Gleichung (39.5) kann nach $S'(x)$ aufgelöst werden, und wir bekommen den (immer noch) exakten Zusammenhang

$$R(x) = \frac{C}{\sqrt{S'(x)}}, \tag{39.22}$$

aus dem dann unmittelbar folgt:

$$\frac{R''(x)}{R(x)} = \frac{3}{4}\frac{(S''(x))^2}{(S'(x))^2} - \frac{1}{2}\frac{S'''(x)}{S'(x)},$$

was uns aber zunächst aufgrund der vollkommen unbekannten funktionalen Abhängigkeit von $S(x)$ nicht direkt weiterhilft. Vielmehr müssen wir – ausgehend von der semiklassischen Näherung – in einem iterativen Verfahren die Beiträge höherer Korrekturterme herleiten und untersuchen.

Um also zu einer systematischen Abschätzung zu gelangen, in welchem Bereich die WKB-Näherung – also das Nullsetzen des Quantenpotentials – hinreichend gültig ist, müssen wir daher den Ansatz machen:

$$S(x) = S_0(x) + \hbar^2 S_1(x) + \dots, \tag{39.23}$$

wobei $S_0(x)$ die klassische Wirkung darstellt, für die die Hamilton–Jacobi-Gleichung (22.13) gültig ist. Da der erste Korrekturterm $\hbar^2 S_1(x)$ die Dimension einer Wirkung hat, muss $\hbar S_1(x)$ dimensionslos sein. Damit die WKB-Näherung hinreichend genau ist, muss gelten:

$$|\hbar S_1(x)| \ll 1. \tag{39.24}$$

Dass der erste Korrekturterm zur klassischen Wirkung einen Term quadratisch in $\hbar$ enthält, wird aus der Form des Quantenpotentials (39.7) klar. Setzt man (39.23) in (39.6) ein, sortiert nach Termen proportional zu $\hbar^0$ und $\hbar^2$ und vernachlässigt Terme in höherer Potenz von $\hbar$, erhält man:

$$(S_0'(x))^2 - p_0(x)^2 + \hbar^2(2S_0'(x)S_1'(x)) - \hbar^2\left(\frac{3}{4}\frac{(S_0''(x))^2}{(S_0'(x))^2} - \frac{1}{2}\frac{S_0'''(x)}{S_0'(x)}\right) = 0.$$

Zur Ordnung $\hbar^0$ erhalten wir natürlich wieder die WKB-Näherung (39.10) beziehungsweise (39.12):

$$(S_0'(x))^2 = p_0(x)^2 \tag{39.25}$$
$$= 2m(E - V(x)). \tag{39.26}$$

Zur Ordnung $\hbar^2$ erhalten wir:

$$2S_0'(x)S_1'(x) = \frac{3}{4}\frac{(S_0''(x))^2}{(S_0'(x))^2} - \frac{1}{2}\frac{S_0'''(x)}{S_0'(x)}. \tag{39.27}$$

Diese Differentialgleichung können wir vereinfachen, denn wir wissen ja, dass wegen (39.25) gilt:

$$S_0'(x) = \pm p_0(x)$$
$$= \pm\frac{2\pi\hbar}{\lambda_0(x)}, \tag{39.28}$$

mit der de Broglie-Wellenlänge $\lambda_0(x) = \hbar/p_0(x)$, mit der wir die weitere Rechnung durchführen wollen. Setzen wir nun (39.28) in (39.27) ein, so erhalten wir nach kurzer Rechnung:

$$2\pi\hbar S_1'(x) = \pm \left(\frac{1}{4}\lambda_0''(x) - \frac{1}{8}\frac{(\lambda_0'(x))^2}{\lambda_0(x)} \right),$$

woraus trivial folgt:

$$2\pi\hbar S_1(x) = \pm \left(\frac{1}{4}\lambda_0'(x) - \frac{1}{8}\int^x \frac{(\lambda_0'(x'))^2}{\lambda_0(x')}dx' \right). \qquad (39.29)$$

Die Bedingung (39.24) ist sicher erfüllt, wenn gilt:

$$|\lambda_0'(x)| \ll 1, \qquad (39.30)$$

und wenn man berücksichtigt, dass wegen (39.2) gilt:

$$\lambda_0(x) = \frac{2\pi\hbar}{\sqrt{2m(E - V(x))}},$$

folgt daraus:

$$\frac{|2\pi\hbar m V'(x)|}{|2m(E - V(x))|^{3/2}} \ll 1,$$

was wiederum zur einfachen Form führt:

$$|\lambda_0(x)|\frac{|V'(x)|}{|2(E - V(x))|} \ll 1,$$

und damit – unter Vernachlässigung irrelevanter Zahlenfaktoren –

$$|\lambda_0(x)| \ll \frac{|E - V(x)|}{|V'(x)|}. \qquad (39.31)$$

Das heißt: die WKB-Näherung ist umso mehr gültig, je größer der Abstand $|E - V(x)|$ ist und je kleiner die räumliche Ableitung des Potentials $V(x)$ ist, in anderen Worten: so lange die de Broglie-Wellenlänge $\lambda_0(x)$ eines Punktteilchens klein ist gegenüber der typischen Längenskala, in der das Potential $V(x)$ merklich variiert.

Die Lösungen (39.19) und (39.20) für $\psi(x)$ stellen also die Wellenfunktion sowohl „in Mitten" des klassisch erlaubten Bereichs als auch „in Mitten" des klassisch verbotenen Bereichs dar. Aber was ist in der Umgebung der Punkte, an denen $E \sim V(x)$, also an der Grenze zwischen klassisch verbotenem und klassisch erlaubtem Bereich? Hier ist (39.31) nicht mehr gegeben, und die WKB-Näherung zeigt selbst die Grenzen ihrer Gültigkeit auf, denn an den Punkten, an denen $E = V(x)$ gilt, ist $p(x) = 0$, und damit divergiert der Ausdruck (39.14) für $R(x)$. Diese Punkte werden **klassische Wendepunkte** genannt, und in ihrer Umgebung müssen wir uns den Anschluss von $\psi_>(x)$ an $\psi_<(x)$ genauer erschließen.

Das Verhalten an den klassischen Wendepunkten

In den Bereichen, in denen die Voraussetzungen (39.31) der WKB-Näherungen nicht gelten, sondern vielmehr $|E - V(x)| \ll 1$ ist, kehren wir zur stationären Schrödinger-Gleichung (39.1) als Ausgangspunkt zurück, aber bleiben im Eindimensionalen:

$$\left[-\frac{\hbar^2}{2m} \frac{\mathrm{d}^2}{\mathrm{d}x^2} + V(x) \right] \psi(x) = E\psi(x). \tag{39.32}$$

Es sei x_0 die Stelle, an der $V(x_0) = E$. Um diese Stelle herum lässt sich $V(x)$ in eine Taylor-Reihe entwickeln:

$$V(x) = \underbrace{V(x_0)}_{=E} + (x - x_0) \underbrace{\left. \frac{\mathrm{d}V(x)}{\mathrm{d}x} \right|_{x=x_0}}_{=:F_0} + \ldots.$$

Sofern nun $|x - x_0| \ll 1$ ist, lässt sich in der Schrödinger-Gleichung (39.32) das Potential $V(x)$ durch die lineare Näherung ersetzen:

$$\left[-\frac{\hbar^2}{2m} \frac{\mathrm{d}^2}{\mathrm{d}x^2} + E + F_0 \cdot (x - x_0) \right] \psi(x) = E\psi(x),$$

und somit erhalten wir:

$$\frac{\mathrm{d}^2\psi(x)}{\mathrm{d}x^2} - \frac{2mF_0}{\hbar^2}(x - x_0)\psi(x) = 0. \tag{39.33}$$

Führen wir nun eine Variablensubstitution

$$y := \begin{cases} \left(\dfrac{2mF_0}{\hbar^2} \right)^{1/3} (x - x_0) & (F_0 > 0) \\[2ex] \left(-\dfrac{2mF_0}{\hbar^2} \right)^{1/3} (x_0 - x) & (F_0 < 0) \end{cases}, \tag{39.34}$$

$$\bar{\psi}(y) = \psi(x(y))$$

durch, vereinfacht sich (39.33) zu

$$\left(\frac{2mF_0}{\hbar^2} \right)^{2/3} \left[\frac{\mathrm{d}^2\bar{\psi}(y)}{\mathrm{d}y^2} - y\bar{\psi}(y) \right] = 0,$$

und somit zu

$$\frac{\mathrm{d}^2\bar{\psi}(y)}{\mathrm{d}y^2} - y\bar{\psi}(y) = 0. \tag{39.35}$$

Diese Differentialgleichung zweiter Ordnung wird auch **Airy-Gleichung** genannt, und ihre beiden Basislösungen sind Vielfache der sogenannten **Airy-Funktion** $\text{Ai}(y)$ beziehungsweise der **Airy-Funktion 2. Art** $\text{Bi}(y)$:

$$\text{Ai}(y) = \frac{1}{\pi} \int_0^\infty \cos\left(\frac{t^3}{3} + yt\right) dt, \tag{39.36}$$

$$\text{Bi}(y) = \frac{1}{\pi} \int_0^\infty \left[\exp\left(-\frac{t^3}{3} + yt\right) + \sin\left(\frac{t^3}{3} + yt\right)\right] dt, \tag{39.37}$$

also

$$\bar{\psi}(y) = A \cdot \text{Ai}(y) + B \cdot \text{Bi}(y), \tag{39.38}$$

mit Normierungskonstanten A, B.

Um nun zu einer Anschlussbedingung zu gelangen, die die Airy-Funktionen mit der Lösung der WKB-Näherung verknüpft, betrachten wir das asymptotische Verhalten von $\text{Ai}(y)$ und $\text{Bi}(y)$ für große y:

$$\text{Ai}(y) = \begin{cases} \dfrac{1}{\sqrt{\pi}(-y)^{1/4}} \sin\left(\dfrac{2}{3}(-y)^{3/2} + \dfrac{\pi}{4}\right) & (y \ll 0) \\[3mm] \dfrac{1}{2\sqrt{\pi}y^{1/4}} \exp\left(-\dfrac{2}{3}y^{3/2}\right) & (y \gg 0) \end{cases}, \tag{39.39a}$$

$$\text{Bi}(y) = \begin{cases} \dfrac{1}{\sqrt{\pi}(-y)^{1/4}} \cos\left(\dfrac{2}{3}(-y)^{3/2} + \dfrac{\pi}{4}\right) & (y \ll 0) \\[3mm] \dfrac{1}{2\sqrt{\pi}y^{1/4}} \exp\left(\dfrac{2}{3}y^{3/2}\right) & (y \gg 0) \end{cases}, \tag{39.39b}$$

und somit:

$$\bar{\psi}(y) = \begin{cases} \dfrac{1}{\sqrt{\pi}(-y)^{1/4}} \left[A \sin\left(\dfrac{2}{3}(-y)^{3/2} + \dfrac{\pi}{4}\right) + B \cos\left(\dfrac{2}{3}(-y)^{3/2} + \dfrac{\pi}{4}\right)\right] & (y \ll 0) \\[3mm] \dfrac{1}{2\sqrt{\pi}y^{1/4}} \left[A \exp\left(-\dfrac{2}{3}y^{3/2}\right) + B \exp\left(\dfrac{2}{3}y^{3/2}\right)\right] & (y \gg 0) \end{cases}. \tag{39.40}$$

Nun gilt aber in der linearen Näherung (39.33) für den Impuls $p(x)^2$:

$$p(x)^2 = 2m(E - V(x))$$
$$= -2m(x - x_0)F_0. \tag{39.41}$$

Kombinieren wir diesen Ausdruck mit (39.34), erhalten wir:

$$p(x)^2 = \begin{cases} -(2m\hbar F_0)^{2/3}y & (F_0 > 0) \\ -(-2m\hbar F_0)^{2/3}y & (F_0 < 0) \end{cases}. \tag{39.42}$$

Betrachten wir nun für $F_0 > 0$ den Ausdruck

$$\frac{1}{\hbar} \int_x^{x_0} p(x')\mathrm{d}x', \tag{39.43}$$

den wir wegen (39.34) und (39.42) umwandeln können zu:

$$\frac{1}{\hbar} \int_x^{x_0} p(x')\mathrm{d}x' = \frac{1}{\hbar}(2m\hbar F_0)^{1/3} \left(\frac{\hbar^2}{2mF_0}\right)^{1/3} \int_y^0 \sqrt{-y'}\mathrm{d}y'$$

$$= \int_y^0 \sqrt{-y'}\mathrm{d}y' = \frac{2}{3}(-y)^{3/2}.$$

Verwenden wir dies alles nun in (39.40), erhalten wir für den Fall $F_0 > 0$:

$$\psi(x) = \begin{cases} \dfrac{1}{\sqrt{p(x)}}\left[A' \sin\left(\dfrac{1}{\hbar}\int_x^{x_0} p(x')\mathrm{d}x' + \dfrac{\pi}{4}\right) \right. \\ \qquad \left. + B' \cos\left(\dfrac{1}{\hbar}\int_x^{x_0} p(x')\mathrm{d}x' + \dfrac{\pi}{4}\right)\right] \qquad (x \ll x_0) \\[2mm] \dfrac{1}{2\sqrt{|p(x)|}}\left[A' \exp\left(+\dfrac{1}{\hbar}\int_x^{x_0} |p(x')|\mathrm{d}x'\right) \right. \\ \qquad \left. + B' \exp\left(-\dfrac{1}{\hbar}\int_x^{x_0} |p(x')|\mathrm{d}x'\right)\right] \qquad (x \gg x_0) \end{cases}, \tag{39.44}$$

mit

$$A' = (2m\hbar F_0)^{1/6}\frac{A}{\pi},$$

$$B' = (2m\hbar F_0)^{1/6}\frac{B}{\pi}.$$

Für den Fall $F_0 < 0$ erhalten wir auf analoge Weise:

$$\frac{1}{\hbar} \int_x^{x_0} p(x')\mathrm{d}x' = -\frac{1}{\hbar}(-2m\hbar F_0)^{1/3} \left(-\frac{\hbar^2}{2mF_0}\right)^{1/3} \int_y^0 \sqrt{-y'}\mathrm{d}y'$$

$$= -\int_y^0 \sqrt{-y'}\mathrm{d}y' = -\frac{2}{3}(-y)^{3/2},$$

und damit:

$$
\psi(x) = \begin{cases}
\dfrac{1}{2\sqrt{|p(x)|}} \left[A' \exp\left(-\dfrac{1}{\hbar} \displaystyle\int_x^{x_0} |p(x')|\mathrm{d}x' \right) \right. \\
\qquad\qquad \left. + B' \exp\left(+\dfrac{1}{\hbar} \displaystyle\int_x^{x_0} |p(x')|\mathrm{d}x' \right) \right] & (x \ll x_0) \\[2em]
\dfrac{1}{\sqrt{p(x)}} \left[A' \sin\left(-\dfrac{1}{\hbar} \displaystyle\int_x^{x_0} p(x')\mathrm{d}x' + \dfrac{\pi}{4} \right) \right. \\
\qquad\qquad \left. + B' \cos\left(-\dfrac{1}{\hbar} \displaystyle\int_x^{x_0} p(x')\mathrm{d}x' + \dfrac{\pi}{4} \right) \right] & (x \gg x_0)
\end{cases}
\tag{39.45}
$$

mit

$$
A' = (-2m\hbar F_0)^{1/6} \frac{A}{\pi},
$$

$$
B' = (-2m\hbar F_0)^{1/6} \frac{B}{\pi}.
$$

Entsprechend der Fallunterscheidung $F_0 \gtrless 0$ ist beim Anschluss also zu sehen, dass im Falle von $F_0 > 0$ linkerseits von x_0 die Wellenfunktion $\psi(x)$ eine oszillierende Funktion darstellt und rechterseits eine exponentiell abklingende, im Falle von $F_0 < 0$ ist es genau umgekehrt. Man beachte, dass die Anschlussbedingungen (39.44) und (39.45) ohnehin nur in begrenzten Bereichen von x gelten, so dass sie trotz der allgemeinen Form der Exponentialfunktionen nicht zu divergentem Verhalten von $\psi(x)$ führen. Im weiteren Detail wollen wir dies nun im Folgenden für konkrete Anwendungsfälle betrachten.

Mathematischer Einschub 14: Airy-Funktionen

Die mit den Bessel- oder Zylinderfunktionen verwandten **Airy-Funktionen** sind benannt nach dem englischen Mathematiker und Astronomen George Biddell Airy. Es sind dies für $x \in \mathbb{R}$ die beiden linear unabhängigen Funktionen

$$
\mathrm{Ai}(x) = \frac{1}{\pi} \int_0^\infty \cos\left(\frac{t^3}{3} + xt \right) \mathrm{d}t,
\tag{39.46}
$$

$$
\mathrm{Bi}(x) = \frac{1}{\pi} \int_0^\infty \left[\exp\left(-\frac{t^3}{3} + xt \right) + \sin\left(\frac{t^3}{3} + xt \right) \right] \mathrm{d}t,
\tag{39.47}
$$

die die **Airy-Gleichung**

$$
\frac{\mathrm{d}^2 y(x)}{\mathrm{d}x^2} - x y(x) = 0
\tag{39.48}
$$

lösen. Die Funktion $\mathrm{Bi}(x)$ wird gemeinhin auch als **Airy-Funktion 2. Art** bezeichnet.

Für $x \to \infty$ zeigen sie das asymptotische Verhalten

$$\mathrm{Ai}(x) \xrightarrow{x \to +\infty} \frac{1}{2\sqrt{\pi}x^{1/4}} \exp\left(-\frac{2}{3}x^{3/2}\right), \tag{39.49}$$

$$\mathrm{Bi}(x) \xrightarrow{x \to +\infty} \frac{1}{2\sqrt{\pi}x^{1/4}} \exp\left(\frac{2}{3}x^{3/2}\right), \tag{39.50}$$

und für $x \to -\infty$:

$$\mathrm{Ai}(x) \xrightarrow{x \to -\infty} \frac{1}{\sqrt{\pi}(-x)^{1/4}} \sin\left(\frac{2}{3}(-x)^{3/2} + \frac{\pi}{4}\right), \tag{39.51}$$

$$\mathrm{Bi}(x) \xrightarrow{x \to -\infty} \frac{1}{\sqrt{\pi}(-x)^{1/4}} \cos\left(\frac{2}{3}(-x)^{3/2} + \frac{\pi}{4}\right). \tag{39.52}$$

Für sie gilt eine Orthogonalitätsrelation wie folgt:

$$\int_{-\infty}^{\infty} \mathrm{Ai}(t+x)\mathrm{Ai}(t+y)\mathrm{d}t = \delta(x-y). \tag{39.53}$$

Die Airy-Funktionen sind ganze Funktionen, also auf ganz $\mathbb{C}$ holomorph, und können durch

$$\mathrm{Ai}(z) = \frac{1}{2\pi} \int_{-\infty}^{\infty} \exp\left[\mathrm{i}\left(\frac{t^3}{3} + zt\right)\right] \mathrm{d}t, \tag{39.54}$$

$$= \frac{1}{2\pi\mathrm{i}} \int_{\Gamma} \exp\left(\frac{t^3}{3} - zt\right) \mathrm{d}t, \tag{39.55}$$

$$\mathrm{Bi}(z) = \frac{1}{2\pi} \int_{\Gamma'} \exp\left(\frac{t^3}{3} - zt\right) \mathrm{d}t + \frac{1}{2\pi} \int_{\Gamma''} \exp\left(\frac{t^3}{3} - zt\right) \mathrm{d}t \tag{39.56}$$

definiert werden, wobei für die Wege $\Gamma, \Gamma', \Gamma''$ jeweils gilt:

$$\Gamma: \infty e^{-\mathrm{i}\pi/3} \longrightarrow \infty e^{+\mathrm{i}\pi/3},$$

$$\Gamma': -\infty \longrightarrow \infty e^{+\mathrm{i}\pi/3},$$

$$\Gamma'': -\infty \longrightarrow \infty e^{-\mathrm{i}\pi/3}.$$

Das asymptotische Verhalten für $|z| \to \infty$ kann dann wie folgt formuliert werden:

$$\mathrm{Ai}(z) \xrightarrow{|z| \to \infty} \frac{1}{2\sqrt{\pi}z^{1/4}} \exp(-\zeta) \quad |\arg z| \le \frac{2\pi}{3} - \delta, \tag{39.57}$$

$$\mathrm{Bi}(z) \xrightarrow{|z| \to \infty} \frac{1}{\sqrt{\pi}z^{1/4}} \exp(\zeta) \quad |\arg z| \le \frac{\pi}{3} - \delta, \tag{39.58}$$

wobei $\zeta = \frac{2}{3}z^{3/2}$.

Es existieren Zusammenhänge zwischen den Airy-Funktionen und den Bessel-Funktionen beziehungsweise den modifizierten Bessel-Funktionen (siehe Abschnitt III-35). Mit $\zeta = \frac{2}{3}z^{3/2}$ gilt:

$$\mathrm{Ai}(z) = \frac{z^{1/2}}{3}\left[\mathrm{I}_{-1/3}(\zeta) - \mathrm{I}_{1/3}(\zeta)\right] \tag{39.59}$$

$$= \frac{1}{\pi}\left(\frac{z}{3}\right)^{1/2}\mathrm{K}_{1/3}(\zeta), \tag{39.60}$$

$$\mathrm{Bi}(z) = \left(\frac{z}{3}\right)^{1/2}\left[\mathrm{I}_{-1/3}(\zeta) + \mathrm{I}_{1/3}(\zeta)\right], \tag{39.61}$$

$$\mathrm{Ai}(-z) = \frac{z^{1/2}}{3}\left[\mathrm{J}_{-1/3}(\zeta) + \mathrm{J}_{1/3}(\zeta)\right], \tag{39.62}$$

$$\mathrm{Bi}(-z) = \left(\frac{z}{3}\right)^{1/2}\left[\mathrm{J}_{-1/3}(\zeta) - \mathrm{J}_{1/3}(\zeta)\right]. \tag{39.63}$$

Ferner gibt es Zusammenhänge mit den konfluenten hypergeometrischen Funktionen (siehe Abschnitt II-27):

$$\mathrm{Ai}(z) = \frac{1}{3^{1/6}\sqrt{\pi}}\zeta^{2/3}\exp(-\zeta)\mathrm{U}(\tfrac{5}{6}, \tfrac{5}{3}, 2\zeta), \tag{39.64}$$

$$\mathrm{Bi}(z) = \frac{1}{3^{1/6}\Gamma(\frac{2}{3})}\exp(-\zeta)\mathrm{M}(\tfrac{1}{6}, \tfrac{1}{3}, 2\zeta) + \frac{3^{5/6}}{2^{2/3}\Gamma(\frac{1}{3})}\zeta^{2/3}\exp(-\zeta)\mathrm{M}(\tfrac{5}{6}, \tfrac{5}{3}, 2\zeta). \tag{39.65}$$

40 Gebundene Zustände: Der Potentialtopf ohne vertikale Wände

Wir betrachten einen Potentialtopf ohne vertikale Wände, wie in Abbildung 5.1 dargestellt. Die Stellen x_1 und x_2 sind die klassischen Wendepunkte. Die klassisch verbotenen Bereiche sind I ($x < x_1$) und III ($x > x_2$), der klassisch erlaubte ist II ($x_1 < x < x_2$).

1. Anschluss I und II: Für die Wellenfunktion $\psi(x)$ gilt gemäß (39.19,39.20):

$$\psi(x) = \begin{cases} \dfrac{C_{\mathrm{I}}}{\sqrt{|p(x)|}} \exp\left(+\dfrac{1}{\hbar}\int_{x_1}^{x} \mathrm{d}x'\,|p(x')|\right) & \text{(I)} \\[4mm] \dfrac{C_{\mathrm{IIa}}}{\sqrt{p(x)}} \sin\left(\dfrac{1}{\hbar}\int_{x_1}^{x} \mathrm{d}x'\,p(x') + \alpha\right) & \text{(II)} \end{cases}, \qquad (40.1)$$

wobei wir berücksichtigt haben, dass in Bereich I für negative Werte von x die Wellenfunktion $\psi(x)$ gegen Null gehen muss (daher in (39.20) $C'_- = 0$) und in Bereich II die beiden Exponentialfunktionen zu einer Sinusfunktion mit einer zusätzlichen Phase α zusammengefasst werden können. Als untere Integrationsgrenze des Integrals in der Exponentialfunktion haben wir den Wendepunkt x_1 gewählt, wodurch implizit der Koeffizient C_{IIa} fixiert ist. Die selbe untere Integrationsgrenze haben wir für die Sinusfunktion gewählt, womit die Phase α implizit fixiert ist.

Um zu einer Anschlussbedingung der Wellenfunktion $\psi(x)$ in den beiden Bereichen I und II zu kommen, gilt zu beachten, dass an der Stelle x_1 $F_0 < 0$ ist. Wir müssen also die asymptotische Form (39.45) der Airy-Funktion mit $B' = 0$ mit (40.1) gleichsetzen und erhalten so:

$$\frac{C_{\mathrm{I}}}{\sqrt{|p(x)|}} \exp\left(+\frac{1}{\hbar}\int_{x_1}^{x} \mathrm{d}x'\,|p(x')|\right) \overset{!}{=} \frac{A'}{2\sqrt{|p(x)|}} \exp\left(-\frac{1}{\hbar}\int_{x}^{x_1} |p(x')|\mathrm{d}x'\right), \quad (40.2)$$

$$\frac{C_{\mathrm{IIa}}}{\sqrt{p(x)}} \sin\left(\frac{1}{\hbar}\int_{x_1}^{x} \mathrm{d}x'\,p(x') + \alpha\right) \overset{!}{=} \frac{A'}{\sqrt{p(x)}} \sin\left(-\frac{1}{\hbar}\int_{x}^{x_1} p(x')\mathrm{d}x' + \frac{\pi}{4}\right). \quad (40.3)$$

Unter Beachtung der Integrationsgrenzen erhalten wir so die Anschlussformeln:

$$A' = 2C_{\mathrm{I}}, \qquad (40.4)$$

$$A' = C_{\mathrm{IIa}}, \qquad (40.5)$$

$$\alpha = \frac{\pi}{4}. \qquad (40.6)$$

2. Anschluss II und III: Hier setzen wir analoger Weise an:

$$\psi(x) = \begin{cases} \dfrac{C_{\mathrm{IIb}}}{\sqrt{p(x)}} \sin\left(\dfrac{1}{\hbar}\int_{x}^{x_2} \mathrm{d}x'\,p(x') + \beta\right) & \text{(II)} \\[4mm] \dfrac{C_{\mathrm{III}}}{\sqrt{|p(x)|}} \exp\left(-\dfrac{1}{\hbar}\int_{x_2}^{x} \mathrm{d}x'\,|p(x')|\right) & \text{(III)} \end{cases}, \qquad (40.7)$$

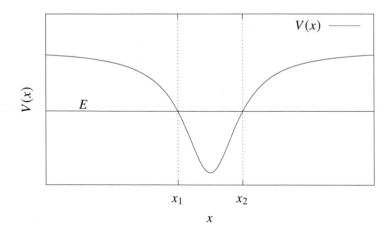

Abbildung 5.1: Ein Potentialtopf ohne vertikale Wände. Die klassischen Wendepunkte $x_{1,2}$ werden durch $V(x) = E$ bestimmt. An ihnen bricht die WKB-Näherung zusammen. An x_1 ist $F_0 < 0$, und an x_2 ist $F_0 > 0$.

wobei wir auch hier berücksichtigt haben, dass in Bereich III für positive Werte von x die Wellenfunktion $\psi(x)$ gegen Null gehen muss und in Bereich II die beiden Exponentialfunktionen zu einer Sinusfunktion mit einer zusätzlichen Phase β zusammengefasst werden können, die implizit durch die Festlegung der oberen Integrationsgrenze x_2 des Integrals in den Exponenten definiert ist. Warum wir hier die obere Grenze fixieren anstatt wie im oberen Fall die untere, hat rein praktische Gründe, wie wir gleich sehen werden.

An der Stelle x_2 ist $F_0 > 0$. Also müssen wir die asymptotische Form (39.44) mit (40.1) gleichsetzen:

$$\frac{C_{\mathrm{III}}}{\sqrt{|p(x)|}} \exp\left(-\frac{1}{\hbar} \int_{x_2}^{x} \mathrm{d}x' |p(x')|\right) \overset{!}{=} \frac{A'}{2\sqrt{|p(x)|}} \exp\left(+\frac{1}{\hbar} \int_{x}^{x_2} |p(x')| \mathrm{d}x'\right), \quad (40.8)$$

$$\frac{C_{\mathrm{IIb}}}{\sqrt{p(x)}} \sin\left(\frac{1}{\hbar} \int_{x}^{x_2} \mathrm{d}x' p(x') + \beta\right) \overset{!}{=} \frac{A'}{\sqrt{p(x)}} \sin\left(\frac{1}{\hbar} \int_{x}^{x_2} p(x') \mathrm{d}x' + \frac{\pi}{4}\right). \quad (40.9)$$

Wir sehen jetzt, warum wir in der Sinusfunktion die obere Grenze fixiert haben: es ergeben sich schnell die Anschlussformeln:

$$A' = 2C_{\mathrm{III}}, \quad (40.10)$$

$$A' = C_{\mathrm{IIb}}, \quad (40.11)$$

$$\beta = \frac{\pi}{4}. \quad (40.12)$$

Energiequantisierung und gebundene Zustände

Wir haben nun für den Bereich II, also für $x_1 < x < x_2$, zwei unterschiedliche Formeln für die Wellenfunktion $\psi(x)$ erhalten, nämlich (40.3) und (40.9). Diese müssen aber identisch sein, wodurch sich als Forderung ergibt:

$$\frac{C_{\text{IIa}}}{\sqrt{p(x)}} \sin\left(\frac{1}{\hbar}\int_{x_1}^{x} \mathrm{d}x'\, p(x') + \frac{\pi}{4}\right) \overset{!}{=} \frac{C_{\text{IIb}}}{\sqrt{p(x)}} \sin\left(\frac{1}{\hbar}\int_{x}^{x_2} \mathrm{d}x'\, p(x') + \frac{\pi}{4}\right), \qquad (40.13)$$

Dies ist eine Gleichung der Form

$$C_1 \sin\phi_1(x) = C_2 \sin\phi_2(x),$$

aus der sich wegen

$$\sin(\pi - \phi) = \sin\phi,$$
$$\sin(2\pi - \phi) = -\sin\phi$$

zwei Forderungen ergeben:

$$\phi_2(x) + \phi_1(x) = (n+1)\pi, \qquad (40.14)$$
$$C_1 = (-1)^n C_2, \qquad (40.15)$$

mit $n \in \{0, 1, 2, \dots\}$.

Aus (40.14) ergibt sich:

$$\frac{1}{\hbar}\int_{x_1}^{x} \mathrm{d}x'\, p(x') + \frac{\pi}{4} + \frac{1}{\hbar}\int_{x}^{x_2} \mathrm{d}x'\, p(x') + \frac{\pi}{4} = (n+1)\pi,$$

beziehungsweise

$$\frac{1}{\hbar}\int_{x_1}^{x_2} p(x)\mathrm{d}x = \left(n + \frac{1}{2}\right)\pi, \qquad (40.16)$$

mit $n \in \{0, 1, 2, \dots\}$.

Da dieses Integral zwischen den beiden klassischen Wendepunkten x_1 und x_2 gerade die Hälfte des geschlossenen Phasenraumintegrals für eine volle Periode eines semiklassischen Teilchens darstellt, wenn man berücksichtigt, dass bei einer Umkehr der Bewegung der Impuls $p(x)$ sein Vorzeichen wechselt, erhalten wir:

$$\oint p(x)\mathrm{d}x = 2\int_{x_1}^{x_2} p(x)\mathrm{d}x = 2\pi\left(n + \frac{1}{2}\right)\hbar,$$

und damit:

$$\oint p(x)\mathrm{d}x = \left(n + \frac{1}{2}\right)h, \qquad (40.17)$$

mit $n \in \{0, 1, 2, \dots\}$. Gleichung (40.17) ist eine **Quantisierungsbedingung** und bestimmt die Energieeigenwerte E_n des quantenmechanischen Systems in der WKB-Näherung. Genau diejenigen Energieeigenwerte E_n existieren, für die

$$\oint p(x, E_n)\mathrm{d}x = 2 \int_{x_1}^{x_2} \sqrt{2m(E_n - V(x))}\mathrm{d}x = \left(n + \frac{1}{2}\right) h$$

gilt.

Gleichung (40.17) stellt eine verbesserte Version der heuristischen Sommerfeld–Wilson-Quantisierungsbedingung (6.14) dar, welche die Nullpunktsenergie $h/2$ vernachlässigt. Im Falle großer Werte von n allerdings ist $n + 1/2 \approx n$, so dass die Sommerfeld—Wilson-Quantisierungsregel immer bessere Gültigkeit besitzt.

Zusammenfassend stellen wir fest, dass wir für den Fall des Potentialtopfs ohne vertikale Wände in WKB-Näherung folgende Wellenfunktion für den n-ten Energieeigenzustand zum Energieeigenwerte E_n gefunden haben:

$$\psi(x) = \begin{cases} \dfrac{C}{\sqrt{|p(x)|}} \exp\left(+\dfrac{1}{\hbar}\int_{x_1}^{x}\mathrm{d}x'|p(x')|\right) & \text{(I)} \\[2ex] \dfrac{2C}{\sqrt{p(x)}} \sin\left(\dfrac{1}{\hbar}\int_{x_1}^{x}\mathrm{d}x'\,p(x') + \dfrac{\pi}{4}\right) & \text{(II – entweder)} \\[2ex] \dfrac{2(-1)^n C}{\sqrt{p(x)}} \sin\left(\dfrac{1}{\hbar}\int_{x}^{x_2}\mathrm{d}x'\,p(x') + \dfrac{\pi}{4}\right) & \text{(II – oder)} \\[2ex] \dfrac{(-1)^n C}{\sqrt{|p(x)|}} \exp\left(-\dfrac{1}{\hbar}\int_{x_2}^{x}\mathrm{d}x'|p(x')|\right) & \text{(III)} \end{cases} \quad , \tag{40.18}$$

mit der Quantisierungsbedingung:

$$2 \int_{x_1}^{x_2} \sqrt{2m(E_n - V(x))}\mathrm{d}x = \left(n + \frac{1}{2}\right) h. \tag{40.19}$$

Der globale Koeffizient C muss durch die Forderung nach Normierung der Wellenfunktion gefunden werden.

Der harmonische Oszillator in WKB-Näherung

Ein sehr spezieller Fall eines Potentialtopfs – allerdings ohne obere Potentialschranke – ist der harmonische Oszillator, den wir in Kapitel 4 im Detail untersucht haben. Als exakt lösbares System dient der harmonische Oszillator stets als gutes Beispiel, um neue Methoden anzuwenden und zu sehen, inwiefern gut sich vor allem Näherungsmethoden im Vergleich zur exakten Rechnung schlagen.

Die klassische Energie des harmonischen Oszillators

$$E(x, p) = \frac{p^2}{2m} + \frac{1}{2}m\omega^2 x^2$$

führt zur Impulsformel

$$p(x, E) = \pm\sqrt{2mE - m^2\omega^2 x^2}. \tag{40.20}$$

Die klassischen Wendepunkte $x_\mp$ sind durch den Zusammenhang $E = \frac{1}{2}m\omega^2 x^2$ gegeben und damit $x_\mp = \mp a$, mit

$$a = \sqrt{\frac{2E}{m\omega^2}}. \tag{40.21}$$

Die in der WKB-Näherung erhaltene Quantisierungsbedingung (40.17) beziehungsweise (40.19) liefert dann die Relation:

$$2\int_{-a}^{a} \sqrt{2mE - m^2\omega^2 x^2}\,dx = 4m\omega \int_{0}^{a} \sqrt{a^2 - x^2}\,dx$$

$$\stackrel{x = a\sin\theta}{=} 4m\omega a^2 \int_{0}^{\pi/2} \cos^2\theta\,d\theta$$

$$= 4m\omega \frac{a^2}{2} \int_{0}^{\pi/2} (1 + \cos 2\theta)\,d\theta$$

$$= 4m\omega \frac{\pi a^2}{4} = \frac{2\pi E}{\omega} \stackrel{!}{=} \left(n + \frac{1}{2}\right)h$$

$$\Longrightarrow E = \left(n + \frac{1}{2}\right)\hbar\omega.$$

Dieser Ausdruck entspricht aber dem in Abschnitt 34 berechneten exakten Ausdruck für die Energieeigenwerte des harmonischen Oszillators. Die WKB-Näherung liefert für den harmonischen Oszillator also bereits die korrekten Energieeigenwerte.

41 Gebundene Zustände: Der Potentialtopf mit vertikalen Wänden

Besitzt der Potentialtopf nicht mehr die allgemeine Form wie in Abbildung 5.1 des vorherigen Abschnitts, sondern ist durch eine beziehungsweise zwei vertikalen Wände begrenzt, ändern sich an diesen vertikalen Wänden die Anschlussformeln. Das ist dahingehend zu verstehen, dass vertikale Wände gewissermaßen der Grenzfall eines immer steiler werdenden Potentials am klassischen Umkehrpunkt darstellt, der Koeffizient F_0 der linearen Näherung also gegen $\pm\infty$ geht und der Ansatz über die Airy-Gleichung (39.35) nicht mehr anwendbar ist.

Der Potentialtopf mit einer vertikalen Wand

Wir betrachten zunächst ein Punktteilchen der Masse m mit der Energie E in einem Potentialtopf mit einer vertikalen Wand an der Stelle x_1.

Um die Quantisierungsregel für gebundene Zustände zu erhalten, gehen wir analog dem Fall im vorherigen Abschnitt vor. Wir beschränken uns hierbei auf die Betrachtung der Wellenfunktion $\psi(x)$ im klassisch erlaubten Bereich I zwischen x_1 und x_2.

Aus den Anschlussformeln für die Regionen I und II folgt, dass die Wellenfunktion in WKB-Näherung folgende Form besitzt:

$$\psi(x) = \frac{B}{\sqrt{p(x)}} \sin\left(\frac{1}{\hbar}\int_x^{x_2} dx'\, p(x') + \frac{\pi}{4}\right) \quad \text{(Bereich I)}. \tag{41.1}$$

Im Bereich $x < x_1$ muss die Wellenfunktion identisch verschwinden. Aus dem Ansatz

$$\psi(x) = \frac{A}{\sqrt{p(x)}} \sin\left(\frac{1}{\hbar}\int_{x_1}^{x} dx'\, p(x') + \alpha\right) \quad \text{(Bereich I)}$$

folgt daher: $\alpha = 0$, und damit:

$$\psi(x) = \frac{A}{\sqrt{p(x)}} \sin\left(\frac{1}{\hbar}\int_{x_1}^{x} dx'\, p(x')\right) \quad \text{(Bereich I)}. \tag{41.2}$$

Wegen der Übereinstimmung der beiden Ansätze für $\psi(x)$ im Bereich I muss sein:

$$A = (-1)^n B, \tag{41.3}$$

und außerdem:

$$\frac{1}{\hbar}\int_x^{x_2} dx'\, p(x') + \frac{\pi}{4} + \frac{1}{\hbar}\int_{x_1}^{x} dx'\, p(x') = (n+1)\pi,$$

oder

$$\frac{1}{\hbar}\int_{x_1}^{x_2} p(x)dx = \left(n + \frac{3}{4}\right)\pi, \tag{41.4}$$

mit $n \in \{0, 1, 2, \dots\}$. Am Ende erhalten wir die Quantisierungsbedingung als Phasenraumintegral:

$$\oint p(x)dx = \left(n + \frac{3}{4}\right)h. \tag{41.5}$$

Der Potentialtopf mit zwei vertikalen Wänden

Ein Potentialtopf mit zwei vertikalen Wänden ist nichts anderes als eine Variation des undendlich tiefen Potentialtopfs, wie wir ihn in Abschnitt 32 bereits exakt gelöst haben, nur mit variablen Potential $V(x)$. Die beiden vertikalen Wände seien an den Stellen x_1 und x_2.
Für $x < x_1$ und $x > x_2$ muss gelten:

$$\psi(x) \equiv 0.$$

Für $x_1 < x < x_2$ können wir die zwei äquivalenten Ansätze machen:

$$\psi(x) = \begin{cases} \dfrac{A}{\sqrt{p(x)}} \sin\left(\dfrac{1}{\hbar} \displaystyle\int_{x_1}^{x} dx'\, p(x')\right) & \text{(entweder)} \\[3mm] \dfrac{B}{\sqrt{p(x)}} \sin\left(\dfrac{1}{\hbar} \displaystyle\int_{x}^{x_2} dx'\, p(x')\right) & \text{(oder)} \end{cases},$$

und beide Ansätze müssen zur selben Wellenfunktion $\psi(x)$ führen, woraus sich einerseits wieder die Bedingung ergibt:

$$A = (-1)^n B, \tag{41.6}$$

und außerdem:

$$\frac{1}{\hbar} \int_{x}^{x_2} dx'\, p(x') + \frac{1}{\hbar} \int_{x_1}^{x} dx'\, p(x') = (n+1)\pi,$$

mit $n \in \{0, 1, 2, \dots\}$ oder

$$\frac{1}{\hbar} \int_{x_1}^{x_2} p(x)dx = n\pi, \tag{41.7}$$

mit $n \in \{1, 2, 3, \dots\}$. Am Ende erhalten wir die Quantisierungsbedingung als Phasenraum-integral:

$$\oint p(x)dx = nh, \tag{41.8}$$

mit $n \in \{1, 2, 3, \dots\}$.

Als Beispiel für den Potentialtopf mit zwei vertikalen Wänden betrachten wir den unend-lich tiefen Potentialtopf aus Abschnitt 32 und wenden die Quantisierungsbedingung (41.8) darauf an: da in diesem Beispiel der Impuls $p = \sqrt{2mE}$ im klassisch erlaubten Bereich $0 < x < a$ konstant ist, erhalten wir:

$$\oint p(x)dx = 2 \int_{0}^{a} p(x)dx$$

$$= 2\sqrt{2mE} \int_{0}^{a} dx$$

$$= 2a\sqrt{2mE} \overset{!}{=} nh$$

$$\implies E_n = n^2 \frac{\pi^2 \hbar^2}{2ma^2}.$$

Dies entspricht aber den Energieniveaus, die wir in Abschnitt 32 in exakter Rechnung hergeleitet haben.

Zusammenfassend können wir zum allgemeinen Potentialtopf folgendes sagen:

- Der Phasenfaktor der WKB-Lösung ist allgemein $\pi/4$ für klassische Wendepunkte, an denen die lineare Näherung des Potentials und der Ansatz über die Airy-Gleichung (39.35) zur Bestimmung der Anschlussformeln anwendbar ist. Der Phasenfaktor der WKB-Lösung an vertikalen Wänden ist Null.

- Die drei unterschiedlichen Quantisierungsbedingungen (40.17), (41.5) und (41.8), die sich aus der Anzahl der vertikalen Wänden des Potentialtopfs ergeben, gehen für große n ineinander über.

42 Potentialbarriere und Tunneleffekt

Wir betrachten nun ein Punktteilchen der Masse m und der Energie E in einem Potential von der Form einer Potentialbarriere wie in Abbildung 5.2, von links kommend. Der Bereich II ($x_1 < x < x_2$) ist hierbei der klassisch verbotene Bereich. Die Bereiche I und III sind klassisch erlaubt, und bereits aus Abschnitt 31 über den rechteckigen Potentialwall wissen wir, dass es eine von Null verschiedene Wahrscheinlichkeit gibt, dass das Teilchen durch die Potentialbarriere tunneln kann.

In den Bereichen I und III setzen wir jeweils die WKB-Lösung wie in (39.19) an, während wir in Bereich II die WKB-Lösung wie in (39.20) ansetzen (IIa und IIb stellen wieder dieselbe Funktionsvorschrift „entweder/oder" dar):

$$
\psi(x) = \begin{cases}
\dfrac{1}{\sqrt{p(x)}}\left(C_{\mathrm{I}}\exp\left(\dfrac{\mathrm{i}}{\hbar}\int_{x_1}^{x}\mathrm{d}x'\,p(x')\right) + D_{\mathrm{I}}\exp\left(-\dfrac{\mathrm{i}}{\hbar}\int_{x_1}^{x}\mathrm{d}x'\,p(x')\right)\right) & \text{(I)}\\[3mm]
\dfrac{1}{\sqrt{|p(x)|}}\left(C_{\mathrm{IIa}}\exp\left(\dfrac{1}{\hbar}\int_{x_1}^{x}\mathrm{d}x'\,|p(x')|\right) + D_{\mathrm{IIa}}\exp\left(-\dfrac{1}{\hbar}\int_{x_1}^{x}\mathrm{d}x'\,|p(x')|\right)\right) & \text{(IIa)}\\[3mm]
\dfrac{1}{\sqrt{|p(x)|}}\left(C_{\mathrm{IIb}}\exp\left(\dfrac{1}{\hbar}\int_{x_2}^{x}\mathrm{d}x'\,|p(x')|\right) + D_{\mathrm{IIb}}\exp\left(-\dfrac{1}{\hbar}\int_{x_2}^{x}\mathrm{d}x'\,|p(x')|\right)\right) & \text{(IIb)}\\[3mm]
\dfrac{1}{\sqrt{p(x)}}\left(C_{\mathrm{III}}\exp\left(\dfrac{\mathrm{i}}{\hbar}\int_{x_2}^{x}\mathrm{d}x'\,p(x')\right)\right) & \text{(III)},
\end{cases}
$$

mit $p(x) = \sqrt{2m(E - V(x))}$.

Der Transmissionskoeffizient T ist wie in Abschnitt 31 definiert durch:

$$
T = \frac{|C_{\mathrm{III}}|^2}{|C_{\mathrm{I}}|^2}, \tag{42.1}
$$

den wir im Folgenden unter Ausnutzung der Anschlussbedingungen mit Hilfe der asymptotischen Form (39.44,39.45) der Airy-Funktionen berechnen werden.

1. Anschluss I und II: es ist $F_0 > 0$, und wir können sehr einfach die WKB-Lösung in Region I in die passende Form (39.44) bringen:

$$
\psi(x) = \frac{1}{\sqrt{p(x)}}\left[A'\sin\left(\frac{1}{\hbar}\int_{x}^{x_1}\mathrm{d}x'\,p(x') + \frac{\pi}{4}\right) + B'\cos\left(\frac{1}{\hbar}\int_{x}^{x_1}\mathrm{d}x'\,p(x') + \frac{\pi}{4}\right)\right],
$$

mit

$$
A' = -\mathrm{i}\left(\mathrm{e}^{+\mathrm{i}\pi/4}C_{\mathrm{I}} - \mathrm{e}^{-\mathrm{i}\pi/4}D_{\mathrm{I}}\right),
$$
$$
B' = \mathrm{e}^{+\mathrm{i}\pi/4}C_{\mathrm{I}} + \mathrm{e}^{-\mathrm{i}\pi/4}D_{\mathrm{I}}.
$$

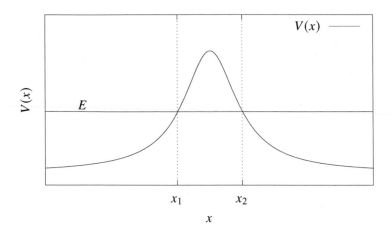

Abbildung 5.2: Eine allgemeine Potentialbarriere.

Im Bereich II ergibt sich durch Gleichsetzung der WKB-Lösung oben mit (39.44):

$$\psi(x) = \frac{1}{2\sqrt{|p(x)|}} \left[A' \exp\left(+\frac{1}{\hbar} \int_x^{x_1} |p(x')| dx'\right) + B' \exp\left(-\frac{1}{\hbar} \int_x^{x_1} |p(x')| dx'\right) \right],$$

(42.2)

mit

$$A' = 2D_{\mathrm{IIa}},$$
$$B' = 2C_{\mathrm{IIa}}.$$

2. Anschluss II und III: es ist $F_0 < 0$. Für den Bereich II erhalten wir mit (39.45):

$$\psi(x) = \frac{1}{2\sqrt{|p(x)|}} \left[C' \exp\left(-\frac{1}{\hbar} \int_x^{x_2} |p(x')| dx'\right) + D' \exp\left(+\frac{1}{\hbar} \int_x^{x_2} |p(x')| dx'\right) \right],$$

(42.3)

mit

$$C' = 2C_{\mathrm{IIb}},$$
$$D' = 2D_{\mathrm{IIb}}.$$

Und für den Bereich III erhalten wir ebenfalls wieder schnell die Form (39.45):

$$\psi(x) = \frac{1}{\sqrt{p(x)}} E' \left[\cos\left(-\frac{1}{\hbar} \int_x^{x_2} dx' p(x') + \frac{\pi}{4}\right) + \mathrm{i}\sin\left(-\frac{1}{\hbar} \int_x^{x_2} dx' p(x') + \frac{\pi}{4}\right) \right],$$

mit

$$E' = \mathrm{e}^{-\mathrm{i}\pi/4} C_{\mathrm{III}},$$

und auch:

$$E' = -\mathrm{i}C' = D'. \tag{42.4}$$

Die beiden Ansätze (42.2) und (42.3) in Bereich II müssen ja ein- und dieselbe Wellenfunktion darstellen. Also ergibt sich durch Gleichsetzung, inbesondere an den Stellen x_1 und x_2:

$$A' = D'\mathrm{e}^Z, \tag{42.5}$$

$$B' = C'\mathrm{e}^{-Z}, \tag{42.6}$$

mit

$$Z = \frac{1}{\hbar} \int_{x_1}^{x_2} |p(x)|\,\mathrm{d}x. \tag{42.7}$$

Fassen wir das Ergebnis für die Wellenfunktion $\psi(x)$ an dieser Stelle einmal zusammen:

$$\psi(x) = \begin{cases} \dfrac{C}{\sqrt{p(x)}}\left[-\mathrm{i}\mathrm{e}^Z \sin\left(\dfrac{1}{\hbar}\int_x^{x_1}\mathrm{d}x'\,p(x') + \dfrac{\pi}{4}\right) + \mathrm{e}^{-Z}\cos\left(\dfrac{1}{\hbar}\int_x^{x_1}\mathrm{d}x'\,p(x') + \dfrac{\pi}{4}\right) \right] & \text{(I)} \\[3ex] \dfrac{C}{2\sqrt{|p(x)|}}\left[-\mathrm{i}\mathrm{e}^Z\exp\left(+\dfrac{1}{\hbar}\int_x^{x_1}|p(x')|\mathrm{d}x'\right) + \mathrm{e}^{-Z}\exp\left(-\dfrac{1}{\hbar}\int_x^{x_1}|p(x')|\mathrm{d}x'\right) \right] & \text{(IIa)} \\[3ex] \dfrac{C}{2\sqrt{|p(x)|}}\left[\exp\left(-\dfrac{1}{\hbar}\int_x^{x_2}|p(x')|\mathrm{d}x'\right) - \mathrm{i}\exp\left(+\dfrac{1}{\hbar}\int_x^{x_2}|p(x')|\mathrm{d}x'\right) \right] & \text{(IIb)} \\[3ex] \dfrac{C}{\sqrt{p(x)}}\left[-\mathrm{i}\cos\left(-\dfrac{1}{\hbar}\int_x^{x_2}\mathrm{d}x'\,p(x') + \dfrac{\pi}{4}\right) + \sin\left(-\dfrac{1}{\hbar}\int_x^{x_2}\mathrm{d}x'\,p(x') + \dfrac{\pi}{4}\right) \right] & \text{(III)} \end{cases},$$

mit Z gemäß (42.7). Der globale Koeffizient C ergibt sich durch Normierung von $\psi(x)$. Damit erhalten wir mit

$$C_{\mathrm{I}} = C\frac{\mathrm{e}^{-Z} + \mathrm{e}^Z}{2\mathrm{e}^{\mathrm{i}\pi/4}},$$

$$C_{\mathrm{III}} = -\mathrm{i}\mathrm{e}^{\mathrm{i}\pi/4}C,$$

für den Transmissionskoeffizienten (42.1):

$$T = \frac{|C_{\mathrm{III}}|^2}{|C_{\mathrm{I}}|^2} = \frac{4}{(\mathrm{e}^Z + \mathrm{e}^{-Z})^2}. \tag{42.8}$$

Ist die Potentialbarriere besonders hoch oder besonders breit, ist $\mathrm{e}^{2Z} \gg \mathrm{e}^{-2Z}$, und damit

$$T = 4\mathrm{e}^{-2Z}$$

beziehungsweise

$$T = 4\exp\left(-\frac{2}{\hbar}\int_{x_1}^{x_2}|p(x)|\mathrm{d}x\right). \tag{42.9}$$

Der Vollständigkeit halber sei angemerkt, dass für den Reflektionskoeffizienten R gilt:

$$R = \frac{|D_{\mathrm{I}}|^2}{|C_{\mathrm{I}}|^2} = 1, \tag{42.10}$$

was daran liegt, dass in WKB-Näherung die Koeffizienten C_{I} und D_{I} vom Betrag her gleich sind:

$$C_{\mathrm{I}} = C\frac{\mathrm{e}^{-Z} + \mathrm{e}^{Z}}{2\mathrm{e}^{\mathrm{i}\pi/4}},$$
$$D_{\mathrm{I}} = C\frac{\mathrm{e}^{-Z} - \mathrm{e}^{Z}}{2\mathrm{e}^{-\mathrm{i}\pi/4}}.$$

Das widerspricht zwar der Unitarität, aber man muss bedenken, dass R und T in der WKB-Näherung die führenden Ordnungen der exakten Ausdrücke darstellen, wobei im Allgemeinen $R \gg T$ gilt.

43 Potentialbarriere mit vertikalen Wänden

Wir betrachten nun ein Punktteilchen der Masse m und der Energie E in einem Potential von der Form einer Potentialbarriere mit zwei vertikalen Wänden an den Stellen x_1 und x_2. Der Bereich II ($x_1 < x < x_2$) ist wieder der klassisch verbotene Bereich, und die Bereiche I und III sind klassisch erlaubt. Wegen der vertikalen Wände können – anders als in Abschnitt 42 – die Anschlussbedingungen nicht mit Hilfe der asymptotischen Form (39.44,39.45) der Airy-Funktionen erhalten werden.

Wir wissen andererseits, dass die Wellenfunktion $\psi(x)$ in den Bereichen I und III jeweils die Form einer ebenen Welle mit dem Impuls $p_0 = \sqrt{2mE}$ besitzt. In Bereich II setzen wir die WKB-Lösung wie in (39.20) an:

$$
\psi(x) = \begin{cases}
A \exp\left(\dfrac{\mathrm{i}}{\hbar} p_0 x\right) + B \exp\left(-\dfrac{\mathrm{i}}{\hbar} p_0 x\right) & \text{(I)} \\[2ex]
\dfrac{C}{\sqrt{|p(x)|}} \exp\left(\dfrac{1}{\hbar} \int_{x_1}^{x} |p(x')|\,\mathrm{d}x'\right) + \dfrac{D}{\sqrt{|p(x)|}} \exp\left(-\dfrac{1}{\hbar} \int_{x_1}^{x} |p(x')|\,\mathrm{d}x'\right) & \text{(II)} \\[2ex]
F \exp\left(\dfrac{\mathrm{i}}{\hbar} p_0 x\right) & \text{(III)}
\end{cases}
$$

$$(43.1)$$

mit im Bereich II rein imaginärem $p(x) = \sqrt{2m(E - V(x))}$.

Der Transmissionskoeffizient T ist wieder definiert durch

$$
T = \frac{|F|^2}{|A|^2},
\tag{43.2}
$$

den wir nun durch die Anschlussbedingungen aus der Forderung nach Stetigkeit und Differenzierbarkeit an den klassischen Wendepunkten berechnen können. Hierbei gilt an der Stelle x_1:

$$
A \mathrm{e}^{\mathrm{i}p_0 x_1/\hbar} + B \mathrm{e}^{-\mathrm{i}p_0 x_1/\hbar} = \frac{C + D}{\sqrt{p_1}},
$$

$$
\mathrm{i}p_0 \left(A \mathrm{e}^{\mathrm{i}p_0 x_1/\hbar} - B \mathrm{e}^{-\mathrm{i}p_0 x_1/\hbar} \right) = \sqrt{p_1}(C - D),
$$

mit $p_1 = \sqrt{2m(V(x_1) - E)}$. Und an der Stelle x_2 gilt:

$$
\frac{1}{\sqrt{p_2}} \left(C \mathrm{e}^{Z} + D \mathrm{e}^{-Z} \right) = F \mathrm{e}^{\mathrm{i}p_0 x_2/\hbar},
$$

$$
\sqrt{p_2} \left(C \mathrm{e}^{Z} - D \mathrm{e}^{-Z} \right) = \mathrm{i}p_0 F \mathrm{e}^{\mathrm{i}p_0 x_2/\hbar},
$$

mit $p_2 = \sqrt{2m(V(x_2) - E)}$ und Z gemäß (42.7).

Daraus können dann Formeln für C und D gewonnen werden:

$$C = \frac{F}{2} e^{ip_0 x_2/\hbar} e^{-Z} \sqrt{p_2} \left(1 + i\frac{p_0}{p_2} \right), \tag{43.3}$$

$$D = \frac{F}{2} e^{ip_0 x_2/\hbar} e^{Z} \sqrt{p_2} \left(1 - i\frac{p_0}{p_2} \right). \tag{43.4}$$

Wir erhalten so für A und B:

$$2A = e^{ip_0(x_2-x_1)/\hbar} \sqrt{\frac{p_2}{p_1}} \frac{F}{2} \left[e^{-Z}\left(1 + i\frac{p_0}{p_2}\right) + e^{Z}\left(1 - i\frac{p_0}{p_2}\right) \right]$$
$$- i e^{ip_0(x_2-x_1)/\hbar} \frac{\sqrt{p_1 p_2}}{p_0} \frac{F}{2} \left[e^{-Z}\left(1 + i\frac{p_0}{p_2}\right) - e^{Z}\left(1 - i\frac{p_0}{p_2}\right) \right]. \tag{43.5}$$

$$2B = e^{ip_0(x_2+x_1)/\hbar} \sqrt{\frac{p_2}{p_1}} \frac{F}{2} \left[e^{-Z}\left(1 + i\frac{p_0}{p_2}\right) + e^{Z}\left(1 - i\frac{p_0}{p_2}\right) \right]$$
$$+ i e^{ip_0(x_2+x_1)/\hbar} \frac{\sqrt{p_1 p_2}}{p_0} \frac{F}{2} \left[e^{-Z}\left(1 + i\frac{p_0}{p_2}\right) - e^{Z}\left(1 - i\frac{p_0}{p_2}\right) \right], \tag{43.6}$$

und somit

$$4|A|^2 = \frac{|F|^2}{4} \left[\left(\frac{p_1^2 + p_2^2 + p_0^2}{p_1 p_2} + \frac{p_1 p_2}{p_0^2} \right) \left(e^{Z} + e^{-Z} \right)^2 - 4 \left(\frac{\sqrt{p_1 p_2}}{p_0} - \frac{p_0}{\sqrt{p_1 p_2}} \right)^2 \right]. \tag{43.7}$$

Setzt man nun

$$|p_0| = |p_1| = |p_2|,$$

weil aufgrund der Unstetigkeit des Potentials an den klassischen Wendepunkten x_1 und x_2 die Definition von $p(x_1)$ und $p(x_2)$ nicht eindeutig ist, vereinfacht sich die Formel zu:

$$4|A|^2 = |F|^2 \left(e^{Z} + e^{-Z} \right)^2,$$

und damit ergibt sich der Transmissionskoeffizient (43.2):

$$T = \frac{4}{(e^{Z} + e^{-Z})^2}. \tag{43.8}$$

Wie im Abschnitt 42 gilt: ist die Potentialbarriere besonders hoch oder besonders breit, ist $e^{2Z} \gg e^{-2Z}$, und damit

$$T = 4e^{-2Z},$$

beziehungsweise

$$T = 4\exp\left(-\frac{2}{\hbar} \int_{x_1}^{x_2} |p(x)|dx \right). \tag{43.9}$$

344

Ebenfalls wie im Abschnitt 42 ist auch hier der Reflektionskoeffizienten R:

$$R = \frac{|B|^2}{|A|^2} = 1,$$

was wieder daran liegt, dass in WKB-Näherung die Koeffizienten A und B, wie in (43.5) und (43.6) berechnet, vom Betrag her gleich sind. Es gelten die Anmerkungen von Abschnitt 42 hierzu.

Man sieht, dass die Formeln für den Transmissionskoeffizienten (43.9) und (42.9) identisch sind. Obwohl die Anschlussbedingungen für die Wellenfunktion sich je nach genauem Verlauf des Potentials $V(x)$ unterscheiden, ist das Tunnelverhalten selbst in WKB-Näherung weitestgehend unabhängig davon.

Weiterführende Literatur

Airy-Funktionen

Die Airy-Funktionen finden besondere Erwähnung in den Übersichtsbüchern von Lebedev und von Magnus zu den Speziellen Funktionen der Mathematischen Physik (siehe weiterführende Literatur diesbezüglich am Ende von Kapitel II-3). Ansonsten gibt es:

Olivier Vallée, Manuel Soares: *Airy Functions and Applications to Physics*, Imperial College Press, 2010.

Anhang A

Ergänzungen

A.1 Das EPR-Paradoxon, verborgene Variablen und die Bellschen Ungleichungen

Wir betrachten den Singulett-Zustand eines Systems, zusammengesetzt aus zwei Zwei-Zustands-Systemen wie beispielsweise Spin-$\frac{1}{2}$-Teilchen (vergleiche (II-37.21)):

$$|0,0\rangle = \frac{1}{\sqrt{2}} \left(|z+, z-\rangle - |z-, z+\rangle \right), \qquad (A.1.1)$$

wobei die Notation verdeutlichen soll, dass wir die Quantisierung des Drehimpulses wie üblich in z-Richtung vornehmen.

Entscheiden wir uns nun, die Spineinstellung eines der beiden Teilchen in z-Richtung zu messen, werden wir jeweils mit einer Wahrscheinlichkeit von 0,5 das Ergebnis ↑ oder ↓ erhalten. Messen wir unmittelbar danach allerdings die Spineinstellung in z-Richtung des anderen Teilchens, ist die Wahrscheinlichkeit, das entsprechend andere Ergebnis zu erhalten, gleich Eins. Es ist bemerkenswert, dass diese Korrelation auch dann besteht, wenn die beiden Teilchen nach Messung an einem der beiden Teilchens derart weit voneinander entfernt sind, dass bis zum Zeitpunkt der Messung am anderen Teilchen keinerlei Informationsaustausch zwischen beiden möglich gewesen ist. Dieser experimentelle Aufbau lässt sich am einfachsten mit Photonen erreichen, die sich als masselose Teilchen mit Lichtgeschwindigkeit fortbewegen. In diesem Fall wird das einzelne Zwei-Zustands-System durch die beiden möglichen Helizitäts-Einstellungen erreicht.

Bis hierhin birgt die Betrachtung keinerlei Überraschungen. Es ist ebenfalls klar, dass die Quantisierung des Drehimpulses beziehungsweise der Helizität in z-Richtung ohne Beschränkung der Allgemeinheit erfolgt ist und wir genauso gut die x- oder die y-Richtung für die Messung hätten auszeichnen können. Was aber, wenn am einen Teilchen wie gehabt eine z-, aber am anderen Teilchen eine x-Messung vorgenommen wird?

Hierzu stellen wir zunächst fest, dass gilt:

$$|x\pm\rangle = \frac{1}{\sqrt{2}} \left(|z+\rangle \pm |z-\rangle \right), \qquad (A.1.2)$$

$$|z\pm\rangle = \frac{1}{\sqrt{2}} \left(|x+\rangle \pm |x-\rangle \right), \qquad (A.1.3)$$

und dass der Singulett-Zustand (A.1.1) dann auch geschrieben werden kann wie:

$$|0,0\rangle = \frac{1}{\sqrt{2}} \left(|x-, x+\rangle - |x+, x-\rangle \right). \qquad (A.1.4)$$

Anhand (A.1.2) und (A.1.3) ist zu sehen, dass eine Messung der z-Einstellung am einen Teilchen und eine anschließende Messung der x-Einstellung am anderen Teilchen vollkommen unkorreliert sind – ganz im Unterschied zu einer Messung der Spin-Einstellungen beider Teilchen *entlang derselben Achse*, bei der die Korrelation Eins ist. Der Ausgang einer Messung an einem der beiden Teilchen hängt also davon ab, ob bereits eine Messung am anderen Teilchen erfolgt ist, und wenn ja, welcher Art! Dabei muss an dieser Stelle nochmals betont werden, dass diese Abhängigkeit beziehungsweise Korrelation auch bei *raumartigem* Abstand beider Messereignisse besteht! Die Messung an einem Teilsystem hat also Einfluss auf den Zustand des Gesamtsystems!

Die Standard-Interpretation der Quantenmechanik erklärt die Situation mit der Tatsache, dass die beiden Teilchen zusammen einen verschränkten Zustand bilden (Abschnitt 28). Die Verschränkung bleibt während der unitären Zeitentwicklung selbstverständlich bestehen, auch wenn die beiden späteren Messungen an den jeweiligen Teilsystemen raumartig getrennt ist. Kann auf diese Weise Information schneller als mit Lichtgeschwindigkeit ausgetauscht werden? Nein, da in jedem Falle die Information über den Ausgang des Messergebnisses an Teilchen 1 nur über klassische Kanäle zum Ort des Ereignisses gelangen kann, wo die Messung an Teilchen 2 stattfindet. Nur wenn von vornherein klar ist, dass die Spin-Einstellung beide Male in derselben Richtung gemessen wird, folgt aus dem Ausgang des einen Experiments unmittelbar der Ausgang des anderen. Diese Information lag aber bereits bei der Präparierung des Singulett-Zustands vor.

Insbesondere in den Anfangszeiten der Quantenmechanik, aber auch in heutiger Zeit ist für viele Physiker unzufriedenstellend, dass derartige Korrelationen über raumartige Distanzen bestehen und die Quantenmechanik eine vermeintliche oder gar echte Nicht-Lokalität aufweist. Dieser Umstand trägt den Namen **EPR-Paradoxon**, nach den Namensgebern der maßgeblichen Arbeit zu dem oben beschriebenen Gedankenexperiment: Albert Einstein, Boris Podolsky und Nathan Rosen (kurz: „EPR") [EPR35], die allerdings keine Zwei-Zustands-Systeme zur Illustrierung betrachteten, sondern vielmehr Ort und Impuls zweier sich entfernender Teilchen. Die Verwendung von Spin-$\frac{1}{2}$-Teilchen im Gedankenexperiment mit deutlich einprägsamerer Veranschaulichung hat erstmals David Bohm 1951 in seinem Lehrbuch *Quantum Theory* eingeführt.

Verborgene Parameter und die Bellschen Ungleichungen

Eine gängige Kritik auf Seiten der Gegner der Kopenhagener Interpretation der Quantenmechanik – zu denen auch Einstein gehörte – bezog sich auf die inhärent statistische Aussagekraft quantenmechanischer Vorhersagen. Das Argument stand im Raum, dass die Quantenmechanik unvollständig wäre derart, dass bislang unbekannte oder unverstandene Parameter, sogenannte **verborgene Parameter** oder **verborgene Variablen** (englisch: *"hidden variables/parameters"*) zu dieser scheinbaren Statistik führten, die aber letztlich nur das Unbekannte kapselten. In den Worten von EPR [EPR35]:

1. Definition der **Vollständigkeit**: *"[...] every element of the physical reality must have a counterpart in the physical theory. We call this the condition of completeness."*
2. Definition von **Realität**: *"If, without in any way disturbing a system, we can predict with certainty (i.e., with probability equal to unity) the value of a physical quantity, then there exists an element of physical reality corresponding lo this physical quantity."*

Was in der EPR-Arbeit nicht explizit formuliert, aber implizit im Realitätsbegriff eingeschlossen wurde, war die Notwendigkeit von **Lokalität**. Die oben beschriebene Korrelation zwischen den Ausgängen der einzelnen Messungen an den beiden Teilchen selbst über raumartige Distanzen – in der Quantenmechanik als die Konsequenz eines verschränkten Zustands – werteten EPR daher als **Nicht-Lokalität** der Quantenmechanik. Einstein schrieb 1947 in einem Brief an Max Born von einer *„spukhaften Fernwirkung"*, an die er nicht glaube könne. Die verborgenen Parameter mussten also genauer **lokale verborgene Parameter** sein. Wären sie wohldefinierter Bestandteil der Ontologie, wäre der lokal-realistische (und deterministische) Charakter der Quantenmechanik wieder manifest, und diese eine vollständige und im Grunde klassische Theorie.

Die Wortprägung „verborgene Parameter" selbst stammt von John von Neumann, der bereits in seinem 1932 erschienenen Lehrbuch *„Mathematische Grundlagen der Quantenmechanik"* einen ersten Beweis für deren Unmöglichkeit lieferte, welcher sich später allerdings als unzureichend erwies, da er auf zu einschränkenden Voraussetzungen fußte. Bohm selbst hat 1952 im Rahmen seiner eigenen Interpretation der Quantenmechanik (der **Bohmschen Mechanik**) [Boh52a; Boh52b] bereits eine Formulierung der nichtrelativistischen Quantentheorie mit nichtlokalen Elementen gefunden, die er selbst ebenfalls als verborgene Variablen bezeichnete, siehe Abschnitt 22.

Im Jahre 1964 wurde die Suche nach einer entsprechenden weiterentwickelten Quantentheorie mit lokalen verborgenen Variablen weitestgehend zu Grabe getragen. Der aus Nordirland stammende Physiker John Stewart Bell zeigte auf eine eigentlich recht simple und sehr allgemeine Weise, dass eine wie auch immer geartete Theorie verborgener Variablen die Gültigkeit einer Ungleichung nach sich zog, in der nur experimentell zugängliche Größen vorkamen. Eine Verletzung dieser **Bellschen Ungleichungen** hieße, dass es grundsätzlich keine derartigen, wenn auch unbekannten verborgenen Parameter gibt und man die Suche nach einer derart erweiterten Quantentheorie daher einstellen könnte [Bel64].

Das folgende Darstellung ist dem Lehrbuch von Sakurai entnommen und geht auf Vorlesungen von Eugene Wigner aus dem Jahre 1976 zurück, die in überarbeiteter Form der Sammlung [Wig83] zu entnehmen sind. In einem einfachen Modell werden verborgene Variablen wie folgt realisiert: die oben betrachteten Teilchen besitzen intrinsische Eigenschaften derart, dass beispielsweise die Messung der Spin-Einstellung an einem Teilchen vom Typ $(z+, x-)$ entlang z stets $\uparrow$ und entlang x stets $\downarrow$ ergeben würde. Es wird bewusst nicht davon ausgegangen, dass beide Spin-Einstellungen gleichzeitig gemessen werden können – die folgenden Betrachtungen setzen lediglich entweder eine z- oder eine x-Messung an ebendiesem Teilchen voraus.

Um die experimentellen Ergebnisse des verschränkten Singulett-Zustand oben zu erhalten, muss bei einem Teilchenpaar, an dem die entsprechenden Korrelationen gemessen werden, jeweils das eine Teilchen die entgegengesetzten intrinsischen Parameter des anderen besitzen, also:

	Teilchen 1	Teilchen 2
A	$(z+, x+)$	$\leftrightarrow$ $(z-, x-)$,
B	$(z+, x-)$	$\leftrightarrow$ $(z-, x+)$,
C	$(z-, x+)$	$\leftrightarrow$ $(z+, x-)$,
D	$(z-, x-)$	$\leftrightarrow$ $(z+, x+)$,

und dabei muss jeder Typ von Teilchenpaar (A–D) jeweils mit einer relativen Häufigkeit von 25 % im gesamten Pool vorhanden sein. Über die entsprechend notwendige Präparation des Experiments machen wir uns hierbei keine Gedanken. Wird dann beispielsweise bei einem Teilchen 2 des Paartyps B die x-Einstellung des Spins gemessen, erhält man als Ergebnis zwangsläufig ↑, und zwar qua Voraussetzung vollkommen unabhängig davon, ob an Teilchen 1 desselben Paartyps eine Messung durchgeführt wurde oder nicht. Bis hierhin ist also eine Theorie verborgener Parameter noch in der Lage, die Vorhersagen der Quantenmechanik zu reproduzieren.

Das ändert sich nun, wenn wir anstelle von zwei möglichen Spin-Quantisierungsrichtungen deren drei verwenden, der Allgemeinheit halber mit a, b und c bezeichnet, da wir nicht annehmen müssen oder wollen, dass diese zueinander orthogonal stehen. Eine entsprechende Populationstabelle wie oben sieht wie folgt aus:

$$
\begin{array}{cll}
 & \text{Teilchen 1} & \text{Teilchen 2} \\
A & (a+, b+, c+) & \leftrightarrow (a-, b-, c-), \\
B & (a+, b+, c-) & \leftrightarrow (a-, b-, c+), \\
C & (a+, b-, c+) & \leftrightarrow (a-, b+, c-), \\
D & (a+, b-, c-) & \leftrightarrow (a-, b+, c+), \\
E & (a-, b+, c+) & \leftrightarrow (a+, b-, c-), \\
F & (a-, b+, c-) & \leftrightarrow (a+, b-, c+), \\
G & (a-, b-, c+) & \leftrightarrow (a+, b+, c-), \\
H & (a-, b-, c-) & \leftrightarrow (a+, b+, c+).
\end{array}
$$

Wir geben ferner die Forderung nach Gleichverteilung der jeweiligen Paartypen A–H auf. Wird nun bei einer Messung an Teilchen 1 die a-Einstellung ↑ gemessen und an Teilchen 2 die b-Einstellung ↓, ist sofort ersichtlich, dass das betrachtete Teilchenpaar entweder vom Typ A oder B gewesen sein muss.

Es seien nun $N_A, N_B, \ldots$ die (unbekannten) absoluten Häufigkeiten der Typen von Teilchenpaaren und N die Gesamtzahl an Teilchenpaaren. Dann ist beispielsweise

$$
P(a+, b+) = \frac{N_C + N_D}{N} \tag{A.1.5}
$$

die Gesamtwahrscheinlichkeit dafür, dass man bei einer a-Messung an Teilchen 1 ↑ und bei einer b-Messung an Teilchen 2 ebenfalls ↑ erhält. Entsprechend gilt:

$$
P(a+, c+) = \frac{N_B + N_D}{N}, \tag{A.1.6}
$$

$$
P(c+, b+) = \frac{N_C + N_G}{N}, \tag{A.1.7}
$$

Aufgrund der Positivität der Häufigkeiten gilt nun trivialerweise:

$$
N_C + N_D \leq N_B + N_C + N_D + N_G,
$$

und damit:

$$P(a+, b+) \leq P(a+, c+) + P(c+, b+). \tag{A.1.8}$$

Entsprechend können weitere dieser Ungleichungen aufgestellt werden. Die Ungleichung (A.1.8) ist eine **Bellsche Ungleichung**, und sie enthält lediglich experimentell zugängliche Größen. Für eine hinreichend große Messreihe sollten die gemessenen relativen Häufigkeiten von den Wahrscheinlichkeiten immer weniger abweichen. Die Frage ist: sind die Bellschen Ungleichungen wie (A.1.8) in der Realität erfüllt oder nicht? Wenn nicht, kann es zwangsläufig keine Theorien lokaler verborgener Parameter geben. Sind sie hingegen erfüllt, können sie zumindest an dieser Stelle nicht ausgeschlossen werden. Interessant ist zunächst einmal, was die Quantenmechanik vorhersagt.

Die Bellschen Ungleichungen in der Quantenmechanik

Die in der Bellschen Ungleichung (A.1.8) auftauchenden Wahrscheinlichkeiten lassen sich in der Quantenmechanik einfach berechnen: wenn an Teilchen 1 die a-Einstellung $\uparrow$ gemessen wird, muss dieselbe Messung an Teilchen 2 das Ergebnis $\downarrow$ ergeben, Teilchen 2 ist also im Zustand $|a-\rangle$. Ohne Beschränkung der Allgemeinheit sei a gleich die z-Richtung. Dann ergibt sich die Wahrscheinlichkeitsamplitude:

$$\langle b + |a-\rangle = \langle a - |\hat{U}(\theta_{a-b+})^{-1}|a-\rangle$$
$$= \begin{pmatrix} 0 & 1 \end{pmatrix} \begin{pmatrix} \cos\frac{\theta_{ab}+\pi}{2} & -\sin\frac{\theta_{ab}+\pi}{2} \\ -\sin\frac{\theta_{ab}+\pi}{2} & \cos\frac{\theta_{ab}+\pi}{2} \end{pmatrix} \begin{pmatrix} 0 \\ 1 \end{pmatrix} = \cos\frac{\theta_{ab} + \pi}{2},$$

vergleiche (II-7.22) mit der Identifikation $\beta = \theta_{ab}$ als dem Winkel zwischen der a- und der b-Achse. Der zusätzliche Winkel π ergibt sich durch die umgekehrte Spin-Einstellung. Dann ist aber

$$P(a+, b+) = \frac{1}{2}|\langle b + |a-\rangle|^2 = \frac{1}{2}\sin^2\frac{\theta_{ab}}{2},$$

wobei der Faktor $\frac{1}{2}$ berücksichtigt, dass an Teilchen 1 nur mit einer Wahrscheinlichkeit von $\frac{1}{2}$ überhaupt $\uparrow$ in a-Richtung gemessen wird. Entsprechend gilt:

$$P(a+, c+) = \frac{1}{2}\sin^2\frac{\theta_{ac}}{2},$$
$$P(c+, b+) = \frac{1}{2}\sin^2\frac{\theta_{cb}}{2},$$

so dass die Bellsche Ungleichung (A.1.8) dann die Form

$$\sin^2\frac{\theta_{ab}}{2} \leq \sin^2\frac{\theta_{ac}}{2} + \sin^2\frac{\theta_{cb}}{2} \tag{A.1.9}$$

annimmt.

Es ist nun recht schnell zu sehen, dass (A.1.9) im Allgemeinen nicht gelten kann: es seien beispielsweise alle drei Achsen in einer Ebene, und es liege die c-Achse genau auf der

Winkelhalbierenden zwischen der a- und der b-Achse, sprich:

$$\theta_{ac} = -\theta_{cb} = \theta,$$
$$\theta_{ab} = 2\theta.$$

Dann sagt (A.1.9) aber:

$$\sin^2 \theta \le 2\sin^2 \frac{\theta}{2},$$

und das ist nur für $\theta = 0$ oder für $\theta = \frac{\pi}{2}$ möglich, mit Gleichheit in beiden Fällen. Für alle Werte dazwischen ist die rechte Seite kleiner als die linke: für $\theta = \frac{\pi}{4}$ beispielsweise ergibt sich:

$$0{,}5 \le 0{,}2929,$$

eine offensichtlich falsche Aussage.

Die Verletzung der Bellschen Ungleichungen durch die Quantenmechanik ist experimentell in hervorragendem Maße bestätigt worden. Eine schöne Übersicht liefert bereits der *Nature*-Artikel von Alain Aspect aus dem Jahre 1999 [Asp99]. Der französische Physiker erhielt im Jahre 2022 zusammen mit dem US-Amerikaner John Clauser und dem Österreicher Anton Zeilinger den Nobelpreis für Physik „für Experimente mit verschränkten Photonen, Nachweis der Verletzung der Bellschen Ungleichungen und wegweisender Quanteninformationswissenschaft".

Wir werden also zur Aussage geführt: *In der Quantenmechanik sind die Bellschen Ungleichungen im Allgemeinen verletzt.* Das bedeutet zunächst direkt: *Es gibt keine lokalen verborgenen Parameter.* Daraus folgt nicht automatisch, dass die Quantenmechanik eine vollständige Theorie ist, aber es gibt auch schlichtweg an dieser Stelle keinen Anhaltspunkt dagegen! In jedem Falle erweist sich ein lokaler Realismus, wie er durch eine klassische Theorie zum Ausdruck gebracht wird, als nicht haltbar. Vielmehr enthält die Quantenmechanik sehr wohl nichtlokale Elemente – man spricht hier von **Quanten-Nichtlokalität** (englisch: *"quantum non-locality"*) – wodurch aber dennoch nicht die (Mikro-)Kausalität im Sinne einer relativistischen Theorie verletzt wird: wie weiter oben bereits erläutert, findet eine Signalausbreitung beziehungsweise Informationsübertragung über raumartige Distanzen an keiner Stelle statt. Der Lokalitätsbegriff ist in der Physik leider etwas überladen, und es ist sehr genau der Diskussionskontext zu beachten!

Die gesamte Geschichte über lokalen Realismus, Quanten-Nicht-Lokalität und die Frage nach verborgenen Variablen ist jedenfalls ein wunderschönes Beispiel des **empirischen Falsifikationsprinzips** des österreichisch-britischen Philosophen Karl Popper: es besagt, dass eine naturwissenschaftliche Theorie niemals bewiesen im mathematischen Sinne, sondern lediglich falsifiziert werden kann.

Weiterführende Literatur

Lehrbuchklassiker der alten Schule

Albert Messiah: *Quantenmechanik 1*, de Gruyter, 2. Aufl. 1991. *Quantenmechanik 2*, de Gruyter, 3. Aufl. 1990.

> Dieser Lehrbuchklassiker zur Quantenmechanik aus dem Jahre 1959 ist zeitlos gut: er enthält den kanonischen Stoff der Quantenmechanik recht vollständig und erklärt nicht nur durch Rechnungen, sondern im klassischen Lehrbuchstil auch durch umfangreiche Erläuterungen, die allesamt lesenswert sind und in heutzutage üblichen Skriptdarstellungen fehlen. Auch die mathematischen Zusammenhänge werden der französischen Lehrbuchtradition entsprechend gründlich erläutert. Relativistische Quantenmechanik und Wechselwirkung von Strahlung mit Materie werden ebenfalls behandelt. Insgesamt wirkt die Notation allerdings etwas angestaubt, und modernere grundlegende Themen wie Pfadintegralformalismus, topologische Aspekte der Quantenmechanik oder Diskussionen zu Messproblem, Verschränkung, offenen Quantensystemen fehlen vollständig.

Eugen Merzbacher: *Quantum Mechanics*, John Wiley & Sons, 3rd ed. 1998.

> Ein weiterer Lehrbuchklassiker, für den das Gleiche mit Bezug auf Gründlichkeit der Erklärung im klassischen Lehrbuchstil zutrifft wie für den „Messiah". Auch die Stoffauswahl ist vergleichbar: relativistische Quantenmechanik und Wechselwirkung von Strahlung mit Materie sind in Grundzügen drin, modernere Themen fehlen. Insgesamt ist der „Merzbacher" vielleicht etwas rechnerischer und weniger mathematisch, die Darstellung moderner.

Claude Cohen-Tannoudji, Bernard Diu, Franck Laloë: *Quantenmechanik*, de Gruyter, Bände 1–2: 5. Aufl. 2019, Band 3: 2020.

> Ebenfalls ein Klassiker, an dem sich allerdings die Geister scheiden. Auf der einen Seite sehr französisch-enzyklopädisch und mit sehr vielen durchgerechneten Beispielen. Auf der anderen Seite führt die oft ungewohnte Sortierung und die tiefe Gliederung dazu, dass der rote Faden nicht immer ersichtlich ist, und man sich oft fragt, ob gerade ein Beispiel durchgerechnet oder ein zentrales Ergebnis abgeleitet wird. Sucht man allerdings gezielt nach einem Thema, findet man dies sehr gründlich erklärt und durchgerechnet. Mit der zweiten französischen Originalauflage von 2018 (die erste Auflage stammte aus dem Jahre 1973) erschien nun auch ein dritter Band mit lange vermissten Inhalten wie Wechselwirkung von Strahlung mit Materie oder zweite Quantisierung. Relativistische Quantenmechanik fehlt allerdings nach wie vor.

Leonard I. Schiff: *Quantum Mechanics*, McGraw-Hill, 3rd ed. 1968.

> Begründer der amerikanischen Schule in der Literatur zur und lange Zeit das führende Lehrbuch zur Quantenmechanik. Sprachlich in einem sehr guten, typisch amerikanischen Stil geschrieben, mit einem großen Schwerpunkt auf physikalischem

© Der/die Herausgeber bzw. der/die Autor(en), exklusiv lizenziert an
Springer-Verlag GmbH, DE, ein Teil von Springer Nature 2024
O. Tennert, *Quantenmechanik I*, https://doi.org/10.1007/978-3-662-68585-3

Verständnis. Im Unterschied zu den Werken oben ist es aber eher knapp in den Ausführungen. Es streift zwar sehr viele Themen, lässt die Rechnungen aber häufig lediglich anskizziert.

A. S. Dawydow: *Quantenmechanik*, Johann Ambrosius Barth, 8. Aufl. 1992.

Basierend auf der zweiten russischen Auflage von 1973, die leider im Vergleich zur ersten um einige fortgeschrittene Themen gekürzt, dafür um andere ergänzt wurde. Die deutsche Übersetzung bietet zusätzliche Kapitel zu Festkörpern und Supraleitern. Dieses Lehrbuch russischer Schule bietet eine exzellente Darstellung der Quantenmechanik, mit sehr präziser Notation und fundierten physikalischen Diskussionen.

Neuere Lehrbücher und Monographien

Jun John Sakurai, Jim Napolitano: *Modern Quantum Mechanics*, Cambridge University Press, 3rd ed. 2020.

Eines der ältesten „modernen" Lehrbücher und das erste, das das Zwei-Zustands-System als Modellsystem für die Erarbeitung der quantenmechanischen Konzepte heranzog. Leider zu Lebzeiten des Autors unvollendet und seitdem nie wirklich „aus einem Guss". In der nun vorliegenden dritten Auflage hat Jim Napolitano dieses didaktisch hervorragende Werk aber in eine wirklich sehr gute, fehlerbereinigte und etwas „geradegezogene" Form gebracht.

Nouredine Zettili: *Quantum Mechanics – Concepts and Applications*, John Wiley & Sons, 3rd ed. 2022.

Ein einführendes Lehrbuch mit einer eher konservativen Stoffauswahl, dafür aber mit sehr gründlichen Rechnungen und vielen explizit durchgerechneten Beispielen und Problemen. Die dritte Auflage enthält nun auch Kapitel zur relativistischen Quantenmechanik.

Ramamurti Shankar: *Principles of Quantum Mechanics*, Plenum Press, 2nd ed. 1994, seit 2011 Springer-Verlag.

Mittlerweile eines der neueren Standardwerke.

David J. Griffiths, Darrell F. Schroeter: *Introduction to Quantum Mechanics*, Cambridge University Press, 3rd ed. 2018.

Definitiv eines der gegenwärtigen Standardwerke für den Einstieg.

B. H. Bransden, C. J. Joachain: *Quantum Mechanics*, Pearson Education, 2nd ed. 2000.

Eine hervorragende Darstellung mit sehr gründlichen Diskussionen.

Kenichi Konishi, Giampiero Paffuti: *Quantum Mechanics – A New Introduction*, Oxford University Press, 2009.

Einer der interessanteren Neuzugänge in der Lehrbuchliteratur zur Quantenmechanik, der den Versuch unternimmt, sowohl eine Einführung zum Thema zu sein als auch einige fortgeschrittene Themen mindestens einmal anzusprechen, wobei im letzteren Fall die Darstellung häufig an die Grenzen der platzlichen Darstellbarkeit stößt. Die Autoren haben sich auch sehr viel Mühe bei der grafischen Illustration gegeben.

Gennaro Auletta, Mauro Fortunato, Giorgio Parisi: *Quantum Mechanics into a Modern Perspective*, Cambridge University Press, 2009.

Ein recht modernes Lehrbuch mit einem speziellen Fokus: zu den Stärken gehört die ausführliche Behandlung des Messproblems in der Quantenmechanik, der Quantenoptik und der Quanteninformationstheorie, sowie offener Quantensysteme. Die Schwächen sind allerdings, dass einige Standardthemen sehr zu kurz kommen: die Streutheorie wird am Rande im Rahmen von Störungstheorie und Pfadintegralen erwähnt, relativistische Quantenmechanik fehlt vollständig.

Steven Weinberg: *Lectures on Quantum Mechanics*, Cambridge University Press, 2nd ed. 2015.

Von einem der bedeutendsten Großmeister der Quantenfeldtheorie als *Lecture Notes* angesetzt, besticht dieses recht schlanke Werk durch einige hintergründige Betrachtungen zu Themen, wie sie in anderen Lehrbüchern eher selten anzutreffen sind. Allerdings sind diese *Lectures* mit Bezug auf Stofffülle und Ausführlichkeit in keiner Weise mit dem Opus Magnum des Nobelpreisträgers, dem dreibändigen Werk zur Quantenfeldtheorie, zu vergleichen.

Kurt Gottfried, Tung-Mow Yan: *Quantum Mechanics: Fundamentals*, 2nd ed. 2003, Springer-Verlag.

Eine hervorragende Monographie mit einer sehr guten Themenauswahl in moderner Darstellung.

Reinhold Bertlmann, Nicolai Friis: *Modern Quantum Mechanics – From Quantum Mechanics to Entanglement and Quantum Information*, Oxford University Press, 2023.

Alberto Galindo, Pedro Pascual: *Quantum Mechanics I*, Springer-Verlag, 1990; *Quantum Mechanics II*, Springer-Verlag, 1991.

Ein hervorragender, aber anspruchsvoller monographischer Text, der sicher keine Erstlektüre zur Quantenmechanik darstellt. Die Autoren halten sich insgesamt eher knapp mit den Formulierungen, legen aber sehr viel Wert auf begriffliche und mathematische Präzision und bieten einen wahren Schatz an Verweisen auf Originalarbeiten. Inhaltlich beschränkt sich die Monographie allerdings auf den nichtrelativistischen Kanon.

Arno Bohm: *Quantum Mechanics – Foundations and Applications*, Springer-Verlag, 3rd ed. 1993.

Ein weitere, sehr gründliche Monographie zur Quantenmechanik, die sehr viel Wert auf eine genaue Begrifflichkeit legt und die ebenfalls nicht zur Einstiegsliteratur zählt. Mathematische Genauigkeit und physikalische Darstellung sind in einem sehr ausgewogenen Verhältnis zueinander, aber auf hohem Niveau. Auch komplizierte Rechnungen werden ausführlich gezeigt. Dennoch ist auch hier der Inhalt auf den nichtrelativistischen Kanon beschränkt. Definitiv zur Vertiefung vieler Themen geeignet, insbesondere aus den Bereichen der zeitabhängigen Systeme, der Streutheorie sowie zu geometrischen Phasen. Es gibt seit 2019 eine Art Prequel hierzu:

Arno Bohm, Piotr Kielanowski, G. Bruce Mainland: *Quantum Physics – States, Observables and Their Time Evolution*, Springer-Verlag, 2019.

Leslie E. Ballentine: *Quantum Mechanics: A Modern Development*, World Scientific, 2nd ed. 2014.

Eine sehr gelungene Darstellung der Quantenmechanik, das schon seit der ersten Auflage 1990 mit sehr viel modernen Themen glänzt. Leslie Ballentine gehört zum Anhänger der sogenannten Ensemble-Interpretation der Quantenmechanik, was man der Darstellung ansieht. Relativistische Quantentheorie fehlt vollständig.

K. T. Hecht: *Quantum Mechanics*, Springer-Verlag, 2000.

Sehr umfangreich, sehr gründlich, mit recht vielen Spezialthemen. Die Sortierung ist bisweilen etwas merkwürdig.

Ernest S. Abers: *Quantum Mechanics*, Pearson Education, 2004.

Ein inhaltlich eigentlich sehr gelungenes, wenn auch knappes Buch mit fortgeschrittenen Themen. Allein die schiere Anzahl an Druckfehlern (es gibt eine 63-seitige Errata-Liste!) trübt den Eindruck.

Michel Le Bellac: *Quantum Physics*, Cambridge University Press, 2006.

Die englische Übersetzung der ersten französischen Auflage von 2003. Mittlerweile ist aber die stark erweiterte dritte französische Auflage 2013 in zwei Bänden erschienen.

S. Rajasekar, R. Velusamy: *Quantum Mechanics I: The Fundamentals*, CRC Press, 2nd ed. 2023; *Quantum Mechanics II: Advanced Topics*, CRC Press, 2nd ed. 2023.

Harald J. W. Müller-Kirsten: *Introduction to Quantum Mechanics: Schrödinger Equation and Path Integral*, World Scientific, 2nd ed. 2012.

Ravinder R. Puri: *Non-Relativistic Quantum Mechanics*, Cambridge University Press, 2017.

Thomas Banks: *Quantum Mechanics – An Introduction*, CRC Press, 2019.

E. B. Manoukian: *Quantum Mechanics – A Wide Spectrum*, Springer-Verlag, 2006.

Diese recht neue Monographie bietet in der Tat ein sehr weites Spektrum an Themen.

Jean-Louis Basdevant, Jean Dalibard: *Quantum Mechanics*, Springer-Verlag, 2002.

Bipin R. Desai: *Quantum Mechanics With Basic Field Theory*, Cambridge University Press, 2010.

Vishnu Swarup Mathur, Surendra Singh: *Concepts in Quantum Mechanics*, CRC Press, 2009.

Roger G. Newton: *Quantum Physics – A Text for Graduate Students*, Springer-Verlag, 2002.

Horaţiu Năstase: *Quantum Mechanics: A Graduate Course*, Cambridge University Press, 2023.

Literatur zu *"Advanced Quantum Mechanics"*

In den mit *"Advanced Quantum Mechanics"* bezeichneten Vorlesungen werden an US-amerikanischen Universitäten typischerweise die Themen Streutheorie, Theorie der Strahlung und Einführung in die relativistische Quantentheorie behandelt, welche dann je nach Fakultät oder *Lecturer* unterschiedlich tief in die relativistische Quantenfeldtheorie hineinragt.

Barry R. Holstein: *Topics in Advanced Quantum Mechanics*, Addison-Wesley, 1992.

Rainer Dick: *Advanced Quantum Mechanics – Materials and Photons*, Springer-Verlag, 3. Aufl. 2020.

J. J. Sakurai: *Advanced Quantum Mechanics*, Addison-Wesley, 1967.

Michael D. Scadron: *Advanced Quantum Theory*, World Scientific, 3rd ed. 2007.

Rubin H. Landau: *Quantum Mechanics II: A Second Course in Quantum Theory*, John Wiley & Sons, 1996.

Paul Roman: *Advanced Quantum Theory: An Outline of the Fundamental Ideas*, Addison-Wesley, 1965.

J. M. Ziman: *Elements of Advanced Quantum Theory*, Cambridge University Press, 1969.

Hans A. Bethe, Roman Jackiw: *Intermediate Quantum Mechanics*, Westview Press, 3rd ed. 1986.

Yuli V. Nazarov, Jeroen Danon: *Advanced Quantum Mechanics – a practical guide*, Cambridge University Press, 2013.

Giampiero Esposito, Giuseppe Marmo, Gennaro Miele, George Sudarshan: *Advanced Concepts in Quantum Mechanics*, Cambridge University Press, 2015.
Ein Buch, das einen gemischten Eindruck hinterlässt: es finden sich Kapitel zu elementaren Themen auf Einführungsniveau neben Kapiteln zur Phasenraumquantisierung, die dann aber recht knapp geraten sind.

Literatur zur Mathematik für Physiker

Helmut Fischer, Helmut Kaul: *Mathematik für Physiker*, Springer-Verlag, Band 1: 8. Aufl. 2018, Band 2: 4. Aufl. 2014, Band 3: 4. Aufl. 2017.

Karl-Heinz Goldhorn, Hans-Peter Heinz: *Mathematik für Physiker*, Springer-Verlag, Bände 1–2: 2007, Band 3: 2008.

Karl-Heinz Goldhorn, Hans-Peter Heinz, Margarita Kraus: *Moderne mathematische Methoden der Physik*, Spinger-Verlag, Band 1: 2009, Band 2: 2010.

Hans Kerner, Wolf von Wahl: *Mathematik für Physiker*, Springer-Verlag, 3. Aufl. 2013.

Klaus Jänich: *Mathematik 1: Geschrieben für Physiker*, Springer-Verlag, 2. Aufl. 2005; *Mathematik 2: Geschrieben für Physiker*, Springer-Verlag, 2. Aufl. 2011; *Analysis für Physiker und Ingenieure*, Springer-Verlag, 4. Aufl. 2001.

Richard Courant, David Hilbert: *Methoden der mathematischen Physik*, Springer-Verlag, 4. Aufl. 1993.
Der Klassiker hat einige Neuauflagen und auch eine Übersetzung ins Englische erfahren. Es handelt sich im Wesentlichen um die 3. Auflage von Band I, mitsamt eines Kapitels der 2. Auflage von Band II:

Richard Courant, David Hilbert: *Methoden der mathematischen Physik Band II*, Springer-Verlag, 2. Aufl. 1967.

Michael Stone, Paul Goldbart: *Mathematics for Physics: A Guided Tour for Graduate Students*, Cambridge University Press, 2009.

Kevin Cahill: *Physical Mathematics*, Cambridge University Press, 2nd ed. 2019.

Walter Appel: *Mathematics for Physics and Physicists*, Princeton University Press, 2007.

Sadri Hassani: *Mathematical Physics: A Modern Introduction to Its Foundations*, Springer-Verlag, 2nd ed. 2013.

Peter Szekeres: *A Course in Modern Mathematical Physics: Groups, Hilbert Space and Differential Geometry*, Cambridge University Press, 2004.

Esko Keski-Vakkuri, Claus K. Montonen, Marco Panero: *Mathematical Methods for*

Physicists – An Introduction to Group Theory, Topology, and Geometry, Cambridge University Press, 2022.

George B. Arfken, Hans J. Weber, Frank E. Harris: *Mathematical Methods for Physicists – A Comprehensive Guide*, Academic Press, 7th ed. 2013.

Philip M. Morse, Herman Feshbach: *Methods of Theoretical Physics – 2 Volumes*, McGraw-Hill, 1953.

Harold Jeffreys, Bertha Jeffreys: *Methods of Mathematical Physics*, Cambridge University Press, 3rd ed. 1956.

Paul Bamberg, Shlomo Sternberg: *A Course in Mathematics for Students of Physics: 1*, Cambridge University Press, 1988; *A Course in Mathematics for Students of Physics: 2*, Cambridge University Press, 1990.

Frederick W. Byron, Robert W. Fuller: *Mathematics of Classical and Quantum Physics*, Dover Publications, 1970.

Robert D. Richtmyer: *Principles of Advanced Mathematical Physics – Volume I*, Springer-Verlag, 1978; *Principles of Advanced Mathematical Physics – Volume II*, Springer-Verlag, 1981.

Nirmala Prakash: *Mathematical Perspectives on Theoretical Physics – A Journey From Black Holes to Superstrings*, Imperial College Press, 2003.

Literatur zur Funktionalanalysis

Siegfried Grossmann: *Funktionalanalysis*, Springer-Verlag, 5. Aufl. 2014.

Joachim Weidmann: *Lineare Operatoren in Hilberträumen Teil I: Grundlagen*, B. G. Teubner, 2000; *Lineare Operatoren in Hilberträumen Teil II: Anwendungen*, B. G. Teubner, 2003.

Dirk Werner: *Funktionalanalysis*, Springer-Verlag, 8. Aufl. 2018.

Herbert Schröder: *Funktionalanalysis*, Verlag Harri Deutsch, 2. Aufl. 2000.

Harro Heuser: *Funktionalanalysis*, B. G. Teubner, 4. Aufl. 2006.

Literatur zur Gruppentheorie

Wu-Ki Tung: *Group Theory in Physics – An Introduction to Symmetry Principles, Group Representations, and Special Functions in Classical and Quantum Physics*, World Scientific, 1985.

Ein hervorragender Text mit einer sehr gründlichen Behandlung der Darstellungstheorie wichtiger Lie-Gruppen und -Algebren. Der Übungs- und Lösungsband hierzu:

Wu-Ki Tung: *Group Theory in Physics – Problems & Solutions*, World Scientific, 1991.

Morton Hamermesh: *Group Theory and Its Application to Physical Problems*, Dover Publications, 1989.

Ein immer noch sehr gut lesbarer, einführender Klassiker aus dem Jahre 1962.

Robert Gilmore: *Lie Groups, Lie Algebras, and Some of Their Applications*, Dover Publications, 2006.

Original von 1974, ist dieser Klassiker ein sehr ausführlich geschriebenes Buch über Lie-Gruppen und -Algebren in der Physik. Das nächste Buch ist eine Art aktualisierte, aber gestraffte Version hiervon:

Robert Gilmore: *Lie Groups, Physics, and Geometry – An Introduction for Physicists, Engineers and Chemists*, Cambridge University Press, 2008.

H. F. Jones: *Groups, Representations and Physics*, Taylor & Francis, 2nd ed. 1998.

S. Sternberg: *Group Theory and Physics*, Cambridge University Press, 1994.
Eine hervorragende Lektüre für Physiker.

W. Ludwig, C. Falter: *Symmetries in Physics – Group Theory Applied to Physical Problems*, Springer-Verlag, 2nd ed. 1996.

Willard Miller, Jr.: *Symmetry Groups and Their Applications*, Academic Press, 1972.

Rolf Berndt: *Representations of Linear Groups – An Introduction Based on Examples from Physics and Number Theory*, Vieweg-Verlag, 2007.

Manfred Böhm: *Lie-Gruppen und Lie-Algebren in der Physik – Eine Einführung in die mathematischen Grundlagen*, Springer-Verlag, 2011.

Wolfgang Lucha, Franz F. Schöberl: *Gruppentheorie – Eine elementare Einführung für Physiker*, B.I.-Wissenschaftsverlag, 1993.

Pierre Ramond: *Group Theory – A Physicist's Survey*, Cambridge University Press, 2010.

Brian G. Wybourne: *Classical Groups for Physicists*, John Wiley & Sons, 1974.
Ebenfalls ein hervorragendes Werk mit sehr vielen *"case studies"*, unter anderem zur Symmetrie des Coulomb-Potentials.

T. Inui, Y. Tanabe, Y. Onodera: *Group Theory and Its Application in Physics*, Springer-Verlag, 1990.
Ein sehr kompaktes und äußerst leicht lesbares Werk, sehr gut als Erstlektüre geeignet.

J. F. Cornwell: *Group Theory in Physics – An Introduction*, Academic Press, 1997.
Eine stark gekürzte Ausgabe von den Bänden 1 und 2 des dreibändigen Werks von 1984 beziehungsweise 1989:

J. F. Cornwell: *Group Theory in Physics: Volume 1*, Academic Press, 1984; *Group Theory in Physics: Volume 2*, Academic Press, 1984; *Group Theory in Physics: Volume 3*, Academic Press, 1989.

Asim O. Barut, Ryszard Rączka: *Theory of Group Representations and Applications*, Polish Scientific Publishers, 2nd ed. 1980.
Ein sehr umfangreiches, aber hervorragend geschiebenes Werk zur Anwendung der Darstellungstheorie insbesondere von Lie-Gruppen in der Theoretischen Physik. Mittlerweile im Dover-Verlag erhältlich.

J. P. Elliott, P. G. Dawber: *Symmetry in Physics – Vol. 1: Principles and Simple Applications*, Macmillan Press, 1979; *Symmetry in Physics – Vol. 2: Further Applications*, Macmillan Press, 1979.

Jürgen Fuchs, Christoph Schweigert: *Symmetries, Lie Algebras and Representations – A Graduate Course for Physicists*, Cambridge University Press, 1997.

José A. de Azcárraga, José M. Izquierdo: *Lie Groups, Lie Algebras, Cohomology and Some Applications in Physics*, Cambridge University Press, 1995.

Roe Goodman, Nolan R. Wallach: *Symmetry, Representations, and Invariants*, Springer-Verlag, 2009.

J. D. Vergados: *Group and Representation Theory*, World Scientific, 2017.

Brian Hall: *Lie Groups, Lie Algebras, and Representations: An Elementary Introduction*, Springer-Verlag, 2. Aufl. 2015.

Francesco Iachello: *Lie Algebras and Applications*, Springer-Verlag, 2nd ed. 2015.

Peter Woit: *Quantum Theory, Groups and Representations: An Introduction*, Springer-Verlag, 2017.

D. H. Sattinger, O. L. Weaver: *Lie Groups and Algebras with Applications to Physics, Geometry, and Mechanics*, Springer-Verlag, 1986.

Theodor Bröcker, Tammo tom Dieck: *Representations of Compact Lie Groups*, Springer-Verlag, 1985.

Alexander Kirillov, Jr.: *An Introduction to Lie Groups and Lie Algebras*, Cambridge University Press, 2008.

Luiz A. B. Martin: *Lie Groups*, Springer-Verlag, 2021.

Joachim Hilgert, Karl-Hermann Neeb: *Structure and Geometry of Lie Groups*, Springer-Verlag, 2010.

Eine aktualisierte englische Neuauflage des folgenden Werks:

J. Hilgert, K.-H. Neeb: *Lie-Gruppen und Lie-Algebren*, Springer-Verlag, 1991.

Jean Gallier, Jocelyn Quaintance: *Differential Geometry and Lie Groups – A Computational Perspective*, Springer-Verlag, 2020; *Differential Geometry and Lie Groups – A Second Course*, Springer-Verlag, 2020.

Literatur zur Differentialgeometrie und Topologie

M. Crampin, F. A. E. Pirani: *Applicable Differential Geometry*, Cambridge University Press, 1986.

Robert H. Wasserman: *Tensors and Manifolds with Applications to Physics*, Oxford University Press, 2nd ed. 2004.

Mikio Nakahara: *Geometry, Topology and Physics*, IOP Publishing, 2nd ed. 2003.

Marián Fecko: *Differential Geometry and Lie Groups for Physicists*, Cambridge University Press, 2006.

Theodore Frankel: *The Geometry of Physics – An Introduction*, Cambridge University Press, 3rd ed. 2012.

Helmut Eschrig: *Topology and Geometry for Physics*, Springer-Verlag, 2011.

Daniel Martin: *Manifold Theory: An Introduction for Mathematical Physicists*, Horwood Publishing, 2002.

Liviu I. Nicolaescu: *Lectures on the Geometry of Manifolds*, World Scientific, 3rd ed. 2021.

R. Sulanke, P. Wintgen: *Differentialgeometrie und Faserbündel*, Springer-Verlag, 1972.

Adam Marsh: *Mathematics for Physics – An Illustrated Handbook*, World Scientific, 2018.

Yvonne Choquet-Bruhat, Cécile DeWitt-Morette: *Analysis, Manifolds and Physics – Part I: Basics*, North-Holland, Revised ed. 1982; *Analysis, Manifolds and Physics – Part II: Applications*, North-Holland, Revised and Enlarged ed. 2000.

Michael Spivak: *A Comprehensive Introduction to Differential Geometry, Vols. 1–5*, Publish or Perish, 3rd ed. 1999.

Ein voluminöses, umfassendes Epos zur modernen Differentialgeometrie, in einem sehr ansprechenden sprachlichen Stil geschrieben.

Bernard Schutz: *Geometrical methods of mathematical physics*, Cambridge University Press, 1980.

M. Göckeler, T. Schücker: *Differential Geometry, Gauge Theories, and Gravity*, Cambridge University Press, 1987.

Chris J. Isham: *Modern Differential Geometry for Physicists*, World Scientific, 2nd ed. 1999.

Charles Nash, Siddhartha Sen: *Topology and Geometry for Physicists*, Academic Press, 1983.

Ein zwar knappes, aber sehr eingängig geschriebenes Werk, das insbesondere sehr stark auf die Motivation eingeht, warum viele der mathematischen Konzepte in der Topologie und Differentialgeometrie eine Rolle spielen. Leider enthält es doch einige Druckfehler, auch an relevanten Stellen. Mittlerweile im Dover-Verlag als Nachdruck erhältlich.

Jeffrey M. Lee: *Manifolds and Differential Geometry*, AMS, 2009.

Joel W. Robbin, Dietmar A. Salamon: *Introduction to Differential Geometry*, Springer-Verlag, 2022.

Harley Flanders: *Differential Forms with Applications to the Physical Sciences*, Dover Publications, 1989.

Ein Klassiker, ehemals 1963 bei Academic Press erschienen.

Samuel I. Goldberg: *Curvature and Homology*, Dover Publications, Revised & Enlarged ed. 1989.

Richard L. Bishop, Samuel I. Goldberg: *Tensor Analysis and Manifolds*, Dover Publications, 1980.

Ehemals bei Macmillan 1968 erschienen.

Shoshichi Kobayashi, Katsumi Nomizu: *Foundations of Differential Geometry Volume I*, John Wiley & Sons, 1963; *Foundations of Differential Geometry Volume II*, John Wiley & Sons, 1969.

Ein äußerst empfehlenswerter ausführlicher Klassiker der modernen Differentialgeometrie.

John M. Lee: *Introduction to Topological Manifolds*, Springer-Verlag, 2nd ed. 2011; *Introduction to Smooth Manifolds*, Springer-Verlag, 2nd ed. 2013; *Introduction to Riemannian Manifolds*, Springer-Verlag, 2nd ed. 2018.

Eines der (nach meinem persönlichen Geschmack natürlich) besten neueren Werke zur Differentialgeometrie. Sehr ausführlich und umfassend.

Loring W. Tu: *An Introduction to Manifolds*, Springer-Verlag, 2nd ed. 2011; *Differential Geometry – Connections, Curvature, and Characteristic Classes*, Springer-Verlag, 2017.

Ein weiteres neueres und modernes, sehr zu empfehlendes Werk zur Differentialgeometrie.

Literaturverzeichnis

[AL70]   Huzihiro Araki and Elliott H. Lieb. "Entropy Inequalities". In: *Commun. Math. Phys.* 18 (1970), pp. 160–170 (cit. on p. 215).

[AL98]   Salvatore Antoci and Dierck-E. Liebscher. "Wentzel's Path Integrals". In: *Int. J. Theor. Phys.* 37 (1998), pp. 531–535 (cit. on p. 199).

[All69a]   G. R. Allcock. "The Time of Arrival in Quantum Mechanics I. Formal Considerations". In: *Ann. Phys.* 53 (1969), pp. 253–285 (cit. on p. 144).

[All69b]   G. R. Allcock. "The Time of Arrival in Quantum Mechanics II. The Individual Measurement". In: *Ann. Phys.* 53 (1969), pp. 286–310 (cit. on p. 144).

[All69c]   G. R. Allcock. "The Time of Arrival in Quantum Mechanics III. The Measurement Ensemble". In: *Ann. Phys.* 53 (1969), pp. 311–348 (cit. on p. 144).

[AMS04]   Ian J. R. Aitchison, David A. MacManus, and Thomas M. Snyder. "Understanding Heisenberg's "magical" paper of July 1925: A new look at the calculational details". In: *Am. J. Phys.* 72 (2004), pp. 1370–1379 (cit. on p. 38).

[AS65]   Milton Abramowitz and Irene A. Stegun. *Handbook of Mathematical Functions*. Dover Publications, 1965 (cit. on p. viii).

[AS99]   Abhay Ashtekar and Troy A. Schilling. "Geometrical Formulation of Quantum Mechanics". In: *On Einstein's Path: Essays in Honor of Engelbert Schucking*. Ed. by Alex Harvey. Springer-Verlag, 1999, pp. 23–65 (cit. on p. 87).

[Asp99]   Alain Aspect. "Bell's inequality test: more ideal than ever". In: *Nature* 389 (1999), pp. 189–190 (cit. on p. 356).

[AW05]   George B. Arfken and Hans J. Weber. *Mathematical Methods for Physicists*. 6th ed. Academic Press, 2005 (cit. on p. viii).

[AWH13]   George B. Arfken, Hans J. Weber, and Frank E. Harris. *Mathematical Methods for Physicists*. 7th ed. Academic Press, 2013 (cit. on p. viii).

[Bac89]   Alexander Bach. „Eine Fehlinterpretation mit Folgen: Albert Einstein und der Welle-Teilchen-Dualismus". In: *Archive for History of Exact Sciences* 40 (1989), S. 173–206 (siehe S. 16).

[Bai11]   Jonathan Bain. "CPT Invariance, the Spin-Statistics Connection, and the Ontology of Relativistic Quantum Field Theories". In: *Erkenntnis* 78 (2011), pp. 797–821 (cit. on p. 79).

[Bai16]   Jonathan Bain. *CPT Invariance and the Spin-Statistics Connection*. Oxford University Press, 2016 (cit. on p. 79).

[Bel64]   J. S. Bell. "On the Einstein Podolsky Rosen paradox". In: *Physics Physique Fizika* 1 (1964), pp. 195–200 (cit. on p. 353).

[BHJ25]   Max Born, Werner Heisenberg und Pascual Jordan. „Zur Quantenmechanik. II." In: *Z. Phys.* 35 (1925), S. 557–615 (siehe S. 43).

© Der/die Herausgeber bzw. der/die Autor(en), exklusiv lizenziert an Springer-Verlag GmbH, DE, ein Teil von Springer Nature 2024
O. Tennert, *Quantenmechanik I*, https://doi.org/10.1007/978-3-662-68585-3

[BJ25]   Max Born und Pascual Jordan. „Zur Quantenmechanik." In: *Z. Phys.* 34 (1925), S. 858–888 (siehe S. 42).

[Boh13a]   Niels Bohr. "On the Constitution of Atoms and Molecules Part II: Systems Containing only a Single Nucleus." In: *Phil. Mag.* 26 (1913), pp. 476–502 (cit. on p. 28).

[Boh13b]   Niels Bohr. "On the Constitution of Atoms and Molecules." In: *Phil. Mag.* 26 (1913), pp. 1–25 (cit. on p. 28).

[Boh52a]   David Bohm. "A Suggested Interpretation of the Quantum Theory in Terms of "Hidden Variables". I". In: *Phys. Rev.* 85 (1952), pp. 166–179 (cit. on pp. 166, 353).

[Boh52b]   David Bohm. "A Suggested Interpretation of the Quantum Theory in Terms of "Hidden Variables". II". In: *Phys. Rev.* 85 (1952), pp. 180–193 (cit. on pp. 166, 353).

[Bok14]   Alisa Bokulich. "Bohr's Correspondence Principle". In: *The Stanford Encyclopedia of Philosophy*. Ed. by Edward N. Zalta. Spring 2014. Metaphysics Research Lab, Stanford University, 2014. URL: http://plato.stanford.edu/archives/spr2014/entries/bohr-correspondence/ (cit. on p. 31).

[Bol84]   Ludwig Boltzmann. „Ableitung des Stefanschen Gesetzes, betreffend der Abhängigkeit der Wärmestrahlung von der Temperatur aus der elektromagnetischen Lichttheorie." In: *Annalen der Physik und Chemie* 258 (1884), S. 291–294 (siehe S. 4).

[Bor26a]   Max Born. „Quantenmechanik der Stoßvorgänge." In: *Z. Phys.* 38 (1926), S. 803–827 (siehe S. 66).

[Bor26b]   Max Born. „Zur Quantenmechanik der Stoßvorgänge." In: *Z. Phys.* 37 (1926), S. 863–867 (siehe S. 66).

[Bor26c]   Max Born. „Zur Wellenmechanik der Stoßvorgänge." In: *Nachrichten von der Gesellschaft der Wissenschaften zu Göttingen, Mathematisch-Physikalische Klasse* 1926 (1926), S. 146–160 (siehe S. 66).

[Bos24]   Bose. „Plancks Gesetz und Lichtquantenhypothese." In: *Z. Phys.* 26 (1924), S. 178–181 (siehe S. 77).

[Bri26]   Léon Brillouin. « La mécanique ondulatoire de Schrödinger : une méthode générale de resolution par approximations successives. » In : *Comptes Rendus de l'Académie des Sciences* 183 (1926), p. 24-26 (cf. p. 317).

[Bro25]   Louis de Broglie. « Recherches sur la théorie des quanta ». In : *Ann. Phys.* 10 (1925), p. 22-128 (cf. p. 35).

[Com12]   Eugene D. Commins. "Electron Spin and Its History". In: *Annu. Rev. Nucl. Part. Sci.* 62 (2012), pp. 133–157 (cit. on p. 75).

[Com21]   Arthur H. Compton. "The magnetic electron." In: *J. Franklin Inst.* 192 (1921), pp. 145–155 (cit. on p. 73).

[Com23]   Arthur H. Compton. "A Quantum Theory of the Scattering of X-rays by Light Elements". In: *Phys. Rev.* 21 (1923), pp. 483–502 (cit. on pp. 19 sq.).

[Deb12]   P. Debye. „Zur Theorie der spezifischen Wärmen." In: *Ann. Phys.* 344 (1912), S. 789–839 (siehe S. 24).

[Dir25]   P. A. M. Dirac. "The Fundamental Equations of Quantum Mechanics." In: *Proc. R. Soc. A* 109 (1925), pp. 642–653 (cit. on p. 59).

[Dir26a]   P. A. M. Dirac. "On Quantum Algebra". In: *Math. Proc. Cambridge Phil. Soc.* 23 (1926), pp. 412–418 (cit. on p. 62).

[Dir26b]   P. A. M. Dirac. "On the Theory of Quantum Mechanics." In: *Proc. R. Soc. A* 112 (1926), pp. 661–677 (cit. on pp. 62, 77).

[Dir26c]   P. A. M. Dirac. "Quantum Mechanics and a Preliminary Investigation of the Hydrogen Atom." In: *Proc. R. Soc. A* 110 (1926), pp. 561–579 (cit. on p. 62).

[Dir26d]   P. A. M. Dirac. "Relativity Quantum Mechanics with an Application to Compton Scattering." In: *Proc. R. Soc. A* 111 (1926), pp. 405–423 (cit. on p. 62).

[Dir26e]   P. A. M. Dirac. "The Elimination of the Nodes in Quantum Mechanics." In: *Proc. R. Soc. A* 111 (1926), pp. 281–305 (cit. on p. 62).

[Dir27a]   P. A. M. Dirac. "The Physical Interpretation of Quantum Dynamics." In: *Proc. R. Soc. A* 113 (1927), pp. 621–641 (cit. on p. 62).

[Dir27b]   P. A. M. Dirac. "The Quantum Theory of the Emission and Absorption of Radiation." In: *Proc. R. Soc. A* 114 (1927), pp. 243–265 (cit. on p. 63).

[Dir31]   P. A. M. Dirac. "Quantised Singularities in the Electromagnetic Field." In: *Proc. R. Soc. A* 133 (1931), pp. 60–72 (cit. on p. 63).

[Dir33]   P. A. M. Dirac. "The Lagrangian in Quantum Mechanics". In: *Physikalische Zeitschrift der Sowjetunion* 3 (1933), pp. 64–72 (cit. on p. 199).

[Dir39]   P. A. M. Dirac. "A New Notation for Quantum Mechanics". In: *Math. Proc. Cambridge Phil. Soc.* 35 (1939), pp. 416–418 (cit. on p. 63).

[DS97]   Ian Duck and E. C. G. Sudarshan. *Pauli and the Spin-Statistics Theorem.* World Scientific, 1997 (cit. on p. 78).

[DS98]   Ian Duck and E. C. G. Sudarshan. "Toward an understanding of the spin-statistics theorem". In: *Am. J. Phys.* 66 (1998), pp. 284–303 (cit. on p. 79).

[Ehr27]   P. Ehrenfest. „Bemerkung über die angenäherte Gültigkeit der klassischen Mechanik innerhalb der Quantenmechanik." In: *Z. Phys.* 45 (1927), S. 455–457 (siehe S. 161).

[Ein05]   Albert Einstein. „Über einen die Erzeugung und Verwandlung des Lichtes betreffenden heuristischen Gesichtspunkt." In: *Ann. Phys.* 322 (1905), S. 132–148 (siehe S. 14 f.).

[Ein07]   A. Einstein. „Die Plancksche Theorie der Strahlung und die Theorie der spezifischen Wärme." In: *Ann. Phys.* 327 (1907), S. 180–190 (siehe S. 23).

[Ein09a]   A. Einstein. „Über die Entwicklung unserer Anschauungen über das Wesen und die Konstitution der Strahlung". In: *Physikalische Zeitschrift* 10 (1909), S. 817–825 (siehe S. 15).

[Ein09b]   A. Einstein. „Zum gegenwärtigen Stand des Strahlungsproblems". In: *Physikalische Zeitschrift* 10 (1909), S. 185–193 (siehe S. 15).

[Ein17]   A. Einstein. „Zur Quantentheorie der Strahlung". In: *Physikalische Zeitschrift* 18 (1917), S. 121–128 (siehe S. 17).

[Ein24]   Albert Einstein. „Quantentheorie des einatomigen idealen Gases." In: *Albert Einstein: Akademie-Vorträge: Sitzungsberichte der Preußischen Akademie der Wissenschaften 1914-1932* (1924). Hrsg. von Dieter Simon (siehe S. 77).

[Ein25a]   Albert Einstein. „Quantentheorie des einatomigen idealen Gases. Zweite Abhandlung.“ In: *Albert Einstein: Akademie-Vorträge: Sitzungsberichte der Preußischen Akademie der Wissenschaften 1914-1932* (1925). Hrsg. von Dieter Simon (siehe S. 77).

[Ein25b]   Albert Einstein. „Zur Quantentheorie des idealen Gases.“ In: *Albert Einstein: Akademie-Vorträge: Sitzungsberichte der Preußischen Akademie der Wissenschaften 1914-1932* (1925). Hrsg. von Dieter Simon (siehe S. 77).

[EPR35]   A. Einstein, B. Podolsky, and N. Rosen. "Can Quantum-Mechanical Description of Physical Reality Be Considered Complete?" In: *Phys. Rev.* 47 (1935), pp. 777–780 (cit. on p. 352).

[ES02]   Jürgen Ehlers und Engelbert Schücking. „„Aber Jordan war der Erste““. In: *Physik-Journal* 1 (2002), S. 71–74 (siehe S. 46, 77).

[Fan57]   U. Fano. "Description of States in Quantum Mechanics by Density Matrix and Operator Techniques". In: *Rev. Mod. Phys.* 29 (1957), pp. 74–93 (cit. on p. 209).

[Fer26a]   Enrico Fermi. «Sulla quantizzazione del gas perfetto monatomico.» In: *Rendiconti Lincei* 3 (1926), pp. 145–149 (cit. a p. 77).

[Fer26b]   Enrico Fermi. „Zur Quantelung des einatomigen idealen Gases.“ In: *Z. Phys.* 36 (1926), S. 902–912 (siehe S. 77).

[Fey48]   R. P. Feynman. "Space-Time Approach to Non-Relativistic Quantum Mechanics". In: *Rev. Mod. Phys.* 20 (1948), pp. 367–387 (cit. on p. 199).

[Fie39]   Markus Fierz. „Über die relativistische Theorie kräftefreier Teilchen mit beliebigem Spin“. In: *Helv. Phys. Acta* 12 (1939), S. 3–37 (siehe S. 78).

[For07]   S. Forte. "Spin in Quantum Field Theory." In: *Modern Aspects of Spin Physics.* Ed. by W. Pötz, U. Hohenester, and J. Fabian. Lecture Notes in Physics 712. Springer-Verlag, 2007, pp. 67–94 (cit. on p. 79).

[Gla63]   Roy J. Glauber. "Coherent and Incoherent States of the Radiation Field". In: *Phys. Rev.* 131 (1963), pp. 2766–2788 (cit. on p. 299).

[Haa61]   D. ter Haar. "Theory and Applications of the Density Matrix". In: *Rep. Progr. Phys.* 24 (1961), pp. 304–361 (cit. on p. 209).

[Hal88a]   Wilhelm Hallwachs. „Ueber den Einfluss des Lichtes auf electrostatisch geladene Körper.“ In: *Annalen der Physik und Chemie* 269 (1888), S. 301–312 (siehe S. 13).

[Hal88b]   Wilhelm Hallwachs. „Ueber die Electrisirung von Metallplatten durch Bestrahlung mit electrischem Licht.“ In: *Annalen der Physik und Chemie* 270 (1888), S. 731–734 (siehe S. 13).

[Hei25]   Werner Heisenberg. „Über quantentheoretische Umdeutung kinematischer und mechanischer Beziehungen.“ In: *Z. Phys.* 33 (1925), S. 879–893 (siehe S. 38).

[Hei26a]   Werner Heisenberg. „Mehrkörperproblem und Resonanz in der Quantenmechanik.“ In: *Z. Phys.* 38 (1926), S. 411–426 (siehe S. 77).

[Hei26b]   Werner Heisenberg. „Über die Spektra von Atomsystemen mit zwei Elektronen.“ In: *Z. Phys.* 39 (1926), S. 499–518 (siehe S. 77).

[Hei27]   Werner Heisenberg. „Über den anschaulichen Inhalt der quantentheoretischen Kinematik und Mechanik.“ In: *Z. Phys.* 43 (1927), S. 172–198 (siehe S. 68).

[Her87] Heinrich Hertz. „Über einen Einfluss des ultravioletten Lichtes auf die electrische Entladung." In: *Annalen der Physik und Chemie* 267 (1887), S. 983–1000 (siehe S. 13).

[HJ26] Werner Heisenberg und Pascual Jordan. „Anwendung der Quantenmechanik auf das Problem der anomalen Zeemaneffekte." In: *Z. Phys.* 37 (1926), S. 263–277 (siehe S. 75).

[Jor26a] Pascual Jordan. „Über eine neue Begründung der Quantenmechanik." In: *Nachrichten von der Gesellschaft der Wissenschaften zu Göttingen, Mathematisch-Physikalische Klasse* 1926 (1926), S. 161–169 (siehe S. 64).

[Jor26b] Pascual Jordan. „Über kanonische Transformationen in der Quantenmechanik." In: *Z. Phys.* 37 (1926), S. 383–386 (siehe S. 62).

[Jor26c] Pascual Jordan. „Über kanonische Transformationen in der Quantenmechanik. II." In: *Z. Phys.* 38 (1926), S. 513–517 (siehe S. 62).

[Jor27a] Pascual Jordan. „Über eine neue Begründung der Quantenmechanik." In: *Z. Phys.* 40 (1927), S. 809–838 (siehe S. 64).

[Jor27b] Pascual Jordan. „Über eine neue Begründung der Quantenmechanik. II." In: *Z. Phys.* 44 (1927), S. 1–25 (siehe S. 64).

[Kir60] Gustav Kirchhoff. „Über das Verhältnis zwischen dem Emissionsvermögen und dem Absorptionsvermögen der Körper für Wärme und Licht." In: *Annalen der Physik und Chemie* 185 (1860), S. 275–301 (siehe S. 3).

[Kla60] John R. Klauder. "The Action Option and a Feynman Quantization of Spinor Fields in Terms of Ordinary c-Numbers". In: *Ann. Phys.* 11 (1960), pp. 123–168 (cit. on p. 299).

[Kra26] H. A. Kramers. „Wellenmechanik und halbzahlige Quantisierung." In: *Z. Phys.* 39 (1926), S. 828–840 (siehe S. 317).

[Len00] Philipp Lenard. „Erzeugung von Kathodenstrahlen durch ultraviolettes Licht." In: *Ann. Phys.* 307 (1900), S. 359–375 (siehe S. 13).

[Lév63] J.-M. Lévy-Leblond. "Galilei group and nonrelativistic quantum mechanics". In: *J. Math. Phys.* 4 (1963), pp. 776–788 (cit. on p. 76).

[Lév67] J.-M. Lévy-Leblond. "Nonrelativistic particles and wave equations". In: *Commun. Math. Phys.* 6 (1967), pp. 286–311 (cit. on p. 76).

[Lew26] Gilbert N. Lewis. "The Conservation of Photons". In: *Nature* 118 (1926), pp. 874–875 (cit. on p. 14).

[Lon27] F. London. „Winkelvariable und kanonische Transformationen in der Undulationsmechanik." In: *Z. Phys.* 40 (1927), S. 193–210 (siehe S. 62).

[LP31] R. de L. Kronig and W. G. Penney. "Quantum Mechanics of Electrons in Crystal Lattices." In: *Proc. R. Soc. A* 130 (1931), pp. 499–519 (cit. on p. 265).

[Mad26] E. Madelung. „Eine anschauliche Deutung der Gleichung von Schrödinger". In: *Die Naturwissenschaften* 14 (1926), S. 1004–1004 (siehe S. 167).

[Mil16] Robert A. Millikan. "A Direct Photoelectric Determination of Planck's ''h''''". In: *Phys. Rev.* 7 (1916), pp. 355–390 (cit. on p. 16).

[Mor07] Margaret Morrison. "Spin: All is not what it seems". In: *Studies in History and Philosophy of Modern Physics* 38 (2007), pp. 529–557 (cit. on p. 76).

[MS77]   B. Misra and E. C. G. Sudarshan. "The Zeno's paradox in quantum theory". In: *J. Math. Phys.* 18 (1977), pp. 756–763 (cit. on p. 146).

[MT45]   L. Mandelstam and Ig. Tamm. "The Uncertainty Relation Between Energy and Time in Non-relativistic Quantum Mechanics". In: *J. Phys. USSR* 9 (1945), pp. 249–254 (cit. on p. 144).

[Neu27a]   J. v. Neumann. „Thermodynamik quantenmechanischer Gesamtheiten." In: *Nachrichten von der Gesellschaft der Wissenschaften zu Göttingen, Mathematisch-Physikalische Klasse* 1927 (1927), S. 273–291 (siehe S. 209).

[Neu27b]   J. v. Neumann. „Wahrscheinlichkeitstheoretischer Aufbau der Quantenmechanik." In: *Nachrichten von der Gesellschaft der Wissenschaften zu Göttingen, Mathematisch-Physikalische Klasse* 1927 (1927), S. 245–272 (siehe S. 209).

[NIS18]   NIST. *Fundamental Physical Contants from NIST.* 2018. URL: http://physics.nist. gov/cuu/Constants/ (cit. on pp. 21, 25, 29).

[Olv+10]   Frank W. J. Olver et al., eds. *NIST Handbook of Mathematical Functions.* Cambridge University Press, 2010 (cit. on p. ix).

[Olv+22]   F. W. J. Olver et al., eds. *NIST Digital Library of Mathematical Functions.* Version 1.1.8. 2022. URL: http://dlmf.nist.gov/ (cit. on p. ix).

[Pau25]   Wolfgang Pauli. „Über den Zusammenhang des Abschlusses der Elektronengruppen im Atom mit der Komplexstruktur der Spektren." In: *Z. Phys.* 31 (1925), S. 765–783 (siehe S. 74).

[Pau26]   Wolfgang Pauli. „Über das Wasserstoffspektrum vom Standpunkt der neuen Quantenmechanik". In: *Z. Phys.* 36 (1926), S. 336–363 (siehe S. 45).

[Pau27]   Wolfgang Pauli. „Zur Quantenmechanik des magnetischen Elektrons." In: *Z. Phys.* 43 (1927), S. 601–623 (siehe S. 76).

[Pau40]   Wolfgang Pauli. "The Connection Between Spin and Statistics". In: *Phys. Rev.* 58 (1940), pp. 716–722 (cit. on p. 78).

[Pau46]   Wolfgang Pauli. *Exclusion principle and quantum mechanics. Nobel Lecture 1946.* 1946. URL: http://www.nobelprize.org/prizes/physics/1945/pauli/lecture/ (cit. on p. 74).

[Pla00a]   Max Planck. „Über eine Verbesserung der Wienschen Spektralgleichung." In: *Verhandlungen der Deutschen physikalischen Gesellschaft* 2 (1900), S. 202–204 (siehe S. 9).

[Pla00b]   Max Planck. „Zur Theorie des Gesetzes der Energieverteilung im Normalspectrum." In: *Verhandlungen der Deutschen physikalischen Gesellschaft* 2 (1900), S. 237–245 (siehe S. 9).

[Rit08a]   Walter Ritz. „Magnetische Atomfelder und Serienspektren". In: *Ann. Phys.* 330 (1908), S. 660–696 (siehe S. 26).

[Rit08b]   Walter Ritz. "On a New Law of Series Spectra". In: *Astrophys. J.* 28 (1908), pp. 237–243 (cit. on p. 26).

[Rob29]   H. P. Robertson. "The Uncertainty Principle". In: *Phys. Rev.* 34 (1929), pp. 163–164 (cit. on p. 106).

[Rus02]   Mary Beth Ruskai. "Inequalities for quantum entropy: A review with conditions for equality". In: *J. Math. Phys.* 43 (2002), pp. 4358–4375 (cit. on p. 215).

[Rut11]   Ernest Rutherford. "The Scattering of α and β Particles by Matter and the Structure of the Atom." In: *Phil. Mag.* 21 (1911), pp. 669–688 (cit. on p. 27).

[Sch05]   Arne Schirrmacher. *Dreier Männer Arbeit in der frühen Bundesrepublik – Max Born, Werner Heisenberg und Pacual Jordan als politische Grenzgänger.* Preprint 296. Hrsg. von Max-Planck-Institut für Wissenschaftsgeschichte. 2005. URL: https://www.mpiwg-berlin.mpg.de/sites/default/files/Preprints/P296.pdf (siehe S. 46).

[Sch26a]   Erwin Schrödinger. „Der stetige Übergang von der Mikro- zur Makromechanik". In: *Die Naturwissenschaften* 14 (1926), S. 664–666 (siehe S. 54, 66).

[Sch26b]   Erwin Schrödinger. „Quantisierung als Eigenwertproblem (Dritte Mitteilung)". In: *Ann. Phys.* 385 (1926), S. 437–490 (siehe S. 54).

[Sch26c]   Erwin Schrödinger. „Quantisierung als Eigenwertproblem (Erste Mitteilung)". In: *Ann. Phys.* 384 (1926), S. 361–376 (siehe S. 47).

[Sch26d]   Erwin Schrödinger. „Quantisierung als Eigenwertproblem (Vierte Mitteilung)". In: *Ann. Phys.* 386 (1926), S. 109–139 (siehe S. 56, 66).

[Sch26e]   Erwin Schrödinger. „Quantisierung als Eigenwertproblem (Zweite Mitteilung)". In: *Ann. Phys.* 384 (1926), S. 489–527 (siehe S. 49).

[Sch26f]   Erwin Schrödinger. „Über das Verhältnis der Heisenberg–Born–Jordanschen Matrizenmechanik zu der meinen". In: *Ann. Phys.* 384 (1926), S. 734–756 (siehe S. 55).

[Sch51]   Julian Schwinger. "The Theory of Quantized Fields. I". In: *Phys. Rev.* 82 (1951), pp. 914–927 (cit. on p. 78).

[Som16]   Arnold Sommerfeld. „Zur Quantentheorie der Spektrallinien". In: *Ann. Phys.* 356 (1916), S. 1–94 (siehe S. 31).

[Ste79]   Josef Stefan. „Über die Beziehung zwischen der Wärmestrahlung und der Temperatur." In: *Sitzungsberichte der mathematisch-naturwissenschaftlichen Classe der Kaiserlichen Akademie der Wissenschaften* 79 (1879), S. 391–428 (siehe S. 3).

[Sto24]   Edmund C. Stoner. "The distribution of electrons among atomic levels". In: *Phil. Mag.* 48 (1924), pp. 719–736 (cit. on p. 74).

[Sud63]   E. C. G. Sudarshan. "Equivalence of Semiclassical and Quantum Mechanical Descriptions of Statistical Light Beams". In: *Phys. Rev. Lett.* 10 (1963), pp. 277–279 (cit. on p. 299).

[Tap93]   Ramon Muñoz Tapia. "Quantum mechanical squeezed state". In: *Am. J. Phys.* 61 (1993), pp. 1005–1008 (cit. on p. 310).

[Tho26]   Llewellyn H. Thomas. "The Motion of the Spinning Electron". In: *Nature* 117 (1926), p. 514 (cit. on p. 75).

[UG25]   George E. Uhlenbeck und Samuel Goudsmit. „Ersetzung der Hypothese vom unmechanischen Zwang durch eine Forderung bezüglich des inneren Verhaltens jedes einzelnen Elektrons." In: *Die Naturwissenschaften* 13 (1925), S. 953–954 (siehe S. 75).

[Wei]   Eric W. Weisstein. *MathWorld – A Wolfram Web Resource.* URL: http://mathworld.wolfram.com/ (cit. on p. ix).

[Wei09]   Eric W. Weisstein, ed. *The CRC Encyclopedia of Mathematics (3 Volumes)*. 3rd ed. CRC Press, 2009 (cit. on p. ix).

[Wen24]   Gregor Wentzel. „Zur Quantenoptik.“ In: *Z. Phys.* 22 (1924), S. 193–199 (siehe S. 199).

[Wen26]   Gregor Wentzel. „Eine Verallgemeinerung der Quantenbedingungen für die Zwecke der Wellenmechanik.“ In: *Z. Phys.* 38 (1926), S. 518–529 (siehe S. 317).

[Wie94]   Willy Wien. „Temperatur und Entropie der Strahlung.“ In: *Annalen der Physik und Chemie* 288 (1894), S. 132–165 (siehe S. 4).

[Wie96]   Willy Wien. „Über die Energievertheilung im Emissionsspectrum eines schwarzen Körpers.“ In: *Annalen der Physik und Chemie* 294 (1896), S. 662–669 (siehe S. 4).

[Wig39]   E. Wigner. "On unitary representations of the inhomogeneous Lorentz group". In: *Ann. Math.* 40 (1939), pp. 149–204 (cit. on p. 76).

[Wig72]   Eugene P. Wigner. "On the Time-Energy Uncertainty Relation". In: *Aspects of Quantum Theory*. Ed. by Abdus Salam and E. P. Wigner. Cambridge University Press, 1972, pp. 237–247 (cit. on p. 144).

[Wig83]   Eugene P. Wigner. "Interpretation of Quantum Mechanics". In: *Quantum Theory and Measurement*. Ed. by John Archibald Wheeler and Wojciech Hubert Zurek. Princeton University Press, 1983, pp. 260–314 (cit. on p. 353).

[Wil67]   R. M. Wilcox. "Exponential Operators and Parameter Differentiation in Quantum Physics". In: *J. Math. Phys.* 8 (1967), pp. 962–982 (cit. on p. 118).

[Wis07]   Max-Planck-Institut für Wissenschaftsgeschichte, Hrsg. *Pascual Jordan (1902–1980) – Mainzer Symposium zum 100. Geburtstag*. Preprint 329. 2007. URL: https://www.mpiwg-berlin.mpg.de/Preprints/P329.PDF (siehe S. 46).

Personenverzeichnis

© Der/die Herausgeber bzw. der/die Autor(en), exklusiv lizenziert an
Springer-Verlag GmbH, DE, ein Teil von Springer Nature 2024
O. Tennert, *Quantenmechanik I*, https://doi.org/10.1007/978-3-662-68585-3

Stichwortverzeichnis

© Der/die Herausgeber bzw. der/die Autor(en), exklusiv lizenziert an
Springer-Verlag GmbH, DE, ein Teil von Springer Nature 2024
O. Tennert, *Quantenmechanik I*, https://doi.org/10.1007/978-3-662-68585-3

Personenverzeichnis aller Bände

Stichwortverzeichnis aller Bände

M

Printed in the United States
by Baker & Taylor Publisher Services